高分子物理教程

（第三版）

主　编　汪秀丽　　王槐三
副主编　张会旗　　侯彦辉　　王亚宁

科学出版社

北　京

内 容 简 介

　　本书对高分子物理学各章节内容进行了仔细梳理和重建,力求学科核心原理构架更为严谨简洁,知识层次更为清晰分明,以方便读者学习应用。全书共9章,内容包括绪论,大分子链结构,高分子溶液,相对分子质量及其分布测定,高分子热力学凝聚态,高分子材料学形态与分子运动基础,聚合物材料学性能,聚合物的热、电和光学性能,高分子物理学新进展。在书末编录参考文献以及本书使用的量名称一览、高分子物理学重要术语解释和高分子物理学核心图解 3 个附录,供读者参阅。与此同时,编者精汇了各章节重要知识点约 120 处,经统一编号提示于书页外侧,读者可以从当页查询到详细解答。

　　本书可作为高等学校化学、化学工程与工艺、高分子科学与工程、材料科学与工程以及纺织工程等专业的本科生和研究生教材,也可供从事高分子材料生产、加工和应用领域的专业技术人员参考。

图书在版编目（CIP）数据

高分子物理教程 / 汪秀丽，王槐三主编. —3 版. —北京：科学出版社，2022.7
　ISBN 978-7-03-072582-0

Ⅰ. ①高… Ⅱ. ①汪… ②王… Ⅲ. ①高聚物物理学–高等学校–教材 Ⅳ. ①O631

中国版本图书馆 CIP 数据核字（2022）第 105214 号

责任编辑：侯晓敏　陈雅娴 / 责任校对：杨　赛
责任印制：张　伟 / 封面设计：迷底书装

科学出版社 出版
北京东黄城根北街 16 号
邮政编码：100717
http://www.sciencep.com

北京中石油彩色印刷有限责任公司 印刷
科学出版社发行　各地新华书店经销

*

2008 年 3 月第 一 版　开本：787×1092　1/16
2013 年 3 月第 二 版　印张：19 1/2
2022 年 7 月第 三 版　字数：500 000
2023 年 7 月第十二次印刷
定价：79.00 元
（如有印装质量问题，我社负责调换）

第三版前言

　　《高分子物理教程(第三版)》是由四川大学化学学院牵头组织四川大学国家生物医学材料工程技术研究中心和高分子科学与工程学院、南开大学化学学院、天津工业大学材料科学与工程学院等相关一线教学骨干教师，在《高分子物理教程(第二版)》的基础上修订而成。

　　客观而论，相对于众多无机和有机材料，高分子材料具有结构层次多重性、物理和力学性能多样性、结构与性能的密切相关性及其影响因素的复杂性等特点，这既是高分子物理学的核心原理，也是构建学科知识构架的关键要素。

　　本书作者团队总结国内外若干版本《高分子物理学》教材的特点，传承学科前辈数十年的教学实践经验，发现以化学热力学凝聚态、材料学形态及其分子运动基础作为核心基础构架的"经"，以材料物理和力学性能为核心基础构架的"纬"，即可构建完整的高分子物理学核心知识网络，全面呈现高分子物理学的核心内容。

　　对于高分子材料结构与性能相关性原理，本书明确提出"以化学热力学原理为基础的聚合物凝聚态结构，以聚合物静态和动态的材料学形态变化及其分子运动基础，以此构建其结构与性能间的联系"。在修订过程中，依然严格遵从国内外多数同仁在教学实践中采纳的从微观结构到宏观性能的路径，以大分子链、溶液、凝聚态、材料学形态及其分子运动基础，以及材料的热、电、光学特性作为编排本书章节的基础脉络，对各章节所涵盖的内容做适当调整，期望向读者呈现更为严谨而清晰的学科知识结构层次。

　　国内本学科教材大多编入 300 多个附图、附表和 500 多个数学公式，使本学科授课者难于取舍，学者难于把握重点，无所适从。有鉴于此，本书在严格保证学科核心基础知识构架完整性的前提下，力求去繁就简，将全书附图、附表、数学公式分别精选 100~160 个。与此同时，本书承接第二版曾获得广大师生普遍认可与好评的编排特色，在重要章节末分别列表汇总高分子材料结构与性能的相关性一览；在书页外侧提示标注重点概念、原理、图表与计算公式，这对于读者提高学习效率当有裨益。

　　我们尤其感谢四川大学高分子科学与工程学院傅强教授、南开大学化学学院张政朴教授和张宝龙教授对本书提出诸多宝贵意见；四川大学化学学院研究生王寅龙负责数学公式的版式转换，在此谨致谢忱。

　　由于我们水平有限，书中疏漏之处在所难免，恳请读者批评指正、不吝赐教。

汪秀丽　王槐三

2021 年 12 月于成都

第二版前言

《高分子物理教程》自 2008 年 3 月出版以来，感蒙国内多所高校相关院系和专业列为专业基础课或选修课教材，或推荐作为攻读硕士或博士研究生入学考试参考书目。与此同时，也收获若干院校授课同仁和同学们对本书的编修建议和疏漏勘误，以及对书中内容的学术探究，作者谨致由衷谢忱。

无可讳言，对于多数化学化工类专业本科学生而言，高分子物理连同物理化学、化工原理和材料力学构成学习期间相对难学、难懂、难掌握的 4 大专业基础课。近 30 年以来，作者一直致力于广集众家之长，以求对积淀良久之学科基础构架认知惯性的突破与创新，力求以更加简单明晰的结构层次编写本书，使之成为师者易于授、学者易于学的高分子材料与工程学的专业基础课教材。

客观而论，聚合物结构层次的多重性、物理和力学性能的多样性、结构与性能的密切相关性及其影响因素的复杂性等，既是高分子物理学的核心内容，也是学科知识构架编排的关键所在。作者总结国内外多种高分子物理学教材的特点，积数十年教学经验，发现以聚合物结构层次为"经"，以材料物性为"纬"，编织高分子物理学"知识网"，能够全面展现学科基础知识的清晰层次和结构条理，或可显著降低学习难度并提高学习效率。

本书再版严格遵从多数同仁教学实践中采纳的自微观结构到宏观性能的路径，以分子链、溶液、凝聚态、材料学形态与性能以及热电光学性能作为本学科基础知识构架，涵盖章节内容也做了相应调整，以期展现更为清晰明快的结构层次。国内本学科部分教材大多引用超过 300 幅图和 500~600 个数学公式，或许成为授者难于取舍、学者无所适从的原因之一。基于此，本书在严格保证学科基础知识构架完整性前提下，将图、表、公式和要点提纲分别精选压缩至 80~160 个。

本书坚持以提高教授和学习效率、降低学习难度、减轻学习负担为目标，对本学科若干重要基础知识板块进行比较和结构组装，力求达到结构严谨和层次清晰，避免结构性交叉或重复。同时融合学科经典原理、最新进展和适用技能，以求在保证学科知识完整性基础上，提高读者学习兴趣，启迪和培养读者的创新精神。为此本书编修团队特邀多所高校骨干教师参与，力求博取众家之长，其中南开大学张会旗教授和天津工业大学侯彦辉副教授参与全书目录审定，张会旗负责编写第 7 章和第 8 章，侯彦辉负责编写第 5 章和第 6 章，王槐三负责编写其余章节与统稿审订。

作者尤其感谢恩师、中国科学院徐僖院士和已故何炳林院士的悉心指导，以及对本书编写原则、结构和内容编排提出的诸多指导意见。四川大学高分子学院傅强教授曾指导本书部分章节的编写，南开大学张政朴教授和张保龙教授审阅书稿，并提出诸多建设性意见和建议。四川大学生物材料工程研究中心王亚宁同志负责文献检索、附图绘制以及校对勘误等工作，在此谨致谢忱。

由于作者水平有限，疏漏在所难免，恳请读者批评指正，不吝赐教。

王槐三

2012 年 10 月于成都

第一版前言

20 世纪中叶,含塑料、合成橡胶、合成纤维和涂料等的高分子材料逐渐渗透到工业、农业、国防、商业、医药等国民经济的各个领域,以及人们衣、食、住、行的各个方面。据报道,近年来我国合成纤维、塑料和合成橡胶的产量已经分别居世界第一、第二和第四位。可以说 20 世纪和 21 世纪是"人类文明正在进入高分子材料的新时代"。

高分子科学系以合成高分子材料为主要研究对象、兼具基础学科和应用学科属性的自然科学二级学科。高分子物理则是以合成高分子材料的微观结构与宏观性能之相关性原理为主要研究内容的三级学科。无可讳言,对多数化学化工类专业学生而言,物理化学、化工原理是相对难读、难学、难记的专业基础课程,而高分子物理则是高分子材料与工程类专业学生颇感头痛的专业基础课程。

客观而论,聚合物结构层次的多重性、物理和力学性能的多样性、结构与性能的密切相关性及其影响因素的复杂性等,既是高分子物理学的核心内容,也是学科知识构架编排的关键所在。我们归纳总结了国内外多种版本高分子物理学教科书的学习经历和教学经验,发现坚持以聚合物结构层次为"经",以物理和力学等方面的性能为"纬"编制高分子物理学之"知识网",能够更好地展现学科基础知识的清晰层次和结构条理,进而降低学习难度、提高学习效率。

本书在保证学科基础知识的完整性、系统性以及兼顾本科教学规律性的前提下,以提高教授和学习效率、降低学习难度、减轻学习负担为目标,按照聚合物的结构层次安排各章结构构架,依次以材料的基础物理性能、力学性能、溶液性能以及热电光学性能作为各节内容编排的层次。与此同时,本书融合了学科之经典原理、最新进展和实用技能,以求在保证学科知识完整性的基础上,提高读者之学习兴趣,启发和培养读者之创新精神。

本书编写过程中,特别注重汲取近年来国内外多种版本高分子物理学教科书之精华,力求博取众家之长。作者尤其感谢恩师、中国科学院院士何炳林教授和徐僖教授的悉心指导,以及对本书编写原则、结构布局和内容编排等提出的诸多指导性意见。

四川大学高分子学院傅强教授曾指导本书部分章节的编写,同时提供部分国外新版教科书,徐爱德教授和刘双成教授、南开大学张政朴教授和张保龙教授审阅了全部或部分书稿,提出诸多建设性意见和建议。四川大学生物材料工程研究中心王亚宁同志负责编写第 7 章和第 8 章,同时统计编写附录,并负责全书文献检索、附图绘制以及校对勘误等工作,在此谨致谢忱。

由于作者水平有限,疏漏在所难免,恳请读者批评指正,不吝赐教。

王槐三　寇晓康

2008 年 1 月于成都

目　　录

第1章 绪 论

高分子物理学是研究高分子化合物(聚合物)的化学组成和物理结构与其物理学和材料学性能之间相关性原理的科学。聚合物的结构是高分子物理学的核心研究内容，其物理和材料学性能则是其特殊结构的宏观表现，这条以结构为本质原因解释材料性能的主线将贯穿高分子物理学的全部内容。

物质内部微观分子运动形式是材料宏观存在形态及其性能的基础。因此，研究聚合物宏观结构和性能的重要目的在于了解聚合物的分子运动规律，同时建立其分子运动-结构-性能三者之间的相关性联系。由此可见，高分子物理学的内容主要包括结构、分子运动规律以及材料性能三大部分。

提纲编写目的及使用：
1. 按照大纲归纳重要知识点并列出序号，便于学习时量化掌握。
2. 提纲可对照该页相应内容理解。
3. 序号中字母含义：
g——概念；
y——原理；
j——计算公式；
t——重要附图；
b——重要附表。

1.1 高分子物理学概论

1.1.1 聚合物的结构特点

高分子化合物是指由众多原子或原子团主要以共价键结合而成的相对分子质量在 10000 以上、化学组成相对简单、分子结构有规律、分子形态多种多样的一大类特殊化合物。

1. 相对分子质量很大

虽然高分子化合物的相对分子质量至少 10000，甚至高达百万、千万，但是其巨大的分子都是由众多组成和结构完全相同的"结构单元"组成，而每个结构单元或者由其构成的"链段"均可视为或等效于 1 个小分子。表 1-1 列出一般低分子、中分子和高分子有机物的相对分子质量范围与分子尺寸的比较。

表 1-1 低分子、中分子和高分子有机物的分子尺寸与相对分子质量范围

有机物	碳原子数	相对分子质量	分子尺寸/($\times 10^{-10}$ m)
甲烷	1	16	1.25
低分子	1～100	16～1000	1～100
中分子	100～1000	1000～10000	100～1000
高分子	1000～10000	10000～10^6	1000～10000

2. 结构层次多样

一般而言，低分子物质的结构通常包括微观分子结构和宏观相态(气态、

液态和固态等)两个结构层次。而一般高分子化合物除分子链结构和凝聚态结构两个层次之外，还包含组成分子链的"结构单元"这个特殊的近程结构层次。

虽然一些高分子物理学教科书仍然将聚合物结构粗略地分为一级结构(分子链结构)和二级结构(凝聚态结构)两个层次，但是多数学者倾向于将聚合物结构划分为近程结构(结构单元)、远程结构(分子链)和凝聚态结构 3 个结构层次，如图 1-1 所示。

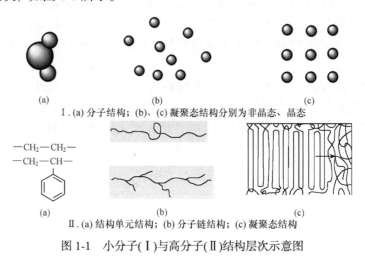

Ⅰ. (a) 分子结构；(b)、(c) 凝聚态结构分别为非晶态、晶态

Ⅱ. (a) 结构单元结构；(b) 分子链结构；(c) 凝聚态结构

图 1-1 小分子(Ⅰ)与高分子(Ⅱ)结构层次示意图

1) 近程结构

近程结构是指构成分子链的结构单元的化学组成与物理结构。近程结构(结构单元)不仅是决定聚合物远程结构和凝聚态结构的重要因素，也是决定聚合物材料物理力学性能最根本的物质基础。例如，聚苯乙烯和聚乙烯是由两种完全不同的结构单元构成的聚合物，因此它们的分子链结构和凝聚态结构完全不同，两者性能的差异相当明显。

2) 远程结构

远程结构是指由数目众多的结构单元构成的分子链的长短及其空间形态与结构。例如，直链大分子与支链大分子的空间形态有所不同；柔性的"无规线团状"分子链与刚性的"棒状"或"锯齿状"分子链的空间形态迥异；聚丙烯分子链的锯齿形结构与聚苯乙烯分子链的螺旋状结构就存在很大差异。如此不同的分子链结构自然对聚合物材料的凝聚态结构和性能产生巨大影响。

3) 凝聚态结构

凝聚态结构是指从化学热力学角度界定聚合物的微观结构类型。非晶态和晶态结构是合成聚合物最常见、最重要、在一般使用条件下表现出的凝聚态结构类型，而液晶态结构、取向态结构和多组分结构则是某些特殊种类聚合物或者在特定应力或助剂存在条件下所表现出的凝聚态结构类型。

再从材料力学角度考察，玻璃态、橡胶态和黏流态则是合成高分子材料在不同环境(温度和外力)条件下所表现出的不同形态和结构。

3. 分子间力远强于低分子物质

组成分子链的众多结构单元之间的范德华力具有加和性,所以聚合物分子链之间的作用力远强于其低分子同系物。这就是一般合成聚合物不存在气态,其物理与材料学性能远高于其低分子同系物的本质原因。

与一般低分子物质的凝聚态结构包括气、液、固和等离子 4 种相态有所不同,高分子化合物均不存在气态,通常以非晶态、结晶态、液晶态、取向态和多组分中的一种或多种混合凝聚态结构形式存在。

如前所述,聚合物分子链是由众多化学组成和结构完全相同的一种或两三种结构单元构成,而包含若干个结构单元、可以独立运动的"链段"在分子运动过程中常等效于小分子。

4. 微观结构普遍表现非均匀性

首先,如高分子化学所讲述的,高分子化合物是由相对分子质量不等的同系物分子链组成的混合物,显示其微观分子大小尺寸存在不均匀性。不仅如此,在分子链内部结构单元之间的连接顺序、空间构型、支化程度与部位、交联程度与部位,以及共聚物组成分布及其序列结构等许多方面都存在或多或少的不均匀性。

在 5.2 节中将详细讲述晶态聚合物结晶形态和分布的不均匀性,以及 5.8 节中将讲述多组分聚合物体系内存在宏观结构均匀而微观结构不均匀的特点,多方面显示聚合物微观结构的非均匀性是普遍存在的现象。

5. 结构和性能与环境强烈相关

聚合物材料的结构和性能首先取决于结构单元、分子链和凝聚态 3 个层次结构的内因。同时还必须充分考虑分子链之间作用力强大、运动过程缓慢而滞后等因素,致使聚合物的凝聚态转变过程和结果,以及材料的物理和材料学性能等均受这种转变过程的快慢和环境因素(如温度、压力)等外因影响。相比之下,一般低分子物质的凝聚态转变过程几乎是瞬间完成的,其结构和性能受环境因素的影响相对小得多。

1.1.2 聚合物的物性特点

材料的性能主要包括化学性能、物理性能、材料学性能和生物学性能等。不过,聚合物的化学性能属于高分子化学的研究范畴,生物学性能则属于新兴交叉学科生物医学工程材料的研究领域。由此可见,高分子物理学重点关注的是聚合物材料的物理性能与材料学性能。

聚合物的物理性能主要包括与不同凝聚态结构相关联的各种特征性温度,如玻璃化温度、黏流温度、熔点或软化点;与组成分子链结构单元的化学组成和结构直接相关的结晶能力、结晶速率和结晶度、极性和溶解性能;以及材料的热行为、电学和光学性能等。

聚合物的材料学性能则主要包括材料的强度和模量、弹性与黏弹性、蠕

1-2-y
聚合物的典
型物性特点:具有
高弹性、黏弹性和
成纤成膜特性。

变与应力松弛、屈服与塑性、疲劳、抗冲击性能和动态力学性能,以及材料在各种加工和使用条件下所表现出的其他特殊行为和现象等。

概而论之,**合成高聚物具有明显不同于普通金属、非金属和低分子有机物的特殊物理性能与材料学性能,集中表现为具有高弹性、黏弹性、应力松弛以及良好的成膜与成纤特性等多方面。**

1.1.3　结构与性能相关性原理

决定聚合物性能的关键因素包括结构内因和环境外因两个方面。按照唯物主义原理,内因即聚合物 3 个层次的结构是决定其性能最重要且关键的因素,而外因则是在一定条件下、一定程度内影响聚合物性能的重要因素。因此,在学习高分子物理学的过程中,必须始终遵循这个原则,理解和掌握各类聚合物结构与性能的相关性。

1-3-y
聚合物性能
的决定因素包括
结构单元、分子
链、凝聚态、材料
学形态等层次结
构和环境条件。

首先,分子链结构是决定聚合物凝聚态结构和性能的首要因素。组成聚合物分子链的结构单元和分子链结构是决定聚合物性能最基本、最重要的结构层次和影响因素。例如,聚合物的相对密度、极性和溶解性能、溶液和熔体的黏度、非晶态聚合物的玻璃化温度以及晶态聚合物的熔点等,很大程度上取决于聚合物的不同分子链化学结构。

其次,凝聚态结构对聚合物的性能有重大影响。凝聚态结构对聚合物的物理性能,尤其是材料力学性能产生重要影响。其实验证据之一是:分别处于非晶态和结晶态的同一种聚合物的物理性能和材料学性能总是存在巨大差异。

再次,环境因素是影响聚合物凝聚态和物理力学性能的重要外因。聚合物在加工、测试和使用过程中的环境因素,如温度、外力作用速率和溶剂等条件,均对聚合物结构和性能产生相当大的影响。例如,同种聚合物可能在低温、中温和高温条件下分别表现出塑料、橡胶和黏稠熔融体的特性。

由此可见,在理解和解释各类聚合物的结构和性能特点时,必须始终坚持在分子链结构、凝聚态结构和外界条件这 3 个层次进行合理的表述。

最后,对高分子物理学涉及的"化学结构"与"物理结构"做出明确界定。虽然存在一定争议和尚待明确之处,不过目前学界普遍认同 Elias 提出的界定原则,即除非通过化学键断裂并生成新的化学键才能产生改变的分子结构定义为化学结构,而将分子链内、链间或某些基团与大分子间的形态学差异定义为物理结构。按照该原则,聚合物结构中所包括的结构单元的化学组成及其空间构型应属于化学结构,而分子链的构象、聚合物加工过程中的取向和结晶等则属于物理结构的范畴。

1.2　高分子物理学简史及其学术地位

高分子物理学伴随着高分子化学的诞生和发展,至今已近百年。20 世纪 20~40 年代是高分子物理学建立和蓬勃发展的初期，在此期间最具历史意义的学科成果主要包括：

德国学者 Staudinger 于 20 世纪 20 年代发表划时代论著《论聚合》，提出异戊二烯构成橡胶、葡萄糖构成淀粉和纤维素以及氨基酸构成蛋白质等，均是以共价键实现彼此连接，以此构建高分子科学的核心。他随后建立了聚合物溶液黏度与相对分子质量之间的关系式，创建聚合物相对分子质量的测定方法。他被公认为高分子科学的始祖，因此而获得 1953 年诺贝尔化学奖。

在此期间，Ostwald 和 Svedberg 将溶液扩散、沉降、黏度和浊度等物理化学性能测定方法应用于聚合物溶液，从而建立高分子溶液定量研究的基础。Laue、Bragg 和 Debye 等将 X 射线衍射原理用于聚合物凝聚态结构研究。Kuhn、Guth 和 Mark 等将统计学原理应用于聚合物分子链的构象统计，从而创立了橡胶态聚合物的高弹性理论。Svedberg 将超离心技术发展为聚合物相对分子质量及其分布测定的新方法。

1942 年，Flory 和 Huggins 采用晶格模型建立了聚合物溶液的热力学理论，从而使聚合物稀溶液渗透压和黏度等的依数性原理获得理论支持。1949 年，Flory 和 Fox 将化学热力学与流体力学联系起来，从而建立聚合物溶液的黏度、扩散和沉降等宏观性质与微观结构的联系。其后，Tobolsky、Williams 和 Landel 等在聚合物黏弹特性、凝聚态转变和应力松弛行为等方面的研究也取得重要成果。

20 世纪 50 年代以来，红外光谱、旋光色散、核磁共振波谱、差示扫描量热分析、电镜成像、光电子能谱和密度梯度等分析方法逐渐成为聚合物微观结构与宏观性能研究的重要手段，标志着现代高分子物理学基本形成。

需要特别强调的是，美国斯坦福大学著名学者 Flory 在近半个世纪的时间里对高分子科学，尤其是高分子物理学做出了范围广泛、具有开创意义的一系列重大贡献，其中主要包括：橡胶态聚合物的弹性理论、高分子溶液热力学理论、非晶态聚合物本体构象理论和高分子液晶态理论等。

事实上，Flory 取得的上述每项研究成果都涵盖一个范围广阔的研究领域。例如，他于 20 世纪 40 年代建立晶格模型理论并推导出高分子溶液的混合熵、混合热和混合自由能，从而创立高分子溶液理论；他同时研究排斥体积效应，提出 θ 温度的概念，明确了聚合物分子与溶剂分子间的相互作用，提出"无扰链分子尺寸"概念。20 世纪 60 年代，他利用聚合物稀溶液状态方程处理聚合物溶液体系，推导出混合体积变化、混合热和"相互作用参数"与浓度的关系，将高分子溶液理论推进了一大步。他撰写的两本著名学术专著《高分子化学原理》和《链分子统计力学》再版达 10 多次，被誉为 20 世纪高分子科学的"圣经"。Flory 由于在"大分子物理化学实验和理论两个方面做出了根本性的贡献"(诺贝尔获奖证书语)而荣获 1974 年诺贝尔化学奖。

2000 年，日本学者白川英树、美国学者黑格和马克迪尔米德等在导电高分子材料方面的研究成果，彻底改变了人们有关合成聚合物都是绝缘材料的传统观念，开创了功能高分子研究的崭新领域。为此，三人共同获得世纪之交的诺贝尔化学奖。

基质辅助激光解吸电离-飞行时间质谱(MALDI-TOF MS)是近年发展起来的一种新型软电离生物质谱，为天然有机物、生物大分子如多肽和蛋白质等的相对分子质量测定和结构研究提供了强有力的手段。

高分子科学在我国起步始于 20 世纪 50 年代初期，当时王葆仁、唐敖庆、钱人元、何炳林和钱保功等学者分别在北京、长春、上海和天津等地组建高分子科学的研究和教育机构，开始从事相关领域的研究和人才培养。与此同时，冯新德先生和徐僖先生分别在北京大学和成都工学院(现合并组建为四川大学)开设国内首批理科和工科高分子本科专业，同时开展聚合物合成、结构与性能、加工成型工艺等领域的科学研究和人才培养，从而翻开我国高分子科学高素质人才培养的崭新一页。

时至今日，我国在高分子科学基础研究、专业技术人才培养以及各种高分子材料的生产量等方面已经大大缩短了与发达国家的差距。相信通过包括本书读者在内的所有高分子工作者的不懈努力，我国将在高分子科学与工程领域最终赶上世界先进水平。

回顾历史，我国高分子科学与合成材料工业之所以能够取得如此快速的发展和举世瞩目的成就，无疑获益于前辈学者们半个多世纪前开创性的播种和辛勤耕耘。作为 21 世纪的高分子科学工作者，应该永远铭记他们的历史功勋。据不完全统计，全国有超过 200 所高等学校设置高分子材料与工程专业，还有更多学校开设高分子科学与工程学课程。可以预期，我国高分子科学和高分子材料工业将在未来获得更快的发展和更辉煌的成就。

高分子物理学是物理化学、固体物理学、材料力学、流体力学等学科的基本原理在高分子科学领域的综合性应用。其在高分子化学与物理和高分子材料与工程学中的重要地位主要体现在如下三个方面：首先，高分子物理学是探索和揭示聚合物结构及其与材料性能相关性原理的重要理论基础。其次，高分子物理学为高分子化学工作者合成的各种聚合物提供结构与性能表征的重要手段，同时对聚合物的结构、性能及其与聚合反应条件之间的相关性做出科学解释，从而最终为合成过程和条件的优化提供导向。最后，高分子物理学为高分子材料与工程学提供聚合物材料及其制品结构与性能表征的工具，以及聚合物加工成型方法和条件的科学评价依据，从而最终为加工过程的优化提供理论指导。

由此可见，高分子物理学既是高分子化学和高分子材料与工程学所涉及的各个学科领域赖以发展的理论和实践工具，也是各个学科之间相互联系和促进的重要桥梁和纽带。

1.3 学科要点与学习方法

如前所述，高分子物理学是在高分子化学的基础上建立并发展起来的。因此，在学习本书之前，读者必须首先学习高分子化学，掌握各类聚合物的基本合成原理、合成方法以及聚合物结构与合成条件的相关性。在研究聚合物结构与性能的过程中，物理化学和化学热力学原理经常被引用，因此在学习本书之前，读者必须具备相关的基础理论和实践能力。除此之外，在讲述聚合物材料学性能时，常引用材料力学的不少专业术语、基本原理及其研究方法，因此要求读者拥有材料科学方面的相关基础知识。

1. 本书内容构架

作者总结各个时期尤其是近年来国内外多种版本高分子物理教科书的学习经历与多年教学经验，在广泛听取教师和学生的教学感受、学习困惑以及对各种教材的客观评价基础上，经过反复比较后发现，本学科核心知识构架设计的系统性与条理性、章节内容编排的层次感以及主次内容是否清晰明确，或许是影响本课程教学难易、学习效率高低的重要因素。

考虑到作为理工科高分子材料与工程专业方向本科学生专业基础课程教材的基本要求，本次修订版力求以明晰基础知识构架、降低学习难度和提高学习效率为目的，设定以聚合物结构层次为基础构架，依次讲述聚合物各个层次结构及其与物理和材料学性能之间的相关性原理。简而言之，本书核心内容构架依次包括聚合物分子链结构、高分子溶液、凝聚态结构、聚合物的材料学形态转变及其分子运动基础、聚合物的材料学性能以及聚合物的热、电和光学性能等 9 个重要板块，如表 1-2 所列。

表 1-2　高分子物理学的核心内容与知识要点

章	核心内容	知识要点
第 2 章	分子链结构	结构单元化学组成、结构、构象统计及其对分子链规整性、结构参数和柔性的影响
第 3 章	高分子溶液	聚合物溶解过程热力学、θ 参数与聚合物理想溶液条件、溶剂选择原则与临界溶解条件
第 4 章	相对分子质量测定	渗透压、黏度法、GPC 测定相对分子质量及其分布的原理、步骤和结果处理
第 5 章	凝聚态结构	聚合物 5 种凝聚态：非晶态、晶态、液晶态、取向态和多组分结构的分子链结构特征
第 5 章	晶态聚合物	聚合物结晶能力、结晶速度、结晶度和熔点与分子链结构(柔性和对称性)和环境条件的相关性
第 6 章	聚合物的材料学形态	聚合物 3 种材料学形态：玻璃态、橡胶态和黏流态的特点及其不同分子运动主体
第 6 章	玻璃化转变与黏流转变	非晶态聚合物的玻璃化转变和黏流转变(形变-温度曲线)的松弛特点及其分子运动解释

续表

章	核心内容	知识要点
第7章	材料学特性	非晶玻璃态与晶态聚合物的强度、黏弹性与强迫高弹特性，橡胶态高弹性的分子运动机理
第8章	热、电、光性能	聚合物的耐热性和热稳定性、介电性能和击穿性能以及光学性能

章	难点	知识要点
第2章	构象统计与链结构参数	分子链结构模型和链参数：均方末端距、均方半径、链段长、构象统计的数学推导
第3章	高分子溶液热力学	高分子溶液晶格模型的混合熵与排斥体积理论，θ参数、Huggins参数χ的数学推导
第5章	自由体积理论	非晶态聚合物玻璃化转化过程自由体积理论的数学推导
第5章	橡胶弹性理论	橡胶态聚合物高弹性热力学分析、统计学理论的数学推导、黏弹性的理论解释

表1-2中列出的9个核心内容和4个难点不可能包含高分子物理学的全部内容，却涵盖了高分子物理学的核心内容。明晰本学科基础知识构架并了解重点对降低本书学习难度和提高学习效率大有裨益。

表1-2中列出的4个难点是高分子物理学中物理意义抽象、数学推导过程烦琐、难学难记的内容。然而，这些难点并不对本学科的核心知识的学习构成直接障碍。所以按照学科教学大纲，基本要求是对其物理意义和推导过程仅需一般性了解，能够应用结果即可。

2. 学习方法与思路

多数化学化工类专业本科学生普遍感觉物理化学、化工原理和材料力学等课程相对于其他课程而言更难学难记。对于高分子材料与工程专业的学生，高分子物理相对于高分子化学而言学习难度确实更大。作者总结归纳多年来对国内外多种版本高分子物理教科书的学习经历和教学经验，试图通过图1-2直观表述聚合物性能与结构之间的相关层次和内容，或许对初学者在学习本书时能够有所帮助。

1-4-t
按照图示理解聚合物各层次结构与性能之间的关系。

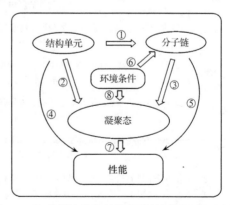

图1-2 聚合物性能与结构相关性原理理解示意图

如图1-2所示，3个椭圆分别代表聚合物的结构单元、分子链和凝聚态 3 个结构层次。2 个方框分别代表环境条件和聚合物性能。8 个箭头则分别显示聚合物结构层次之间的主从关系，以及各层次结构与性能之间的因果关系。

1) 结构单元

构成分子链的结构单元的结构是决定分子链结构规整性和柔性(箭头①)以及凝聚态结构的关键因素(箭头②)，也是决定聚合物性能的本质因素(箭头④)。

2) 分子链

分子链的结构规整性和柔性是决定其凝聚态结构和材料性能的重要因素(箭头③和⑤)。

3) 凝聚态

凝聚态结构是决定聚合物性能的关键因素(箭头⑦)。

4) 环境条件

环境条件通过对分子链结构和凝聚态结构产生影响(箭头⑥和⑧)，进而间接影响聚合物的性能(箭头⑦)。

由此可见，在学习高分子物理学的过程中，读者必须始终把握下列 3 条主线：首先，构成聚合物分子链的结构单元结构取决于单体种类及其聚合条件，两者同时影响分子链结构；其次，结构单元结构、分子链结构和环境条件共同影响聚合物凝聚态结构；最后，结构单元结构、分子链结构、凝聚态结构和环境条件共同影响聚合物性能。

相信读者把握住这些学习和理解思路，就可以以较为轻松的心态开始学习本书的实质性内容。

习 题

1. 根据图 1-1 和图 1-2 的提示，简要说明聚合物的结构层次以及聚合物结构与性能之间的相关性。
2. 简要叙述聚合物的结构和性能特点。
3. 参阅表 1-2，看看自己能够列出多少条高分子物理学核心基础内容的关键词。

第2章 分子链结构

从本章开始，在讲述聚合物结构、性能及其相关性原理的过程中，将始终遵循"由里及表、从微观到宏观"的总原则。首先讲述在理想状态下，单个聚合物分子链的结构单元结构(近程结构)、分子链结构(远程结构)及其结构参数与柔顺性的相关性；然后讲述数目众多的分子链被不同种类和不同浓度的介质(溶剂)稀释以后的结构、性能及其相关性原理(第3章和第4章)；接着讲述在不同环境因素(温度和外力等)的影响下，不同类型聚合物的凝聚态结构与其物理力学性能之间的关联性(第5~7章)；最后讲述聚合物的特殊热学性能、电学性能和光学性能。

首先需要强调的是，构成聚合物分子链的结构单元(近程结构)是构建分子链(远程结构)的基础，也是决定聚合物凝聚态结构，以及材料物理力学性能的最重要物质基础。分子链的远程结构与运动规律，以及分子链内和链间的相互作用也是导致聚合物结构与性能高度关联的重要因素。

本章将依次讲述构成聚合物分子链的近程结构(结构单元)的化学组成和结构、远程结构(分子链结构)，以及分子链的构象与构象统计，几种分子链模型结构参数的理论计算，单个分子链柔性的表征方法及其影响因素。

2.1 分子链近程结构

聚合物分子链的近程结构主要包括结构单元的化学组成与结构、连接方式、结构异构和立体异构4个方面。首先介绍分子链重复结构单元(重复单元)和结构单元两个概念。重复单元是分子链内化学组成和结构可重复的最小单位，而结构单元则是单体小分子通过聚合反应转化为分子链组成的单元。由一种结构单元组成的聚合物为均聚物，由两种或两种以上结构单元组成的聚合物为共聚物，不过由两种或两种以上结构单元组成的缩聚物称为混缩聚物或共缩聚物。

2.1.1 结构单元化学组成与连接方式

聚合物的近程结构(结构单元)的化学组成和结构是决定分子链远程结构和凝聚态结构，并最终决定聚合物性能最重要的因素。为了强调和证明这个结论，表2-1列出几种化学组成和结构不同的聚合物的主要物理性能。

表 2-1　几种重要聚合物的主要物理性能

聚合物名称	缩写	相对密度	玻璃化温度*/℃	熔点/℃	使用温度/℃
低密度聚乙烯	LDPE	0.91～0.94	−130	105	≤80
高密度聚乙烯	HDPE	0.95～0.97	−68	137	≤120
聚丙烯	PP	0.91	−35	175	≤120
聚氯乙烯	PVC	1.38	−50	212	≤60
聚苯乙烯	PS	1.06	100	240	≤100
尼龙-66	PA-66	1.33	60	280	≤120
涤纶	PET	1.46	70	267	≤120
聚二甲氧基硅氧烷	硅橡胶	0.98	−123	—	−40～180

*玻璃化温度的定义参阅 6.3.1 小节。

　　表 2-1 中所列结构单元不同的聚合物的使用温度多数不高于 120℃，其中聚氯乙烯和低密度聚乙烯的使用温度则更低一些。不过，聚二甲氧基硅氧烷(硅橡胶)的分子主链完全由 Si—O 键组成，其玻璃化温度极低，软化或熔融温度却很高，因此成为当前能够同时耐受低温和高温条件的优良橡胶材料和密封材料。

1. 化学组成与结构

　　按照构成大分子主链元素的不同，合成聚合物通常包括碳链聚合物、杂链聚合物和元素聚合物等多种类型。不同类型聚合物的分子链结构以及材料的物理力学性能均存在明显差异。

　　如果将以尼龙-66 和涤纶等为代表的杂链聚合物与以聚乙烯、聚丙烯和聚苯乙烯等为代表的碳链聚合物进行比较，发现前者的物理性能如相对密度、玻璃化温度和熔点等均明显高于后者，前者的材料力学性能也显著优于后者。

　　在碳链聚合物中，如果将带极性取代基的聚氯乙烯和带大位阻取代基的聚苯乙烯与无取代基的聚乙烯或带小位阻非极性取代基的聚丙烯进行比较，发现前者的相对密度和熔点均明显高于后者。

　　事实上，结构单元的化学组成和结构对聚合物性能的影响远不止表 2-1 所列，只是考虑到各章节内容的侧重和循序渐进的原则，本书将在以后章节中穿插讲述结构单元的化学组成和结构对聚合物其他物理力学性能的影响。

　　即使拥有类似化学组成和结构的不同类型聚合物，其分子链结构与材料力学性能也可能存在巨大差异。例如，由均苯四甲酸酐与四氨基苯通过分步缩合聚合反应制备的聚酰亚胺，其结构单元具有如下复杂的梯形结构。

2-1-y
　　结构单元化学组成与空间结构是决定聚合物远程结构、凝聚态结构以及材料性能的重要因素。

2-2-y
　　杂链聚合物的密度和熔点较高，带极性、位阻侧基聚合物的密度和熔点高于带非极性和低位阻侧基的聚合物。

将聚酰亚胺与具有类似酰胺键结构的线型聚酰胺进行比较,前者不仅可耐受 300℃以上高温,在航空航天领域获得广泛应用,还在微电子芯片制造领域以光刻胶的身份占据不可或缺的地位,而普通线型聚酰胺的使用温度却低得多。

2. 连接方式

结构单元的连接方式是指单体通过何种类型的聚合反应转化为结构单元,结构单元又按照何种方式彼此连接而成分子链。对缩聚物而言,无论均缩聚物还是混缩聚物或者共缩聚物,其聚合反应类型始终都是明确而唯一的,由单体转化而成的结构单元之间彼此连接的方式也是明确而唯一的。由此可见,一般缩聚物分子链的结构并不存在结构单元连接方式的问题。

连锁聚合反应过程中的链增长反应常伴随结构单元连接方式改变的副反应。例如,多数自由基聚合反应都存在双基耦合与双基歧化链终止反应,有可能产生"头-头连接"和"头-尾连接"的结构单元。再如,氯乙烯的自由基聚合反应往往存在 3 种不同的链增长趋势。一般情况下,"头-尾连接"属于正常链增长方式,所生成的大分子由于其热力学能较低而具有较高的热稳定性。而按照"头-头连接"或"尾-尾连接"方式生成的大分子,由于其热力学能较高而稳定性较低。

一般而言,具有反常连接方式结构单元的聚合物在外界条件相对苛刻时,如高温和紫外光照等,容易发生分子链的分解和降解反应,从而导致材料使用性能显著降低直至破坏。

实践证明,结构单元所带侧基位阻的大小以及反应条件是否剧烈等是决定分子链内结构单元反常连接难易程度的重要因素。通常情况下,侧基位阻较小的结构单元容易发生反常连接。在高温或其他相对苛刻的条件下进行聚合反应也容易产生这种反常连接。与此相反,当侧基位阻较大或增长链的活性端(自由基、阴离子或阳离子端)具有共轭结构时,结构单元反常连接的概率明显降低。例如,聚苯乙烯和聚甲基丙烯酸甲酯分子链中反常连接的结构单元就很少。

2.1.2 结构异构

众所周知,化学组成完全相同的化合物,因为化学结构的不同而形成性能不同的异构体,这就是异构化现象。对聚合物而言,异构化现象主要包括结构异构和立体异构两大类。

构成聚合物分子链的原子或原子团以不同方式连接而产生的异构称为结构异构。例如,化学组成同为 $-[C_2H_4O]_n$ 的聚合物可能具有下列 3 种化学结构,它们显然是性质不同的聚合物。

$$-[CH_2-CH]_n- \qquad -[CH-O]_n- \qquad -[CH_2-CH_2-O]_n-$$
$$\qquad\quad | \qquad\qquad\quad |$$
$$\qquad\quad OH \qquad\qquad CH_3$$

聚乙烯醇　　　　聚乙醛　　　　聚氧化乙烯或聚环氧乙烷

聚合反应中产生结构异构的过程有时称为重排反应，如 3-甲基丁烯的阳离子聚合反应，往往发生叔碳原子上的氢原子的重排反应。目前普遍认为，这种结构异构的结果是生成不带氢原子的季碳原子，从而使分子链趋于稳定。结构反常的结构单元往往是聚合物的活性部位或薄弱环节，在环境条件较为苛刻时聚合物的降解反应往往从这些部位开始。

2.1.3 立体异构

立体异构一般包括几何异构和手性异构两类，前者普遍存在于二烯烃的连锁聚合反应中，而后者则普遍发生于 α-烯烃的配位聚合反应中。几何异构也称顺反异构，共轭二烯烃如丁二烯、氯丁二烯和异戊二烯等进行 1,4-加成聚合反应过程中，根据所用催化剂与聚合条件的不同，通常可能生成占比不同的顺式和反式两种异构体，同时还可能进行 1,2-加成聚合反应，生成具有手性碳原子的几种异构体。

二烯烃的配位聚合反应往往同时发生几何异构和手性异构，生成化学组成相同而空间结构不同的异构体可能多达 3~5 种。虽然聚合反应条件对聚合物结构和性能的影响属于高分子化学的研究范畴，但是既然高分子物理学的研究核心是聚合物结构与性能的相关性原理，了解各种聚合物可能存在的多种结构异构趋势，显然有利于解释它们具有多重结构和性能差异的原因。下面分别讲述几何异构和手性异构对聚合物性能的影响。

1. 几何异构

以异戊二烯和丁二烯的 1,4-加成聚合物为例，其顺式异构体与反式异构体之间的性能差异非常明显，如表 2-2 和表 2-3 所示。

表 2-2 顺式和反式聚异戊二烯的主要物理性质比较

异构体名称	相对密度	玻璃化温度/℃	弹性	在溶剂中的溶解性能		
				汽油	卤代烃	CS$_2$
天然橡胶(顺式)	0.90	−70	良好	良好	良好	良好
古塔波胶(反式)	0.95	53	极差	加热可溶	不溶	不溶

表 2-3 几何异构对共轭二烯 1,4-加成聚合物物理性质的影响

聚合物	玻璃化温度/℃		熔点/℃	
	顺式结构	反式结构	顺式结构	反式结构
聚异戊二烯	−70	−60	30	70
聚丁二烯	−108	−80	2	148

2-3-y
结构单元的几何异构和手性异构对聚合物物理性能具有决定性影响，如聚共轭二烯烃顺式为橡胶，反式为塑料。

表 2-2 和表 2-3 的数据表明，聚异戊二烯顺式结构的天然与合成异构体均具有很低的玻璃化温度和较低的相对密度，是具有良好弹性的橡胶材料；而其反式结构的天然异构体古塔波胶和合成异构体都是玻璃化温度较高、弹性和溶解性能很差的塑料材料。

2. 手性异构

对聚合物而言，"构型"是指分子链上相邻原子或原子团之间所处空间相对位置类型的表征。换言之，构型是化学键连接的原子或原子团之间空间排列状态的专属描述。构型的重要特点是在空间和时间上都是确定不变的。

手性异构过去称为旋光异构、对映异构或镜像异构等，是普遍存在于许多低分子有机化合物内的一种异构化现象。α-烯烃的配位聚合反应是带有手性碳原子的"立构规整性聚合物"的异构化过程。事实上，多数含手性碳原子的立构规整性聚合物都不具有旋光性，所以将其称为手性聚合物或许更为科学严谨。

立构规整性聚合物是指由一种或两种构型结构单元以单一顺序重复排列的聚合物。具体而言，凡是由单一构型结构单元构成的聚合物称为全同立构聚合物(等规聚合物)，而以两种构型结构单元交替排列构成的聚合物称为间同立构聚合物(间规聚合物)。

丙烯在 Ziegler-Natta 催化剂存在下进行聚合可得到由 3 种具有手性的结构单元组成的聚合物，分别称为全同立构、间同立构和无规立构聚丙烯。图 2-1 即为全同立构和间同立构聚丙烯的立体结构示意图。显而易见，前者分子链内全部甲基都位于主链平面的同一侧，而后者的甲基则交替出现在主链平面的两侧。

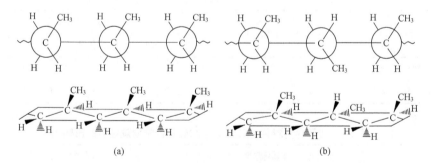

(a)　　　　　　　　　　(b)

图 2-1　全同立构(a)和间同立构(b)聚丙烯的立体结构示意图

结构单元的手性异构对聚合物的物理和力学性能具有决定性影响。表 2-4 列出几种立构规整性聚合物的性质、用途和结构单元的构型比较。

表 2-4　不同构型聚合物的性质和用途比较

聚合物及其构型		相对密度	熔点/℃	玻璃化温度/℃	材料用途
聚丙烯	全同	0.92	176	−18～−10	塑料
	无规	0.85		−14～35	添加剂
聚丁二烯	顺-1, 4	1.01	2～4	−108	弹性体
	反-1, 4	0.93～1.02	148	−83	塑料
	全同	0.96	120	−4	塑料
	间同	0.96	154	−85	塑料
聚苯乙烯	全同	1.27	240	100	塑料
	无规	1.05		100	塑料
有机玻璃	全同	1.22	160	45	塑料
	间同	1.19	>200	115	塑料
	无规	1.19	105	105	塑料

2-4-b
不同构型聚合物的性能和用途明显不同。

研究发现，聚合反应过程中的异构化反应与正常聚合反应同时进行，可见几何异构和手性异构聚合物的分子链不可能由绝对单一的立构异构结构单元构成，顺式或反式、全同或间同聚合物仅表明在聚合物分子链中该种异构化结构单元的比例相对较高而已。表征聚合物分子链中手性异构化程度高低的参数为立构规整度或定向指数，以其立构规整性聚合物的质量分数表示。

2.2　分子链远程结构

作为特有的结构层次，聚合物分子链的远程结构通常鲜为人们所了解。原因在于传统的小分子无机物和有机物的结构中，并不存在远程结构的问题。聚合物分子链的远程结构主要包括相对分子质量大小及其分布的宽窄、不同结构单元的序列结构和末端基团等。它们是对聚合物分子链形态、凝聚态结构以及材料物理力学性能产生影响的重要因素。

2.2.1　相对分子质量及其分布

如前所述，合成聚合物都是由化学组成相同而相对分子质量大小不等的同系物组成的混合物。聚合物的相对分子质量只具有统计平均意义，聚合物的性能不仅取决于其平均相对分子质量，还与其相对分子质量分布的宽窄有一定关系。以分子式为 $-[CH_2-CH_2]_n$ 的聚乙烯同系物为例，聚合度为 1～2 时为气体，聚合度为 3～10 时为液体，聚合度为 10～100 的材料为黏性高、力学性能极差的蜡状固体。当聚合度超过 1000 时，材料开始表现出塑料的韧性、强度和成膜特性，并随聚合度的增加而增加。

一般而言，除某些特殊用途(如涂料、胶黏剂)使用较低相对分子质量聚合物外，多数对材料力学性能要求较高的用途都需要聚合物具有较高的相对分子质量。例如，相对分子质量约 10000 的涤纶可以满足民用纺织纤维的要求，汽车轮胎帘子线专用涤纶对相对分子质量的要求更高，而专用于制备航空航天器的超强降落伞用涤纶丝的相对分子质量则要求高达 30000 以上，同时其相对分子质量分布要求更窄。

另外，由于相对分子质量较高的聚合物加工成型的难度较高，因此又不希望普通用途聚合物的相对分子质量过高。除此之外，聚合物的相对分子质量分布对其使用和加工性能也有一定影响，所以相对分子质量及其分布的控制是高分子材料生产及加工过程中极为重要的问题。

2.2.2　共聚物的序列结构

由两种及两种以上结构单元构成的聚合物称为共聚物。按照不同结构单元在分子链上排列方式不同，可以形成无规共聚物、交替共聚物、嵌段共聚物和接枝共聚物等多种类型。

如前所述，结构单元的化学组成和结构是决定分子链远程结构和凝聚态结构，以及聚合物材料物理力学性能最重要的因素。由此可见，即使由化学组成相同的结构单元参与构成的不同共聚物，其分子链结构及其材料的物理力学性能也可能存在显著差异。

2-5-y
共聚物性能
倾向于组分均聚
物性能互补。

由一种单体合成的均聚物的性能通常存在某些缺陷，如天然橡胶和早期的合成橡胶的耐油性能均较差，聚苯乙烯容易脆裂，聚氯乙烯的溶解性能极差等。如果选择两种或两种以上单体进行共聚，得到的共聚物往往表现出能对均聚物的性能进行互补的优势，因此采用共聚反应对聚合物进行改性始终受到学术界和产业界的普遍关注。

按照共聚物分子链的不同形态以及两种结构单元在分子链中排列顺序的不同，通常将共聚物分为接枝、嵌段、无规和交替共聚物 4 大类型。事实上，接枝共聚物与支化均聚物共同构成一类与直链聚合物性能明显不同的支化聚合物，其结构特点涉及聚合物分子链的不同形态。其余 3 类共聚物的结构特点均涉及分子链中两种或多种不同结构单元的不同排列方式。

1. 支化聚合物

2-6-y
支化聚合物
的相对分子质量
分布较宽，相对
密度、玻璃化温
度、熔点和结晶
度都较低。

支化聚合物包括支化均聚物和接枝共聚物两大类。支化均聚物是某些采用自由基聚合反应合成的聚烯烃由于链转移反应而在大分子主链上产生一些支链，高压聚乙烯就是典型例子，常发生分子链内和链间的自由基转移反应，分别生成短支链和长支链。其分散度较高(3~20)，结晶度较低(50%~70%)，相对密度也较低(0.91~0.93)，所以也称为低密度聚乙烯，表 2-5 列出两种聚乙烯的性能比较。

表 2-5　高压聚乙烯和低压聚乙烯的性能比较

聚合物	相对密度	熔点/℃	结晶度/%	用途
高压聚乙烯	0.91~0.94	105	60~70	薄膜
低压聚乙烯	0.95~0.97	135	95	型材

接枝共聚物是在均聚物或共聚物中加入过氧化物或采用辐照或紫外光照等手段，引发第 2(或第 3)单体从主链上的叔碳原子开始进行聚合反应而生成的一种特殊共聚物，这是聚合物改性的常用方法。例如，将聚氯乙烯与丁二烯进行接枝共聚，可大大提高其耐低温性能。由 20%丁二烯与 80%苯乙烯进行接枝共聚可得到接枝共聚物——高抗冲聚苯乙烯，原因在于聚丁二烯分子链段的良好柔性弥补了苯乙烯链段的刚性和脆性缺陷，从而使共聚物的抗冲击强度显著提高。

结论：线型聚合物发生支化的直接结果是聚合物的相对分子质量分布变宽，相对密度、玻璃化温度、熔点和结晶度降低。接枝共聚物的特点是两种或多种组分均聚物的性能在一定程度上互补。

2. 嵌段共聚物

1) 无规短嵌段共聚物

按照自由基共聚反应历程，当两种单体的竞聚率均大于 1 时，显示两者的均聚能力都强于共聚能力，于是就只能得到既含有两种单体的均聚物，又含嵌段部位、嵌段数和嵌段长度均完全无规的短嵌段共聚物，其实用价值并不高。

2) 标准嵌段共聚物

标准嵌段共聚物是按照活性阴离子聚合反应历程合成，嵌段数、嵌段顺序和嵌段长度均可受到控制的共聚物，这是目前合成嵌段共聚物的最重要方法，SBS(苯乙烯-丁二烯-苯乙烯)热塑性弹性体就是典型例子。

3) 混合嵌段共聚物

混合嵌段共聚物是采用"遥爪聚合物"(活性端基聚合物)与缩聚物进行缩合而得到的加聚-缩聚型嵌段共聚物。例如，将活性阴离子聚合物与环氧乙烷(或二氧化碳)反应，生成带有羟端基(或羧端基)的加聚物，然后与缩聚物进行缩合，即可得到多种类型的二嵌段或三嵌段聚合物。这种混合嵌段共聚物兼具加聚物和缩聚物的优异性能，用途相当广泛。

3. 交替共聚物与无规共聚物

交替共聚物是二元共聚物的特殊类型，无规共聚物则是共聚物的普遍形式。交替共聚是指两种都不能进行均聚反应却可进行共聚反应的单体参加的共聚反应，生成的共聚物分子链中两种结构单元严格交替排列，因此能够较好地改善聚合物的性能。

无规共聚物是指在共聚物分子链上结构单元的排列顺序完全是无规律的。对这类共聚物的序列分布进行研究虽然十分复杂且困难，但是与其他类型的共聚物一样，能够改善聚合物的性能，只是改善的程度及性能改善的侧重点有所不同，只有针对具体的共聚反应才可以发现其中的规律。嵌段共聚物、交替共聚物和无规共聚物等的性能特点与接枝共聚物类似，大体上是两种或多种聚合物性能的互补。

4. 交联聚合物

一般聚合物的分子都是长链线型，通常呈无规卷曲线团状。线型聚合物分子链间并无化学键存在，所以在受热和外力作用下分子链间可以发生相对移动直至彼此分开，这就是线型聚合物可以溶解、熔融、易于热加工成型的本质原因。

聚合物的交联通常是指线型分子链之间产生化学键连接的过程，其结果是使聚合物分子链间形成网状结构(reticular structure)。化学交联聚合物分子链之间由于化学键的存在而无法彼此分开，因此不再具有线型聚合物的一些性能，高度交联的聚合物不能溶解于任何溶剂，升高温度也不熔融，热加工成型比较困难等。另外，交联聚合物的各项力学性能指标普遍优于线型聚合物，尤其具有优异的耐热性、耐溶剂性和尺寸稳定性。基于这个原因，在热塑性聚合物加工成型后期往往需进行适度交联，实际上是一种既简单又有效的改性方法，是近年来高分子材料与工程领域特别关注的研究领域。

化学交联通常分为聚合交联和后交联两类。在单体中加入适量多官能团单体进行共聚合反应，即可获得具有三维网状交联结构的体型聚合物，这就是聚合交联。如果在特定条件下对线型聚合物施以高能辐照、紫外光、超声波或者加入过氧化物，则线型聚合物分子链之间将由于自由基向分子链转移而进行交联，这就是后交联。通常在聚合物加工成型过程中同时进行后交联，既不增加加工难度，又能显著改善材料和制品的性能。

生产离子交换树脂所需的苯乙烯-二乙烯基苯共聚物珠粒是采用聚合交联的方式制备的，而聚烯烃的改性往往采用各种形式的后交联。此外，橡胶的硫化加工也是后交联的典型例子。

交联聚合物的交联程度通常用交联度或交联密度来表征。迄今为止，尚无表征聚合物交联度的统一标准。例如，橡胶的交联度通常用含硫量表示，含硫量≤5%时属于弹性良好的软橡胶(俗称橡皮)，含硫量20%～30%则是弹性很差的硬橡胶。不过，部分学者主张采用两个交联点之间链段的平均相对分子质量来表示交联度。该方法虽然科学严谨，却存在实验测定方面的困难。客观而论，如果将交联度定义为聚合物分子主链上发生交联的结构单元占结构单元总数的百分比，则显得更为科学和规范，而且可以与交联密度统一起来。表2-6列出用于生产包装制品的几种聚乙烯薄膜的主要性能。

表 2-6　用于生产包装材料的几种聚乙烯薄膜的主要性能

性能	辐照交联 PE	LDPE	HDPE
拉伸强度/MPa	50~100	10~20	20~70
断裂伸长率/%	60~90	50~600	5~400
热密封温度范围/℃	150~250	125~175	140~175

表 2-6 的数据显示，线型聚合物交联后其强度大幅提高，断裂伸长率明显降低，综合力学性能达到甚至超过立构规整性聚合物的性能。而后者的合成过程却需要相当苛刻的条件，不仅价格昂贵，而且或多或少含有作为催化剂残留物的金属离子，这难以满足某些电线、电缆等绝缘材料的高标准要求。由此可见，聚烯烃的后交联改性是很有发展前景的研究领域。

2.2.3　分子链的末端基

合成聚合物分子链的末端基通常来源于单体、引发剂、相对分子质量调节剂或溶剂。虽然分子链的末端基占比很少，但是其化学特性对聚合物的化学与物理性能总会产生一定影响。

一方面，某些缩聚物分子链的活性末端基团是其获得应用的关键。例如，环氧树脂分子链末端的环氧基团能与小分子二元胺发生固化反应，从而使其成为电器绝缘材料和黏结剂的重要类型。

另一方面，部分聚合物尤其是缩聚物分子链的活性末端基团的存在，对材料的热稳定性也会产生一定负面影响，分子链的断裂和降解有可能从末端基开始，因此这类聚合物往往需要采用一定化学方法进行封端。例如，聚甲醛的端羟基容易发生氧化反应而导致材料性能改变，采用酯化反应封端以后其热稳定性显著提高。

同样，聚碳酸酯的端羟基和酰氯端基容易促进分子主链的化学降解和热降解反应，所以在生产过程中需要加入适量单官能团的苯酚进行封端，不仅具有调节相对分子质量的功能，也可显著改善产品的耐热性和化学稳定性。

2.3　分子链的构象与构象统计

构象是指分子链内非化学键连接的邻近原子或原子团之间空间相对位置的状态描述。构象区别于 2.2 节讲述的构型。构型是指通过化学键连接的邻近原子或原子团之间空间相对位置的描述。两者的最大区别在于，构象具有不稳定和多样性，而构型则具有稳定和数量有限的特点。

本节首先讲述聚合物分子链存在几乎无穷尽分子构象的本质原因，然后讲述分子链构象的统计规律。

2-7-g
构象是非键合邻近原子或原子团间空间状态的描述，特点是具有不确定性。
构型是键合邻近原子或原子团间相对位置的描述，特点是具有确定性。

2.3.1　σ键的内旋转运动

为了建立聚合物分子链构象的直观概念,本节首先讲述构成聚合物分子链的主要化学键即σ键的内旋转运动。曾有人设想将聚乙烯分子链放大 10^8 倍,其尺寸与直径 1 mm、长度 50 m 的金属丝相当。常识告诉我们,如果没有任何外力牵伸,如此细长的金属丝肯定无法保持刚直,而只能呈现无规卷曲的形态。既然比聚合物分子链刚硬得多的金属丝都无法维持刚硬直线形态,一般聚合物分子链通常呈现无规卷曲线团状也就不难理解了。现在的问题是:究竟是什么力量使分子链从刚直状态自发转变为卷曲状态?

重要结论:组成聚合物分子主链和侧基的众多σ键基于化学热力学驱动的内旋转运动是聚合物分子链存在几乎无穷尽分子构象,并自发呈现无规线团状,同时表现高度柔性的本质原因。

在无机化学、有机化学和结构化学中已经学习了σ键的特点,其中最重要的就是其可以绕键轴做旋转运动。下面首先看乙烷分子的结构,然后再设想两个甲基之间以 C—C σ键为轴顺时针方向旋转 60°的情况,结果如图 2-2(a)弧形箭头所示。

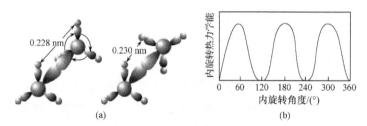

图 2-2　乙烷分子的不同构象(a)和内旋转热力学能变化曲线(b)

图 2-2 中由于σ键的内旋转而呈现两种空间形态,即乙烷分子的两种构象。从两个非键合原子或原子团(此处为 H)之间距离越远则排斥力越小的原则判断,交叉式构象的热力学能小于叠同式构象的热力学能。

图 2-2 中按照顺时针方向旋转 60°的假设完全是随意性的。事实上,分子链上众多σ键进行内旋转的方向和角度完全随意且无法预测。

可以肯定的是,即使σ键内旋转的方向和角度存在细微差异,也必然对应于不同的分子构象。有鉴于此,聚合物分子链存在几乎无穷尽分子构象也就不难理解了。

现在的问题是,分子链上众多σ键的内旋转运动及其呈现出的分子构象数有无规律可循?下面讲述的分子链构象统计便试图解答这个问题。

2.3.2　分子链的构象统计

如果不考虑能量因素和外界条件的影响,即使最简单的乙烷分子的理论构象数也有无限多。原因在于单个σ键内旋转 360°过程中,即使每个仅有微小差异的空间位置都应该对应于不同的构象。由此可以想象,结构比乙烷复杂得多、主链含有众多结构单元的聚合物分子链的理论构象数显然还要多得多。不过考虑分子能量因素之后的实际构象数必然会少许多,这才为构象统计学理论研究提供了可能。

图 2-2 中,乙烷的两种构象事实上是所有构象中最极端、最稳定的交叉式构象[图 2-2(a)右]和最不稳定的叠同式构象[图 2-2(a)左]。按照乙烷分子的热力学能高低判断,交叉式构象的热力学能最低,而叠同式构象的热力学能最高。按照这样的思路则可以画出内旋转一周乙烷分子的热力学能变化曲线,如图 2-2(b)所示,现在将曲线的峰值(U_0)定义为内旋转的热力学能垒,实验测得乙烷分子内旋转的 U_0 为 12.1 kJ/mol。一般而言,分子内旋转热力学能垒的高低取决于非键合原子或原子团之间相互作用力的强弱。当内旋转的热力学能垒较大时,表示非键合原子之间的相互作用力较强,反之,则表示非键合原子之间的相互作用力较弱。表 2-7 列出几种有机化合物内旋转热力学能垒数据。

表 2-7 几种有机物分子的内旋转热力学能垒[U_0/(kJ/mol)]

乙烷	氟乙烷	氯乙烷	1, 2-二氟乙烷	乙醛	甲醚	甲醇	甲胺	CH_3SiH_3
12.1	13.9	15.5	13.3	4.9	11.4	4.5	8.0	7.1

可以设想,当乙烷分子内的氢原子被电负性很强的氯原子取代后,C—C σ 键进行内旋转的热力学能垒无疑大于乙烷分子内旋转的热力学能垒。图 2-3 便是 1, 2-二氯乙烷分子内旋转的 3 种构象及其对应的热力学能垒曲线。如果乙烷分子内两个碳原子各自一个氢原子分别被甲基取代即成为内旋转状态更为复杂的正丁烷,将其置于直角坐标系中,研究正丁烷分子的各种内旋转状态,如图 2-4 所示。

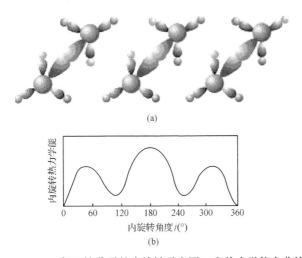

(a)

(b)

图 2-3 1, 2-二氯乙烷分子的内旋转示意图(a)和热力学能垒曲线(b)

在有机化学中我们曾经学习过,饱和烷烃中的所有 σ 键都属于可自由旋转的 sp^3 杂化轨道,且相邻 σ 键之间的夹角始终保持 109°28′。按照这两个原则,同时考虑到丁烷分子中有两种不同类型的非键合氢原子(分别为甲

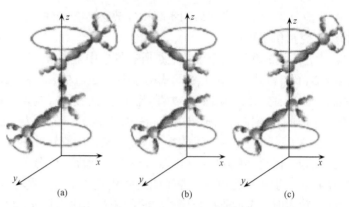

图 2-4　正丁烷分子内旋转与 3 种稳定构象图(稳定顺序 a>b = c)

基和亚甲基的氢原子),所以正丁烷分子的内旋转也包括两种类型,即甲基与丙基之间 C—C σ 键的内旋转(图 2-4 中用两个小椭圆表示),以及两个乙基之间 C—C σ 键的内旋转(图 2-4 中用两个大椭圆表示)。

在不考虑非键合原子之间存在相互作用的理想状态下,上述 σ 键的内旋转是完全自由的,可能存在的内旋转状态(理论构象)数也就有无限多。然而,由于非键合原子之间排斥力的存在,以及这种排斥力大小与两个原子之间距离的相关性,限定了只可能出现非键合原子距离最远、排斥力最小、热力学能垒最低的"相对稳定构象"。

由此可见,处于相对稳定状态的分子构象数目总是有限的,这取决于分子链内非键合原子的类别和数目,即取决于该分子所含的碳原子数。按照图 2-2 和图 2-3 所示,乙烷和 1, 2-二氯乙烷分子的稳定构象数均应为 1,即分别是图 2-2(a)右边的交叉式和图 2-3(a)左边的完全交叉式。

按照构象统计学原理,聚合物分子链的稳定构象数应关联于所有 σ 单键构象数的某种数学组合。假设单个分子链含有 n 个 σ 单键,每个单键的稳定构象数为 m,则该分子链的稳定构象总数应为

$$\Omega = m^{n-1} \tag{2-1}$$

"稳定平面构象数"是假设将构成分子主链的所有碳原子置于同一平面上,该分子链内所有原子的排列方式中,能够使分子热力学能处于相对较低的状态数,式(2-1)中 $m = 2$。一般直链烷烃的稳定平面构象数应等于 2^{n-3},该指数的底"2"表征二维平面空间,n 为烷烃的碳原子数。于是可以分别计算丙烷、正丁烷、正戊烷和正己烷的稳定平面构象数分别为 1、2、4 和 8。当 $n < 3$ 时,如乙烷的稳定平面构象数等于 1。

按此推论,正烷烃在三维空间里的稳定构象数应远大于其稳定平面构象数而等于 3^{n-3}。照此计算丙烷、正丁烷、正戊烷和正己烷的稳定空间构象数应分别等于 1、3、9 和 27。由此可见,随着正烷烃碳原子数的增加,即随着分子链的增长,其稳定的空间构象数急剧增加,表 2-8 列出正烷烃的稳定平面和空间构象数与碳原子数之间的对应关系。

表 2-8　正烷烃的稳定构象数与碳原子数的对应关系

碳原子数	2	3	4	5	6	7	8	9	10	200
稳定平面构象数	1	1	2	4	8	16	32	64	128	约 2^{97}
稳定空间构象数	1	1	3	9	27	81	243	792	2187	约 3^{97}

将该关系式应用于聚合度为 100、分子链含碳原子数 200 的无支链高密度聚乙烯(相对分子质量为 28000)，即可计算出其稳定空间构象数竟然高达 3^{97}(约为 10^{46})，这简直是一个天文数字。由此可以得到一个极其重要的启示：聚合物分子链的理论构象数几乎是无穷大！不过，由于分子链内和链间存在众多原子间的强烈相互作用，尤其是分子链间相互扭结、缠绕和互贯等物理作用而产生的"物理交联"，对不同构象之间的自由变换过程构成严重障碍，致使分子链的实际构象数远远小于这个数字。

为了规范基于 σ 键内旋转导致分子链构象改变的类型的表征，国际纯粹化学与应用化学联合会(IUPAC)于 1981 年以小分子正丁烷为例，为分子构象制定了分类的规范与对应符号，如表 2-9 所列。

表 2-9　正丁烷分子构象的 IUPAC 分类名称与符号

$2CH_3$ 在 C—C 轴向垂直面上投影夹角	构象	构象符号
0°	顺式	C(*cis*)
±60°	左右式	$G^+60°$(gauche)　$G^-60°$(gauche)
±120°	反左右式	$A^+120°$(anti gauche) $A^-120°$(anti gauche)
±180°	反式	T(*trans*)

2.4　分子链的结构参数

物质都是由数目众多的原子和分子构成。高分子材料也不例外，同样是由众多分子链遵循一定规律凝聚而成。可以设想，分子链构建聚合物材料的过程和结果在很大程度上取决于分子链的化学物理结构和几何形态。

基于此，本节将首先讲述单个分子链的形态与结构，以便后续章节讲述它们在不同类型溶剂中溶解过程的一般规律及其溶液的特殊行为，以及在不同环境条件下的分子链的凝聚过程及其表现出来的宏观物理力学性能。

事实上，单个分子链的概念仅存在理论意义。即使在浓度非常低的聚合物溶液中，分子链之间依然存在一定程度的相互作用力。处于熔融或凝固态的聚合物材料内部，分子链之间的相互作用力尤其强大。

本节重点是在假设的理论环境中，不考虑分子链之间的相互作用及环境因素的影响，讲述单个分子链的理论结构参数及其测定方法、分子链的柔性大小及其表征方法，以及影响分子链柔性的各种因素。

按照统计热力学原理，单个分子链的熵值是该分子链无序程度的热力学函数，分子链的构象数 W 与熵值 S 服从玻尔兹曼方程：

$$S = k \ln W \tag{2-2}$$

式中，k 为玻尔兹曼常量。

根据化学热力学理论，在无外力作用条件下，单个分子链总会自发趋向于无序程度升高、熵值增大，即趋向于向尽可能卷曲的形态发展。由此可见，无规线团状的形态无疑是线型分子链熵值最大的相对稳定状态。伸直状态则是线型分子链熵值最小的非稳定状态。

聚合物分子链的柔性有时也称为柔顺性，是表征聚合物分子链结构特性的一个重要定性指标，也是聚合物凝聚态结构和材料物理力学性能的重要影响因素。鉴于此，本书在后面章节中，在解释聚合物的各种凝聚态结构与物理力学性能时，分子链的柔性与结构规整性常被引用。

20 世纪 30~40 年代，Flory 首先创立了聚合物分子链的无规线团模型，同时提出"无扰链分子尺寸"的概念。自此以后，高分子物理学界普遍认同可以采用分子链的各种结构参数表征分子链的柔性。

如前所述，聚合物分子链的刚柔性是决定聚合物凝聚态结构和材料性能最重要的内因，可见如何表征与量化分子链柔性对于聚合物结构与性能相关性规律的研究至关重要。

分子链内 σ 键的内旋转导致的构象变化始终伴随着分子链的形态与结构参数的同步变化，所以完全可以采用分子链的结构参数来描述和表征相对抽象的分子链柔性。

如果假设大分子是实心球体，则只需测定球半径即可表征其结构特征。如果假设分子链是纤细而刚直的棒状体，则只需要了解棒状体的长度和截面半径两个结构参数即可表征其形态特征。

如 2.3.2 节所述，正烷烃在三维空间内的稳定理论构象数多达 3^{n-3}。由此可见，对由众多原子构成、相对分子质量 1 万以上、拥有几乎无限多个可能构象的正烷烃同系物——线型聚乙烯的无规线团状分子链而言，对其进行构象研究的难度可想而知。为此有必要探究分子链的结构参数与分子链柔性的相关性。

2.4.1　分子链常见的结构参数

高分子物理学中用于表征无规线团状聚合物分子链柔性的结构参数通常包括均方末端距、均方回转半径、链段长度和无扰尺寸。

1. 均方末端距

单个线型分子链的末端距(h)是指分子链的两个末端之间的直线距离，

是具有方向性的向量。如果对三维空间内众多分子链的向量末端距进行统计计算，得到的结果应等于零。

将所有统计对象分子链的向量末端距先平方，之后再平均，即得到不再是向量而是标量的均方末端距($\overline{h^2}$)。它是表征线型聚合物分子链形态尺寸及其刚柔性最重要的结构参数，用其定性表征无规线团状线型大分子的刚柔性简单而易于理解。分子链的均方末端距$\overline{h^2}$数值越大，表示分子链柔性越差，数值越小则柔性越好。

2-8-g
均方末端距：分子链向量末端距的均平方值，是表征线型聚合物分子链柔性的重要参数。

2. 均方回转半径

分子链的均方回转半径($\overline{\rho^2}$)简称均方半径，是指构成分子链的所有链段质心与整个分子链质心间向量距离的均方值，是专门用于表征支化和交联聚合物分子结构及其形态尺寸的重要结构参数。均方半径数值越大，表示分子链柔性越差，数值越小则分子链柔性越好。

2-9-g
均方半径：分子链所有链段质心至分子链质心向量距离的均方值。

3. 链段长度

"链段"是指分子链内可自由取向、在一定范围内独立运动的最小单位。事实上，聚合物分子链内 σ 键的内旋转总会牵动邻近化学键发生运动。随着彼此相隔距离的增加，σ 键之间彼此运动时的相互牵动作用会逐渐减弱。

当彼此间距离增加到足够远之后，其运动就可视为相对独立而不再彼此影响。于是，将分子链内含有若干个结构单元或 σ 键、彼此运动互不影响的"一小段"定义为链段。链段长度既可用实际轮廓长度表示，也可用其所含结构单元数表示。

2-10-g
链段长度：分子链内可自由取向、在一定范围独立运动的最小单位。

4. 无扰尺寸

实践证明，单个分子链的结构参数都必须在极度稀薄的溶液中才能进行研究和测定。本书第 3 章将讲述聚合物分子链与溶剂分子之间的相互作用对分子链的形态和尺寸产生影响，从而导致测定结果与分子链的实际情况不符。不过研究发现，这种影响或干扰的程度与溶剂种类和温度密切相关。

通过大量实验研究发现，总可以选择合适的溶剂与温度，创造一个能使溶剂分子对聚合物分子链构象和结构参数产生的影响降到最低、甚至可以忽略不计的理想条件，这样的条件称为无扰条件或"θ条件"，在此条件下测定的分子链尺寸即称为无扰尺寸。前述分子链的各种结构参数如均方末端距和均方半径等也必须在θ条件下进行测定，才能得到无扰均方末端距和无扰均方半径等结构参数。

2-11-g
无扰尺寸：在适当溶剂和温度将溶剂对分子链构象和结构参数的影响降到可忽略的理想条件下测定的分子链尺寸。

2.4.2　几种分子链模型的结构参数

如前所述，分子链内众多 σ 键的内旋转运动是导致分子链的构象千变万化的本质原因。σ 键的内旋转运动还受到键角、键长的限制，以及邻近原子或原子团所构成的热力学能垒的阻碍,使分子链的构象变化更复杂而难于研究。

为了简化问题,必须首先建立理想化的分子链结构模型,再对其结构参数进行统计计算,最后推演到接近实际分子链的一般情况。高分子物理学界曾先后提出自由结合链(freely jointed chain)、等效自由结合链、自由旋转链和等效自由旋转链等多种模型,从理论和实验两个方面计算和测定这些模型分子链的结构参数,进而用于表征分子链的柔性。本节将依次讲述按照这些模型计算分子链各种结构参数的过程与结果。

1. 自由结合链模型

假设分子链是由足够多不占体积的 σ 键构成,所有 σ 键的内旋转也不受键角和邻近原子或原子团的位阻和热力学能垒的限制,每个 σ 键在空间任意方向的取向和旋转的概率完全相等。换言之,σ 键是不受任何限制的独立运动单元,如果沿分子链端施以外力进行拉伸,便可将自由结合链拉伸为直线状。这就是极端理想化的柔性分子链,即自由结合链结构模型,也称高斯链模型。对自由结合链的均方末端距进行理论计算的方法包括几何法和统计学推导两种。

1) 均方末端距的几何计算

采用几何法计算由 n 个键长为 l 的 σ 键构成的自由结合链模型的末端距,其核心问题是计算分子链内所有 σ 键的向量和。如果所有 σ 键的方向均保持一致(其出现概率极低),则该分子链应为长度为 nl 的一条直线,其末端距的平方应为 n^2l^2。

对于同样由 n 个键长为 l 的 σ 键构成,呈无规线团状的柔性分子链(其概率极高)末端距的几何计算,事实上是计算分子链内所有 σ 键的向量的加和。

$$\sum l_i = l_1 + l_2 + l_3 + l_4 + \cdots$$

由于众多具有向量特征的 σ 键出现在各个方向上的概率完全相等,所以采用几何计算自由结合链模型的向量末端距应等于 0。为此,将所有 σ 键的向量末端距平方后加和,最后再平均(烦琐过程略),即得到具有标量特征的均方末端距 $(\overline{h^2})$,其与 σ 键数目 n 和键长 l 之间的关系见式(2-3)。

2-12-j
自由结合链均方末端距计算公式。

$$\text{均方末端距} \quad \overline{h^2} = nl^2$$
$$\text{均方根末端距} \quad \overline{h^2}^{1/2} = n^{1/2}l \tag{2-3}$$
$$\text{极限末端距} \quad h^* = nl$$
$$\text{极限平方末端距} \quad h^{*2} = n^2l^2$$

式(2-3)分别为处于永恒热运动过程中的自由结合链模型两个末端距离的平均平方值、平均平方值的平方根值、被外力拉伸为直线状的极限末端距及其平方值。

由于聚合物的相对分子质量大多远超 1 万,甚至高达百万、千万数量级,

构成分子主链 σ 键的数目 n 非常巨大,所以比较式(2-3)即可发现,自由结合链模型的均方根末端距要比假设其被外力拉伸呈直线状时的极限末端距小许多($n^{1/2}l \ll nl$)。

由此可见,从理想化的自由结合链模型通过几何计算得到的分子链轮廓尺寸,要远小于假设其完全伸直时的极限尺寸。这里需要补充说明,一些教科书将均方根末端距称为"根均方末端距",两者含义完全相同。

2) 均方末端距的统计学推导

按照化学热力学原理,聚合物的分子链总是处于永恒的热运动中,其均方末端距 $\overline{h^2}$ 与所有可能出现的末端距 h 之间应该满足统计学中概率密度分布函数的积分式:

$$\overline{h^2} = \int h^2 W(h) \mathrm{d}h \tag{2-4}$$

按照统计学原理处理三维空间内众多向量的统计问题,通常将其归纳为"无规飞行"或者"盲人步行"的问题进行统计学处理。对于后者的具体表述为:1 个步幅为 l 的盲人从直角坐标原点出发行走于三维空间内,当其行走 n 步后,他出现在空间球面某坐标点(x, y, z)附近体积元$(\mathrm{d}x, \mathrm{d}y, \mathrm{d}z)$内的概率可用如下三阶微分方程式进行描述:

$$W(x,y,z)\mathrm{d}x\mathrm{d}y\mathrm{d}z = \left(\frac{\beta}{\sqrt{\pi}}\right)^3 \mathrm{e}^{-\beta^2(x^2+y^2+z^2)}\mathrm{d}x\mathrm{d}y\mathrm{d}z \tag{2-5}$$

对呈完全无规分布的盲人步行的可能路径而言,其在空间三维坐标轴上投影的平均值应该相等,且满足 $x^2 = y^2 = z^2 = h^2/3$。如果只考虑盲人离开原点的距离而不计其行走的方向,并将三维直角坐标转换为球面坐标,即 $\mathrm{d}x\mathrm{d}y\mathrm{d}z = 4\pi h^2 \mathrm{d}h$,则其行走 n 步后,出现在距离坐标原点 h、厚度 $\mathrm{d}h$ 的球壳 $4\pi h^2 \mathrm{d}h$ 内的概率,即其径向分布函数可转化为如下以球面坐标表达的微分式:

$$W(h)\mathrm{d}h = \left(\frac{\beta}{\sqrt{\pi}}\right)^3 \exp\left(-\beta^2 h^2\right) 4\pi h^2 \mathrm{d}h \tag{2-6}$$

式中,$\beta = [3/(2nl^2)]^{1/2}$。

将该微分式在整个球体内积分(烦琐过程略),即得到盲人步行路径起始原点与步行终点间的距离,或者自由结合链模型的末端距在三维空间球体内概率密度分布的函数关系式

$$
\begin{aligned}
W(h) &= \int_0^\infty h^2 \left(\frac{\beta}{\sqrt{\pi}}\right)^3 \exp\left(-\beta^2 h^2\right) 4\pi h^2 \mathrm{d}h \\
&= \left(\frac{\beta}{\sqrt{\pi}}\right)^3 \exp\left(-\beta^2 h^2\right) 4\pi h^2 \\
&= \frac{3}{2\beta^2}
\end{aligned}
\tag{2-7}
$$

式(2-5)、式(2-6)和式(2-7)中,$\beta^2 = 3/(2nl^2)$,$\beta = [3/(2nl^2)]^{1/2} \approx 1.22/n^{1/2}l$。将其代入式(2-7)即可求解自由结合链的均方末端距 $W(h) = \overline{h^2} = nl^2$,这与

采用几何法如式(2-3)计算的结果完全相同。

式(2-7)是著名的高斯分布函数式，其推导过程相当烦琐，本书略。假设将自由结合链的一端固定于坐标原点，而将另一端的热运动视为上述盲人在三维空间内的无规步行过程，通过统计分子链末端距的概率密度分布函数即可采用高斯分布函数式(2-7)进行描述。

所以，在高分子物理学中，习惯将末端距的概率密度分布符合高斯分布函数(图 2-5)的分子链称为高斯链。事实上，高斯分布函数并非对称函数，曲线的极小值为末端距 h 极小值 0 和极大值 nl 出现的概率，表明自由结合链在这两种极端情况下，即两个末端完全重合或者完全伸直的概率几乎为零，如图 2-6 所示。

2-13-j
　末端距概率分布符合高斯分布函数的分子链定义为高斯链。

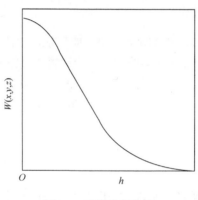

图 2-5　高斯分布曲线

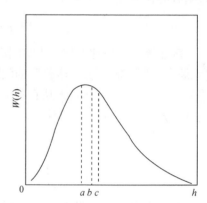

图 2-6　自由结合链末端距相对比较
a. 最大概率末端距；*b*. 平均末端距；*c*. 均方根末端距

图 2-6 则表示自由结合链模型最大概率末端距、平均末端距和均方根末端距的相对数值比较。也可以采用图解法对图 2-6 所示的高斯分布函数曲线的极大值进行求解，即可得到自由结合链的最大概率末端距 h^* 及其平方值：

$$h^* = \frac{1}{\beta} = \left(\frac{2n}{3}\right)^{1/2} l \approx 0.82 n^{1/2} l$$

$$h^{*2} = \frac{1}{\beta^2} = \frac{2}{3} nl^2 \approx 0.67 nl^2$$

(2-8)

由此可见，前面在推导高斯分布函数式时使用的符号 β 的实际内涵是自由结合链的最大概率末端距 h^* 的倒数。比较式(2-8)和式(2-3)可以发现，自由结合链模型的最大概率末端距不仅远远小于其极限伸直长度 nl，而且也稍小于均方根末端距，大约为其 0.82 倍。除此以外，自由结合链的平均末端距可由如下函数积分式求解：

$$\bar{h} = \int_0^\infty h W(h) \mathrm{d}h$$

(2-9)

通过烦琐的数学运算，也可得到自由结合链模型的平均末端距。

$$\overline{h} = \frac{2}{\pi^{1/2}\beta} \approx 0.92n^{1/2}l \tag{2-10}$$

为了作更直观的比较，假设相对分子质量为 140000、聚合度为 5000 的完全无支链的线型聚乙烯分子链满足自由结合链模型的所有条件，即可按照前述不同算式计算出该分子链 5 种不同定义末端距的数值大小，如表 2-10 所列。

表 2-10　假设 PE 自由结合链各种末端距的数值比较

末端距	均方	均方根	平均	最大概率	极限
计算式	nl^2	$n^{1/2}l$	$0.92n^{1/2}l$	$0.82n^{1/2}l$	nl
数值/nm	237	15.4	14.2	12.6	1540
相对误差/%	15.4	1.00	0.92	0.82	100

注：$l = 0.154\,\text{nm}$，$n = 10000$。

表 2-10 和图 2-6 显示，对于分子链足够长、满足自由结合链模型条件的柔性分子链，其均方根末端距、平均末端距和最大概率末端距呈递减趋势，其数值相差并不大，均远小于该分子链被拉伸为直线状的极限末端距。

总之，自由结合链模型末端距满足表 2-10 和前述一系列关系式的基本条件，包括如下 3 个方面：

(1) 分子链中所有 σ 键的运动不受任何限制，即完全符合假设的自由结合链模型。

(2) 分子链的统计单元即 σ 键的数目必须足够大，或者该盲人在三维空间步行的步数 $n \gg 1$。

(3) 分子链的末端距必须远远小于完全伸直链的长度，即 $h \ll nl$，才能用高斯分布函数计算其结构参数并定性描述其柔性。

2. 等效自由结合链模型

事实上，构成聚合物分子主链 σ 键的内旋转运动并非像自由结合链模型那样完全自由，它们不仅受到键角和键长的限制，还存在非键合邻近原子之间热力学能垒的障碍。可以想象的是，随着两者距离的增加，分子链中σ 键的内旋转与非键合邻近原子之间热力学能垒的相互影响会越来越弱。

当彼此间的距离达到足够远之后，σ 键的内旋转运动就可视为彼此独立而不再受影响。将 σ 键内旋转运动不受非键合邻近原子位阻和能垒的影响，由若干个 σ 键组成的"一段链"视为自由结合链的独立运动单元，即成为"等效自由结合链模型"。这里的"等效"是指将构成模型的若干个"链段"视为独立运动单元后，就可以借用自由结合链模型的相关公式进行分子链的构象统计并计算其结构参数。不过，就构成分子链的这些链段而言，它们依然满足自由结合链的基本条件，即在链段范围内的 σ 键内旋转运动除受键长约束外，其运动方向是完全自由的，所以这种链段也称为"高斯链段"。

2-14-j
等效自由
结合链的均方
末端距。

假设构成等效自由结合链模型的链段数为 n_e，链段长度为 l_e，其均方末端距为 $\overline{h_e^2}$，式(2-3)即可转变为

$$\overline{h_e^2} = n_e l_e^2 \tag{2-11}$$

可以确定的是，在分子链轮廓长度相等的情况下，采用等效自由结合链模型计算的链段长度 l_e 恒大于自由结合链模型的键长 l；其链段数 n_e 恒小于自由结合链模型分子主链 σ 键的总数 n。由此可见，等效自由结合链模型更接近聚合物分子链内 σ 键内旋转运动的实际情况。

由于等效自由结合链的链段分布符合高斯分布函数，故将其称为高斯链段。事实上，自由结合链模型仅具有理论意义，即使其分布函数符合高斯分布函数，也仅仅作为高斯链的一个特例而已。

3. 自由旋转链模型

在自由结合链模型的基础上，如果设定 σ 键在实际键长 $l = 0.154$ nm 和键角 $\theta = 109°28'$ 所限定的范围内才能进行内旋转运动，同时不考虑邻近基团对内旋转运动构成的位阻和热力学能垒限制，即成为自由旋转链(freely rotating chain)模型。

可以设想，如果沿分子链的两个末端施以外力，即可将其拉伸为锯齿状折线。采用几何法推导自由旋转链均方末端距的近似计算式为

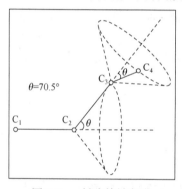

$$\overline{h_r^2} = \frac{1+\cos\theta}{1-\cos\theta} n l^2 \tag{2-12}$$

图 2-7　σ 键内旋转角度

由此可见，自由旋转链模型的均方末端距取决于构成大分子主链 σ 键的数目 n、键长 l 和内旋转角 θ 等 3 个参数。而 σ 键内旋转的角度 θ 如图 2-7 所示，σ 键沿着彼此之间键角的补角，即与旋转运动轴向夹角 $\theta = 180° - 109.5° = 70.5°$ 的角度旋转。计算 $\cos\theta = 1/3$，将其代入式(2-12)即可计算自由旋转链模型均方末端距的近似数据。

2-15-j
自由旋转链
结构参数计算式。

均方末端距　　　$\overline{h_r^2} = 2nl^2$

均方根末端距　　$\left(\overline{h_r^2}\right)^{1/2} \approx 1.41 n^{1/2} l$ 　　(2-13)

极限末端距　　　$h_r^* = 0.82nl$

极限平方末端距　$h_r^{*2} = 0.67 n^2 l^2$

比较式(2-13)和式(2-3)可知，自由旋转链的均方末端距是自由结合链均方末端距的 2 倍，而自由旋转链的均方根末端距却是自由结合链均方根末端距的 1.41 倍。相比之下，自由旋转链的极限末端距却只有自由结合链极限末端距的 0.82 倍，这就是 σ 键的键角对其内旋转运动的限制所带来的影响。

4. 等效自由旋转链模型

同理，如果将 σ 键内旋转因位阻和能垒限制所牵连或影响到的若干个邻近 σ 键组成的链段视为自由旋转链的独立运动单元，即成为等效自由旋转链模型。于是可借用自由旋转链模型的相关公式计算其结构参数。显而易见，该模型更接近实际分子链内旋转运动的实际情况。

由于分子链的极限伸直长度等于将其拉伸为锯齿状长链在主链方向的投影，如图 2-8 所示。计算 σ 键内旋转角的余弦 $\cos\theta \approx 1/3$，$\cos\theta/2 = (2/3)^{1/2}$。假设聚乙烯分子链满足等效自由旋转链模型的条件，即可分别计算分子链的各种末端距，如式(2-14)。

均方末端距　　　　$\overline{h_{er}^2} = 2n_{er}l_{er}^2$

均方根末端距　　　$\left(\overline{h_{er}^2}\right)^{1/2} \approx 1.41n_{er}^{1/2}l_{er}$　　　(2-14)

极限末端距　　　　$h_{er}^* = 0.82n_{er}l_{er}$

极限平方末端距　　$h_{er}^{*2} = 0.67n_{er}^2l_{er}^2$

2-16-j
等效自由旋转链结构参数计算式。

式中，$n_{er} = n/3$，$l_{er} \approx 2.45l$。

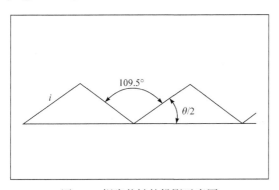

图 2-8　锯齿状链的投影示意图

比较式(2-14)和式(2-3)可以发现，由于 σ 键内旋转运动受键角的限制，柔性分子链的链段数仅为分子主链所含 σ 键总数的 1/3。换言之，等效自由旋转链模型的链段理论上由 3 个 σ 键构成，1 个链段在分子主链方向上的投影长度约为键长的 2.45 倍。

由此可见，无取代基、对称性高的柔性分子链如线型聚乙烯等，其末端距比完全伸直锯齿链的末端距短得多，两者差值的大小随分子链上 σ 键数目的增加而急剧增加。这就从一个侧面回答了"究竟是什么力量使聚合物分子链能够自发呈现高度卷曲的无规线团状"的问题。

从另一个角度观察，具有卷曲分子链的橡胶被拉伸数倍达到接近伸直锯齿链状，这是外力作用下体系熵值减小的过程。当外力解除后，分子链必然自发回缩到原先的卷曲状态，这是熵值增加的自发过程，这就是橡胶具有高弹性的本质原因。

在实际工作中,通常采用实验方法测定聚合物分子链的无扰均方末端距 $\overline{h_0^2}$ 和相对分子质量，即可根据分子链的化学结构计算分子主链含有的无扰链段数 n_0、链段长 l_0，以及分子主链的轮廓长度 L。

$$\overline{h_0^2} = n_0 l_0^2 \tag{2-15}$$

实验结果显示,实际线型聚乙烯分子链并非自由旋转链,其位阻效应以及分子链间远程相互作用,导致在 θ 条件下测得其链段大约由 10 个 σ 键构成，链段长度远大于 3 倍键长，其均方末端距约为 $6.76nl^2$。据此计算其链段长度约为 1.28 nm，大约相当于 8.28 个 σ 键长。显而易见，实际聚合物的分子链既非自由结合链，也非自由旋转链，而是呈无规线团状的柔性链。当分子链足够长，而且柔性足够好时，则可将其视为等效自由旋转链进行统计处理，只是将包含若干个 σ 键的链段作为独立运动单元而已。

2.4.3　均方半径 $(\overline{\rho^2})$

前面讲述的自由结合链模型的均方末端距的物理意义不难理解,但是无法采用实验方法直接测定。另外，用于表征线型分子链的均方末端距却不能用于支化和交联聚合物分子链柔性的表征。由此提出均方半径，即分子链质心与组成该分子链所有链段质心之间向量距离的均方值。

$$\overline{\rho^2} = \frac{1}{n} \sum_{i=1}^{n} \overline{r_i^2} \tag{2-16}$$

式中，n 为链段数；r_i 为从分子链质心到第 i 个链段质心的向量距离。自由结合链的均方末端距与均方半径 $(\overline{\rho^2})$ 之间存在下述关系：

$$\overline{h^2} = 6\overline{\rho^2} \tag{2-17}$$

用该式计算自由结合链的平均半径与平均末端距间的关系为

$$\overline{h} = 2.45\overline{\rho} \tag{2-18}$$

由此可见，**自由结合链的均方末端距是均方半径的 6 倍，其平均末端距是平均半径的 2.45 倍**。一般情况下，如果要测定分子链的均方末端距，通常需要在适当温度用特殊溶剂配制的稀溶液中，采用光散射仪测定呈无规线团状分子链的均方半径，再按照式(2-17)计算均方末端距 $\overline{h^2}$。

2.5　分子链的柔性

按照统计热力学原理,体系熵值的大小与体系中所有分子和原子的无序程度有关，无序程度越高则体系的熵值越大。将此原理应用于聚合物分子链则表述为：**分子链柔性越好，构象数越多，分子链的无序程度越高，熵值越大，也就越稳定。**

2.5.1　分子链柔性的表征

表征聚合物分子链柔性的指标通常包括 Flory 特征比 C、位阻参数或刚性因子σ、无扰尺寸 A 和链段长度或链段数 4 种。

1. Flory 特征比 C

将实验测得的分子链无扰均方末端距$(\overline{h_0^2})$与按照自由结合链模型计算的均方末端距$(\overline{h^2})$的比值定义为该分子链的 **Flory 特征比 C**,其数值大小可作为表征分子链相对柔性的参数。一般而言,如果分子主链的 σ 键数目和键长确定,在无扰条件(θ条件)下测得的无扰均方末端距$\overline{h_0^2}$恒大于按照自由结合链模型计算的均方末端距$\overline{h^2}$。

$$C = \overline{h_0^2}/\overline{h^2} = \overline{h_0^2}/nl^2 \tag{2-19}$$

按照式(2-19)分别计算自由结合链、自由旋转链和完全伸直锯齿链的 Flory 特征比 C 分别为 1、2 和 n。由此可见,Flory 特征比 C 越小的分子链,其与自由结合链模型的柔性差异越小,显示其柔性也就越好。一些常见聚合物分子链的 Flory 特征比 C 列于表 2-11。

表 2-11 几种聚合物分子链的 Flory 特征比 C

聚合物	C	聚合物	C
聚氧化乙烯	4.1	聚二甲基硅氧烷	6.1
顺-聚丁二烯	5.0	聚乙烯	6.8
全同聚丙烯	5.5	聚甲基丙烯酸甲酯	7.3
反-聚丁二烯	5.8	聚氯乙烯	7.7
尼龙-66	5.9	聚苯乙烯	9.8

表 2-11 的数据显示,Flory 特征比 C 越小的分子链如聚氧化乙烯和顺-聚丁二烯的柔性明显高于 C 值大的聚合物如聚苯乙烯和聚氯乙烯等。

2. 位阻参数或刚性因子σ

将实测分子链的无扰均方末端距与按照自由旋转链模型计算的均方末端距$\overline{h_r^2}$比值的平方根定义为该分子链的**位阻参数或刚性因子σ**。

$$\sigma = \left[\overline{h_0^2}/\overline{h_r^2}\right]^{1/2} = \overline{h_0}/(2n)^{1/2}l \tag{2-20}$$

事实上,位阻参数σ本质上是分子链内 σ 键自由旋转运动受阻程度的量度。也可将其用于表征分子链的柔性,如表 2-12 所列。

表 2-12 几种聚合物分子链的位阻参数σ

聚合物	σ	聚合物	σ
古塔波胶	1.3	聚丙烯	1.8
聚二甲基硅氧烷	1.4	聚甲基丙烯酸甲酯	2.0~2.4
天然橡胶	1.5	聚苯乙烯	2.2~2.4
顺-1,4-聚丁二烯	1.6	聚 3,4-二氯苯乙烯	2.9

2-17-g.j
表征分子链柔性的 4 种参数:
Flory 特征比 C;
位阻参数或刚性因子σ;
无扰尺寸 A;
链段长度或链段数。

与前述 Flory 特征比 C 相类似, 位阻参数 σ 越小的分子链与自由旋转链模型的柔性差异越小, 显示其柔性也就越好。表 2-12 的数据显示, 橡胶类柔性分子链的位阻参数仅为自由旋转链的 1 倍多, 而大体积侧基或极性取代基的存在将使其位阻参数显著增加, 分子链的柔性降低。

3. 无扰尺寸 A

实践证明, 聚合物分子链的均方末端距与其相对分子质量 M 呈正相关性, 因此可用实测无扰均方末端距 $\overline{h_0^2}$ 与相对分子质量之比值的平方根表征分子链的相对柔性, 并将其定义为无扰尺寸 A。

$$A = \left(\overline{h_0^2} / M\right)^{1/2} \tag{2-21}$$

式中, M 为相对分子质量; $\overline{h_0^2}$ 为分子链的无扰均方末端距。

显而易见, 具有长度量纲的无扰尺寸 A 值越小, 分子链的柔性越好, A 值越大则柔性越差。研究结果显示, 当分子链达到足够长后, 其无扰尺寸 A 不再与相对分子质量有关, 意味着在分子链足够长和完全无扰的条件下, 其单位相对分子质量的均方末端距趋于定值。表 2-13 列出几种线型聚合物分子链的无扰尺寸 A 和位阻参数 σ 的相关实验数据。

表 2-13　几种线型聚合物分子链的无扰尺寸和位阻参数

聚合物	溶剂	温度/℃	$A \times 10^4$/nm	σ
聚二甲基硅氧烷	丁酮, 甲苯	25	670	1.39
顺-聚异戊二烯	苯	20	810	1.67
反-聚异戊二烯	二氧六环	47.7	910	1.30
顺-聚丁二烯	二氧六环	20.2	920	1.68
无规聚丙烯	环己烷, 甲苯	30	835	1.76
聚乙烯	十氢萘	140	1070	1.84
聚异丁烯	苯	24	740	1.80
聚乙烯醇	水	30	950	2.04
聚苯乙烯	环己烷	34.5	655	2.17
PMMA	混合溶剂	25	640	2.08
聚甲基丙烯酸己酯	丁醇	30	530	2.25
聚甲基丙烯酸十二酯	戊醇	29.5	500	2.59
聚甲基丙烯酸十六酯	庚醇	21	620	3.54
三硝基纤维素	丙酮	25	2410	4.70

4. 链段长度

链段是指分子链内可自由取向、在一定范围内独立运动的最小单位。事实上，分子链内 σ 键的内旋转总会牵动邻近化学键随之运动。不过可以设想随着相隔距离增加，σ 键之间彼此运动时的相互牵动作用会逐渐减弱。当其距离增加到足够远时，其运动就可视为彼此相对独立而互不影响了。

于是将分子链内含若干个结构单元或 σ 键、彼此运动互不牵连和影响的一段链定义为链段。虽然采用链段长度表征分子链的柔性简单而直观，但是由于实验室测定困难而应用受限。

相对而言，采用链段长度表征分子链的柔性既直观又容易理解。链段越长、含 σ 键数越多的链段显示分子链的柔性越差，而链段越短、含 σ 键数越少的链段显示分子链的柔性越好。链段长度既可用实际长度 l(nm)表示，也可用其所含结构单元或 σ 键数目 n 表示。

假设分子链的长度为 L，则等效自由结合链的极限伸直长度应等于其所含链段数与链段长度的乘积，即 $L_{max} = n_e l_e$。表 2-14 列出几种聚合物分子链的链段长度及其所含结构单元数。

2-18-g
链段长度：
分子链内可自由取向、在一定范围内独立运动的所含结构单元或 σ 键数目 n。

表 2-14　几种聚合物分子链的链段长度及其所含结构单元数

聚合物	结构单元相对分子质量 M	链段长度 l/nm	链段含结构单元数 n
聚甲醛	44	0.56	1.25
聚乙烯	28	0.81	2.7
PET	100	1.34	4.4
聚苯乙烯	104	1.53	5.1
纤维素	162	2.57	5.0
甲基纤维素	186	8.10	16

2.5.2　分子链柔性的影响因素

顾名思义，聚合物单个分子链的柔性是指线型分子链能够自由改变其构象、表现出柔软而容易形变的特性。单个分子链柔性的影响因素主要包括分子链的结构性内因和外界条件两个方面，其中内因主要包括主链结构、取代基、支化和交联、分子链长短和结构规整性等，外因则包括温度和外力作用等。

1. 主链结构的影响

1) 完全由单键组成的分子链柔性良好

原因在于构成大分子主链的所有 σ 键都能进行内旋转，因而使分子链的柔性得以最大限度地发挥。例如，PE、PP 和乙丙橡胶等就属于高度柔顺的分子链。由不同原子构成的 σ 键的键长和键能如表 2-15 所列。

2-19-y
主链结构与
分子链柔性:
完全单键柔
性好;
碳杂单键柔
性好;
孤立双键柔
性好;
含苯环柔
性差;
能够生成氢
键链柔性更差。

表 2-15　几种共价键的键长和键能

共价键	键长/nm	键能/(kJ · mol⁻¹)	共价键	键长/nm	键能/(kJ · mol⁻¹)
N—H	0.101	389	C—O	0.143	351
C—H	0.109	414	C—N	0.147	293
C=O	0.123	715	C—C	0.154	347
C=C	0.134	615	Si—O	0.164	368

表 2-15 的数据显示，含—Si—O—结构的硅橡胶分子链的柔性最好，主要原因首先是其键长最长，其次是在 O 原子周围不存在妨碍 σ 键内旋转的取代基位阻。事实上，以 Si—O 键为分子主链的硅橡胶是耐低温、弹性很好的合成橡胶。同理，含—C—O—结构的聚氧化乙烯分子链的柔性也很好。由此可见，非键合邻近原子之间距离增大，内旋转更容易，也就增加了分子链的柔性。

2) 含孤立双键分子链柔性较好，含共轭双键分子链柔性较差

原因是虽然双键本身不能内旋转，但是由于与双键原子连接的原子或原子团数目较少，内旋转位阻相对较低，导致含有孤立双键的如聚丁二烯和聚异戊二烯等合成及天然橡胶的分子链都具有良好的柔性。当分子主链含共轭双键时，因其不能自由旋转而使其柔性大大降低，分子链表现刚性，如聚乙炔、聚苯等导电聚合物是典型的刚性分子。

3) 含芳环或杂环分子链的柔性较低

原因是芳环或杂环大大增加了 σ 键内旋转的阻力，使分子链柔性显著降低。例如，涤纶分子链的柔性低于尼龙-66，而芳香类尼龙分子链的柔性更差。

4) 支化和交联使分子链柔性降低

分子主链上支链和交联的存在会对 σ 键的内旋转运动构成严重妨碍，使其柔性降低。不过，低交联度时对柔性影响不大，但是交联度较高时则会显著降低分子链柔性。例如，含硫量 2%～5% 的橡胶属于弹性很好的橡皮材料，含硫量达 20% 以上时其弹性变得很差。

5) 分子链长短的影响

分子链越长，主链含有可进行内旋转的 σ 键越多，内旋转热力学能垒越低，分子链的稳定构象数越多，其柔性也就越好。

6) 氢键严重妨碍 σ 键内旋转，使柔性大大降低

原因是分子链内/间氢键的作用对 σ 键的内旋转构成强大阻力。例如，纤维素和蛋白质的分子链间就容易形成氢键，分子链也就显得相当刚硬，蛋白质分子链的双螺旋结构更加限制了 σ 键的内旋转，其分子链的柔性更差。

2. 取代基的影响

取代基对分子链柔性的影响主要包括取代基极性、位阻、长短等几个方面。

1) 取代基极性

取代基的极性强弱、密度及其分布对分子链柔性存在很大影响。强极性取代基使 σ 键内旋转热力学能垒升高，内旋转严重受阻，分子链的柔性显著降低。例如，聚丙烯、聚氯乙烯和聚丙烯腈分子链的取代基极性递增，分子链柔性递减。

分子主链上极性取代基的密度越大，则其内旋转越困难，柔性也越差。例如，聚氯丁二烯和聚氯乙烯分子链的氯原子密度递增，其柔性递减。一个例外是聚 1,1-二氯乙烯分子链的柔性却稍好于聚氯乙烯，原因是前者的极性取代基呈对称分布，使结构单元的偶极矩减小，从而使内旋转变得相对容易。

2) 取代基位阻

取代基的位阻对 σ 键内旋转构成障碍，从而使分子链的柔性降低。例如，PE、PP 和 PS 分子链上取代基的体积递增，使内旋转位阻递增，其分子链的柔性呈递减趋势。

3) 柔性长链取代基

柔性长链取代基的存在往往能降低分子链间作用力，使其柔性增加。例如，甲基丙烯酸酯类聚合物分子链的柔性大小存在下列关系：甲酯 < 乙酯 < 丙酯 < 丁酯……直到碳原子数大于 18，取代基的位阻才起主导作用而对内旋转构成障碍，分子链的柔性才开始降低。一般而言，中等长度支链使分子链间距离增加，作用力减小，柔性增加；支链过长才使妨碍内旋转的位阻作用占据主导地位，使分子链的柔性降低。

3. 结构规整性的影响

本书第 5 章在讲述聚合物凝聚态结构时，将特别强调分子链的结构规整性和柔性共同影响聚合物的凝聚态类型、结晶能力、结晶速率和结晶度。理论和实践都证明，聚合物一旦结晶，其分子链几乎完全失去柔性而表现出刚性。虽然聚乙烯单个分子链的柔性很好，但是其高度的结构规整性使其很容易结晶，以致聚乙烯只表现出塑料的特性。

特别强调，单个分子链的柔性与实际聚合物材料的刚柔性是两个完全不同的概念，不可混为一谈。判断聚合物材料的刚柔性必须综合考虑影响分子链柔性和聚合物凝聚态结构的各种因素，在分清主要和次要因素的前提下才能做出正确的判断。

4. 外界条件的影响

本章的主旨是从理论角度讲述单个聚合物分子链的结构参数及其影响因素，国内外多数教科书在相应章节也仅限于对单个分子链的纯理论结构进行阐述，罕见述及外界条件对分子链结构的影响。然而，考虑到聚合物的凝聚态结构、材料学形态以及物理力学性能与环境条件存在异常密切的相关性，因此有必要从一开始就强调环境条件对分子链结构的影响。单个分子链结构的研究毕竟是为了简化理论分析，环境条件对聚合物结构和性能的影响本质上是对众多分子链结构产生影响的宏观结果。

2-20-y
取代基与柔性：
极性取代基使柔性↓；
极性取代基密度↑，柔性↓；
对称分布极性取代基使柔性略↑；
取代基位阻使柔性↓；
支化和交联使柔性↓；
分子链长↑，柔性↑。

2-21-y
外界条件与
分子链柔性：温
度↑，柔性↑；
外力作用速率↑，
柔性↓；增塑剂
使柔性↑。

1) 温度的影响

温度是影响分子链柔性的重要外因。如前所述，分子链上 σ 键内旋转的动力源于分子内原子的热运动。温度升高将导致这些原子热运动加剧，内旋转变得更容易，构象数大大增加，最终使分子链和聚合物材料的柔性都显著增加。例如，聚苯乙烯分子链在室温条件下的柔性很差，只能作塑料使用，但是如果将其加热到一定温度却能表现出良好的柔韧性。顺-1, 4-聚丁二烯在室温条件下的柔性非常好，但是在–120～–70℃的低温条件下却变得硬而脆。

2) 溶剂的影响

溶剂小分子在分子链间类似润滑剂的作用，对分子链的形态、内旋转运动和柔性都存在巨大影响，能显著提高分子链和材料的柔性。

3) 外力的影响

当无外力或外力作用相对缓慢时，σ 键的内旋转运动比较容易进行，分子链也容易显示柔性。分子链从一种平衡态构象过渡到另一种平衡态构象的难易程度称为动态柔性。当外力作用较快时，σ 键内旋转过程往往跟不上外力作用速率，分子链来不及通过内旋转完成构象改变过程，其柔性也就难以显现出来，分子链就表现刚硬，通常外力作用越快，其表现得越刚硬。

2.5.3　外力作用下的分子链柔性

动态柔性或动力学柔性是外界条件改变时分子链从一种平衡态构象转变到另一种平衡态构象的难易和快慢。换言之，动态柔性是以分子链构象转变难易表征的柔性。

1. 热力学链段与动力学链段

按照前述热力学方法测定并计算的链段长度称为热力学链段长度，如表 2-14 所列。如果按照动力学方法测定并计算分子链的链段长度，则称为动力学链段长度。较为简便的方法是直接测定聚合物的温度-形变曲线，再经过一定的数学处理即可计算该聚合物分子链的动力学链段长度。表 2-16 列出几种聚合物分子链的动力学链段长度数据。

表 2-16　几种聚合物分子链的动力学链段所包含的结构单元数

聚合物	聚异丁烯	聚氯乙烯	聚丙烯酸	聚乙烯醇
链段含结构单元数	20～25	75～125	290～320	630～690

2. 实际聚合物分子链的链段数据

应该说明，对分子链结构参数所做的前述统计处理和计算都是建立在特定的分子链模型基础上，实际并无任何聚合物分子链能够完全满足这些条件，只是不同结构分子链偏离这些条件的程度有所不同而已。由此可见，按照上述统计方法得到的结果与实际情况存在不小差异。虽然前述公式不能用于定量计算实际分子链的均方末端距,但是这些公式仍然可用于不同结构分子链柔性的相对比较。

比较表 2-16 和表 2-14 的数据发现,实际聚合物分子链的动力学链段长度远大于热力学链段长度,这是因为热力学链段长度是在聚合物稀溶液中测定的,而动力学链段长度的测定则是在固相或熔融状态下进行的。稀溶液中聚合物分子链间作用力已减小到很低的程度,由此测得的链段长度事实上更接近单个分子链。而处于固相或熔融态的众多分子链间作用力无疑远远超过其在稀薄溶液中的相互作用力,由此测得的链段长度更接近聚合物样品中实际分子链的链段长度,所以比溶液中的链段长度大许多。

显而易见,当相对分子质量相等时,非极性或弱极性、柔性良好的分子链内 σ 键的内旋转相对更容易,链段长度较短,其所含结构单元数也更少。与此相反,柔性较差的极性分子链的链段长度较长,所含结构单元数也较多,其动力学链段与热力学链段之间的长度差异也就越大。

2.5.4 分子链结构参数的测定与计算

实验室测定聚合物分子链的均方末端距或均方半径的常用方法包括黏度法和光散射法等。下面简要介绍采用黏度法测定和计算聚合物分子链均方末端距的主要步骤。

首先,按照溶度参数(参见 3.6.1 节)相近原则选择聚合物的良溶剂(近似 θ 溶剂)配制稀溶液。然后,在 θ 温度条件下,采用多次稀释法测定并计算聚合物的特性黏度 $[\eta]$。最后,按照式(2-22)和式(2-23)计算分子链在 θ 条件下的无扰均方末端距 $\overline{h_0^2}$ 和均方根末端距 $\overline{h}_0$:

$$[\eta]_\theta = \Phi\left(\overline{h_0^2}\right)^{3/2} / M \tag{2-22}$$

$$\overline{h}_0 = \left(\overline{h_0^2}\right)^{1/2} = \frac{M[\eta]^{1/3}}{\Phi} \tag{2-23}$$

式中,M 为聚合物的相对分子质量;Φ 为与溶剂种类无关的常数,当特性黏度 $[\eta]$ 的单位取 cm^3/g 时,Φ 约等于 2.1×10^{23} g^{-1}。将实验测得的无扰均方末端距 $\overline{h_0^2}$ 代入相应公式,即可分别计算分子链的 Flory 特征比 C、无扰尺寸 A 和位阻参数 σ 等结构参数。

本 章 要 点

1. 各种分子链模型的结构参数比较。

分子链模型	均方末端距	均方根末端距	极限末端距	独立运动单元长度
自由结合链	nl^2	$n^{1/2}l$	nl	l
自由旋转链	$2nl^2$	$1.41n^{1/2}l$	$0.82nl$	$2.45l$
θ 条件测定结果	$6.76nl^2$	$2.6n^{1/2}l$		$8.28l$
伸直锯齿链	$2/3n^2l^2$	$0.82nl$	$0.82nl$	$0.82nl$

2. 分子链柔性的影响因素。

	影响因素	影响结果	举例
主链结构	完全单键	柔性好	PE、PP 和乙丙橡胶 柔性 Si—O > C—N > C—O > C—C
	孤立双键	柔性好	天然橡胶
	主链芳环	柔性差	聚碳酸酯、聚苯醚
	极性↑	柔性↓	氯丁橡胶>PVC>聚丙烯腈
	位阻↑	柔性↓	PE、PP、PS 位阻递增，柔性递减
	支化和交联	柔性↓	低交联度橡胶柔性好
	分子链长↑	柔性↑	超大分子链长的橡胶柔性好
	分子间力↑	柔性↓	氢键 < 极性 < 非极性分子链
	长链取代基	有条件↑	聚甲基丙烯酸 n 酯的柔性随 n↑ 而↑
	结构对称性	柔性↑	聚 1, 1-二氯乙烯柔性>PVC
	立构规整性	柔性↓	PE 和 PP 容易结晶
外因	温度↑	柔性↑	升高温度 PS 可表现弹性
	外力作用快	柔性↓	高频作用力使橡胶弹性降低
	溶剂	柔性↑	增塑剂使塑料柔性↑

习　题

1. 解释下列名词。

    (1) 化学结构与物理结构　　　　　(2) 构型与构象

    (3) 链段和链段长　　　　　　　　(4) 均方末端距

    (5) 均方半径　　　　　　　　　　(6) 热力学链段与动力学链段

    (7) 自由结合链与 Kuhn 等效链　　(8) 无扰尺寸 A

    (9) Flory 特征比 C　　　　　　　(10) 位阻参数即刚性因子 σ

2. 试分别比较下列各组聚合物分子链的柔性，并简要解释原因。

    (1) PE、PVC、PP、PAN

    (2) 聚氟乙烯、聚 1, 1-二氟乙烯、聚 1, 2-二氟乙烯

    (3) 聚乙酸乙烯酯、聚乙烯醇、维尼纶

    (4) $\{CH_2—CHCl\}_n$、$\{CH_2—CCl=CH—CH_2\}_n$、$\{CH_2—CH=CH—CH_2\}_n$

    (5) $\{C_6H_4\}_n$、$\{C_6H_4O\}_n$、$\{CH_2O\}_n$

    (6) 顺丁橡胶、古塔波胶、丁苯橡胶、乙丙橡胶

3. 试参考"本章要点"表 2 简要归纳影响聚合物分子链柔性的各种内因和外因及其影响结果。

4. 为什么分子链结构高度对称、无取代基、内旋转位能不高、单个分子链高度柔性的聚乙烯在室温条件下属于塑料而不是橡胶？

5. 试分别叙述为表征聚合物分子链结构参数和柔性而建立的自由结合链模型、自由旋转

链模型和等效自由结合链模型的要点。

6. 测得相对分子质量为 84000 的 PE 在溶液中的无扰尺寸(单位相对分子质量均方末端距的平方根)$A = 0.107\,nm$，键长为 $0.154\,nm$，试分别计算其自由旋转链链段长、等效链段数、Flory 特征比 C 和位阻参数 σ。

7. 聚苯乙烯试样的相对分子质量为 416000，已知其 Flory 特征比 $C = 12$，试计算其分子链的无扰均方末端距和均方根末端距。

第3章　高分子溶液

高分子溶液是由聚合物溶质与低分子溶剂组成的二元均相混合体系。高分子稀溶液广泛用于聚合物相对分子质量及其分布的测定、分子链结构与形态的研究、以及分子链结构参数和溶解过程热力学参数的测定等。聚合物浓溶液不仅是具有广泛用途的涂料和胶黏剂等产品的使用形态，而且是聚合物湿法成膜和溶液纺丝等加工过程的中间形态。除此以外，在现代功能高分子和生物医学材料研究领域，常需要对某些聚合物进行特定的化学或生物学改性或修饰，溶液反应往往是可供选择的最佳方法。由此可见，聚合物溶液研究具有广泛的理论和现实意义。

研究发现，聚合物分子链在极稀薄的溶液中是以无规线团状孤立地分散于浩瀚的溶剂小分子中，犹如湛蓝色天空飘浮着的朵朵云彩，所以被形象地称为"分子链云"。只有达到一定浓度以上的分子链之间才开始彼此接触。随着溶液浓度的继续增加，无规线团状聚合物分子链之间开始彼此挤压或覆盖，达到分子链间强烈相互作用的程度，此时就从稀溶液过渡到亚浓溶液范畴。当浓度继续增加到足以使分子链间彼此交叠或贯穿时，逐渐成为链段空间分布大体均匀的"缠结链网络"，于是进入浓溶液范畴。

毋庸置疑，对聚合物稀溶液进行研究是探索孤立分子链结构以及分子链间物理化学作用的最佳途径，也是高分子物理学的重要内容。聚合物稀溶液的研究领域主要包括：聚合物溶解过程与热力学条件、聚合物与各类溶剂之间的相互作用、溶度参数以及分子链结构参数等。通过对聚合物稀溶液的研究可以获得大分子形态、尺寸、电荷、分子链段之间以及链段与溶剂分子之间相互作用等方面的信息，从而深化对聚合物结构的了解，同时为探索聚合物性能与结构的相关性原理提供理论和实验证据。

然而，由于聚合物分子链内和链间作用的复杂性，对浓溶液的研究相当困难，至今仍然未建立比较成熟的理论对其进行准确而严格的描述和表征。不过随着人们对聚合物结构研究的逐渐深入，特别是随着现代科学技术的发展以及各种先进测试仪器的日臻完善，相信对聚合物浓溶液的研究终将取得更大的进展。

相比之下，经过半个多世纪的努力，人们对聚合物稀溶液的研究已取得相当丰硕的成果，目前已经能够对聚合物溶解过程热力学参数和溶液的各种性能进行定量或半定量的描述和计算。不过在某些领域内的研究尚待深入，如聚电解质溶液、高分子絮凝剂及其稳定性理论，以及具有特殊物理和生理功能的聚合物溶液等方面的研究，都具有重要的理论价值和广阔的应用前景。

本章重点讲述分子间力与溶度参数、各类聚合物的溶解过程及其特点、高分子溶液热力学、溶剂选择原则、聚合物分级方法、相对分子质量及其分布的测定等。

3.1 分子间力、内聚能与溶度参数

与低分子化合物相同,存在于聚合物分子链内和链间的作用力不仅是影响其溶解性能的重要因素,同时也是影响其凝聚态结构并最终决定材料物理和力学性能的关键性因素。因此, 了解不同聚合物分子间力的类型和强弱,对本章即将讲述的聚合物溶解过程热力学和溶剂选择原则,以及本书第5~6 章将要讲述的聚合物的凝聚态结构与性能之间的相关性至关重要。

3.1.1 分子间力

分子间力是固态和液态物质借以保持其固有形态并拥有相应的物理和材料学属性的分子内相互作用力。内聚能则是物质分子间力强弱的定量表征。

与低分子化合物相类似,存在于聚合物分子链内和链间的作用力同样包括范德华力(van der Waals force)和氢键, 前者含静电力、诱导力和色散力等。不同化学组成和结构的聚合物分子间力的类型和强弱存在很大差异。

1. 静电力

静电力又称偶极力,是带有相反电荷的极性分子及其所含极性基团正、负偶极子间的静电吸引力,其强弱与偶极子的电荷强度、偶极距离以及偶极子的取向度有关, 强度一般为 6~10 kJ/mol。

升高温度能促使分子热运动增强, 降低偶极子的取向度,因而静电力随温度升高而降低。一般极性聚合物如聚氯乙烯、聚乙烯醇和聚丙烯酰胺等的分子间力主要属于静电力。

2. 诱导力

分子内极性基团与邻近基团因电场感应而形成的偶极子之间的相互作用力称为诱导力。诱导力不仅存在于极性分子与非极性分子之间,同时存在于极性分子与极性分子之间。一般情况下诱导力的强度弱于静电力,为 3~6 kJ/mol。

3. 色散力

色散力是由分子固有热运动而形成的瞬时偶极子之间的相互作用力,强度一般为 0.4~4 kJ/mol。色散力是最普遍的弱范德华力, 存在于一切极性和非极性分子之间。非极性聚合物如聚乙烯、聚丙烯和聚苯乙烯等,其分子间力主要是色散力, 是其分子间总作用力的 80%~100%。

范德华力的特点是无方向性和具有饱和性,作用距离在 10^{-1} nm 范围内,强度比一般化学键的键能低 1~2 个数量级。不同化学组成和结构的聚合物

内起主导作用的分子间力各不相同，必须具体分析。

4. 氢键

氢键是构成如 O—H、N—H 等强极性键的氢原子与邻近化学键中强电负性原子(如 O、N 等)的孤对电子之间相互吸引而形成、强度介于化学键与分子间力的特殊分子作用力，有时又称为次价键力，通常用 O—H…O 或 N—H…O 表示。

众所周知，正是由于水分子之间存在氢键的强烈作用，使其沸点较与之具有相似分子结构的硫化氢的沸点高 130℃以上。表 3-1 列出几种常见化合物中氢键的键能数据，表 3-2 列出一般聚合物分子链中几种重要共价键的键能数据。

表 3-1　几种常见氢键的键能

氢键	键能/(kJ/mol)	化合物示例
F—H…F	13.7	(HF)$_n$
O—H…O	16.7	(CH$_3$COOH)$_2$
	14.3	(HCOOH)$_2$
	12.6	CH$_3$OH
	9.2	H$_2$O (冰)
O—H…Cl	8.0	邻氯苯酚
N—H…N	2.7	NH$_3$

表 3-2　几种重要共价键的键能数据

化学键	键长/nm	键能/(kJ/mol)	化学键	键长/nm	键能/(kJ/mol)
C—C	0.154	347	C—O	0.146	360
C=C	0.134	611	C—Cl	0.177	339
C—H	0.110	414	O—H	0.096	464
C—N	0.147	305	N—H	0.101	389
C=O	0.121	749	O—O	0.132	146

根据表 3-1 列出的几种氢键键能的数据，可粗略估计含有这类氢键的低分子物质和聚合物分子间力的相对强弱。对于含有众多 O、N 原子的缩聚物如聚酰胺，分子主链上 σ 键的内旋转使其呈无规线团状，这就给分子链内和链间形成氢键创造了必要条件，从而使其分子间力大大增强。

物质的许多物理和力学性能如沸点、熔点、溶解度、气化热和材料学强度等都与其分子间力的强弱密切相关。由于一般线型聚合物的分子链很长、相对分子质量很大，分子链内和链间的作用力也就远强于其低分子同系物，这就是为什么一般聚合物只存在固态和液态而不存在气态的本质原因。

3.1.2 内聚能与溶度参数

1. 内聚能

表征物质内分子间力强弱的热力学参数是内聚能。内聚能是假设将组成 **1 mol** 固态或液态物质的所有分子远移到彼此不再有相互作用的距离(气态)所消耗的能量。或者可以从相反角度理解为，众多分子或原子从无限远处凝聚成 1 mol 固态或液态物质所释放的能量。内聚能在数值上等于该物质的摩尔气化热与气化过程所做膨胀功的差：

$$\Delta E = \Delta H_v - RT \tag{3-1}$$

2. 内聚能密度

内聚能密度是指单位体积内物质分子间作用力的加和，或者使这些分子彼此分离到无限远距离所消耗的能量，是表征物质分子间作用力强弱的定量指标。其数值等于该物质的内聚能与摩尔体积之比：

$$E_{cd} = \Delta E / \tilde{V} \tag{3-2}$$

低分子液态和固态物质的内聚能密度分别近似等于其恒容气化热和升华热。由于所有聚合物不存在气态，因此无法采用像低分子溶剂那样测定气化热的方法直接测定其内聚能和内聚能密度，而只能采用下一节将要讲述的与低分子溶剂配制成溶液进行相对比较的方法间接测定。一般聚合物的内聚能密度远高于其低分子同系物。表 3-3 列出几种聚合物的内聚能密度数据。

3-1-g
内聚能是指将组成 1 mol 固态或液态物质的所有分子远移到彼此不再有相互作用的距离所消耗的能量。
内聚能密度是指单位体积物质的内聚能。

表 3-3　几种线型聚合物的内聚能密度 E_{cd}

聚合物	E_{cd}		聚合物	E_{cd}	
	J/cm³	cal/cm³		J/cm³	cal/cm³
PE	259	62	PMMA	347	83
PIB(聚异丁烯)	272	65	PVAC	368	88
NR(天然橡胶)	280	67	PVC	381	91
PB	276	66	PET	477	114
PBSR(丁苯橡胶)	276	66	PA-66	774	185
PS	305	73	PAN	992	237

表 3-3 显示，非极性线型聚合物的内聚能密度一般低于 300 J/cm³，其分子间力属于较弱的色散力，分子链的柔性良好，常作为具有高弹性的橡胶材料使用。聚乙烯则因分子链具有高度结晶能力而例外。极性线型聚合物的内聚能密度一般高于 300 J/cm³，其分子间力属于较强的偶极力或氢键等。强分子间力赋予这类材料良好的结晶能力、较高的机械强度和耐热性，通常作为塑料或纤维材料使用。

3. 溶度参数

将物质内聚能密度的平方根定义为溶度参数，同样是表征物质分子间作用力强弱的指标，也是选择聚合物溶剂的重要参考指标。

3-2-g
溶度参数等
于物质内聚能密
度的平方根。

$$\delta = \left(E_{cd}\right)^{1/2} = \left(\Delta E / \tilde{V}\right)^{1/2} \tag{3-3}$$

聚合物能够在溶剂中顺利溶解的必要条件是,其与溶剂分子间的作用力一定要既大于溶剂分子间,又大于大分子间作用力。溶度参数是物质内聚能密度的平方根,因此可用溶剂和溶质聚合物的溶度参数判断其是否具有互溶能力。按照聚合物溶解过程热力学原理,非极性聚合物与非极性溶剂的溶度参数相等或接近时,溶解过程才能自动进行。

Small 假设聚合物的内聚能密度如同摩尔折光率等物理参数一样具有加和性,即聚合物的内聚能密度等于分子链中所有原子及原子团内聚能密度之和。按照该原理聚合物的溶度参数就可依据大分子结构单元中所有原子或基团的摩尔引力常数 F(摩尔吸引常数)的加和进行计算。溶度参数与摩尔引力常数 F 之间存在如下关系:

3-3-j
聚合物溶度
参数理论计算式。

$$\delta_2 = \rho \sum F / M_0 \tag{3-4}$$

式中,ρ 为聚合物的相对密度;M_0 为结构单元的相对分子质量。表 3-4 列出一些常见基团的摩尔引力常数。

表 3-4　一些基团的摩尔引力常数 F[$(J/cm^3)^{1/2}/mol$]

基团	F	基团	F	基团	F
—CH₃	303.4	—Br	527.7	环戊基	1295.1
—CH₂—	269.0	—S—	428.4	环己基	1473.3
—CH<	176.0	—CN	725.5	苯基	1398.4
>C<	65.5	—CH(CN)—	901.5	次苯基	1442.2
—CH(CH₃)—	(479.4)	—OH	462.0	—CO—	538.1
—C(CH₃)₂—	(672.3)	—O—	235.3	—COOH	(1000.1)
—CH=CH—	497.4	>C=CH—	421.5	—COO—	668.2
—F	84.5	—C(CH₃)=CH—	(724.9)	—OCOO—	(903.5)
—Cl	419.6	—CO—NH—	(906.4)	—OCOCO—	1160.7

下面以聚氯乙烯为例,说明如何按照 Small 原理和表 3-4 所列数据计算聚合物的溶度参数。从表 3-4 查到 CH_2、CH、Cl 等基团的摩尔引力常数 F 分别为 269.0[$(J/cm^3)^{1/2}/mol$]、176.0[$(J/cm^3)^{1/2}/mol$]、419.6[$(J/cm^3)^{1/2}/mol$],聚氯乙烯的相对密度 ρ 为 1.40,结构单元的相对分子质量为 62.5,则聚氯乙烯溶度参数为

$$\delta_2 = \frac{\rho \sum F}{M_0} = \frac{1.40 \times (269.0 + 176.0 + 419.6)}{62.5} = 19.4(J/cm^3)^{1/2}$$

计算结果与实测结果非常接近,足以证明按照 Small 原理和式(3-4)计算聚合物的溶度参数比较准确且相当有用。

采用极限黏度法测定聚合物溶度参数的原理是:将聚合物分别溶解于多种不同溶度参数的溶剂中,再分别测定并比较这些溶液的特性黏度(见 4.3

节），最后将测得最大特性黏度的溶剂的溶度参数作为聚合物的溶度参数，原因在于当聚合物溶解于溶度参数与之最为相近的溶剂中时，分子链将处于最为舒展的状态，溶液的相对黏度和特性黏度都最大。

3.2　聚合物的溶解过程

聚合物的溶解过程实际上是小分子溶剂首先扩散渗入固态聚合物中，通过对大分子的溶剂化作用以克服分子链间作用力，最后达到大分子与溶剂分子相互均匀混合的过程。

不过基于以下原因，聚合物的溶解过程事实上要比低分子物质的溶解过程复杂、困难和缓慢得多。首先，聚合物的化学和物理结构相对复杂，化学结构存在极性与非极性的差异，凝聚态结构包括非晶态、晶态、取向态和液晶态等多种类型；其次，聚合物分子链的形态具有多样性，有线型、支化和交联等类型；最后，聚合物的相对分子质量很大而且具有多分散性。

由此可见，如果需要达到分子分散程度的均相高分子溶液，通常需要遵循更为严格的溶剂选择原则和溶解操作过程，还需要远比配制低分子溶液长得多的时间。

3.2.1　非晶态聚合物的溶解

将食盐或蔗糖加入水中略搅拌即可很快溶解，但是如果将聚苯乙烯投入甲苯中，可发现其溶解过程是分阶段缓慢进行的。初期首先观察到溶剂甲苯渗入聚合物试样表层，聚苯乙烯试样被甲苯膨胀，试样体积逐渐增大，甚至达到溶解前的若干倍，这个过程即为溶胀。这是许多聚合物溶解过程都必须经历的第一阶段。溶胀的聚合物表层会逐渐溶解于溶剂中，同时溶剂分子会逐渐渗入并溶胀试样的内层。剩余试样体积逐渐缩小直至最终消失，生成均匀的溶液，这就是聚合物溶解过程的第二阶段。

溶胀过程事实上是溶剂小分子向聚合物内部扩散并与分子链段混合的过程。这一点不难理解，小分子溶剂的扩散速率较大分子快得多。溶剂分子进入聚合物内部后，借助其与分子链间的作用力(溶剂化作用)而使分子链逐渐舒展，彼此间的距离逐渐增大，宏观表现为试样体积逐渐膨胀。

在聚合物溶胀阶段，只有链段运动而并未发生分子链的整体迁移，只有溶胀过程进行到所有分子链都能够迁移扩散时，才能形成分子分散的均相溶液体系。由此可见，溶胀是聚合物溶解过程的必经阶段，也是聚合物溶解过程的显著特点。

1. 无限溶胀

按照化学和物理结构的不同，不同类型聚合物在溶解过程中的溶胀行为也存在差异。非晶态聚合物分子链堆砌比较松散，分子链间作用力较弱，溶解过程中溶剂分子容易渗入其内部，所以其溶胀和溶解都比较容易。线型非晶态聚合物在其良溶剂中进行的溶胀过程可以无限进行下去，直至最后完全溶解成为均相的溶液。例如，聚苯乙烯泡沫溶解于甲苯、天然橡胶溶解于汽油、聚氯乙烯溶解于四氢呋喃等就属于无限溶胀的溶解过程。

2. 有限溶胀

交联聚合物在同类线型聚合物的良溶剂中进行的溶胀过程达到一定程度后，由于交联键的束缚只能停留在某个平衡阶段而无法最终溶解，这一现象称为有限溶胀。有限溶胀最后达到的程度与聚合物的交联度呈良好的负相关性。例如，硫化橡胶、经固化的酚醛树脂和环氧树脂等交联聚合物在良溶剂中都只能进行有限溶胀而不能溶解。

多数线型非晶态聚合物在其非良溶剂中也只能进行有限溶胀而无法溶解。如果聚合物与溶剂的溶度参数相差很大，则该聚合物甚至无法溶胀。由此可见，聚合物溶剂的选择十分关键。

3.2.2　晶态聚合物的溶解

虽然晶态聚合物的结构与低分子结晶物质具有一定相似性，其晶体内部都是由空间排列十分规整的晶片或晶胞构成，但是前者的溶解要比后者困难而缓慢得多，原因在于多数聚合物的结晶并不完全，晶区之间总是夹杂着部分非晶态结构。晶区聚合物处于热力学平衡状态而相对稳定，其内部分子链的排列紧密而规整，分子间作用力较强，所以晶区的溶解要比非晶区困难而缓慢得多。影响晶态聚合物溶解能力的因素主要包括聚合物类型、极性、结晶度和相对分子质量等。

1. 聚合物类型与极性

晶态聚合物大体上分为极性晶态缩聚物和非极性晶态加聚物两大类。前者如聚酰胺和聚对苯二甲酸乙二酯等，这类极性晶态缩聚物分子链间存在强的氢键作用力。后者如高密度聚乙烯和全同或间同立构聚丙烯等，这类非极性晶态加聚物分子链虽然没有极性基团，但是由于分子链结构的高度规整而形成良好的结晶。

晶态聚合物晶区的溶解总是需要依次经历晶体结构的破坏和溶解两个阶段。聚合物晶体结构的破坏需要吸收一定能量，极性晶态缩聚物通常可以在室温条件下溶解于适当的极性溶剂，原因在于极性溶剂与极性聚合物之间强烈的溶剂化作用为晶体的破坏提供了足够能量。例如，聚酰胺能在室温下溶解于甲基苯酚、40%的硫酸溶液或苯酚-冰醋酸溶液；聚对苯二甲酸乙二酯可溶解于邻氯苯酚或质量比为 1∶1 的苯酚-四氯乙烷溶液；聚乙烯醇可溶解于水或甲醇。

上述极性晶态聚合物的溶解过程中，首先发生的是无定形部分与极性溶剂分子间强烈溶剂化作用，放出大量的热量而使结晶部分熔融，所以一般都可以在常温条件下溶解。但是对非极性晶态聚合物而言，非极性溶剂与非极性聚合物分子之间微弱的溶剂化作用无法为晶体的破坏提供足够的能量，所以通常需要加热到接近其熔融温度,晶体结构才容易被破坏。当晶态聚合物转变为非晶态结构后,其溶解过程也就属于非晶态聚合物的溶解过程。

2. 结晶度与相对分子质量

一般结晶度较低的聚合物溶解相对容易,而高结晶度聚合物的溶解则极其困难而缓慢。例如,结晶度超过 90%的高密度聚乙烯和全同立构聚丙烯在室温条件下就很难溶解于任何常见的有机溶剂。通常只有将溶剂十氢萘加热到接近晶态聚合物熔融温度附近,才能将其溶解。

一般情况下,较高相对分子质量的聚合物的溶解过程相对缓慢而困难。从实际应用的角度考虑,高结晶度、高相对分子质量的聚合物的抗化学试剂性能良好,这对于改善其性能和扩大用途是有利的,不过带来了溶液加工方面的困难。

3.3　高分子溶液热力学

犹如化学热力学在研究气体热力学状态时引入理想气体的概念,以简化问题并建立实际气体的参比基准,在研究溶液热力学时也必须首先建立理想溶液的概念。

3.3.1　理想溶液与高分子溶液

1. 理想溶液的条件

在研究溶液热力学时,将同时满足下列两个基本条件的溶液定义为理想溶液:①溶质和溶剂的分子大小完全相等,且两者在溶解过程中均不发生任何形态和体积改变;②溶解过程中完全无热量变化,即溶剂-溶剂、溶质-溶质以及溶剂-溶质分子之间的作用力完全相等。

由此可见,理想溶液的基本热力学特征是:溶质与溶剂混合过程的体积增量、混合热和混合熵均为零。由此推论,理想溶液的体积应刚好等于溶质和溶剂体积的加和,绝热溶解过程中体系温度也无变化。

2. 高分子溶液的特点

按照上述理想溶液的基本条件衡量实际高分子溶液发现,由于分子链的结构和尺寸与小分子溶剂存在巨大差异,所以高分子溶液的热力学行为与理想溶液相比较确实存在较大偏差,具体表现在下述 3 个方面:

(1) 单个分子链在溶液中的实际作用远远大于 1 个小分子溶剂的作用,因此高分子溶液不服从 Raoult 定律,即

$$p_1 \neq p_0 x_1$$

式中,p_1 为溶液中溶剂的蒸气分压;p_0 为纯溶剂的蒸气压;x_1 为溶液中溶剂的摩尔分数。

(2) 溶质聚合物与溶剂的混合热并不等于零,证明溶剂分子之间、溶剂

3-4-y
理想溶液的特点:溶剂与溶质混合体积不变、混合热为零、混合熵为零。

3-5-y
高分子溶液的特点:
1. 单个分子链的作用远大于 1 个小分子;
2. 聚合物与溶剂的混合热不为零;
3. 聚合物与溶剂的混合熵不为零。

分子与链段之间、链段与链段之间的作用力并不相等。

(3) 聚合物分子链与溶剂分子的混合熵不等于零，这是由于分子链具有良好柔性，构成分子链的链段在溶液中不仅拥有比等量小分子溶质多得多的排列方式，而且其在溶液中的无序化程度也远大于其处于固相中，即分子链拥有更多构象。由此可见，聚合物溶解过程的熵增量较低分子溶解过程的熵增量大得多。

3.3.2 Flory-Huggins 溶液理论

Flory 和 Huggins 于 20 世纪 30～40 年代共同创立了高分子溶液的晶格模型理论，并以此进行统计热力学处理，推导出高分子溶液的混合熵和混合热等热力学参数，从而奠定了高分子溶液的统计热力学基础。

1. 正方晶格模型

首先设想低分子溶液中溶剂和溶质分子的排列可以采用晶格模型进行描述。研究发现，聚合物在小分子溶剂中的溶解过程本质上与两种液体的混合过程相似。不过由于聚合物分子链与溶剂小分子的形态和尺寸悬殊，如果采用晶格模型对聚合物溶液进行描述和热力学参数的推导，就必须首先作如下 4 点假设：①在正方晶格模型中，每个格子只能容纳 1 个溶剂分子；②平均链段数为 x 的溶质聚合物分子链需要占据 x 个相邻的格子。换言之，每个链段等效于 1 个小分子而占据 1 个小格子，x 也就等于聚合物与溶剂的摩尔体积比；③分子链是完全柔性的，其所有构象的能量均相等；④分子链在溶液中分布完全均匀，即所有链段占据任何格子的概率都相等。

Flory 和 Huggins 建立的正方晶格模型如图 3-1 和图 3-2 所示。其中，图 3-1(a)和(b)分别为小分子溶质/小分子溶剂组成的溶液和大分子溶质/小分子溶剂组成的溶液的平面正方晶格模型示意图。图 3-2(a)和(b)分别为在平面

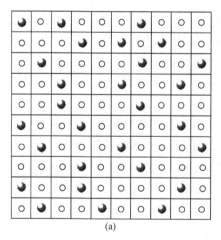
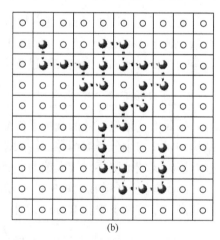

(a)　　　　　　　　　　　　　　　(b)

图 3-1　低分子溶液(a)和高分子溶液(b)的晶格模型示意图

○ 溶剂分子；◗ 溶质小分子或分子链段

晶格模型和三维空间晶格模型中,溶质分子链的单个链段周围可供溶剂小分子进入的"配位数"。

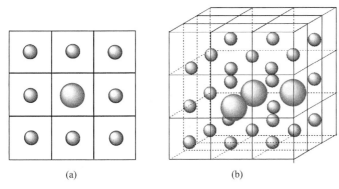

图 3-2　平面晶格模型(a)和三维空间晶格模型(b)示意图
○溶剂分子;　●溶质小分子或大分子链段

图 3-2(a)显示,平面晶格模型中占据中心位置的溶质小分子周围可供溶剂小分子进入的小方格,即理论配位数应等于 $3^2-1 = 8$。

图 3-2(b)显示,在空间晶格模型中,占据中心位置的溶质大分子的 1 个链段周围无疑还连接着 2 个相邻的链段。于是在空间晶格模型中,共有 1+2 个分子链段优先占据 3 个小方格,余下可供溶剂小分子进入的小方格,即剩余配位数应等于 $3^3-3 = 24$。

2. 高分子溶液混合熵

按照统计热力学原理,平衡体系的熵值 S 与该体系的微观状态数 Ω 存在如下关系:

$$S = k\ln\Omega$$

式中, $k = R/N_A$ 为玻尔兹曼常量,其数值等于理想气体常量 R 与 Avogadro 常量 N_A 之比。体系的微观状态数 Ω 应等于在 $N = N_1 + xN_2$ 个格子内,放置 N_1 个溶剂分子和 N_2 个溶质大分子所有放入方式的总和。而每个分子链均由 x 个链段构成。下面推导将 N_2 个溶质大分子和 N_1 个溶剂分子放置到正方晶格模型中究竟有多少种方式。

现在假设有 j 个分子链已经放入晶格模型的 jx 个格子中,模型内剩余的空格子数即为 $(N-jx)$,接下来计算下一个(即第 $j+1$ 个)分子链所含 x 个链段究竟有多少种放置方式。按照该分子链的链段逐一被放入 $(N-jx)$ 个剩余空格的思路进行推导。

1) 第 1 个链段放入

该分子链的第 1 个链段可以放入 $(N-jx)$ 个剩余空格中的任何 1 个,因此有 $(N-jx)$ 种放置方式。

2) 第 2 个链段放入

由于分子链内链段彼此连接,所以该分子第 2 个链段就只能放入与第 1

个链段毗邻的其余空格。假设晶格模型的配位数为 Z[如图 3-2(b)空间三维晶格模型的 Z 值为 26],与第 1 个链段毗邻的剩余空格数即是第 2 个链段的放置方式数 $Z(N - jx - 1)/N$。

3) 第 3 个链段放入

第 3 个链段也只能放入与第 2 个链段毗邻的空格中,其放置方式数为 $(Z - 1)(N - jx - 2)/N$。

4) 第 4、第 5…直至第 x 个链段的放入

按照同样道理,计算大分子第 4、第 5…直至第 x 个链段的放置方式数,最后将所有链段的放置方式数依次相乘,即可得到第 $(j + 1)$ 个分子链在空间晶格模型中排列方式的总数:

$$W_{j+1} = \frac{Z(Z-1)^{x-2}}{N^{x-1}}(N - jx)(N - jx - 1)(N - jx - 2)\cdots(N - jx - x + 1) \quad (3-5)$$

假设晶格模型的配位数 Z 足够大,则 Z 与 $Z-1$ 近似相等,于是将式(3-5)化简为

$$W_{j+1} = \left(\frac{Z-1}{N}\right)^{x-1} \frac{(N - jx)!}{(N - jx - x)!} \quad (3-6)$$

最后,计算 N_2 个聚合物分子链放入 N 个格子的排列方式总和为

$$\Omega = \frac{1}{N_2!}\prod_{j=0}^{N_2-1} W_{j+1} \quad (3-7)$$

之所以要除以 N_2 的阶乘是因为 N_2 个聚合物的分子链完全等同,当其位置互换时并不产生新的排列方式。将式(3-6)代入式(3-7)即得到所有放置方式,即体系的微观状态总数为

$$\Omega = \frac{1}{N_2!}\left(\frac{Z-1}{N}\right)^{(x-1)N_2} \frac{N!}{(N - xN_2)!} \quad (3-8)$$

在 N 个格子中全部放入 N_2 个分子链之后,余下的空格就只能全部放入 N_1 个溶剂分子。由于溶剂分子也完全等同而不必区分,所以只存在如前述一种放置方式。最后利用 Stirling 公式($\ln A! = A\ln A - A$)将上式简化,即得到聚合物溶解过程熵(溶液熵)公式

$$S_S = -k\left[N_1\ln\frac{N_1}{N_1 + xN_2} + N_2\ln\frac{N_1}{N_1 + xN_2} - N_2(x-1)\ln\frac{Z-1}{e}\right] \quad (3-9)$$

按照定义,溶液的混合熵等于溶质聚合物与溶剂小分子混合过程中体系熵值的增加值,即

混合熵ΔS = 溶液熵 – 溶剂熵 – 大分子解取向过程熵

$$= S_{溶液} - S_1 - S_2$$

由于聚合物的熵值与其所处的状态相关,因此假定将解取向聚合物即结构无规的非晶态聚合物作为溶解前的状态,以纯溶剂的熵值为基准并令其为零。按照式(3-9)并令其中 $N_1 = 0$ 即不含溶剂,即可得到解取向

聚合物的熵值

$$S_{\mathrm{P}} = kN_2\left[\ln x + (x-1)\ln\frac{Z-1}{\mathrm{e}}\right] \tag{3-10}$$

将式(3-9)和式(3-10)代入混合熵 ΔS 关系式，即得聚合物溶液的混合熵

$$\Delta S_{\mathrm{M}} = -k\left(N_1\ln\frac{N_1}{N_1+xN_2} + N_2\ln\frac{xN_2}{N_1+xN_2}\right) = -k\left(N_1\ln\varphi_1 + N_2\ln\varphi_2\right) \tag{3-11}$$
$$= -R\left(n_1\ln\varphi_1 + n_2\ln\varphi_2\right)$$

式中，φ_1 和 φ_2 分别为溶剂和溶质聚合物的体积分数；n_1 和 n_2 分别是两者的摩尔分数。这里混合熵 ΔS 以及后面将要讲述的混合热 ΔH 和混合自由能 ΔG 的下标"M"，都是标注溶剂与溶质聚合物的混合过程。

前面在推导聚合物溶解过程混合熵时，仅仅考虑了分子链段在溶剂中的不同排列方式所引起的构象变化，并未考虑溶解过程中分子链与溶剂小分子之间的相互作用所引起的熵值改变，所以特别将聚合物溶解过程的混合熵定义为构象熵。作为对比，理想溶液的构象熵应为

$$\Delta S_{\mathrm{M}}' = -k\left(N_1\ln X_1 + N_2\ln X_2\right) = -R\left(n_1\ln X_1 + n_2\ln X_2\right) \tag{3-12}$$

式中，n_1 和 n_2 分别为溶剂和溶质的物质的量；X_1 和 X_2 分别为溶剂和溶质的摩尔分数。比较式(3-12)和式(3-11)可发现：**决定理想溶液混合熵的重要参数是溶剂和溶质的摩尔分数，而决定聚合物溶液混合熵的对应参数则是溶剂和溶质聚合物的体积分数。**

假设溶质聚合物分子链与溶剂小分子的体积相等，且分子链的链段数 $x = 1$，则式(3-11)即可简化为式(3-12)。事实上，如果将两种分子体积接近的聚合物熔融混合，结果发现其混合熵与理想溶液的混合熵相当接近。

不过，按照式(3-11)计算多数高分子溶液的混合熵值却比理想溶液的混合熵大得多，其原因之一在于单个大分子在溶液中的作用远大于1个溶剂小分子的作用；另一方面，分子链所含链段彼此连接，运动彼此牵制。由此可见，分子链中单个链段的作用稍小于1个小分子溶剂的作用，所以高分子溶液的混合熵一定稍小于 xN_2 个小分子与 N_1 个溶剂分子混合时的混合熵。

后来大量研究结果显示，采用 Flory-Huggins 晶格模型推导聚合物溶液混合熵至少存在如下3处不尽合理的地方：①没有考虑分子链段之间、溶剂分子之间以及溶剂与链段之间相互作用的差异而引起溶液熵值减小的因素，使按照式(3-11)计算的结果偏大；②该模型也没有考虑溶解前后聚合物存在环境的不同而引起分子链构象熵发生变化的一些因素；③分子链段均匀分布于溶液中的假设只在浓溶液中才是相对合理的，在稀溶液中链段的分布并不均匀，分子链所处的中心位置链段分布密集，随着距离增加链段分布稀疏，更远距离甚至没有链段分布。

3. 高分子溶液混合热

为了使问题简化，用晶格模型推导高分子溶液的混合热时，仅考虑一对邻近分子即溶剂-溶剂、溶剂-链段或链段-链段之间的相互作用，分别表示为

$$(M_1{\sim}M_1) + (M_2{\sim}M_2) = 2(M_1{\sim}M_2)$$

式中，$(M_1{\sim}M_1)$与$(M_2{\sim}M_2)$分别表示两个溶剂分子与两个分子链段相互作用生成两个溶剂-链段组合体的过程，其能量变化可表示为

$$\Delta E_{12} = E_{12} - 1/2\left(E_{11} + E_{22}\right)$$

式中，E_{11}、E_{22}和E_{12}分别表示单个溶剂-溶剂、链段-链段和溶剂-链段之间的结合能。假设溶液中共存在 N_{12} 个溶剂-链段结合体且溶剂分子与聚合物分子链段混合时不发生体积改变，则该过程的混合热应为

$$\Delta H_M = \Delta H_{12} = N_{12}\Delta E_{12}$$

如前所述，Z 为三维空间晶格模型的配位数，每个聚合物分子链周围都存在$(Z-2)x + 2$ 个空格，其中$(Z-2)$的含义是指与每个链段相邻的 Z 个格子中都必须扣除已经被该链段直接连接的链段所占据的 2 个空格；而$+2$ 的意义则表示分子链 2 个末端链段的周围应分别多出 1 个空格。

当分子链所含链段数 x 足够大时，末端链段被扣除的 2 可忽略不计，于是其周围的空格总数$(Z-2)x + 2 \approx (Z-2)x$。这些空格并非一定被链段占据，而与其同时被溶剂分子占据的相对概率大小相关。每个空格被溶剂分子占据的概率可用溶剂分子的体积分数 φ_1 表示。每个分子链可与溶剂分子形成$(Z-2)x\varphi_1$ 个溶剂-链段结合体，由于体系中共有 N_2 个分子链，溶液中能形成$(M_1{\sim}M_2)$组合的总数可近似表示为

$$N_{12} = xN_2(Z-2)\varphi_1 = N_1(Z-2)\varphi_2$$

3-10-y
相互作用参
数χ(Huggins 参数)
用于表征聚合物
与溶剂混合时相
互作用能的变化:
χ = (Z−2)ΔE₁₂/kT

则高分子溶液的混合热应为

$$\Delta H_M = N_1\Delta E_{12}(Z-2)\varphi_2 \tag{3-13}$$

式中，ΔE_{12}为溶剂小分子与分子链段混合时的能量变化，令

$$\chi = (Z-2)\frac{\Delta E_{12}}{kT} \tag{3-14}$$

即得$(Z-2)\Delta E_{12} = \chi kT$，将其代入式(3-13)即得

$$\Delta H_{12} = \chi kTN_1\varphi_2 = \chi RTn_1\varphi_2 \tag{3-15}$$

式中，N_1、n_1 和φ_2分别为溶剂的分子数、摩尔分数和溶质聚合物的体积分数。

3-11-y
溶解过程混
合热:
ΔH_M= χkTN₁φ₂
= RTχn₁φ₂

式(3-14)和式(3-15)中的χ称为 Huggins 参数，即溶质聚合物分子链段与溶剂小分子混合时的相互作用参数，它是高分子溶解过程最重要的热力学参数之一，其物理意义是溶质聚合物分子链段与溶剂分子混合时相互作用能变化的定量表征。χkT 的物理意义正是单个溶剂分子进入聚合物所产生的能量变化。

由此可见，聚合物溶解过程的混合热等于溶剂的分子数、溶质聚合物的体积分数与单个溶剂分子进入聚合物的能量变化值的乘积。

4. 混合自由能与化学势

按照化学热力学原理，如果聚合物的溶解过程是在恒温恒压条件下进

行，则溶液的 Gibbs 混合自由能为 $\Delta G_M = \Delta H_M - T\Delta S_M$，将式(3-13)和式(3-11)代入，即得

$$\Delta G_M = kT\left(N_1\ln\varphi_1 + N_2\ln\varphi_2 + \chi N_1\varphi_2\right) = RT\left(n_1\ln\varphi_1 + n_2\ln\varphi_2 + \chi n_1\varphi_2\right)$$

$$(3\text{-}16)$$

对式(3-16)求偏导数，即可分别得到溶液中溶剂和溶质聚合物的偏微分摩尔混合自由能，即化学势增量 $\Delta\mu_1$ 和 $\Delta\mu_2$：

$$\left.\begin{array}{l}\Delta\mu_1 = \left(\dfrac{\partial\Delta G_M}{\partial n_1}\right)_{T,p,n_2} = RT\left[\ln\varphi_1 + \left(1-\dfrac{1}{\chi}\right)\varphi_2 + \chi\varphi_2^2\right]\\[4mm]\Delta\mu_2 = \left(\dfrac{\partial\Delta G_M}{\partial n_2}\right)_{T,p,n_1} = RT\left[\ln\varphi_2 + \left(1-\chi\right)\varphi_1 + x\chi\varphi_1^2\right]\end{array}\right\}\quad(3\text{-}17)$$

用 Stirling 公式将式(3-17)中溶剂体积分数的自然对数式展开，即

$$\ln\varphi_1 = \ln\left(1-\varphi_2\right) = -\varphi_2 - 1/2\,\varphi_2^2 - 1/3\,\varphi_2^3\cdots$$

当溶液浓度很低即 $\varphi_2\ll1$ 时，展开式的高次项即可略去，聚合物溶液中溶剂的化学势增量可简化为

$$\Delta\mu_1 = RT\left[-\dfrac{\varphi_2}{x} + \left(\chi-1/2\right)\varphi_2^2\right]\qquad(3\text{-}18)$$

对于极低浓度的理想溶液，其溶剂的化学势增量为

$$\Delta\mu_1^i = -\dfrac{\varphi_2}{x}RT = -n_2RT\qquad(3\text{-}19)$$

比较式(3-18)和式(3-19)发现，前者方括号内第 1 项 $-\varphi_2/x$ 相当于后者即理想溶液中溶剂的化学势增量。由此可见，式(3-18)方括号内第 2 项 $(\chi-1/2)\varphi_2^2$ 为实际聚合物溶液中溶剂化学势增量的非理想部分，特别将其称为溶剂的"超额化学势增量"，用 $\Delta\mu_1^E$ 表示。

$$\Delta\mu_1^E = RT\left(\chi-\dfrac{1}{2}\right)\varphi_2^2\qquad(3\text{-}20)$$

此处以及本节后面多处提到的"超额"可理解为聚合物溶液相对于低分子溶液，化学热力学参数额外多出的部分。

极为稀薄的气体可视为理想气体，同样道理应用于溶液，则浓度极低的普通小分子溶液也可视为理想溶液。不过对高分子溶液而言，即使浓度极低也不能视为理想溶液，而只有当聚合物-溶剂混合时不仅浓度极低，而且其**相互作用参数即 Huggins 参数 $\chi = 1/2$，或其超额化学势增量 $\Delta\mu_1^E$ 为 0 时，才可视为理想溶液。**

实践证明，Flory-Huggins 晶格模型理论为高分子溶液研究开创了重要的理论基础和实践途径，该理论推导出的高分子溶液混合熵、混合热和 Gibbs 混合自由能等热力学参数可通过实验手段验证。

事实上，聚合物溶液中溶剂的化学势增量 $\Delta\mu_1 = \ln\left(p_1/p_1^0\right)$，式中 p_1 和 p_1^0

3-12-y
$\Delta\mu_1$ 和 $\Delta\mu_2$ 分别为溶剂和聚合物的偏微分摩尔混合自由能，是溶液重要的热力学参数。

3-13-y
只有当聚合物-溶剂混合时的 Huggins 参数 $\chi = 1/2$ 时，才表现理想溶液的行为。

分别为溶液中溶剂和纯溶剂的蒸气压，按照该式和式(3-18)可以分别测定聚合物溶液中的溶剂蒸气压 p_1 和纯溶剂蒸气压 p_1^0，就能计算聚合物溶液中溶剂的化学势增量 $\Delta\mu_1$，进而计算出聚合物和溶剂之间的相互作用参数 χ。

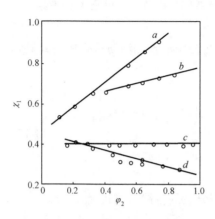

图 3-3　相互作用参数实验值
与聚合物体积分数的关系
曲线 *a*，*b*，*c*，*d* 分别为苯-聚二甲基硅氧烷、
甲乙酮-聚苯乙烯、苯-天然橡胶、
甲苯-聚苯乙烯体系

按照晶格模型理论，Huggins 参数 χ 与溶液浓度无关。但是通过测定高分子溶液溶剂蒸气压的方法计算出的聚合物-溶剂的 Huggins 参数却与理论计算结果不尽相符。如图 3-3 所示，只有苯-天然橡胶体系 Huggins 参数 χ 的实测结果与理论计算结果能够很好相符，其他 3 种体系测得的结果都与理论计算结果存在较大偏差。

尽管如此，按照该理论得到的热力学表达式相对简单，为高分子稀溶液平衡态性能研究奠定了基础，同时也为利用聚合物稀溶液的相分离过程进行聚合物相对分子质量测定和分级提供了理论指导，所以至今仍被广泛采用。

5. 热参数与熵参数

Flory 的研究结果表明，按照理想的稀溶液晶格模型理论计算实际高分子溶液热力学参数时，导致产生非理想部分偏差的原因实际上来自两个方面：首先，溶剂-溶剂、链段-链段、溶剂-链段三者之间的相互作用力并不相等；其次，良溶剂的强烈溶剂化作用导致溶液中聚合物分子链构象数显著减少。

由此可见，高分子溶液的超额化学势也应该由两个部分组成，即一部分产生于溶解过程的热变化，另一部分则产生于聚合物分子链在溶解过程中产生的熵变化。据此 Flory 分别引入聚合物溶解过程的热参数 K_1 和熵参数 ψ_1，并设定将产生于实际高分子溶液中溶剂-溶剂、链段-链段、溶剂-链段之间的相互作用不相等的超额偏摩尔混合热(ΔH_1^E)、超额混合熵(ΔS_1^E)和超额化学势增量($\Delta\mu_1^E$)分别表示为

$$\Delta H_1^E = RTK_1\varphi_2^2$$
$$\Delta S_1^E = R\psi_1\varphi_2^2 \tag{3-21}$$
$$\Delta\mu_1^E = RT\left(K_1 - \psi_1\right)\varphi_2^2$$

比较式(3-21)和式(3-20)即可得

$$\chi - \frac{1}{2} = K_1 - \psi_1 \tag{3-22}$$

由此可见，当实际分子链段-溶剂分子间的相互作用参数即 **Huggins 参数χ 等于 1/2** 时，体系的热参数与熵参数正好相互抵消，此时体系的超额化学势增量刚好等于零，这就是高分子理想溶液的基本条件。

6. θ状态、θ参数和θ温度

如前所述，当高分子溶液的 Huggins 参数χ = 1/2，或体系的热参数与熵参数正好相互抵消，或体系的超额化学势增量刚好等于零时，这样的聚合物溶液就满足理想溶液的基本条件。由此可见，在满足理想溶液基本条件的聚合物稀溶液中，分子链的构象和形态完全不受溶剂分子作用的影响，而呈现完全由链段之间相互作用所决定的构象和形态。按照 Flory 的说法，处于如此理想溶液状态下的分子链即处于无扰状态或θ状态。

无可讳言，在 Flory-Huggins 稀溶液理论中，热参数 K_1 和熵参数 ψ_1 的物理意义确实非常抽象，给理解和应用带来不小困难，所以在实际应用时，常采用相对直观的溶解过程能够自动进行的下限温度即θ参数予以替代，并将其定义为

$$\theta = \frac{\Delta H_1^E}{\Delta S_1^E} = \frac{K_1 T}{\psi_1} = \frac{K_1}{\psi_1} T \tag{3-23}$$

由此可见θ参数的定义是：**聚合物溶解过程的超额偏摩尔混合热与超额混合熵之比，或热参数与热力学温度的乘积同熵参数之比，即为该溶解过程能够自动进行的下限温度**。具有温度量纲的θ参数是由 Flory 首先提出，所以又称为聚合物溶液的 Flory 温度或θ温度。

回顾在高分子化学中曾将连锁聚合反应单体能够自动进行聚合而不存在热力学障碍的上限温度，即聚合热与聚合熵的比值$(T_c = \Delta H_p/\Delta S_p)$定义为聚合反应的上限温度。聚合物能够溶解于某种溶剂而不存在热力学障碍的下限温度即为θ温度。聚合反应的上限温度等于聚合热与聚合熵之比，而θ温度等于聚合物溶解过程超额偏摩尔混合热与超额混合熵之比。如此联系和比较或许可帮助读者加深理解θ参数的内涵。比较式(3-22)和式(3-23)即可得到

$$\psi_1 - K_1 = \frac{1}{2} - \chi = \psi_1\left(1 - \frac{\theta}{T}\right) \tag{3-24}$$

按照式(3-21)，高分子溶液中溶剂的超额化学势可表达为

$$\Delta\mu_1^E = RT\psi_1\left(\frac{\theta}{T} - 1\right)\varphi_2^2 \tag{3-25}$$

式(3-25)表明，当温度 T 等于θ温度时，实际高分子溶液的超额化学势等于零，表现理想溶液的特性，即可认为该溶液处于理想状态或θ状态。不过即使溶液的超额化学势等于零，也并不表明溶液的热参数 K_1 和熵参数 ψ_1 一定等于零，此时的超额偏摩尔混合热和超额混合熵虽然都是非理想的，但是在该温度条件下两者的效应正好相互抵消。换言之，链段-溶剂分子间的作用刚好抵消了链段-链段间的作用，使分子链恰好处于"无扰状态"。

3-14-y
将聚合物溶液视为理想溶液的基本条件：①极低浓度；②Huggins 参数χ = 1/2。而低分子理想溶液条件仅为极低浓度。

3-15-y
Flory-Huggins 稀溶液理论的核心为理想聚合物溶液体系的热参数与熵参数的差等于 Huggins 参数−0.5。

3-16-y
高分子理想溶液基本条件：Huggins 参数χ = 1/2，或体系热参数与熵参数正好抵消，或超额化学势增量刚好等于零。

3-17-g
θ温度：溶剂-聚合物混合超额偏摩尔混合热与超额混合熵的比值，即该过程能自动进行的下限温度；或溶液超额化学势等于零的温度；或使聚合物分子链处于"无扰状态"而具有"无扰尺寸"的温度。

实践中通常可通过选择适当的溶剂并控制适当的温度使溶液刚好满足超额化学势等于零的条件，从而使溶液的超额偏摩尔混合热与超额混合熵相互抵消，溶液的其他性质也就更接近于理想溶液。将满足溶液超额化学势等于零的温度定义为θ温度。同理，将满足溶液超额化学势等于零的溶剂定义为θ溶剂。在此理想溶液条件下，聚合物分子链处于无扰状态而具有无扰尺寸。

对于某种确定聚合物的溶解过程，选择不同的溶剂就一定存在与该溶剂相对应的θ温度。当溶解温度 $T > θ$ 温度时，溶剂的超额化学势 $\Delta\mu_1^E < 0$，溶解过程属于化学势减小的过程，溶剂分子与链段的相互作用既强于链段之间的相互作用，也强于溶剂分子间的相互作用，使分子链舒展而溶解。溶解温度 T 较θ温度高得越多，显示溶剂的溶解性能越好。这将是下一节讲述选择聚合物溶剂和确定溶解条件最重要的原则之一。

当溶解温度 $T < θ$ 温度时，溶剂的超额化学势 $\Delta\mu_1^E > 0$，溶解过程属于化学势增加的过程，溶剂分子与链段的相互作用弱于分子链段间的相互作用，链段间彼此吸引团缩而难以溶解。溶解温度 T 较θ温度低得越多，显示溶剂的溶解性能越差，聚合物甚至会从溶液中析出。

当溶解温度 $T = θ$ 温度时，溶剂的超额化学势 $\Delta\mu_1^E = 0$，聚合物分子链段之间的作用与溶剂-链段间的相互作用恰好相等，分子链处于无扰状态。表 3-5 列出一些常见聚合物的θ溶剂和θ温度。结果显示，相同聚合物所用溶剂不同，其θ温度也不相同。如果以研究和测定聚合物分子链无扰结构参数和无扰尺寸为目的，宜尽量选择其θ温度在室温范围的θ溶剂。

表 3-5　一些常见聚合物的θ溶剂和θ温度

聚合物	θ溶剂(V/V)	θ温度/℃	聚合物	θ溶剂(V/V)	θ温度/℃
PE	二苯醚	161.4	PMMA	丙酮/乙醇(47.7/52.3)	25
PP 全同	二苯醚	145	PC	氯仿	20
无规	氯仿/正丙醇(77.1/22.9)	25.0	尼龙-66	2.3 mol/L KCl 的90%甲酸溶液	28
PS 无规	苯/正己烷(39/61)	20	PAN	DMF	29.2
	环己烷	35	顺丁橡胶*	己烷/环己醇(50/50)	5
PV 无规	苯甲醇	155.4	丁苯橡胶	正辛烷	21
聚异丁烯	乙苯	−24	聚异丁烯	四氯化碳/二氧六环(63.8/36.2)	25
	苯	24			

*含 90%顺-1, 4-加成异构体。

3.3.3　Flory-Krigbaum 稀溶液理论

在 Flory-Huggins 晶格模型理论建立初期，曾假设稀溶液中聚合物分子链段的分布完全均匀,这与实际高分子稀溶液中链段分布不均匀的事实显然不符, 也是导致理论计算与实验结果出现偏差的主要原因。

事实上,在聚合物稀溶液中,被溶剂化的分子链似以松散链段球或线团的形态分布于溶剂中,每个大分子线团不仅占有一定体积而不再被别的分子链线团所占据,而且彼此之间还存在一定的"排斥自由能",以及由于排斥作用导致分子线团表观体积增加。这就是 Flory 和 Krigbaum 对早期晶格模型理论提出以排斥体积为核心的修正。他们为此对稀溶液中的分子线团作了如下 4 点假设:①在稀溶液中,被溶剂化的分子链犹如散布于溶剂中无数非连续的"链段云",其在溶液中的空间分布并不均匀;②链段云内部链段的分布也不均匀,中心稠密而外周稀疏。不过为简化问题,假设链段云的径向密度分布符合高斯分布;③链段云之间彼此贯穿的概率极低。换言之,链段云不仅拥有实际占有体积,还有因相互排斥而存在的排斥体积;④在良溶剂中,分子链段与溶剂分子间的相互作用远大于链段间的相互作用,因此分子链在溶液中得以充分舒展,那些导致分子链卷缩的构象不再存在。

分子链段云排斥体积的大小取决于彼此接近时的自由能变化。如果链段-溶剂分子间的相互作用大于链段-链段间的作用,则分子链被溶剂化而扩张,排斥体积增大;如果链段-溶剂分子间的作用力等于链段-链段间的作用力,则链段之间可以像溶剂分子一样彼此接近甚至相互贯穿,此时分子链彼此接近并无自由能变化,排斥体积为零,相当于处于无扰状态,即可视为理想溶液。

有关排斥体积及其与温度关系的烦琐推导过程并无多大实际意义和用途, 所以本书将其略去。不过, Flory-Huggins 认为, 分子链在溶液中的实际排斥体积由外排斥体积和内排斥体积两个部分构成。前者产生于链段云之间的相互排斥, 后者则源于分子链段之间各自占有体积产生的相互排斥。

当溶液无限稀释时,外排斥体积趋近于 0,而内排斥体积却不会趋近于 0。对处于 θ 温度和 θ 溶剂中的分子链段云而言,外排斥体积与内排斥体积刚好相互抵消,即可视为处于无扰状态而拥有无扰形态和无扰尺寸的理想溶液。虽然 Flory-Krigbaum 也由此推导出表征分子链段云排斥体积大小的扩张因子或排斥因子,及其与分子链结构参数以及第二位力系数之间的数学表达式,但是其实际意义和应用价值并不被广泛认同。

高分子稀溶液理论的缺陷: 由于 Flory-Huggins 晶格模型理论和 Flory-Krigbaum 稀溶液排斥体积理论采用的模型和推导过程均未考虑聚合物与溶剂混合时的体积变化,因此均存在严重局限性。针对这一问题, Prigogine 提出高分子溶液的对应态理论,其要点是考虑聚合物分子链与溶剂分子的形态和大小均存在很大差异,纯溶剂的自由体积要大于聚合物的自由体积,因而两者混合时的体积变化通常为负。换言之,一般聚合物溶解于低分子溶剂后的总体积会减小。

于是可以按照对比状态方程计算出聚合物与溶剂混合时的体积变化,进而建立混合热、混合熵以及新的相互作用参数与溶液浓度之间的关系。实践证明，对应态理论既适用于小分子溶液，也适用于高分子溶液。

目前高分子溶液理论的研究已经逐渐发展到聚合物-聚合物之间的固相溶液领域，高分子共混体系相容性和相分离等问题的研究十分活跃，一些新的理论正处于建立和发展进程中，无疑将促进聚合物浓溶液和电解质溶液应用领域不断扩大。

3.3.4　聚合物溶液的热力学条件

按照化学热力学原理，在恒温恒压条件下进行的聚合物溶解过程属于自由能降低的过程。可见小分子溶剂与聚合物分子链混合过程的自由能必然趋于降低，这就是聚合物溶解过程必须满足的热力学条件，即

$$\Delta G_M = \Delta H_M - T\Delta S_M \leqslant 0 或 \Delta H_M \leqslant T\Delta S_M \tag{3-26}$$

式中，ΔG_M 为混合自由能；ΔH_M 为混合热；ΔS_M 为混合熵；T 为热力学温度。溶解过程中实际存在着 3 种不同的分子间作用，即溶剂分子之间、聚合物大分子之间、溶剂分子与大分子之间的相互作用。显而易见，前两种作用具有阻止溶解过程自动进行的倾向，唯有溶剂分子与分子链之间作用力的强弱才是溶解过程能否自动进行的关键。

溶解过程中溶质与溶剂分子混合过程的混合热即该过程的热效应，约定吸热溶解过程的热效应为正值，而放热溶解过程的热效应为负值。一般而言，聚合物的溶解过程属于体系内分子无序程度增加的过程，无论对渗入聚合物分子链的溶剂分子而言，还是对被溶剂分子包围、致使其构象数增加的分子链而言，体系内无序程度的增加是不言而喻的。所以聚合物溶解过程的混合熵 ΔS_M 一定为正值，即溶液的熵值恒大于单独存在时溶剂熵值与溶质聚合物熵值之和。

再分析式(3-26)，混合熵 ΔS_M 是正值，热力学温度 T 也是正值，$T\Delta S_M$ 自然恒为正值。为了满足溶解过程混合自由能 ΔG_M 必须小于或等于零，混合热 ΔH_M 可为正也可为负，但是其绝对值必须小于或等于 $T\Delta S_M$。由此可见，放热的溶解过程更容易自动进行；吸热的溶解过程也可以进行，前提条件是其吸热量必须尽量小，才能满足其混合热小于 $T\Delta S_M$。

从另一角度考察，只有当溶剂与大分子之间的作用力既大于溶剂分子之间的作用力，也大于分子链之间作用力的时候，溶剂与聚合物溶质混合过程的混合热才为负值，溶解过程才容易进行。下面分别讲述不同极性聚合物溶解过程的热力学条件。

1. 非极性聚合物

遵循相似相容原理，非极性聚合物通常需要选择非极性溶剂，如聚苯乙烯和溶剂苯就属于这种类型，其溶解过程的热效应通常为正值(吸热)。非极性聚合物和非极性溶剂的分子间力均属于强度较弱的色散力，所以在溶解过程中克服色散力的能量消耗并不大，即可以满足自由能降

（旁注）3-18-y 聚合物溶解的热力学条件：溶剂与溶质分子链间的作用既大于溶剂分子间，也大于大分子间的作用，其混合热为负值。

低的条件$\Delta H_M < T\Delta S_M$。

对于这类非极性聚合物-非极性溶剂体系，溶解过程的混合热可按照经典的 Hildebrand 溶度公式进行计算，即溶质与溶剂的混合热正比于两者溶度参数差的平方：

$$\Delta H_M = V(\delta_1 - \delta_2)^2 \varphi_1\varphi_2 \tag{3-27}$$

式中，V 为溶液体积；φ_1 和 φ_2 分别为溶剂和溶质聚合物的体积分数；δ_1 和 δ_2 分别为溶剂和聚合物的溶度参数。

如前所述，溶解过程借助溶质分子与溶剂分子间的作用力克服溶剂和溶质分子各自的内聚能，最终达到分子分散彼此混合溶解的目的，因此溶度参数是判断非极性溶质-溶剂体系溶解性能的重要参数。从式(3-27)可以得到一条重要结论，即对非极性聚合物与非极性溶剂体系而言，**当溶剂与溶质聚合物的溶度参数相等或接近时，溶解过程的混合热就等于或接近于零，其自由能增量必为负值，溶解过程就能自动进行，这就是选择非极性聚合物-溶剂体系的重要标准和条件之一。**

3-19-y
非极性聚合物溶解热力学条件：与溶剂的溶度参数相等或接近。溶解过程混合热等于或接近零，其自由能增量为负值的溶解过程能自动进行。

2. 极性聚合物

对于极性聚合物的溶解过程，需对 Hildebrand 溶度公式进行必要修正：

$$\Delta H_M = V\left[(\omega_1 - \omega_2)^2 + (\Omega_1 - \Omega_2)^2\right]\varphi_1\varphi_2 \tag{3-28}$$

$$\omega^2 = P\delta^2 \qquad \Omega^2 = d\delta^2$$

式中，ω 和 Ω 分别为分子内极性部分和非极性部分的溶度参数；P 和 d 分别为分子的极性分数和非极性分数；下标 1 和 2 则与前面相同，分别代表溶剂分子和溶质聚合物分子。式(3-28)表明，对极性溶质聚合物与极性溶剂而言，要求两者分子中的非极性部分和极性部分的溶度参数分别相等或接近，两者才能顺利溶解。例如，强极性聚丙烯腈与强极性溶剂二甲基甲酰胺就属于这种情况。由于聚丙烯腈分子链上与 α 碳原子直接连接的氢原子与溶剂分子上的羰基容易形成氢键，从而使溶剂分子与分子链之间的作用力加强，使溶解过程成为放热过程，其混合热为负值，混合自由能小于零，所以聚丙烯腈很容易溶解于其中。

3-20-y
极性聚合物溶解的热力学条件是：聚合物与溶剂的极性相似性起主导作用。两者分子极性和非极性部分的溶度参数应分别相等或接近。

3. 熵变与温度效应

聚合物溶解过程中，体系熵值的变化包括两个部分，即

$$\Delta S = \Delta S_1 + \Delta S_2$$

式中，ΔS_1 为聚合物与溶剂的混合熵，也称为构象熵；ΔS_2 为溶剂化作用导致分子链的构象和柔性改变而产生的熵增量，称为溶剂化熵。

1) 构象熵ΔS_1

聚合物在溶解之前，由于其分子链之间强大的内聚能，其表现为构象数较少的固态。当其溶解于溶剂中处于分子分散状态时，其构象数和柔性无疑

大大增加。因此，溶解过程的混合熵又称为构象熵，表征溶解过程产生的熵增量。构象熵的大小与聚合物分子链的柔性有关，柔性越好溶解过程产生的构象熵也越大，相反刚性分子链在溶解过程的构象熵较小。不过即使高度刚性分子链溶解于溶剂中，其构象也一定多于固相中，所以多数聚合物溶解过程的构象熵总是大于零。

2) 溶剂化熵 ΔS_2

由于溶剂化作用促使分子链的柔性改变而产生的熵增量 ΔS_2 称为溶剂化熵。在不同的溶剂-聚合物体系中，这部分溶剂化熵的大小颇为悬殊。对于极性聚合物与极性溶剂，由于溶剂化作用强烈而使分子链周围形成一层结构相对规整的溶剂化层，从而使溶液中的分子链变得僵硬，构象也不容易改变。这类聚合物溶解过程的溶剂化熵 ΔS_2 可能为负，意味溶解过程反而使熵值减小。

当达到 $|\Delta H| = T\Delta S$，即该过程的自由能增量等于零时，溶质聚合物的溶解过程与沉淀过程达成动态平衡。当达到 $|\Delta H| > T\Delta S$ 时，溶解过程不仅不能自动进行，溶液中的聚合物分子链还会自动沉淀出来。例如，蛋白质水溶液常会出现先溶解再沉淀的现象，其原因在于水分子过分强烈的溶剂化作用使溶液中的蛋白质分子变得僵硬，构象数显著减少。

3) 温度效应

理论和实践都证明，多数情况下升高温度有利于聚合物的溶解，这与多数小分子化合物的溶解过程类似。从式(3-26)可以找到证据，升高温度使第2项 $T\Delta S_M$ 数值增加，即使在混合热 ΔH_M 不变的情况下，也会使溶解过程的自由能降低得更多。

4. 交联聚合物溶胀热力学及其应用

交联聚合物的溶胀过程实际上是溶剂小分子进入聚合物交联网络力图使之膨胀而导致其熵值减小的倾向，与源于溶胀而构象熵变小的交联网络力图收缩而致熵值增加的倾向达到平衡的过程。适度交联的聚合物在溶胀过程中体系的自由能变化为

$$\Delta G = \Delta G_M + \Delta G_I$$

式中，ΔG_M 为聚合物-溶剂的混合自由能；ΔG_I 为交联网络的弹性自由能。交联网络达到溶胀平衡时，体系的自由能增量为零。

由于交联聚合物的溶胀过程与橡胶的弹性形变过程类似，因此可以按照橡胶弹性统计理论进行处理。如果弹性橡胶试样的交联度不是太高，其在良溶剂中可获得超过 10 倍的平衡溶胀比。经过一系列烦琐的数学推导(过程略)，可得到非常有用的公式：

3-21-y
聚合物交联度、溶度参数和Huggins参数 χ 的间接测定与计算。

$$Q^{5/3} = \frac{\bar{M}_c}{\rho \bar{V}_1} \left(\frac{1}{2} - \chi \right) \tag{3-29}$$

式中，Q 为试样的平衡溶胀比，须超过10；$\bar{M}_c$ 为两交联点之间链段的相对分子质量；ρ 为试样的相对密度；$\bar{V}_1$ 为溶剂的偏微分体积；χ 为聚合物-溶剂

的相互作用参数即 Huggins 参数。式(3-29)的最大用途是用于测定聚合物的溶度参数、内聚能、Huggins 参数χ以及交联聚合物的交联度等。

1) 测定聚合物溶度参数和内聚能

采用平衡溶胀法测定聚合物溶度参数的主要步骤包括：首先，将体积或质量确定、适度交联的聚合物试样分别置于不同溶度参数的溶剂中，使其充分溶胀并达到平衡；然后，测定试样溶胀后的体积或其包容溶剂后的总质量，计算试样的溶胀比；最后，再以溶胀比对溶剂的溶度参数作图，如图 3-4 所示。从图中曲线的极大值就可估算聚合物的溶度参数，并可依据式(3-3)计算聚合物的内聚能 E_{cd}。

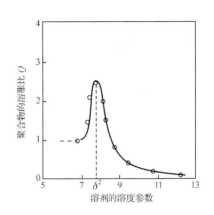

图 3-4　轻度交联丁苯橡胶在不同溶剂中溶胀比与溶度参数的关系

该方法测定聚合物溶度参数的原理不难理解。在溶度参数相等或接近的良溶剂中，聚合物分子链即使已被轻度交联，却依然会处于最为舒展的状态，试样也就能达到最大溶胀比。

2) 测定溶质聚合物-溶剂体系的 Huggins 参数χ

当聚合物的相对密度ρ、溶剂的偏微分体积$\overline{V}_1$和分子链两个交联点之间的平均相对分子质量$\overline{M}_c$已知时，即可借测定适度交联聚合物的平衡溶胀比，再根据式(3-29)计算聚合物-溶剂体系的 Huggins 参数χ。

3) 测定聚合物的交联度

平衡溶胀法也是间接测定聚合物交联度简单而有效的方法。通常需要中等交联度的试样，如果交联度太高，分子链中相邻两交联点间的链段较短而缺乏柔韧性，导致其末端距不符合高斯分布，试样的溶胀比也会太小。反之，如果交联度太低，则试样内存在大量对弹性毫无贡献的自由链端，测定结果也就必须进行校正。

当聚合物的相对密度ρ、溶剂的偏微分体积$\overline{V}_1$和聚合物-溶剂体系的相互作用参数χ已知时，测定适度交联聚合物试样的平衡溶胀比 Q，也可以按照式(3-29)计算试样以两个交联点间链段的平均相对分子质量表征的交联度$\overline{M}_c$。显而易见，$\overline{M}_c$越小则显示交联度越高。

3.4　临界溶解条件与相平衡

临界溶解条件是指确定的溶剂-溶质聚合物体系刚好能够溶解而且稳定的热力学参数，如相互作用参数、极限浓度和共溶温度范围等。

设溶质聚合物分子链段数为10^3，按照 Flory-Huggins 稀溶液理论推导出的该溶液中溶剂的化学势，即式(3-17)，再以溶剂的化学势增量$-\Delta\mu_1/RT$ 对聚合物的体积分数作图，见图 3-5。

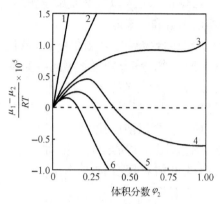

图 3-5　溶液浓度与溶剂化学势关系曲线
$x=10^3$；曲线 1～6 的χ分别为 0，0.50，0.532，0.54，0.55，0.60

如图 3-5 所示，不同的溶质聚合物-溶剂体系拥有数值不同的相互作用参数χ，它们的曲线形态也大不相同。

3.4.1　临界共溶热力学参数

将溶质聚合物与小分子溶剂刚好能够彼此混溶并形成均相溶液的内源性和外源性热力学参数，定义为该聚合物-溶剂二元体系的临界共溶条件，其中包括相互作用参数χ、浓度和温度等。如果不能满足这些条件，则聚合物无法溶解，即便生成溶液也极不稳定。

1. 临界共溶 Huggins 参数

图 3-5 显示，当 Huggins 参数$\chi < 0.532$时，如直线 1 和 2 在所有浓度范围内溶剂的偏微分摩尔混合自由能$\Delta\mu_1$均随聚合物体积分数φ_2的增加而降低(即$-\Delta\mu_1/RT$增加)，表明溶解过程能够自动进行。

当$\chi > 0.532$时，如曲线 4、5、6 出现峰值，溶剂的偏微分摩尔混合自由能$\Delta\mu_1$均随聚合物体积分数φ_2的增加而增加(即$-\Delta\mu_1/RT$降低)，表明溶质聚合物-溶剂体系出现相分离，溶解过程无法进行。当$\chi_c = 0.532$时，曲线 3 呈现整体上升趋势，期间存在 1 个拐点。说明该溶质聚合物-溶剂体系的溶解过程能够进行的临界共溶 Huggins 参数χ_c必须$\leqslant 0.532$。

2. 临界共溶浓度

对图 3-5 中曲线 3 拐点的联立方程求解，即得到该溶剂-聚合物体系的临界共溶浓度φ_{2c}、临界相互作用参数χ_c与聚合物分子链段数x之间的关系式：

$$\varphi_{2c} = \frac{1}{1 + \sqrt{x}}$$

$$\chi_c = \frac{1}{2}\left(1 + \frac{1}{\sqrt{x}}\right)^2 \tag{3-30}$$

由于聚合物分子链段数 $x \gg 1$，$\varphi_{2c} \approx x^{-1/2}$。如果设 x 为 10^4，其相对分子质量大约为 10^6，按照式(3-30)计算得到体系开始发生相分离的临界共溶浓度 $\varphi_{2c} = 0.01$。由此证明，即使聚合物体积分数很小，也会发生相分离，而且其临界共溶浓度随聚合物相对分子质量的增加而降低。

不同相对分子质量的聚苯乙烯在溶剂二异丁酮中的溶解度与温度的关系曲线如图 3-6 所示。图中曲线的形态明显不对称，曲线的峰值即为临界共溶温度 T_c，其所对应的体积分数称为临界共溶浓度 φ_{2c}。

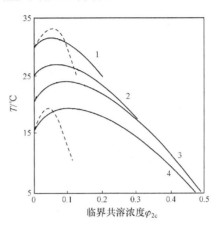

图 3-6 PS-二异丁酮浓度与相分离温度
相对分子质量大小顺序：1 > 2 > 3 > 4

3. 临界共溶温度

一般聚合物-溶剂体系可存在两个临界共溶温度。在高温互溶却在低温出现相分离的温度称为最高临界共溶温度(UCST)；在低温互溶而在高温出现相分离的温度称为最低临界共溶温度(LCST)。有些聚合物溶液同时拥有最高临界共溶温度和最低临界共溶温度，而一些聚烯烃溶液如聚苯乙烯-环己烷体系、聚异丁烯-苯体系在低温区出现最高临界共溶温度，却在高温区出现最低临界共溶温度。尤其是聚乙烯醇以水作溶剂时，这种情况尤其明显。

3.4.2 相平衡与相分离

实践证明，属于二元体系的聚合物-溶剂体系在一定条件下可转变为两相，其中之一为溶质聚合物浓度较低的"稀相"，另一相为聚合物浓度较高的"浓相"。一般而言，高分子溶液体系是否会发生相分离而转变为浓度不同的两相，取决于聚合物与溶剂类别，以及浓度和温度等。

根据不同溶质聚合物/溶剂组合形成的溶液体系，可能存在 3 种不同类型的相图，如图 3-7 所示。图中横坐标和纵坐标分别是溶质聚合物的体积分

(a) 有LCST

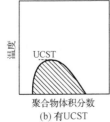

(b) 有UCST

(c) UCST和LCST共存

图 3-7 聚合物溶液的 3 种相图示意图

数φ_2和热力学温度 T(K)，阴影部分则是稀相与浓相共存的区域，其余部分则是浓度均匀且相对稳定的单相区域。

阴影部分的上沿或下沿分别为 UCST 和 LCST，不同聚合物-溶剂体系的稳定区域不同，临界浓度和临界温度也不同。实践证明，多数聚合物溶液具有 UCST。

结合日常生活实例或许更容易理解。如果将炖猪脚或肉皮的水溶液降温到接近 0℃时，会发现胶原蛋白水溶液浓相和稀相共存的冻胶，这就对应于图 3-7(b)的 UCST。如果将鸡蛋蛋清缓慢升温到接近沸水温度之前，也可观察到蛋白质凝胶浓相的快速固化过程，这就对应于图 3-7(a)所示的 LCST。不过，一般情况下很容易观察到蛋清蛋白水溶液相分离析出的蛋白凝胶，而与原蛋白水凝胶共存的低浓度蛋白水溶液或因量太少而不容易觉察。

3.4.3　θ温度与熵参数的测定

利用聚合物溶液的相分离和相图，可以测定溶质聚合物与小分子溶剂二元体系的θ温度与熵参数。假设聚合物的相对分子质量趋于无穷大时，由式(3-30)可获知溶剂与溶质聚合物的临界相互作用参数$\chi_c = 1/2$，此时的临界共溶温度即θ温度将达到最大值。

另一方面，当与θ温度对应的相互作用参数χ_c等于 1/2 时，高分子溶液近似表现理想溶液行为。在渗透压法测定聚合物相对分子质量的计算公式中(参见 4.3 节)，第二位力系数 $A_2 = 0$，使计算公式大为简化。

虽然实际溶质聚合物的相对分子质量不可能达到无穷大，但是可测定不同相对分子质量的同一聚合物试样在某种溶剂中的临界共溶温度，再外推到相对分子质量无穷大，即可将其临界共溶温度视为该聚合物-溶剂体系的θ温度。

不过必须明确，相对分子质量不为无穷大时的聚合物-溶剂体系的θ温度并不等于临界共溶温度 T_c，应按照下述步骤修正后再作图，才可得到θ温度。由式(3-24)和式(3-30)可得式(3-31)。

$$\psi_1\left(1-\frac{\theta}{T}\right)=\frac{1}{2}-\chi$$
$$-\psi_1\left(1-\frac{\theta}{T_c}\right)=\frac{1}{\sqrt{x}}+\frac{1}{2x} \tag{3-31}$$

将式(3-31)两式联解，即得

$$\frac{1}{T_c}=\frac{1}{\theta}\left[1+\frac{1}{\psi_1}\left(\frac{1}{\sqrt{x}}+\frac{1}{2x}\right)\right] \tag{3-32}$$

以 $1/T$ 对式中圆括号内项作图并外推至链段数 x 无穷大，从直线在纵轴上的截距和斜率即可分别计算该体系的θ温度和熵参数 ψ_1。

3.5　聚合物浓溶液

聚合物分子链在稀溶液中是以无规线团状孤立分散于溶剂分子中,只有达到一定浓度以后分子链才开始彼此接触。随着浓度继续增加,线团状的分子链之间进一步发生覆盖和挤压,达到彼此相互作用的溶液就从稀溶液范畴过渡到亚浓溶液。当浓度继续增加到使分子链间发生缠绕和互贯时,体系进入链段空间分布大体均匀的浓溶液范畴。

3.5.1　类型与特点

聚合物浓溶液包括 3 种类型。第 1 类,聚合物纺丝液和涂料等表现为液态、可流动、含较多低分子溶剂;第 2 类,以聚合物为主体、加入适量液体增塑剂的固态体系;第 3 类,聚合物-聚合物之间以及聚合物-非聚合物之间在熔融状态进行共混的体系。聚合物浓溶液的特点是黏度不稳定,分子链形态和溶液黏度与制备过程密切相关。

1. 黏度不稳定

研究结果显示,聚合物分子链在浓溶液中并非均匀分布,随着溶液存放时间的增加往往会发生分子链间的凝聚,从而导致体系黏度发生变化,甚至可能出现相分离并转化为浓度和相对密度均存在差异的两层溶液。有些聚合物浓溶液在冷却或存放过程中黏度也可能慢慢增加,最后形成交联网状结构而失去流动性,这一过程称为凝胶化。

2. 分子链形态和溶液黏度与制备过程相关

采用不同方式制备的聚合物浓溶液具有不同的特性。例如,将稀溶液浓缩得到的浓溶液与直接将聚合物溶解在较少溶剂中得到的浓溶液相比较,发现分子链的卷曲程度以及链间相互缠结的程度都不相同。实践证明,经浓缩得到的溶液黏度较低,分子链呈球形线团状,分子链间也不容易产生网络结构。与此相反,直接溶解得到的浓溶液黏度较高,分子链伸展而利于交联。

聚合物浓溶液具有广泛用途,如加工成膜、溶液纺丝、涂料和胶黏剂等,这类产品在聚合物工业中占据相当重要的地位。

3.5.2　增塑与共混

增塑是指为改善聚合物的某些使用性能和加工性能,将高沸点有机物或低熔点固体物质均匀混合于聚合物中,以提高其可塑性和制品的柔韧性,这种称为增塑剂的添加物质所起的作用称为增塑。目前增塑剂已经从低分子物质和低聚物发展到聚合物,这就是现在广泛应用于聚合物改性的共混工艺。

增塑剂属类溶剂物质,能够显著降低聚合物的熔体黏度、玻璃化温度和弹性模量等。加入增塑剂的聚合物实际上属于特殊浓溶液。一般聚合物的本

体黏度高达 10^{12} Pa·s，而低分子增塑剂的黏度仅 10^{-3} Pa·s，两者相差 15 个数量级，因此在聚合物中加入增塑剂可显著降低熔体黏度。

1. 外增塑与内增塑

3-22-g
外增塑与内增塑：前者是加入增塑剂而产生的增塑作用；后者是分子主链带适当长支链的聚合物或共聚物而产生的增塑作用。

在聚合物中加入增塑剂而产生的增塑作用称为外增塑，这是经典的聚合物增塑类型。例如，多种塑料都可以加入以邻苯二甲酸酯类为代表的增塑剂以提高材料的柔韧性，即属于外增塑类型。虽然外增塑能够赋予聚合物较好的性能，不过由于增塑剂分子与聚合物分子之间仅存在次价键力，增塑剂分子容易挥发、迁移或被溶解而失去，其增塑作用随时间推移而逐渐降低，所以有时将外增塑称为暂时增塑。

分子主链上带有适当长度的支链或者由两种单体合成的共聚物往往表现出具有增塑的特性，将这种由化学途径实现的增塑作用称为内增塑。内增塑剂事实上属于聚合物分子的组成部分，不同类型的聚合物内增塑机理有所不同。支链聚合物的支链可降低分子链间作用力，共聚物的结构规整性降低，从而破坏了聚合物的结晶性能，相应提高了聚合物的塑性。氯乙烯与乙酸乙烯酯的共聚物、纤维素的硝化或乙酰化都是聚合物内增塑的例子。与外增塑作用相比，具有内增塑特性的聚合物可以获得持久的性能改善。

2. 正增塑与反增塑

3-23-g
正增塑与反增塑：能降低聚合物弹性模量和抗张强度，同时使伸长率增加，称为正增塑；使聚合物硬度增加而伸长率降低，如此增塑作用称为反增塑。

加入增塑剂能够降低聚合物的弹性模量和抗张强度，同时使伸长率增加，这样的增塑作用称为正增塑。但是有时加入增塑剂的作用恰恰相反，使聚合物的硬度增加而使伸长率降低，这样的增塑作用称为反增塑。

研究发现，当加入量很少时，所有增塑剂往往都具有反增塑作用。Horsley 采用 X 射线衍射证明，当聚合物中存在少量增塑剂时，由于大分子之间运动自由度的增加，聚合物更容易结晶。结晶聚合物具有的致密而规整的结构为聚合物提供了较高的抗张强度和弹性模量，这是反增塑作用往往发生于增塑剂添加量很少时的合理解释。当增塑剂分子大量存在于聚合物中时，结晶被增塑剂溶解，从而表现显著的正增塑作用。

有关增塑剂的存在可以影响聚合物结晶行为的机理并不完善，它无法解释强极性增塑剂促进聚合物结晶的能力为何小于弱极性增塑剂。后来 Chersa 针对聚氯乙烯的增塑作用提出补充假说，他认为极性增塑剂通过分子内的极性基团与聚氯乙烯大分子发生作用，当增塑剂浓度较低时其活动性也较低，从而增加了聚合物分子之间的空隙障碍，增塑剂分子起着类似交联点的作用，于是聚合物的抗张强度提高而伸长率降低。

可见在反增塑机理中，结晶度、强极性和空间障碍都可能发挥重要作用。为了克服增塑过程初始阶段的反增塑作用，对于增塑效率低的增塑剂，往往需要更大的用量。但是对于增塑效率高的增塑剂，如邻苯二甲酸双-2-乙基酮对聚氯乙烯增塑的用量就比较小，一般不宜超过 10%。

3. 增塑机理

增塑剂的作用本质上是削弱聚合物分子链间作用力,同时增加分子链运动能力,使玻璃化温度降低、塑性增加。目前增塑机理有润滑理论、凝胶理论和自由体积理论等多种,简述于下。

1) 润滑理论

润滑理论认为增塑剂在聚合物中起着界面润滑的作用。正是基于分子链间存在摩擦力的缘故,聚合物能抵抗应力作用导致的形变而显示刚性。增塑剂存在于分子链之间犹如加入润滑剂,降低了分子链间摩擦力和运动阻力,促进了聚合物分子链及其链段的运动,自然使聚合物的抗张强度降低,伸长率增加。

在轻度交联聚合物凝胶中加入增塑剂,也可降低分子链间作用力,显著改善其加工性能。润滑理论可以解释增塑剂可降低聚合物熔体黏度,易于加工成型,也不改变原料聚合物的基本性能。例如,硬质聚氯乙烯挤出成型过程中的增塑作用即如此。

2) 凝胶理论

单纯的润滑理论无法解释增塑过程的复杂机理,于是提出凝胶理论。该理论认为,增塑剂分子对聚合物大分子的隔离作用与分子链之间的凝聚作用构成动态平衡。在一定增塑剂浓度和温度条件下,分子链间存在某些并非固定不变、而可不断合分的物理交联点。增塑剂的作用正好有选择性地对这些物理交联点进行溶剂化作用,从而使这些交联点解离并被增塑剂分子分隔。实践证明,凝胶理论更适用增塑剂加入量较多的极性聚合物,如软质聚氯乙烯增塑过程的解释。

3) 自由体积理论

自由体积理论认为聚合物内部存在着不被分子链占据的自由体积,加入增塑剂后将导致自由体积增加,分子链间距离加大,使玻璃化温度和熔体黏度降低。实践证明,增塑效率通常与加入增塑剂的体积呈正相关性,这就为自由体积理论提供了间接证据。

4. 增塑剂选择原则

从工业应用角度考虑,理想的增塑剂应满足以下条件:与聚合物具有良好相容性、增塑效率高、对光和热稳定、挥发性低、迁移性小,无色、无毒、无味、来源广泛和价格较低等。事实上,完全满足上述条件的增塑剂很难找到,生产中重点考虑增塑剂的成本、相容性、耐久性以及特殊条件下的特定要求。有时也可将多种增塑剂复配使用,以达到或接近上述要求。选择增塑剂时往往需要综合考虑以下因素。

1) 增塑剂与聚合物的相容性

对增塑剂最基本的要求是必须与聚合物有良好相容性。如果不能与聚合物很好相容,就无法将其均匀混合到聚合物中。表征增塑剂与聚合物相容性的参数包括：相互作用参数χ、溶度参数δ、黏度和浊点等，将其与聚合物对应参数进行比较。就本质而言，增塑剂-聚合物体系属于固态溶液，如果两者相容性很差则容易发生相分离，增塑剂从聚合物中渗出呈微滴状凝聚在制品表面。随着聚合物内部增塑剂不断减少，材料逐渐变硬、变脆。

2) 增塑剂的效率

将能定量改变聚合物某一物理性能(如弹性模量、玻璃化温度或伸长率等)所需加入增塑剂的量作为评价增塑剂效率的指标。也可将加入定量增塑剂能够改变聚合物某一物理性能的幅度作为比较增塑剂效率相对高低的指标。显而易见，所需增塑剂的量越少，增塑剂效率越高。

3) 耐久性

增塑剂与聚合物分子处于微观溶剂化与去溶剂化的动态平衡状态，为了长久维持这种动态平衡，要求增塑剂与聚合物之间的相互作用稳定而持久。由于普通增塑剂在遇热和溶剂时容易蒸发、迁移或萃取而失去，所以必须考虑增塑剂的耐久性。耐久性好的增塑剂应该是化学结构稳定、沸点高而挥发性低的增塑剂。

增塑剂从聚合物中逸散通常存在两个阶段和两种控制因素，即从聚合物内部到表面的扩散速率以及从聚合物表面逸散的速率。增塑剂从聚合物中损失的总量通常取决于两种控制因素中相对较慢的那种。增塑剂从聚合物表面逸散的方式可以是气态挥发，也可以是液态流失，甚至可能以固态的形式升华失去。

5. 聚合物共混

共混聚合物与冶金工业中的合金颇有类似之处。高分子科学发展初期，人们将主要精力集中于开发新型聚合物，目前已有数千种聚合物问世，但是只有不足 1%的品种获得实际应用，能够得到大规模生产和使用的品种则只有 20～30 个。由此可见，从研究新型聚合物角度拓展高分子材料应用的实际效率已经越来越低。近年来高分子工程学在聚合物共混领域取得瞩目成就，将现有聚合物通过简单的共混过程即可得到具有优异性能的聚合物新材料，其使用价值很高而开发成本却相对低廉。

聚合物共混方法包括化学共混和物理共混，前者即高分子化学中的共聚，后者则包括机械共混、溶液共混和乳液共混等类型。聚合物共混的类型包括均相共混和非均相共混两类，主要取决于聚合物之间相容性的大小。共混聚合物具有一些独特的结构和性能，因而具有广泛的用途。

3.5.3 涂料、胶黏剂和纤维纺丝液

1. 涂料和胶黏剂

涂料和胶黏剂的使用过程恰恰与聚合物的溶解过程相反，即使浓溶液失去溶剂而形成聚合物膜层的过程。涂料和胶黏剂对溶剂的基本要求与聚合物纺丝溶液的要求大体相同。例如，如果需要采用溶液法检测某种聚合物膜的性质，首先需按照前述选择溶剂的原则确定溶剂，然后配制浓度约 20%的

溶液，剩下的问题就是确定如何将溶剂挥发除去。

显而易见，溶剂选择的优劣将直接影响聚合物分子链在浓溶液中的相互缠接和互贯程度，从而对溶剂挥发以后所生成的聚合物膜的性能产生巨大影响。另外，溶剂挥发的快慢也对形成聚合物膜的质量产生较大影响，挥发太快往往造成膜的过分收缩甚至撕裂，挥发过慢则难以将溶剂从聚合物中彻底除去。

2. 纺丝液

合成纤维纺丝工艺通常分为熔融纺丝和溶液纺丝两种。涤纶和尼龙等通常采用熔融纺丝，而腈纶、聚氯乙烯、维尼纶、醋酸纤维和硝化纤维等则多采用溶液纺丝。溶液纺丝通常又分为干法和湿法两种，前者首先让纺丝液通过拥有众多微孔的纺丝板成型为黏流状丝束，然后在热空气中使溶剂挥发而成型；后者则是将纺丝液经纺丝板后的丝束导入该聚合物的非溶剂中凝固成型。配制聚合物纺丝液的溶剂必须满足下列基本要求。

(1) 较高溶解度。例如，腈纶干纺或湿法纺丝液的溶剂分别是二甲基甲酰胺或浓度46%的硫氰酸盐水溶液。溶质聚丙烯腈的浓度分别控制在26%～30%或15%～20%。

(2) 适宜沸点。这对干法纺丝液溶剂的选择尤其重要。沸点太低虽然除去容易，但是溶剂的过快挥发对纤维质量不利，同时溶剂的挥发损失和污染十分严重。如果沸点过高则往往增加纺丝工艺和设备的复杂性。

(3) 来源广泛、价格便宜、易于回收。

(4) 毒性较低，燃点和闪点较高。

纺丝溶液的浓度和黏度是最重要的生产控制参数，黏度太高将使生产效率下降，且容易堵塞纺丝孔；黏度太低则会降低纤维质量，甚至成丝困难。除此以外，聚合物的相对分子质量及其分布、溶液的流变性能也对纺丝条件和产品质量构成影响。表 3-6 列出几种聚合物纺丝液的溶剂及其浓度。

表 3-6　几种聚合物纺丝液的溶剂和浓度

聚合物	纺丝方法		溶剂	浓度(质量分数)/%	
PAN	湿法	干法	DMF	15～20	28～30
PVC-PAN	湿法	干法	丙酮	18	20
PVC	湿法	干法	丙酮, 丙酮 + CS$_2^*$	22	32
聚乙烯醇	湿法	干法	水	15～20	30～40

*第 2 组分和浓度用于干法纺丝。

3.5.4　聚合物凝胶和溶胶

具有三维空间交联网状结构的"体型聚合物"在良溶剂中能够有限溶胀，达到溶胀平衡后交联网络包容大量溶剂，这就是聚合物凝胶。如果这种交联网络只是局限于较小范围，则仍然可以在良溶剂中形成类似于溶液一样的溶胶。虽然聚合物凝胶和溶胶均可视作非均匀浓溶液,但是又都不属于严格意义上的溶液。

对聚合物凝胶的研究历史相对较短,却已在许多领域取得长足进展。例如,以铬、铝或有机物交联的聚丙烯酰胺广泛用于油田驱油剂和堵水剂,适度交联的聚丙烯酰胺作为高吸水材料广泛用于卫生材料和抗旱保水等领域,以交联聚烯烃为代表的高吸油聚合物在水面浮油收集和环境保护等方面具有独特功能。

3.5.5　聚电解质溶液

分子链上连接可离解基团的聚合物称为高分子电解质或聚电解质。聚丙烯酸及其盐类是最简单的一种聚电解质。多数聚电解质都可溶于水,离解后的荷电基团与溶液中带相反电荷离子形成离子对。例如,溶解于碱性水溶液中的阴离子型聚丙烯酸钠和溶解在酸性水溶液中的阳离子型聚丙烯酰胺的化学结构如下。

$$\sim CH_2-CH-CH_2-CH\sim \qquad \sim CH_2-CH-CH_2-CH\sim$$
$$COO^- \qquad COO^- \qquad\qquad CONH_2 \qquad CONH(CH_2)\overset{+}{N}(CH_3)_3$$
$$Na^+ \qquad Na^+ \qquad\qquad\qquad\qquad\qquad\qquad Cl^-$$

阴离子型聚丙烯酸钠　　　　　　　　　阳离子型聚丙烯酰胺

聚丙烯酰胺作为优良的水处理剂、絮凝剂和高吸水保水材料,广泛用于生活用水和工业废水处理、湿法冶金、卫生材料等领域。带有强酸或强碱性基团的聚电解质一般只能溶解于水,少数可溶于低级醇。带有弱酸或弱碱性基团的聚电解质却只能溶解于某些极性有机溶剂。例如,聚丙烯酸只能溶解于二氧六环和二甲基甲酰胺,将其转变为聚丙烯酸钠后,其在有机溶剂中变得不溶而在水中可溶。

将低分子电解质加入聚电解质溶液中,通常都会导致后者溶解度降低,甚至从溶液中沉淀出来,其原理类似于荷电离子可使带相反电荷的胶体溶液发生沉淀,本质原因是低分子电解质对聚电解质的电荷产生隔离或屏蔽作用,从而降低了聚电解质对水的亲和性。

将两种带相反电荷聚电解质的水溶液按一定比例混合沉淀,即得到具有类似高分子盐结构的复合聚电解质。这种干态具有一定刚性、吸水后又富于弹性的新型聚电解质具有许多特殊性能,在分离膜制备和生物医学材料等领域具有广泛应用前景。

与一般聚合物稀溶液的比浓黏度随浓度降低而呈线性降低的特性不同,聚电解质稀溶液的黏度与浓度之间并不呈线性关系。当聚电解质浓度大于1%时,在溶剂分子中进行的离解过程并不会导致分子链构象的改变,溶液黏度接近正常值。聚电解质浓度的降低不仅未使溶液黏度降低,反而使黏度迅速升高。这是由于聚电解质溶液的黏度与其在溶液中的形态直接相关。随着溶液的稀释,反离子对分子链上离解基团的屏蔽作用降低,使聚电解质分子链带上电荷,同种电荷的排斥作用使分子链变得更舒展,从而导致溶液黏度升高。溶液浓度越低,分子链越舒展,比浓黏度越高。分子链完全舒展后,比浓黏度才随浓度降低而逐渐降低。

与此相反,在聚电解质溶液中加入适量无机盐能够对离解基团产生屏蔽作用,分子链间的电荷作用力减弱,分子链变得自由卷曲,溶液比浓黏度降低。由此可见,采用黏度法测定聚电解质相对分子质量时,为了尽量减轻带电基团对溶液黏度的影响,常需要加入适量的无机盐。

3.6　溶剂选择原则

配制聚合物溶液面临的首要问题是如何根据溶质聚合物的不同类型选择适宜类别的溶剂。选择聚合物溶剂的标准通常包含两个层次:首先,选择何种类型的溶剂才能够溶解目标聚合物;其次,选择该类型中的何种溶剂对目标聚合物的溶解能力以及配制溶液的性能要求最能符合预期要求。

按照溶剂的亲电性、给电性和极性的强弱,将常见溶剂分为如下三类:第Ⅰ类,弱亲电性溶剂,主要包括非极性烃类和卤代烃类等;第Ⅱ类,给电性溶剂,包括醚、醛、酮、酯、胺和酰胺等;第Ⅲ类,强亲电性以及氢键性溶剂,包括醇、腈、硝基、磺酸和羧酸等。这 3 类溶剂的重要物理性能、极性和溶度参数分别列于本章末附表 3-1~3-3。

从附表 3-1~附表 3-3 列出的数据可归纳以下两条重要规律:首先,溶度参数接近的非同类溶剂,其极性大小顺序为Ⅰ类 < Ⅱ类 < Ⅲ类;其次,在同类溶剂中,极性越强溶剂的溶度参数越大,不过两者并不遵循线性关系。

一般而言,选择聚合物溶剂的重要原则包括化学组成与结构方面的相似相容与极性相似。参考量化标准包括两者的相互作用参数χ和溶度参数等。

1. 相似相容或极性相似

从低分子物质溶解过程总结出的相似相容原则同样适用于聚合物溶解过程,其要点是:**化学组成和结构相似的物质可以互溶,极性强的物质能够溶解于极性强的溶剂,极性弱的物质能够溶解于极性弱的溶剂,非极性物质能够溶解于非极性溶剂。**下面的实例可以佐证。

(1) 强极性的聚丙烯腈能溶解于二甲基甲酰胺(DMF)等强极性溶剂中,强极性的聚氯乙烯很容易溶解于强极性的四氢呋喃或硝基苯;

(2) 能生成氢键的聚乙烯醇容易溶解于同样存在氢键的水或甲醇;

(3) 弱极性的有机玻璃能溶解于同样弱极性的丙酮或自身单体,而不溶于非极性的汽油或苯;

(4) 弱极性的聚苯乙烯既能溶解于非极性的苯和甲苯,也能溶解于弱极性的丁酮;

(5) 非极性的天然橡胶和丁苯橡胶都能很好溶解于汽油、苯和甲苯等非极性溶剂。

3-24-y
聚合物溶剂选择三原则:Huggins 参数$\chi <$ 0.5;极性相似;溶度参数相等或接近。

2. 相互作用参数 $\chi < 0.5$

按照 Flory-Huggins 稀溶液理论，溶剂-聚合物体系的相互作用参数 χ 数值大小可作为判断溶剂优劣的半定量标准，因此可将其作为初步筛选溶剂的参考标准。而各种溶剂-聚合物体系的 Huggins 参数在聚合物手册中都可以查到。

一般而言，如果 χ 小于 0.5，则表示聚合物分子链与溶剂分子间的作用力较大，溶剂的溶解能力也较大，χ 较 0.5 小得越多其溶解能力越强。反之，如果 χ 大于 0.5，则表示该溶剂不能溶解该聚合物。由此可见，χ 偏离 0.5 的多少可作为判断溶剂溶解能力的依据。

表 3-7 列出若干组溶质聚合物-溶剂的组合，其中绝大部分组合的 χ 均小于 0.5，表明聚合物在室温条件下很容易溶解于对应溶剂。表中也有少数 χ 大于 0.5 的组合，如聚氯乙烯-丙酮组合的 χ 为 0.60，聚苯乙烯-乙酸乙酯组合的 $\chi = 0.55$。这就明确无误地告诉人们：要想将聚氯乙烯溶解于丙酮或将聚苯乙烯溶解于乙酸乙酯是徒劳无益的！

表 3-7　聚合物-溶剂体系的相互作用参数 χ

聚合物	溶剂	温度/℃	相互作用参数 χ	极性分数
聚苯乙烯	甲苯	23	0.44	0.001
	苯	23	0.45	0
	乙酸乙酯	23	0.55	0.167
聚氯乙烯	四氢呋喃	27	0.14	0.510
	硝基苯	53	0.29	0.625
	丙酮	53	0.60	0.675
聚乙酸乙烯酯	乙酸乙酯	20	0.42	0.167
	苯	20	0.41~0.44	0
	丙酮	25	0.44	0.675
聚异丁烯	环己烷	27	0.44	0
	苯	27	0.50	0
天然橡胶	四氯化碳	15~20	0.28	0
	氯仿	15~20	0.37	0.058
	苯	25	0.44	0
	乙酸戊酯	25	0.49	—
硝化纤维素	乙酸戊酯	25	0.02	—
	丙酮	25	0.27	0.675
氯丁橡胶	甲苯	30	0.38	0.001
聚乙烯醇	水	25	0.492	0.819
聚丙烯腈	二甲基甲酰胺	23	0.17~0.29	—

3. 溶度参数相等或接近

按照溶解过程热力学原理，溶质聚合物能在溶剂中溶解的必要条件是：溶剂与聚合物分子链的作用力既要大于溶剂分子之间作用力，也要大于分子链间作用力。而溶度参数是物质内聚能大小的指标，因此可以用溶剂和溶质的溶度参数判定其是否具有互溶能力。只有当聚合物与溶剂的溶度参数相等或接近时，溶解过程才能自动进行。实践证明，只有当聚合物与溶剂的溶度参数之差小于 $\pm 3.1 \ (J/cm^3)^{1/2}$ 时，溶解过程才能顺利进行。表 3-8 列出若干聚合物的溶度参数。

表 3-8 一些常见聚合物的溶度参数 δ_2

聚合物	δ_2	
	$(J/cm^3)^{1/2}$	$(cal/cm^3)^{1/2}$
聚四氟乙烯	12.7	6.2
聚二甲基硅氧烷	14.9	7.3
聚异丁烯	15.8~16.4	7.7~8.0
天然橡胶	16.2	7.9
聚乙烯	16.2	7.9
乙丙橡胶	16.4	8.0
丁苯橡胶(70∶30)	16.6	8.1
聚丙烯	16.6	8.1
聚丁二烯	17.6	8.6
聚苯乙烯	18.6	9.1
聚氯丁二烯	18.8	9.2
聚丙烯酸乙酯	18.8	9.2
丁腈橡胶(70∶30)	19.2	9.4
聚乙酸乙烯酯	19.2	9.4
聚甲基丙烯酸甲酯	19.4	9.5
聚碳酸酯	19.4	9.5
聚氯乙烯	19.8	9.7
环氧树脂	19.8	9.7
聚氨基甲酸酯	20.5	10.0
聚甲醛	20.7~22.5	10.2~11.0
聚对苯二甲酸乙二酯	21.9	10.7
聚甲基丙烯腈	21.9	10.7
醋酸纤维素	22.3	10.9
聚偏二氯乙烯	25.0	12.2
尼龙-66	27.3	13.6
聚丙烯腈	31.5	15.4
聚乙烯醇	47.9	23.4

从式(3-28)可定性了解，对极性聚合物-极性溶剂而言，不仅要求两者非极性部分的溶度参数接近，同时要求其极性部分的溶度参数也接近才能彼此互溶。例如，弱极性的聚苯乙烯的溶度参数 δ = 9.1，因此溶度参数 δ_1 = 8.9～10.8 的甲苯、苯、氯仿和苯胺等弱极性溶剂均可作为其溶剂。然而 δ_1 = 10.0 的丙酮却不能溶解聚苯乙烯，原因在于丙酮的极性过于强烈。再例如，强极性的聚丙烯腈不能溶解于溶度参数与之接近的乙醇、甲醇和苯酚等溶剂，原因在于这些溶剂的极性相对于聚丙烯腈的强极性而言又过弱。只有极性分数在 0.682～0.924 的二甲基甲酰胺和二甲亚砜等才能将其溶解。概而论之，相似相容、溶度参数相等或接近、Huggins 参数 χ < 0.5 以及极性与溶剂化作用是实践总结出选择聚合物溶剂的基本原则。其中相似相容原则供定性判断，溶度参数接近、极性相近的溶剂化作用可供半定量选择。

最后需补充说明：**按照溶度参数接近原则判断聚合物在溶剂中的溶解性能，须限定在非极性聚合物与非极性溶剂范围，而且溶质聚合物与溶剂分子间的混合热为零或负值的情况。对极性聚合物和极性溶剂而言，应按溶剂化作用原则判断其溶解能力**。可见溶度参数接近和溶剂化作用原则是对相似相容原则的补充。

4. 溶剂化作用规则

溶剂化作用规则是聚合物在溶剂中的溶解过程得以顺利进行所遵循的基本规律，也是选择聚合物溶剂必须遵循的一般原则之一。溶剂化作用规则包括极性相反原则和溶剂化作用原则两方面。

1) 极性相近原则

不同溶剂之间以及溶剂与聚合物之间都存在极性大小和正负偶极的不同，当溶剂分子与聚合物分子之间的极性相近时，有利于其相互溶解。

2) 溶剂化作用原则

(1) 电性相反的溶剂-聚合物体系，能够借助于两者之间的吸电性或给电性溶剂化作用而促进溶解。例如，Ⅰ类或Ⅲ类吸电性溶剂可溶解Ⅱ类给电性聚合物。同理，Ⅱ类给电性溶剂也容易与Ⅰ类或Ⅲ类吸电性聚合物发生溶剂化作用而溶解。

(2) 同类电性的溶剂-聚合物体系，即溶剂和聚合物同属亲电性或同属给电性时，两者之间不能发生溶剂化作用，因此无法溶解。换言之，Ⅰ类溶剂不易溶解Ⅰ类聚合物，Ⅱ类溶剂也不易溶解Ⅱ类聚合物。

(3) 可形成氢键的溶剂能够溶解可形成氢键的聚合物。例如，聚碳酸酯属于Ⅱ类聚合物，溶度参数等于 9.5，聚氯乙烯属于Ⅰ类聚合物，溶度参数等于 9.7，如果按照相似相容原则和溶度参数相近原则，似乎它们都应该能够溶解在极性溶剂中。

　　再看看下列不同类别的极性溶剂，三氯甲烷和二氯甲烷都属于Ⅰ类溶剂，溶度参数分别为 9.5 和 9.7；而环己酮则属于Ⅱ类溶剂，溶度参数为 9.9，这两类溶剂对聚碳酸酯和聚氯乙烯的溶解能力却完全不同。事实上，聚碳酸酯只能溶解于三氯甲烷或二氯甲烷，而不溶解于环己酮；聚氯乙烯却只能溶解于环己酮，而不能溶解于三氯甲烷或二氯甲烷。其原因如图 3-8 所示，在两种不同的聚合物-溶剂体系中，形成氢键所涉及的给电性和亲电性主体有所不同。

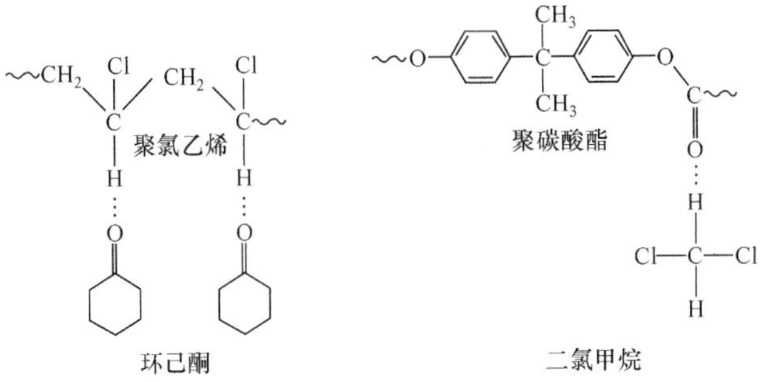

图 3-8　聚氯乙烯和聚碳酸酯分别在环己酮和二氯甲烷中的氢键溶剂化示意图

　　显而易见，按照电荷异性吸引、同性排斥的原则，带亲电性活泼氢原子的聚氯乙烯只能与带有给电性羰基氧原子的环己酮形成氢键，而不能与同样带有亲电性活泼氢原子的二氯甲烷或三氯甲烷形成氢键。同理，带给电性羰基氧原子的聚碳酸酯只能与带亲电性氢原子的二氯甲烷或三氯甲烷形成氢键，而不能与同样带有给电性羰基氧原子的环己酮形成氢键。

　　由此可见，溶剂与溶质聚合物之间溶剂化作用的本质是亲电-给电性相反物质之间发生相互吸引或亲和作用，这种作用的结果是溶剂-溶质聚合物分子间作用力加强的同时，导致溶质聚合物内部分子间力的削弱，最终完成溶解过程。

　　应用类似原理可以解释尼龙-66 在苯酚或甲酸中的溶解过程，它们分别属于Ⅱ类聚合物和Ⅲ类溶剂，其溶度参数分别为 13.6、14.5 和 13.5。尼龙-66 与溶剂苯酚或甲酸分子之间都可以形成氢键，溶剂与溶质分子之间强烈的氢键作用促进了溶解过程的进行。同样道理可解释聚丙烯腈能够溶解于二甲基甲酰胺和二甲基亚砜。

5. 混合溶剂的应用

　　实际工作中有时无法找到溶度参数与待溶聚合物溶度参数接近的任何单一溶剂，这就需要考虑采用混合溶剂。一般而言，只要混合溶剂的溶度参数与聚合物溶度参数相等或接近，其溶解能力往往比单一溶剂更好。事实上有时会发现这样的情况，即用某种聚合物的两种非溶剂配制的混合溶剂却能够很好溶解该聚合物。混合溶剂的溶度参数 δ_M 可以根据组分溶剂的溶度参数(δ_1 和 δ_2)及其体积分数(φ_1 和 φ_2)按下式计算：

$$\delta_M = \varphi_1 \delta_1 + \varphi_2 \delta_2 \tag{3-33}$$

表 3-9 为单一溶剂与混合溶剂对聚合物溶解能力的比较。在设计和配制聚合物混合溶剂时，同样必须遵照相似相容原则，即极性相近的溶剂比较有把握能够互溶。换言之，同类溶剂中溶度参数相近的溶剂可以组成溶解性能更良好的混合溶剂。

表 3-9　单一溶剂与混合溶剂对聚合物的溶解能力比较

溶剂 1 溶剂 2	聚合物	内聚能密度 /(J/cm³)	混合溶剂内聚能 密度/(J/cm³)	单一溶剂 溶解能力	混合溶剂 溶解能力
乙醚		239.9		◆	
	氯丁橡胶	281.3	293.7		○
乙酸乙酯		347.4		◆	
己烷		224.8		◆	
	氯丁橡胶	281.3	316.7		○
丙酮		408.6		◆	
戊烷		207.7		◆	
	丁苯橡胶	274.6	277.7		○
乙酸乙酯		347.4		◆	
甲苯		338.2		◆	
	丁腈橡胶	369.6	439.1		○
氰化乙酸乙酯		540.0		◆	
甲苯		338.2		◆	
	丁腈橡胶	369.6	391.0		○
丙二酸二甲酯		443.7		◆	
2,3-碳酸二丁酯		607.0		◆	
	聚丙烯腈	992.1	856		○
丁二酰亚胺		1105.1		◆	150℃
丙酮		403.1		◆	
	聚氯乙烯	381.0	411		○
二硫化碳		418.6		◆	

注：◆ 不溶，○ 能溶。

6. 选择溶剂一般程序

实际选择聚合物溶剂时，首先需确认待溶解聚合物究竟属于晶态还是非晶态，是极性还是非极性聚合物，建议参考下述程序选择溶剂。

第 1 步，从相关手册查阅与目标聚合物的 Huggins 参数 χ 尽可能小于 0.5 的若干种可供选择的溶剂。

第 2 步,如果目标聚合物属于非极性,则遵照溶度参数相等或接近原则,从备选溶剂中挑选出最符合要求的溶剂。如果无法找到溶度参数相等或接近的溶剂,可考虑选择满足溶度参数加和原理的混合溶剂。如果目标聚合物属于极性,则参照极性相似原则以及吸电性与给电性相反原则选择尽可能符合的溶剂。

第 3 步,除考虑溶解能力以外,还必须考虑该溶剂对于聚合物的化学惰性、安全性(低毒、不易挥发、不易燃烧等)和经济性(资源充足、易于回收)等因素,做出最佳的选择。最后通过试验予以确认。

附表 3-1　第 I 类弱亲电性溶剂的物性与热力学参数

溶剂	物性				
	沸点/℃	密度/ (g/mL,4~20℃)	摩尔体积/ (mL/mol)	溶度参数 $\delta_1/(J/cm^3)^{1/2}$	极性分数
正戊烷	36.1	0.6262	116		0
正己烷	69.0	0.6603	132	14.3	0
正庚烷	98.4	0.6838	147		0
正辛烷	125.7	0.7030	164	16.0	0
环己烷	80.7	0.7457	109	16.8	0
氯乙烷	12.3	0.8978	73		0.319
CCl_4	76.5	1.5940	97	17.6	0
甲苯	110.6	0.8668	107	18.2	0.001
对二甲苯	144.4	0.8611	121		0.001
苯	80.1	0.8786	89	18.8	0
氯仿	61.7	1.4832	81	19.0	0.017
CH_2Cl_2	39.7		65	19.8	0.120
氯苯	125.9	1.1058	107	19.8	0.058
$C_2H_4Cl_2$	83.5	1.2351	79	20.0	0.043
CS_2	46.2	1.2632	61.5	20.5	0
苯乙烯	143.8	0.9096	115		0

附表 3-2　第 II 类给电性溶剂的物性与热力学参数

溶剂	物性				
	沸点/℃	密度/ (g/mL,4~20℃)	摩尔体积/ (mL/mol)	溶度参数 $\delta_1/(J/cm^3)^{1/2}$	极性分数
乙醚	34.5	0.7138	105	15.1	0.033
乙酸乙酯	77.1	0.999	99	18.4	0.167
四氢呋喃	64.5	0.8892	81	18.6	0.510

溶剂	物性				
	沸点/℃	密度/ (g/mL, 4~20℃)	摩尔体积/ (mL/mol)	溶度参数 $\delta_l/(J/cm^3)^{1/2}$	极性分数
丁酮	79.6	0.8054	89.5	19.0	0.715
乙醛	20.8	0.7834	57	20.0	0.380
环己酮	155.8	0.9478	109	20.3	
丙酮	56.1	0.7899	74	20.5	0.695
二氧六环	101.3	1.0337	86	20.5	0.006
硝基苯	210.8	1.2037	103		0.625
吡啶	115.3	0.9819	81	22.3	0.174
DMF	158	0.9557	77	24.6	0.772
二甲亚砜	189	1.1014	71	27.4	0.813
水	100	1.0000	18	47.9	0.819

附表 3-3　第Ⅲ类强亲电性及氢键性溶剂的物性与热力学参数

溶剂	物性				
	沸点/℃	密度/ (g/mL, 4~20℃)	摩尔体积/ (mL/mol)	溶度参数 $\delta_l/(J/cm^3)^{1/2}$	极性分数
正己醇		0.8136		10.0	
正戊醇		0.8144		10.6	
四氢呋喃	64.5	0.8892	81	18.6	0.510
丁酮	79.6	0.8054	89.5	19.0	0.715
乙醛	20.8	0.7834	57	20.0	0.380
环己酮	155.8	0.9478	109	20.3	
丙酮	56.1	0.7899	74	20.5	0.695
二氧六环	101.3	1.0337	86	20.5	0.006
硝基苯	210.8	1.2037	103		0.625
吡啶	115.3	0.9819	81	22.3	0.174
DMF	158	0.9557	77	24.6	0.772
二甲亚砜	189	1.1014	71	27.4	0.813
水	100	1.0000	18	47.9	0.819
正丁醇	117.3	0.8098	91	11.4	0.096
正丙醇	97.4	0.8035	76	11.9	
间甲酚		1.0336		11.9	
乙腈	81.1	0.7857	53	11.9	0.852

续表

溶剂	物性				
	沸点/℃	密度/ (g/mL,4～20℃)	摩尔体积/ (mL/mol)	溶度参数 $\delta_1/(\text{J/cm}^3)^{1/2}$	极性分数
硝基甲烷	−12	1.1371	54	12.6	0.780
乙醇	78.3	0.789	57.6	12.7	0.268
乙酸	117.9	1.0492	57	12.9	0.296
甲酸	100.7	1.2200	37.9	13.5	
甲醇	65	0.7914	41	14.5	0.388
苯酚	181.8	1.0576	87.5	14.5	0.057
乙二醇	198	1.1088	56	15.7	0.468
丙三醇	290.1	1.2613	73	17.8	0.88
丙烯腈	77.4	0.8060	66.5	10.45	0.802

本 章 要 点

1. 高分子理想溶液基本条件的几种表述形式。
   (1) 混合体积增量、混合热、混合熵均为零。
   (2) 极低浓度，Huggins 参数 $\chi=1/2$，低分子溶液仅需极低浓度。
   (3) 体系热参数与熵参数刚好抵消，即超额化学势增量等于零。
2. 决定理想溶液和实际聚合物溶液构象熵的重要参数分别是溶剂与溶质的摩尔分数和体积分数。
3. θ 温度：溶液超额化学势等于零、第二位力系数等于零、相互作用参数等于 1/2 时的温度。温度高于 θ 温度时，聚合物倾向于溶解，分子链因溶剂化而扩张，温度比 θ 温度高得越多，聚合物越容易溶解。
4. 溶剂选择与临界溶解条件：相似相容、内聚能密度或溶度参数接近、溶剂化作用(极性和给电性、吸电性相反规则)。

习 题

1. 解释下列术语。
   (1) 内聚能密度与溶度参数　　　　　(2) Huggins 参数与相互作用参数
   (3) θ 温度和 θ 溶剂　　　　　　　(4) 构象熵与溶剂化熵
   (5) 外增塑与内增塑　　　　　　　(6) 超额化学势增量
2. 试分别说明普通低分子理想溶液与高分子理想溶液必须满足哪些条件。
3. 决定理想溶液和聚合物溶液构象熵的重要参数分别是什么？
4. 试解释高分子溶液和低分子溶液符合理想溶液的热力学条件有何差异。
5. 试简要说明在 θ 溶剂中，聚合物溶液的哪些相关性质可以确定为何数值，分子链结构的哪些参数可以确定。

6. 试解释聚合物-溶剂相互作用参数(Huggins 参数)χ 的物理意义，以及如何通过测定溶液和溶剂的蒸气压计算其数值。

7. 采用平衡溶胀法测定丁苯橡胶的交联度，以计算试样分子链两交联点间的平均相对分子质量。试验条件如下：室温 25℃，试样干胶质量 0.1273 g，试样相对密度 0.941 g/cm³，溶剂苯的密度 0.868 g/cm³，体系的 Huggins 参数为 0.398。

第4章 相对分子质量及其分布测定

按照测定和统计计算方法的不同，聚合物的相对分子质量可以分为数均、重均、黏均和 Z 均 4 种，本章重点讲述前 3 种相对分子质量的测定原理、方法和结果处理。

与绝大多数低分子物质相对分子质量的测定方法类似，聚合物相对分子质量的测定，同样依据其稀溶液的某些化学和物理性质相对于纯溶剂而发生的改变，均与溶液浓度以及聚合物的相对分子质量存在某种定量的联系。因此，只要测定聚合物稀溶液某种化学、物理性能改变值的大小与溶液浓度之间的关系，就可按照一定的数学关系式计算出聚合物的相对分子质量。

毋庸置疑，由于相对分子质量及其分布是聚合物最重要的性能指标，所以其测定原理、方法、操作和结果处理对高分子科学与工程领域的专业工作者而言，应该是最重要的基本技能，必须予以充分重视。各种测定方法中，尤以简便、快速而不依赖贵重仪器的渗透压法和黏度法最为重要。

4.1 数均相对分子质量的测定

测定聚合物数均相对分子质量的基本原理依赖于聚合物稀溶液的依数性原理，即聚合物稀溶液的某些特性变化是溶质分子数目或浓度的函数。测定聚合物数均相对分子质量的方法包括端基分析、沸点升高、冰点降低、渗透压等。其中前 3 种方法由于无法准确测定相对分子质量较高的聚合物，除非是测定缩聚反应低聚物或预聚物的相对分子质量，一般很少采用。

4.1.1 端基分析法

化学结构确定、分子链一端或两端带有可供化学分析定量的基团，估计相对分子质量并不高的低聚物或预聚物，可以考虑选择端基分析测定其数均相对分子质量。试样的绝对质量与测定的端基数目之比，即为该聚合物的数均相对分子质量。

例如，尼龙-6(聚己内酰胺)分子链的两端分别带有 1 个羧基和 1 个氨基，采用简单的容量分析即可测定试样溶液中羧基或氨基的物质的量，根据试样的实际质量即可计算其数均相对分子质量。

该方法测定聚合物数均相对分子质量的准确度较低，当数均相对分子质量为 2 万~3 万时，测定误差达到 ±20%。由此可见，端基分析法仅适用于数均相对分子质量小于 10^4 的试样，通常用于聚合度较低的聚酯和聚酰胺等缩聚物。化学结构不均匀或者发生支化、环化或交联的聚合物，特别是无基团可供分析的加聚物等均不能采用端基分析法。

4.1.2　沸点升高与冰点降低法

　　该方法是普通低分子物质相对分子质量测定方法在聚合物领域的拓展，其原理依据于聚合物稀溶液沸点的升高值(T_b)或冰点的降低值(T_f)与聚合物的数均相对分子质量成反比。

$$T_b = K_b \frac{c}{M} \qquad T_f = K_f \frac{c}{M} \tag{4-1}$$

式中，c 为以溶质(g)/溶剂(kg)表示的浓度；M 为聚合物的数均相对分子质量；K_b 和 K_f 分别为纯溶剂的沸点升高常数和冰点降低常数，可用已知相对分子质量的同种聚合物进行测定，也可按照式(4-2)计算：

$$K_b = \frac{RT_b^2}{1000\Delta H_v} \qquad K_f = \frac{RT_f^2}{1000\Delta H_f} \tag{4-2}$$

式中，ΔH_v 和 ΔH_f 分别为每克溶剂的气化热和熔融热。

　　对低分子化合物而言，可以直接采用式(4-1)进行计算；对聚合物而言，必须在无限稀释情况下才服从理想溶液的规律，因此必须依次测定多个递增或递减浓度溶液的沸点升高值或冰点降低值，再外推到浓度为零，最后按照式(4-3)计算试样的相对分子质量：

$$\left(\frac{\Delta c}{c}\right)_{c \to 0} = \frac{K}{M} \tag{4-3}$$

式中，K 值一般为 0.1～10。由于聚合物的相对分子质量很高而溶液浓度很低，所以一般沸点升高值或冰点降低值都很小，通常很难准确测定。例如，当聚合物相对分子质量在 10^4 左右时，产生的温度差值仅有 10^{-5}～10^{-4}℃。为了提高测定准确性，过去通常采用灵敏度为 10^{-3}～10^{-2}℃的贝克曼温度计，现在采用灵敏度更高的热敏电阻或热电堆进行测定。

4.1.3　渗透压法

　　与前述 3 种测定方法比较，采用渗透压法测定聚合物相对分子质量更为方便且准确。该方法的测定原理是依据稀溶液中聚合物分子与溶剂分子穿越或渗透过半透膜的能力存在差异，于是半透膜两侧产生与溶质浓度及其相对分子质量相关的压力差(渗透压)，测定不同浓度溶液的渗透压，再外推至浓度为零，即可计算聚合物的相对分子质量。

　　1. 仪器和测定步骤

　　渗透压法测定聚合物相对分子质量的装置为被半透膜分隔成两部分的试样池，分别在其中加入纯溶剂和已知浓度的聚合物稀溶液，并控制起始液面等高。纯溶剂分子将自由穿越半透膜而进入溶液一侧，导致这一侧液面逐渐升高，同时溶液逐渐被穿越半透膜而来的溶剂稀释而浓度降低。与此相反，聚合物分子无法穿越半透膜，所以纯溶剂一侧始终无聚合物分子进入。随着溶液一侧液面的升高,液体静压力逐渐增加,溶剂分子穿越半透膜而进入溶液一侧的阻力逐渐加大,穿越速率也逐渐降低。与此同时,静压力将促使溶液一测的溶剂分子穿越半透膜而重新回到溶剂一测。当半透膜两侧溶剂分子的穿越速率达到动态平衡时,两侧液面之差保持恒定,此时的液面差与溶液的渗透压成正比。

2. 结果处理

溶液中由于溶质的存在而导致溶剂的化学势和蒸气压降低是溶液产生渗透压的本质原因,设纯溶剂的化学势和蒸气压分别为 μ_1^0 和 p_1^0,并设溶液中溶剂的化学势和蒸气压分别为 μ_1 和 p_1,按照 Raoul 定律

$$\mu_1^0 = \mu_1^0(T) + RT \ln p_1^0$$

$$\mu_1 = \mu_1^0(T) + RT \ln p_1$$

由于 $p_1^0 > p_1$,所以 $\mu_1 < \mu_1^0$,即纯溶剂的化学势恒大于溶液中溶剂的化学势,因此纯溶剂一侧的溶剂分子拥有穿越半透膜进入溶液一侧的倾向和能量。穿越过程将进行到半透膜两侧液体的化学势相等并达到热力学平衡为止,即纯溶剂的化学势 $\mu_1^0(T, p)$ 与溶液中溶剂的化学势 $\mu_1(T, p+\Pi)$ 相等,即

$$\mu_1^0(T, p) = \mu_1(T, p+\Pi) = \mu_1(T, p) + \Pi\left(\frac{\partial \mu_1}{\partial p}\right)_T = \mu_1(T, p) + \Pi\overline{V}_1$$

$$\Pi\overline{V}_1 = -\left[\mu_1(T, p) - \mu_1^0(T, p)\right] = -\Delta\mu_1 \tag{4-4}$$

式中,$\overline{V}_1$ 为溶剂的偏摩尔体积。再将 Flory-Huggins 溶液理论中溶剂化学势的表达式(3-17)代入式(4-4)并整理,即得

$$\Pi = -\left(\frac{RT}{\overline{V}_1}\right)\left[\ln(1-\varphi_2) + \left(1-\frac{1}{\chi}\right)\varphi_2 + \chi\varphi_2^2\right] \tag{4-5}$$

利用 Stirling 公式($\ln A! = A \ln A - A$)将 $\ln(1-\varphi_2)$ 项展开,由于稀溶液中溶质的体积分数 $\varphi_2 \ll 1$,略去展开式中的高次项即得

$$\Pi = RT\left[\frac{c}{M} + \left(\frac{1}{2}-\chi\right)\frac{\varphi_2^2}{\overline{V}_1} + \cdots\right]$$

$$\frac{\Pi}{c} = RT\left[\frac{1}{M} + \left(\frac{1}{2}-\chi\right)\frac{c}{\overline{V}_1\rho_2^2} + \cdots\right] \tag{4-6}$$

式中,ρ_2 为聚合物的相对密度;χ 为 Huggins 参数。将式(4-6)改写为聚合物溶液渗透压的维里方程式:

$$\frac{\Pi}{c} = RT\left[\frac{1}{M} + A_2c + A_3c^2 + \cdots\right] \tag{4-7}$$

式中,A_2 和 A_3 分别为第二和第三位力系数。第二位力系数可由式(4-8)求得。

3. 第二位力系数 A_2 与 Huggins 参数的物理意义

4-1-g
第二位力系数与 Huggins 参数 χ 类似,均表征聚合物-溶剂分子间的远程相互作用能。

$$A_2 = \left(\frac{1}{2} - \chi\right) / \bar{V}_1 \rho_2^2 \tag{4-8}$$

式(4-8)表明,第二位力系数 A_2 与 Huggins 参数 χ 存在关联性。两者都是用于表征聚合物溶液中分子链段与溶剂分子间相互作用强弱的重要热力学参数。更具体而言,两者均可表征聚合物溶液中分子链段之间的排斥作用与链段-溶剂分子间相互作用竞争结果的数学量度。

第二位力系数 A_2 的数值大小取决于相互作用参数 χ、溶剂的偏摩尔体积和聚合物的相对密度等因素,这与聚合物-溶剂体系的类型、溶剂化作用强弱、大分子在溶液中的形态以及实验温度等因素相关。

在良溶剂中,线团状的分子链由于强烈的溶剂化作用而表现蓬松、舒展,链段之间主要表现斥力,此时第二位力系数 A_2 为正值。溶质聚合物分子链段与溶剂分子间的相互作用参数 $\chi < 0.5$。

在良溶剂中加入非良溶剂导致溶剂化作用减弱,分子链段之间的引力逐渐占据主导地位,从而使分子链逐渐紧缩而呈团聚状态,第二位力系数 A_2 随之逐渐减小,按照式(4-8)可知相互作用参数 χ 却随之逐渐增大。当第二位力系数 A_2 减小到零,相互作用参数 $\chi = 1/2$ 时,溶液呈现理想溶液的特性,即处于 θ 状态,分子链段间产生于溶剂化作用的排斥力与链段间的吸引力相互抵消。

总而言之,当 $\chi = 1/2$,$A_2 = 0$ 时,溶液处于理想的无扰状态或 θ 状态,此时分子链称为无扰链而具有无扰尺寸。当 $\chi < 1/2$ 时,溶液的超额化学势增量<0,溶解过程的自发倾向更强,此时的溶剂为聚合物良溶剂。当 $\chi > 1/2$ 时,溶液的超额化学势增量>0,溶解过程的自发倾向趋弱,此时的溶剂为聚合物的非良溶剂。图 4-1 和图 4-2 分别表征溶剂类型和温度对稀溶液渗透压的影响。

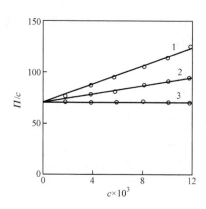

图 4-1　PS 在 3 种溶剂中的渗透压
1. 丁酮；2. 丁酮/甲醇为 95/5；3. 丁酮/甲醇为 90/10(均为体积比)

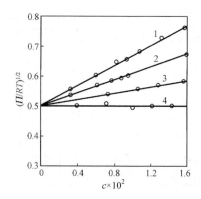

图 4-2　不同温度下聚二甲基硅氧烷在丁酮中的渗透压
1~4 分别为 50℃、35℃、25℃、15℃,
$M_n = 3.33 \times 10^5$

图 4-1 显示，聚苯乙烯在良溶剂丁酮中的渗透压随浓度升高而快速升高；在良溶剂为主与非良溶剂组成的混合溶剂中的渗透压随浓度增加而增加的速度较慢；而在以非良溶剂甲醇为主的混合溶剂中的渗透压基本不与浓度相关，接近于理想溶液。为了加深理解，将不同溶剂-聚合物体系的第二位力系数 A_2 和 Huggins 参数 χ 与大分子形态之间的关系比较列于表 4-1。

表 4-1　几类溶剂的第二位力系数和相互作用参数

溶剂类型	第二位力系数 A_2	相互作用参数 χ	大分子形态
良溶剂	> 0	< 0.5	蓬松而舒展
非良溶剂	逐渐减小	逐渐增加→0.5	逐渐卷缩
θ 溶剂	逐渐→0	0.5	无扰状态
非溶剂	< 0	> 0.5	逐渐沉淀

图 4-2 显示，在较高温度时聚合物溶液的渗透压随浓度升高而升高的趋势明显；在较低温度下溶液渗透压随浓度升高而升高的趋势逐渐减弱；在某一确定的温度时，聚合物溶液的渗透压与浓度无关，这个温度就是该溶液体系的 θ 温度。式(4-7)中第二位力系数 $A_2 = 0$ 的温度即是该聚合物-溶剂体系的 θ 温度，此时的溶剂称为 θ 溶剂，该溶液也称为 θ 溶液。

通过实验测得体系的第二位力系数 A_2，再按照式(4-8)即可计算聚合物-溶剂之间的相互作用参数 χ，通常将其作为判断溶剂是否为良溶剂的半定量标准。

4. 操作要点

目前市售测定渗透压的仪器虽然种类繁多，但是其核心部分基本相同，即包括测定池、半透膜和渗透压读数计 3 个部分。过去用老式渗透压仪测定一个浓度的渗透压往往需要数天，而现在已经被快速自动平衡渗透压仪代替，只需 $1 \sim 3\,h$ 即可测定一个聚合物溶液试样。

采用渗透压法测定聚合物相对分子质量时，同样需要测定多个不同浓度试液的渗透压，再将比浓渗透压 Π / c 外推至浓度为零，主要操作步骤如下：①依次测定多个浓度溶液的渗透压；②计算各溶液的比浓渗透压 Π / c 并对浓度作图即得直线，将直线外推到浓度为 0；③直线斜率即为第二位力系数 A_2，并按下式计算试样的相对分子质量：

$$\left(\frac{\Pi}{c} \right)_{c \to 0} = RT / M \tag{4-9}$$

图 4-2 中各条直线的斜率即为该聚合物溶液体系的第二位力系数 A_2。需要补充说明的是渗透压法测定聚合物相对分子质量是一种绝对方法，适用于较宽的相对分子质量范围（$2 \times 10^4 \sim 1.5 \times 10^6$）。该方法使用的仪器简单价廉、操作简便、容易掌握。不过，半透膜的选择及其质量是该方法的关键。

4-2-y
渗透压法测定聚合物相对分子质量步骤：
1. 依次测定多个浓度的渗透压；
2. 计算比浓渗透压 Π / c 并对浓度作图；
3. 直线斜率即为第二位力系数 A_2。

4.2 光散射法测定重均相对分子质量

聚合物重均相对分子质量的测定方法包括光散射、超速离心沉降和凝胶渗透色谱(GPC)等，本节重点讲述光散射法。

1. 基本原理

光散射法是测定聚合物重均相对分子质量广泛采用的一种绝对方法。该方法是建立在聚合物溶液光学性能的不均匀性基础上，通过测定聚合物溶液的光散射，建立其与溶液浓度和相对分子质量之间的相关性。该方法不仅可测定聚合物的重均相对分子质量，还可测定分子链的均方半径 $\overline{\rho^2}$ 、均方末端距 $\overline{h^2}$ 和第二位力系数 A_2 等重要结构参数和热力学参数。

按照图 4-3 所示几何光学原理，当入射光线通过某种介质时，部分光线仍沿着入射方向通过介质即透射，另一部分光线则由于介质的存在而改变传播方向即折射或散射。散射光方向与入射光方向之间的夹角 θ 称为散射角，发出散射光的质点称为散射中心，散射中心与观察点之间的距离称为观察距离 r。

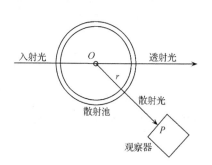

图 4-3　光线的透射和散射示意图

按照物理光学原理，散射光强度与介质中各散射质点发出的散射光是否相互干涉有关。当散射中心(质点)尺寸比光波在介质中的波长小得多、质点之间的距离很远且无相互作用时，各个质点发出的散射光将不会产生干涉作用，此时整个体系的散射光强是各个质点散射光强的加和。不过当质点浓度增加、质点间距离缩短、彼此存在相互作用时，各质点发出的散射光就是相互干涉的，这种现象称为质点散射的外干涉。

当质点尺寸与入射光在介质中的波长处于同一数量级时，质点上不同部位所产生的散射光就一定存在相位差，这些存在相位差的散射光也会发生干涉作用并导致散射光强的减弱，这种现象称为质点散射的内干涉。对聚合物稀溶液而言，上述产生散射作用的"质点"就是溶解在溶剂中的单个大分子。

采用光散射法测定聚合物相对分子质量时通常采用极低的浓度，分子链之间的距离很远，使大分子间的外干涉作用尽可能弱化。当大分子尺寸达到 30 nm 以上时，就会产生内干涉现象，其干涉作用的强度与分子大小和形态密切相关。因此，测定散射光波内干涉的程度即可以了解分子链的尺寸、形态和结构。

按照电磁波理论和弹性微粒理论，入射光波与介质分子发生作用，获得能量的介质分子的电子产生强迫振动而成为二次光源(散射光源)。在处理聚合物溶液产生的光散射时,可以将散射光的强度视作溶液相对密度和密度局部波动(涨落)的结果,下面分两种情况进行讨论。

2. 结果处理

相对分子质量小于 10^5 的合成聚合物、蛋白质或多糖等分子就属于这种情况,其溶液的散射光强度取决于浓度的局部涨落,这种涨落受温度、入射光波长和溶剂特性等因素影响,散射光强度在前后方向上显示对称。Debye 推导散射光强度与溶液浓度及其相对分子质量关系的过程非常复杂,本书仅给出结果,如下:

$$\frac{K'c}{R_{90}} = \frac{1}{M} + 2A_2c$$

$$K' = \frac{2\Pi^2 n^2}{N_A \lambda^4} = \left(\frac{\partial n}{\partial c}\right)^2 \tag{4-10}$$

将 R_θ 定义为散射介质的瑞利(Rayleigh)比

$$R_\theta = r^2 I_\theta / I_i$$

式中, I_i 为入射光强; I_θ 为散射角为 θ 、距散射中心 r(cm)处单位体积(cm³)介质所产生的散射光强与溶剂散射光强的差值。式(4-10)中的 R_{90} 为散射角为 90°时溶液的瑞利比; λ 为入射光波长; n 为溶剂的折射率; A_2 为第二位力系数; c 为溶液浓度; M 为聚合物的重均相对分子质量; N_A 为 Avogadro 常量。按照式(4-10)以 $K'c/R_{90}$ 对 c 作图,所得直线截距的倒数即为聚合物的重均相对分子质量,从直线的斜率可计算第二位力系数 A_2 。

相对分子质量在 $10^5 \sim 10^7$ 的聚合物在良溶剂中的分子尺寸通常在 20~300 nm,即属于这种情况,此时单个聚合物大分子的不同部位所产生的散射光之间存在相位差,从而产生内干涉并导致散射光强度减弱。存在内干涉效应时,散射光强度与聚合物溶液浓度及其相对分子质量之间的关系式的推导过程也非常烦琐,本书同样仅给出最后结果:

$$\frac{1 + \cos^2\theta}{2} \frac{Kc}{R_\theta} = \frac{1}{MP(\theta)} + 2A_2c \tag{4-11}$$

式中, K 为与溶剂折射率和浓度相关的常数; θ 为散射角; $P(\theta) \leqslant 1$ 为与散射质点形态密切相关的不对称散射函数,多数聚合物分子链在溶液中均呈无规线团状,其不对称散射函数由下式表达:

$$P(\theta) = 1 - \frac{16\pi^2}{3\lambda^2} \overline{\rho^2} \sin^2\frac{1}{2} + \cdots \tag{4-12}$$

式中, $\overline{\rho^2}$ 为分子链的均方半径,对于无规线团其数值等于均方末端距的 1/6。由此可见,光散射法可测定分子链的均方半径和均方末端距。

光散射法测定聚合物相对分子质量是以式(4-12)为基础,通过实验测定各个浓度和各个角度的瑞利比 R_θ，再以 $\left(\dfrac{1+\cos^2\theta}{2}\dfrac{Kc}{R_\theta}\right)$ 对 $\left(\sin^2\dfrac{1}{2}+Ac\right)$ 作图，然后分别外推到浓度和散射角为零，即可得到具有相同截距的两条直线，该截距即等于重均相对分子质量的倒数。两种外推结果的表达式为

$$\left(\frac{1+\cos^2\theta}{2}\frac{Kc}{R_\theta}\right)_{\theta\to0}=\frac{1}{M}+2A_2c$$

$$\left(\frac{1+\cos^2\theta}{2}\frac{Kc}{R_\theta}\right)_{c\to0}=\frac{1}{MP(\theta)}$$

(4-13)

从外推结果式可计算第二位力系数 A_2，也可再按照式(4-12)计算聚合物分子链的均方半径和均方末端距。由此可见，光散射技术在高分子结构研究和性能测定中占有十分重要的地位。

4.3　黏均相对分子质量的测定

黏度法是测定聚合物相对分子质量最简便而普遍采用的方法，原因首先在于所需仪器毛细管黏度计是所有相对分子质量测定仪器中最简单而便宜的一种；其次还在于测定过程和结果处理都相对简单而快速。因此，高分子科学研究和生产领域的专业工作者，除非还兼有其他方面的研究目的，通常都将该方法作为聚合物相对分子质量测定的首选方法。

4.3.1　基本原理

黏度法测定聚合物相对分子质量的基本原理是依据聚合物的相对分子质量与其稀溶液的黏度之间存在正相关性，Mark-Houwink 方程即是这种关系的数学表达，即成为黏度法测定聚合物相对分子质量的理论基础：

$$[\eta]=KM^\alpha$$

(4-14)

式中，$[\eta]$ 为聚合物稀溶液的特性黏度(intrinsic viscosity)；M 为溶质聚合物的黏均相对分子质量。对确定聚合物而言，当溶剂和温度确定后，在一定相对分子质量范围内 K 和 α 是与相对分子质量无关的常数。由此可见，如果已知常数 K 和 α，则只需测定聚合物稀溶液的特性黏度 $[\eta]$，即可按照式(4-14)计算试样的相对分子质量。

另外，如果拥有经过相对分子质量分级、已知相对分子质量 M 的数个聚合物标准试样，则可以通过对其稀溶液特性黏度的测定求得式(4-14)中的常数 K 和 α。可见稀溶液特性黏度的测定是聚合物相对分子质量测定的关键。

4.3.2　仪器与操作

测定聚合物稀溶液黏度通常采用玻璃毛细管黏度计。常用的乌氏毛细管

黏度计如图 4-4 所示，图中容积 50～60 mL 的大球为试液存留和稀释池，容积约 5 mL、上下沿标刻读数线的小球为测定试液球。测定聚合物稀溶液黏度的具体操作步骤和要点如下。

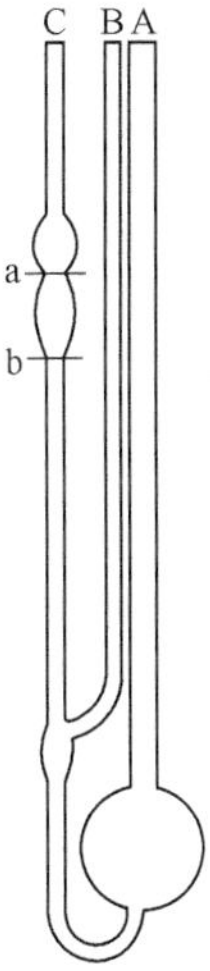

(1) 配制聚合物稀溶液，一般选择待测聚合物的良溶剂，控制浓度约 1 g/100 mL。为保证试样能够充分溶解，通常需要将溶液存放过夜或者至少静置 8 h，然后选用 5# 玻砂漏斗过滤，以除去可能的机械杂质。

(2) 鉴于溶液黏度与测定温度密切相关，所以测定必须在严格的恒温条件下(在温度控制±0.01℃的恒温水浴中)进行。

(3) 纯溶剂和试液均从细管 A 加入，加入总量一般不超过大球容积的 1/2，将黏度计垂直固定于超级恒温槽内适当高度。

图 4-4 乌氏毛细管黏度计

(4) 首先测定纯溶剂流过毛细管的时间 t_0，通常为 50～100 s。为此先将套于细管 B 上的乳胶管折叠闭气，用洗耳球对准细管 C 吸气使试液充满测定小球并超越上刻线 a，松开乳胶管同时注视液面下降到上刻线 a 时立刻启动秒表。注视液面降至下刻线 b 时按下秒表，记录试液流过上下刻线之间的时间。

(5) 按照相同步骤由浓至稀依次测定多个浓度试液流过毛细管的时间 t_i，通常为 200～300 s。

这里需要解释，之所以采取试液浓度由浓至稀的测定程序，是考虑到只需起始加入一定体积原始稀溶液，测定最高浓度试液流过黏度计毛细管的时间，其后每次只需依次加入计算体积的纯溶剂进行稀释并混匀，即可依次测定若干个浓度递减溶液的黏度，这就省去了多次洗涤和干燥黏度计的烦琐操作，从而大大缩短了测定时间。不过这就要求初始加入的试液量不能过多。

4-3-y
黏度法测定相对分子质量的步骤：
1. 依次测定溶剂和多个浓度试液的黏度；
2. 计算比浓黏度和比浓对数黏度并对浓度作图；
3. 两直线外推相交于 $c \to 0$ 即得特性黏度。
4. 按照式 $[\eta] = KM^\alpha$ 计算。式中 K、α 需订定。

4.3.3 结果处理

黏度法测定聚合物相对分子质量的结果处理过程中，其实最重要的并非溶液的实际绝对黏度，而是其相对于溶剂黏度的增加幅度即相对黏度。数据处理过程常用到五种既相互联系又有区别的溶液黏度表达形式。

1. 五种黏度表达式

相对黏度：将溶液黏度与纯溶剂黏度之比，即两者流过毛细管黏度计耗费时间之比定义为相对黏度。

$$\eta_r = \frac{\eta}{\eta_0} = t_i / t_0$$

增比黏度：将溶液相对于纯溶剂黏度增加的幅度定义为增比黏度，数值上等于相对黏度减去 1。增比黏度表征溶质聚合物对溶液黏度的贡献率。

$$\eta_{sp} = \frac{\eta}{\eta_0} - 1 = \eta_r - 1 = \frac{t_i - t_0}{t_0} = \frac{t_i}{t_0} - 1$$

比浓黏度：将增比黏度与试液浓度之比定义为比浓黏度。

$$\eta_{sp} / c = (\eta_r - 1) / c$$

换言之，比浓黏度是单位浓度溶液的增比黏度，其实质是单位浓度溶液中溶质对于溶液黏度的贡献，其单位是浓度单位的倒数。

比浓对数黏度：将相对黏度的自然对数与浓度之比定义为比浓对数黏度。

$$\ln \eta_{sp} / c = \ln(\eta_r - 1) / c$$

特性黏度：也称特性黏数，是指无限稀释溶液至浓度趋近于 0 时的比浓黏度或比浓对数黏度，即

$$[\eta] = \lim_{c \to 0}(\eta_{sp} / c) = \lim_{c \to 0}\ln(\eta_r / c) \tag{4-15}$$

研究结果证明，特性黏度与溶液浓度无关，而与溶质聚合物的相对分子质量密切相关。

2. 结果处理

根据测定条件和目的不同，有两种结果处理方法可供选择。

1) 稀释法

这是比较常用的方法。在测定纯溶剂黏度之后依次稀释测定多个浓度递减溶液流过黏度计毛细管的时间，即完成实验测定工作。余下的就是数据处理，首先列表依次计算各溶液的相对黏度、增比黏度、比浓黏度和比浓对数黏度，然后在直角坐标系中分别以比浓黏度和比浓对数黏度对浓度作图，即可分别得到两条斜率相反的直线，最后将其外推到浓度为零，即可发现两条直线刚好在纵轴上相交，其截距即浓度为零时的比浓黏度或比浓对数黏度，即特性黏度，如图 4-5 所示。最后就可以按照式(4-14)计算试样的相对分子质量，不过这仅适用于式(4-14)中常数 K 和 α 已知的情况。

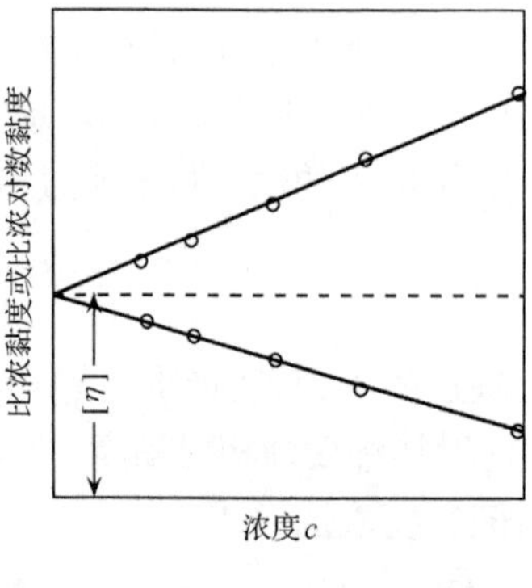

图 4-5　比浓黏度和比浓对数黏度
作图外推得到特性黏度

2) 一点法

在聚合物生产和使用过程控制中，常常需要对同一产品的不同聚合阶段或不同批次的大量试样进行相对分子质量测定。为了简化实验操作，采用本方法仅需测定一个试液的黏度，即可采用溶液黏度与浓度的经验关系式计算

其特性黏度。虽然这类经验关系式有多种形式，但是 Huggins-Kraemer 方程的应用最为广泛。

$$\eta_{sp}/c = [\eta] + K'[\eta]^2 c$$
$$\ln(\eta_{sp}/c) = [\eta] - \beta^2 c \tag{4-16}$$

式中，K' 和 β 分别称为 Huggins 常数和 Kraemer 常数。对线型柔性分子链-良溶剂体系而言，$K' + \beta = 0.5$，K' 的数值范围为 0.3～0.4。读者需认真甄别此处的 Huggins 常数 K' 与稀溶液理论中的 Huggins 参数即溶剂-聚合物相互作用参数 χ。

式(4-16)含有 3 个未知数而无法求解，通常需要在首次分析时测定多个试液的黏度，分别以比浓黏度和比浓对数黏度对浓度作图，将直线外推至浓度为零，其在纵轴上的截距即为特性黏度 $[\eta]$，从直线的斜率即可计算适用该聚合物、溶剂和测定条件的 Huggins 常数 K' 和 Kraemer 常数 β。这样在日常分析时就只需测定一个溶液的黏度即可用式(4-16)计算试液的特性黏度。

3. Mark-Houwink 方程的订定

采用黏度法测定聚合物相对分子质量时，Mark-Houwink 方程的常数 K 和 α 必须在完全相同的实验条件下测定，这一过程就是对该方程在具体实验条件下进行标定的过程。未经订定而直接采用文献查到的 K 和 α 值进行计算，只能得到相对分子质量的相对值而并非绝对值，这与其他绝对方法不同。事实上，对方程中 K 和 α 进行订定的过程就是在完全相同的聚合物、溶剂、温度等条件下，采用别的绝对方法分别对若干个经过分级、相对分子质量分布较窄的标准试样进行测定，并将式(4-14)转变成对数形式：

$$\lg[\eta] = \lg K + \alpha \lg M \tag{4-17}$$

将按照别的绝对方法测定的至少两个级分同种聚合物试样的相对分子质量，以及在完全相同条件下测定的各级分试样的特性黏度分别代入式(4-17)，求解联立方程，或用 $\lg[\eta]$ 对 $\lg M$ 作图，从直线的截距和斜率分别计算 K 和 α。表 4-2 列出测定一些聚合物相对分子质量的主要条件以及 K 和 α 等数据。

4-4-y
K 和 α 值的订定步骤：
1. 对相同聚合物试样进行分级；
2. 采用其他绝对方法测定各级分相对分子质量；
3. 采用黏度法在同条件下测定各级分相对分子质量；
4. 按照式(4-17)作图求得 K 和 α。

表 4-2　黏度法测定一些聚合物相对分子质量的条件以及 K 和 α 值

聚合物	溶剂	温度/℃	$K \times 10^2$	α	$M \times 10^3$ 范围	测定方法	分级
LDPE	十氢萘	70	6.8	0.675	<200	O	Y
HDPE	α-氯萘	125	4.3	0.67	40～950	O	Y
PP	十氢萘	135	1.00	0.80	100～950	L	Y
聚异丁烯	环己烷	30	2.76	0.69	38～700	O	Y
聚丁二烯	甲苯	30	3.05	0.725	53～490	O	Y
PS	苯	20	1.23	0.72	1.2～540	L, S.D	Y
PVC	环己酮	25	0.204	0.56	19～150	O	Y

聚合物	溶剂	温度/℃	$K \times 10^2$	α	$M \times 10^3$ 范围	测定方法	分级
PMMA	丙酮	20	0.55	0.73	40～8000	S.D	
PVAC	丁酮	25	4.2	0.62	17～1200	O, S.D	Y
PVA	水	30	6.62	0.64	30～120	O	Y
PAN	DMF	25	3.92	0.75	28～100	O	
尼龙-6	甲酸(85%)	20	7.5	0.70	4.5～16	E	N
尼龙-66	甲酸(90%)	25	11	0.72	6.5～26	E	N
聚碳酸酯	氯甲烷	20	1.11	0.82	8～270	S.D	Y
PET	酚：CCl₄ (1：1)	25	2.10	0.82	5～25	E	

注：浓度单位 g/mL。测定方法：E—端基分析；O—渗透压；L—光散射；S.D—超速离心；分级：Y—试样经过分级；N—试样未分级。

4. 新聚合物相对分子质量测定方案

如果有一种新型聚合物需要选择黏度法测定相对分子质量,因无现成常数 K 和 α 可用,无法直接用式(4-14)进行结果处理,必须测定式中的常数 K 和 α,主要步骤为:①选择适合该聚合物的良溶剂;②配制浓度适宜的聚合物溶液进行分级,将试样分离为分散度较窄的若干个级分;③采用渗透压等绝对方法测定各级分的相对分子质量;④分别配制各级分聚合物的稀溶液,测定各级分溶液的特性黏度$[\eta]$;⑤遵照式(4-17)用作图法计算该聚合物-溶剂体系的常数 K 和 α。

到此为止,就可用式(4-14)进行黏度法测定新型聚合物试样相对分子质量的数据处理了。

4.3.4　注意要点

1. 试液浓度控制

以测定相对分子质量为目的的聚合物稀溶液的浓度通常控制在 1 g/100 mL 左右。不过,同型号毛细管黏度计的内径差异较大,加上不同种类、不同相对分子质量聚合物溶液的黏度差异较大,所以前期必须试测纯溶剂和溶液流过选定黏度计的具体时间,对实测试液的浓度进行适当修正,目标是尽量将溶液的相对黏度控制在 1.6～2.0。换言之,如果纯溶剂流过黏度计的时间为 100 s,最好将初始试液的流过时间控制在 160～200 s。

原因在于,Mark-Houwink 方程的推导过程是假设液体的流动无湍流发生,液体的重力将完全用以克服其流过毛细管的黏滞阻力。如果溶液流过毛细管的速率过快,则由于湍流的发生而带来较大实验误差,比浓对数黏度-浓度的关系可能线性不佳,甚至不能在纵轴上与比浓黏度-浓度直线相交。遇到这种情况就需换用毛细管较细的黏度计,或者适当提高浓度。当然黏度过高也会带来测定时间过长的问题。

2. 聚合物相对分子质量范围

大量研究结果证明，对于聚合物相对分子质量超过 10^6 的特长分子链聚合物，其溶液在流过毛细管时因为管壁剪切力的作用而使测得的表观黏度下降，产生较大实验误差。可见黏度法无法测定相对分子质量超过 10^6 的聚合物。

4.3.5 分子链在不同溶剂中的形态

研究发现，式(4-14)中的系数 K 是与溶剂种类和溶质聚合物特性相关的常数，而指数 α 与稀溶液中分子链的形态密切相关，其数值大小实际上是溶剂分子与分子链之间作用力强弱的表征。下面仅就不同溶剂中分子链的形态与方程中指数 α 的数值范围作简单讨论。

1. 良溶剂中分子链呈松散线团状，$\alpha = 0.8 \sim 1.0$

在良溶剂中分子链与溶剂分子之间的作用力较强，而分子链内和链间的相互作用力相对较弱，溶剂分子和分子链的运动都是自由的。Staudinger 推导出在这种情况下 Mark-Houwink 方程中的指数 $\alpha = 0.8 \sim 1.0$，$[\eta] \approx KM$，这就是高分子科学建立初期 Staudinger 建立的特性黏度-相对分子质量方程的原始形式。

2. 非良溶剂中分子链呈紧密线团状，$\alpha = 0.5$

可以想象，在非良溶剂中溶剂分子与大分子之间的作用力较弱，而分子链内和链间的相互作用力相对较强，分子链呈紧密而内部充斥大量随意运动的溶剂分子的线团状。在这种情况下，Kuhn 推导出 Mark-Houwink 方程中的指数 $\alpha = 0.5$，而符合构象统计学原则的理想柔性链在 θ 溶剂中的 α 正好等于 0.5。

显而易见，上述情况是聚合物分子链在两种极端良和非良溶剂中分别表现出的两种极端形态，即完全舒展和完全卷曲。

3. 多数溶剂中分子链介于紧密与舒展线团之间，$\alpha = 0.5 \sim 0.8$

对大多数聚合物-溶剂体系而言，分子链处于前述两种极端情况即完全舒展和完全卷曲之间，其 α 通常为 $0.5 \sim 0.8$，K 通常为 $10^{-4} \sim 10^{-2}\ \mathrm{mL/g}$。从聚合物手册中可查阅到各种聚合物-溶剂体系相当全面的 K 值和 α 值数据。不过在采用文献 K 值和 α 值计算聚合物相对分子质量时，必须特别注意测定条件是否与文献条件完全相同。这些条件主要包括溶剂、温度、待测聚合物种类及其相对分子质量范围，以及测定 K 值和 α 值的方法等。如果不尽相同，则需要对 K 值和 α 值进行订定。表 4-3 列出 α 值的数值范围与大分子形态的

4-5-y

溶剂、分子链形态与 α 值：

良溶剂中呈松散线团 $\alpha = 0.8 \sim 1.0$；

非良溶剂中呈紧密线团状 $\alpha = 0.5$；

多数溶剂中介于紧密与舒展线团之间 $\alpha = 0.5 \sim 0.8$。

对应关系。

表 4-3　Mark-Houwink 方程指数 α 的数值范围与分子形态

分子链形态	柔性线团	刚性线团	刚性棒状	球形
α 数值范围	0.5～0.8	1.0	2.0	0

4.4　聚合物相对分子质量分布测定

4.4.1　研究相对分子质量分布的意义和方法

如前所述,各种方法测定的聚合物相对分子质量都是统计平均值,用单一方法统计平均的结果还不足以描述聚合物相对分子质量的全部特征。对多数合成聚合物而言,即使具有相同平均相对分子质量的不同批次的同种聚合物,其相对分子质量分布也可能存在很大差异。由此可见,若要确切描述聚合物的相对分子质量,除应给出试样相对分子质量的统计平均值外,还应该给出其相对分子质量分布。

聚合物的相对分子质量分布是指试样中各组分质量分数与其相对分子质量的对应关系。事实上,聚合物的几乎所有物理性能不仅与其相对分子质量有关,也与其相对分子质量分布有关。研究聚合物相对分子质量分布的目的主要在于探索聚合物相对分子质量分布对其加工性能、使用性能以及溶液性能的影响。

不同使用目的对聚合物相对分子质量及其分布都有一定要求。例如,用于熔融纺丝和溶液纺丝的聚合物,其相对分子质量分布太宽往往导致纺丝性能变坏;热塑性聚合物的成型加工如模塑、挤出、吹塑、浇铸,以及橡胶混炼等过程的条件以及制品质量,都与聚合物熔体的流变性能密切相关,而聚合物熔体的流变性能则与其相对分子质量分布具有明显的相关性。一般而言,窄相对分子质量分布虽然对聚合物的力学性能有利,但是其成型加工性能较差;过宽的分布不仅带来加工方面的问题,其力学性能也显著降低;由此可见,中等程度的相对分子质量分布对多数聚合物的加工和制品性能而言都是适宜的。

研究聚合物相对分子质量分布的方法主要包括 4 种:①采用溶解法或沉淀法对聚合物进行相对分子质量分级;②采用超速离心、光散射等方法研究稀溶液中聚合物相对分子质量分布;③利用凝胶渗透色谱或电镜对聚合物进行分级或直接观察;④高分子化学讲述的统计函数方法。本节重点讲述沉淀分级、溶解分级和凝胶渗透色谱法分级。

采用适当方法将聚合物试样分离成为相对分子质量递增或递减的若干组分的过程称为分级。沉淀分级和溶解分级均属于溶解度分级法,是最简便而普遍采用的经典分级法。该方法的基本原理是:较浓和较稀的两相聚合物溶液达到热力学平衡态时,溶质的相对分子质量具有某种依赖性,即浓相和稀相中的溶剂和溶质聚合物的化学势分别相等。按照聚合物溶液理论推导聚合物溶液相分离函数的过程颇为烦琐，本书仅列出推导的最终结果：

$$f'_x = \frac{m'_x}{m'_x + m''_x} = \frac{1}{1 + Re^{\sigma x}}$$

$$f''_x = \frac{m''_x}{m'_x + m''_x} = \frac{Re^{\sigma x}}{1 + Re^{\sigma x}}$$

(4-18)

式中，f'_x 和 f''_x 分别为聚合物在稀相和浓相中的质量分数；m'_x 和 m''_x 分别为聚合度为 x 的大分子在稀相和浓相中的质量；R 为稀相与浓相的体积比：$R = V'/V''$，$e^{\sigma x} = \varphi''_x/\varphi'_x$ 则是聚合度为 x 的大分子分别在浓相和稀相中的体积分数比。式(4-18)称为聚合物溶液相分离溶度函数，是聚合物溶解度分级以及相分离的理论基础，同样适用于聚合物-溶剂-沉淀剂三元体系。从该函数可得出两点重要结论：

(1) 将聚合物溶液冷却或加入沉淀剂，相对分子质量较大的聚合物先发生相分离而沉淀析出。由此可见，聚合物溶液的临界共溶温度(T_c)和沉淀点都具有对相对分子质量的依赖性，因此采用降低温度或逐步加入沉淀剂的方法都可以将聚合物分离成为相对分子质量递减的级分。

(2) 要想将聚合物分离成为单一相对分子质量的级分，采用溶解度分级或沉淀分级绝无可能。换言之，绝对理想的分级不可能做到。假设如果能够达到效率 100%的理想分级，则相对分子质量大于 M_x 的大分子都存在于浓相中，而相对分子质量小于 M_x 的大分子都存在于稀相中，如图 4-6 所示。

但是，事实上相对分子质量小于 M_x 的分子在浓相中同样存在，就像相对分子质量大于 M_x 的分子在稀相中同样存在一样。当 M_x 趋近于零时，$f''_x = R/(1+R)$，表明即使相对分子质量很小，其在浓相中仍然存在相当比例。不过，如果减小浓相与稀相的体积比 R，即控制分级体系的浓度降低幅度，确实可以提高分级效率。但是这有一个限度，因为分级体系浓度降低幅度的减小必然导致分级级数和分级工作量的大幅度增加，而只有当 $M_x \to \infty$，$f'_x \to 0$ 时，相对分子质量大的部分

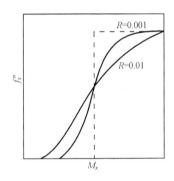

图 4-6　溶解度分级效率示意图

才可能在稀相中趋于零，这在实际操作时几乎是不可能做到的。

4.4.2　沉淀分级方法

沉淀分级方法包括降温沉淀和递加沉淀剂分级两种，分别介绍如下。

1. 降温沉淀分级

选择适当的聚合物-溶剂体系，在适当高的温度使聚合物充分溶解后，再按照设计程序逐步降低温度达到若干个预期值，在每个预期温度恒温使溶液达到平衡，溶液中的聚合物将按照相对分子质量递减的顺序沉淀析出，将

沉淀彻底分离后再将溶液降温到下一更低温度,直至达到预定的分级数。该方法的缺点是分级操作相当烦琐耗时,尤其当分级数较多时将耗费很长的时间。

2. 递加沉淀剂分级

将质量浓度约 1%的聚合物稀溶液在恒温条件下加入控制量的沉淀剂(非溶剂)并使其达到平衡,则相对分子质量大的分子将首先沉淀出来,彻底分离沉淀后再加入第二份沉淀剂,按照相同操作得到第二个级分,继续加入第三份沉淀剂,最后得到若干个相对分子质量递减的级分。

上述两种分级方法本质上均属于改变外界条件以达到降低溶剂化作用同时增加聚合物分子之间内聚能的目的,从而使溶解于溶剂中的聚合物分子按照内聚能增加大小程度的不同而依次沉淀出来,所以本质上都属于沉淀分级。回顾前述聚合物内聚能密度,聚合物大分子的内聚能具有加和性,其内聚能的大小与相对分子质量具有正相关性。

沉淀分级效率高低的关键在于分级条件的设计,包括聚合物-溶剂-沉淀剂及其相对量、分级温度和平衡时间等。采用不同的分级方法对指定聚合物进行分级,完全可能得到不同的分级结果。例如,在硝基苯-甲醇体系中对聚氯乙烯进行分级,得到各级分的相对分子质量分布较窄。如果采用四氢呋喃-水体系分级,则各级分相对分子质量的分布较宽。再如,尼龙-6 在苯酚-甲醇体系中分级,得到的级分相对分子质量分布较窄;而在苯酚-石油醚中分级得到的级分相对分子质量分布较宽。目前普遍认为,在一般实验条件下得到相对分子质量分布较宽的分级结果是正常而合理的。对于具体的待分级聚合物,合理选择分级溶剂、沉淀剂或沉淀温度显得十分关键,直接关系到分级的成败和分级效率的高低。不过分级体系的选择目前仍然主要依靠经验和实验比较,尚未建立成熟的理论和定量关系。

3. 沉淀分级体系必须满足的基本条件

①最好选择弱溶剂-弱沉淀剂体系,所选择的溶剂和沉淀剂在实验条件下必须互溶而不分层;②溶液发生沉淀相分离的敏感性必须足够强烈,即溶液的稳定性对于相对分子质量具有显著依赖性;③溶剂和沉淀剂的沸点不宜太低或太高,毒性较小而易于回收;④分级起始质量浓度约为 1%;⑤晶态聚合物必须在熔点以上进行分级,或者选择合适的溶剂-沉淀剂匹配,使其浓相转变为非晶相,从而避免结晶形成。

4.4.3 柱上溶解分级

1. 溶解分级特点

溶解分级是沉淀分级的逆过程,与沉淀分级相比较其应用也更普遍。溶解分级具有以下特点:①分级级分的相对分子质量依次递增;②分级过程相对更快速;③较低相对分子质量级分的分级效率高于沉淀分级。

2. 溶解分级方法

①采用溶解能力递增的多组溶剂-沉淀剂混合溶剂体系依次抽提(液固萃取)聚合物试样；②采用混合溶剂在逐步升温条件下多次提取聚合物试样。

3. 柱上溶解分级操作

(1) 将待分级试样溶解以后再沉淀于细粒度玻璃砂或别的惰性载体表面，目的是尽可能增加聚合物与淋洗溶剂的接触面，以提高分级效率。

(2) 将沉淀有聚合物的玻璃砂载体装入备有恒温水套的分级柱，尽量保持柱内玻璃砂松紧均匀而平整。

(3) 按照设计分级数的具体要求配制对该聚合物的溶解能力递增的良溶剂-非良溶剂组成的混合淋洗剂若干份。

(4) 在恒温条件下依次用溶解能力递增的混合淋洗剂缓慢淋洗分级柱，尽可能使溶解过程达到平衡后再进行下一步淋洗，依次收集淋洗液，从而得到相对分子质量递增的若干个级分。

4.4.4　柱上梯度淋洗分级

柱上梯度淋洗分级本质上属于前述柱上溶解分级，只是同时采用了淋洗剂溶解能力梯度与温度梯度的双重控制手段，从而使分级效率得以提高。柱上梯度淋洗分级采用的专用分级柱的温度控制夹套特别设置了温度梯度控制的电热温控组件，使分级柱内的温度自上而下呈梯度递降，即柱顶温度最高而柱底温度最低。

1. 操作步骤

该方法仍需要将待分级的聚合物事先沉淀于细粒度玻璃砂或其他惰性载体表面，然后再装柱。通常在分级柱下部装入一定高度未沉淀聚合物的载体，而将沉淀有聚合物的载体装于其上部。分级开始时首先加入溶解能力较低的混合溶剂，其后连续加入溶解能力逐渐增加的淋洗溶剂。

在时间顺序上试样中相对分子质量较低的聚合物首先溶解，并逐渐流向分级柱下部；与此同时，在空间分布上随着分级柱下部温度的逐渐降低，向下流动的溶液中已溶解相对分子质量较高的部分聚合物分子将逐渐重新沉淀出来。随着溶液继续向下流动和分级柱下部温度继续降低，从溶液中沉淀出来的聚合物分子的相对分子质量也逐渐降低。

于是在整个分级柱内自上而下不断进行着溶解—沉淀—再溶解—再沉淀……的连续过程。当先期加入的淋洗溶剂开始流出的时候，定时、定体积收集流出液，发现其中所溶解的聚合物的相对分子质量呈现逐渐增加的规律。当收集到若干份流出液后，分析其中所含聚合物总质量接近于初期加入的聚合物试样质量时，表明分级操作基本完成。

2. 结果处理

将得到的各级分溶液分别沉淀、过滤、干燥,就得到若干个相对分子质量递增的聚合物级分,分别称量各级分的质量记为 m_i,再分别测定各级分的相对分子质量记为 $\bar{M}_i$ 或特性黏度记为 $[\eta_i]$。然后在直角坐标上以各级分的相对分子质量 $\bar{M}_i$ 或特性黏度 $[\eta_i]$ 对各级分的质量分数(或累积质量分数)作图,如图 4-7 所示。

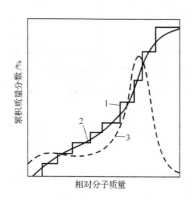

图 4-7 按照柱上淋洗分级结果作出的聚合物相对分子质量分布曲线
1,2,3 分布为阶梯分解曲线、累积质量分布曲线和微分分解曲线

需要解释的是在对分级结果进行处理时,做了如下两点假设:①每个级分的相对分子质量分布均对称于其平均相对分子质量;②相邻级分之间不存在相对分子质量交叠,即分级效率为 100%。于是就可将累计级分质量分数的阶梯曲线在纵轴方向的中位点连接而成平滑的累积质量分布曲线。

$$I_i = \frac{1}{2}W_i + \sum_{i=1}^{i-1} W_i \tag{4-19}$$

式中,I_i 为累积质量分数;W_i 为第 i 个级分的质量分数;式中最后一项是 $(i-1)$ 个级分质量分数之和。对该曲线求导或求算曲线上各点的斜率,即可作出该聚合物试样相对分子质量的微分质量分布曲线。

4.4.5 超速离心沉降分级

从生活常识可知,静置悬浊液受重力场作用而导致其中的悬浮粒子缓慢沉降。通常情况下,粒径或密度较大的粒子沉降速度较快。于是可采用间隔一定时间收集或者测定沉降速度的方法,测定悬浮粒子的粒径与其质量分数之间的对应关系。

类似沉降原理也可用于聚合物稀溶液中溶质的相对分子质量分级。不过相对于重力作用而言,单个聚合物分子无论体积还是质量都微不足道,采用简单沉降方法显然完全不可行。事实上,转速高达 1000 r/s 的超速离心机产生的离心力可高达数十万倍重力,这就使聚合物溶液的超速离心分级成为现实。依据离心力大小不同,可将聚合物分子在溶液中的沉降过程分为两种极端情况。

(1) 当离心机转速极快、其产生的离心力非常强大时,不再考虑扩散的影响,即可观察到聚合物溶液与纯溶剂之间的界面随时间而缓慢推移的过程,直到达到某种平衡。

(2) 当离心机转速较低(如 300 r/s 约相当于 10^5 倍重力)时,可以观察到聚合物溶质受离心沉降作用而产生的浓度梯度。另一方面,浓度梯度的存在却又不可避免导致溶质聚合物分子反离心力方向扩散过程的进行,以抗衡于浓度梯度的产生。当沉降与扩散过程达到平衡后,距离旋转轴不同距离处溶液的浓度分布就达到恒定,如图 4-8 所示。

采用超速离心法对聚合物溶液进行相对分子质量分级的结果处理方法,包括沉降速度法和沉降平衡法两种。这两种方法均涉及比较烦冗的数据采集和计算处理过程,本书将其略去,有兴趣的读者可参阅相关的专著。

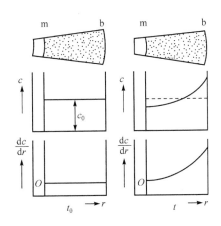

图 4-8 超速离心沉降平衡示意图

4.4.6 凝胶渗透色谱分级

凝胶渗透色谱 (gel permeation chromatography, GPC) 也称体积排斥色谱 (size exclusion chromatography, SEC),是研究聚合物相对分子质量分布最方便快捷、应用最广泛的先进的分级方法。显而易见,GPC 是液相色谱原理在高分子领域成功应用的典范。

1. GPC 的特点

凝胶渗透色谱分级速度快,仅需 1~3 h;结果重现性好,分级效率高,功能多,还可以测定各种平均相对分子质量、研究聚合物的支化度、制备窄分布的聚合物试样、分离鉴定有机化合物、进行混合物分离分析,以及聚合物生产过程控制等,可以实现聚合物性能测定、结果处理以及反馈控制操作条件等一系列自动检测和控制过程。

2. GPC 分级原理

凝胶渗透色谱分级原理是利用聚合物溶液中相对分子质量或分子大小不同的大分子在多孔性凝胶内部空隙流动速率的不同而实现分离,其分离原理实际上与液相色谱分离原理类似。关于凝胶渗透色谱对聚合物进行分级的机理,目前提出 3 种,即体积排斥理论、有限扩散理论和流动分离理论。本节重点讲述比较成熟、已被广泛认同的体积排斥理论。

体积排斥理论认为,对溶液中的聚合物分子起决定性分离作用的场所是装填在柱内的多孔性球形凝胶的内部微细孔道,这些孔道的孔径及其孔径分布直接关系到分级效率的高低。Lamlert 认为凝胶色谱柱的总体积(V_t)事实上包括 3 个部分,即凝胶珠粒间的间隙体积(V_0)、凝胶珠粒内部微细孔道的体积(V_i)和凝胶骨架的净体积(V_s):

$$V_t = V_0 + V_i + V_s \tag{4-20}$$

当色谱柱内充满溶剂时,溶剂分子自然充满凝胶珠粒间的间隙和珠粒内部的微细孔道,其总体积为($V_0 + V_i$)。在柱顶加入聚合物溶液并开始用溶剂进行连续淋洗过程中，溶液中的聚合物分子将随着溶剂分子自上而下移动，同时随着溶剂分子向凝胶内部的微细孔道扩散迁移。现在问题的关键就是：相对分子质量或分子尺寸不同的聚合物分子向凝胶内部扩散运动和向下运动的速率并不相同，其结果是它们流过色谱柱所耗费的时间自然也不相同。

显而易见，那些尺寸大于凝胶孔道内径的聚合物分子将无法进入凝胶内部的微细孔道，它们只可能直接流经凝胶珠粒之间的空隙而径流向下。可见它们流过柱子的路径最短、流动阻力也最小，所以最先流出柱子，其保留体积也就等于凝胶珠粒之间的空隙体积(V_0)。

同样可以设想，那些尺寸远小于凝胶孔道内径的聚合物分子将能够进入凝胶内部所有孔道和空隙，当然它们也存在直接流过凝胶珠粒之间巨大空隙的可能。但是从统计学原理考虑，这些最小的聚合物分子流过色谱柱的路径最长、流动阻力也最大，所以最后流出柱子，其保留体积应等于凝胶珠粒之间的空隙体积与珠粒内部孔道体积之和($V_0 + V_i$)。可以推断，那些分子尺寸介于中间的聚合物分子流过色谱柱的路径和流动阻力同样介于上述两种情况之间，其保留体积在 V_0 与 $(V_0 + V_i)$ 之间。于是建立聚合物分子实际保留体积的关系式：

$$V_R = V_0 + K_d V_i \tag{4-21}$$

式中，K_d 为分配系数，数值上等于聚合物分子可以进入的凝胶孔道体积与凝胶内部孔道总体积之比。由此可见，聚合物分子的实际保留体积 V_R 是其分子大小的函数，大小不同的聚合物分子可以进入凝胶孔道的体积不同，实际保留体积 V_R 不同，其分配系数也不同，于是通过淋洗过程就可以实现不同相对分子质量聚合物分子的分离。当色谱柱和实验条件确定以后，分配系数是一个仅与试样分子尺寸相关的系数，其数值介于 0 和 1 之间。

3. GPC 色谱图和校正曲线

目前市售的 GPC 仪器能够自动处理分级数据并绘制试样的色谱分级图谱，如图 4-9 所示。该色谱图的纵坐标是淋洗液与纯溶剂折射率的差值 Δn，在稀溶液中 Δn 与溶液浓度成正比。就凝胶渗透色谱而言，淋洗液的浓度就是聚合物在相应级分中的含量。色谱图的横坐标是淋洗体积 V_R，其数值大小间接反映对应级分内溶质分子尺寸的大小。如果要用如此坐标的色谱图表征试样的相对分子质量分布，还必须将横坐标的保留体积 V_R 转换为与之对应的相对分子质量 M，这一转换过程需要首先做出 GPC 校正曲线，即标定曲线。

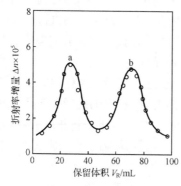

图 4-9　GPC 色谱图

级分 a 相对分子质量大于 b

　　　　校正曲线是用一组已知相对分子质量的单分散或接近单分散的同种聚合物标准试样，在同一色谱柱和完全相同的色谱条件下作出标准 GPC 色谱图，见图 4-10，然后再以图中各个色谱峰所对应的保留体积与对应标样的相对分子质量的对数值(lg$M$)作图，即得到类似于普通分光光度分析法所绘制的标准曲线，如图 4-11 所示。

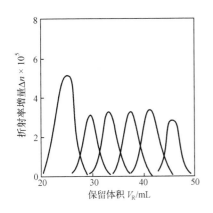

图 4-10　标准试样 GPC 色谱图

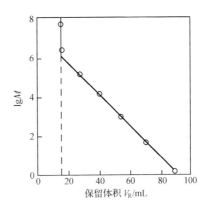

图 4-11　GPC 校正曲线

实验证明，在担体凝胶的渗透极限范围内，保留体积与溶质聚合物的相对分子质量呈直线关系

$$\lg M = A - BV_R \tag{4-22}$$

式中，A 和 B 为与色谱柱特性有关的参数，可通过实验测定。绘出校正曲线后，就很容易将 GPC 仪器绘制的以保留体积为横坐标的色谱图转换成以相对分子质量为横坐标、真正意义的相对分子质量分布曲线。

如前所述，由于 GPC 对聚合物进行分级本质上是按分子尺寸的大小进行分级，而与聚合物的相对分子质量仅存在间接关系。不同类型和不同分子形态的聚合物，即使具有相同的相对分子质量，其分子大小也可能不同。例如，具有相同相对分子质量的线型聚乙烯与支链聚乙烯相比较，后者的分子体积较小。因此，即使在同一色谱柱上、按照完全相同的色谱条件对不同聚合物标准试样所作的校正曲线并不完全重合。

由此可见，测定每一种聚合物的相对分子质量分布就必须使用这种聚合物的单分散标样作校正曲线，这就大大增加了实验工作量，给测定工作带来极大不便，而且单分散聚合物标准试样的价格特别昂贵且不易得到。现在的问题是：有没有普遍适用的校正方法和校正曲线呢？下面将就这个问题进行探索。按照 Flory 稀溶液理论，特性黏度正比于溶液中大分子的有效体积，即

$$[\eta] \propto \frac{\left(h^2\right)^{\frac{3}{2}}}{M}, \quad 则\,[\eta]M \propto \left(h^2\right)^{\frac{3}{2}}$$

式中，$[\eta]M$ 具有与体积相同的量纲，定义为溶液中聚合物分子的流体力学体积。按照上述普适校正关系式，具有相同保留体积的两种聚合物应该具有相同的流体力学体积，即

$$[\eta_1]M_1 = [\eta_2]M_2 \tag{4-23}$$

按照上式用各种聚合物标准试样的特性黏度与相对分子质量的乘积$[\eta]$ M对相应的保留体积V_R作图,发现这些曲线是重合的,所以称为普适校正曲线。将 Mark-Houwink 方程[式(4-14)]代入式(4-23),即得

$$K_1 M_1^{1+\alpha_1} = K_2 M_2^{1+\alpha_2}$$

将该式转换为对数形式

$$\lg M_2 = \frac{1}{\alpha_2 + 1} \lg \frac{K_1}{K_2} + \frac{\alpha_1 + 1}{\alpha_2 + 1} \lg M_1 \tag{4-24}$$

利用这个公式就可以在分别测定标样和实际试样稀溶液的 Mark-Houwink 常数 K_1、K_2 和 α_1、α_2 之后,直接用标样的相对分子质量 M_1 计算实际试样的相对分子质量 M_2。

4. 有关平均相对分子质量的数据处理

采用 GPC 法不仅可以测定聚合物的相对分子质量分布及其分散指数,也可以测定聚合物的各种平均相对分子质量。通常可采用以下两种不同的数据处理方法。

第 1 种方法是根据色谱图和 $\lg M$-V_R 校正曲线,按照相对分子质量平均方式的对应公式进行计算。

第 2 种方法是利用模型分布函数,按照各种平均相对分子质量的定义关系式进行简化计算的"定义计算法",而最常采用的模型函数就是高斯函数。根据聚合物平均相对分子质量的定义公式进行计算时,需在 GPC 色谱图横坐标上每隔一定保留体积划分为一个级分,读出谱图上对应峰的高度 H_i,其数值与聚合物浓度成正比,于是就得到以各级分峰高表示的对应级分的质量分数

$$W_i(V_R) = H_i / \sum H_i \tag{4-25}$$

然后再从校正曲线上读出各保留体积所对应的相对分子质量,最后再将式(4-25)代入平均相对分子质量与级分质量分数之间的关系式,即得到分别计算数均、重均和黏均相对分子质量的一组公式:

$$\bar{M}_n = \frac{1}{\sum_i \dfrac{H_i}{M_i \sum H_i}} = \sum H_i / \sum \frac{H_i}{M_i}$$

$$\bar{M}_w = \sum_i M_i \frac{H_i}{\sum H_i} = \frac{\sum M_i H_i}{\sum H_i}$$

$$\bar{M}_\eta = \left[\sum_i M_i^\alpha \frac{H_i}{\sum H_i} \right]^{1/\alpha} = \left[\frac{\sum M_i^\alpha H_i}{\sum H_i} \right]^{1/\alpha} \tag{4-26}$$

$$[\eta] = K \sum_i M_i^\alpha \frac{H_i}{\sum H_i} = \frac{K \sum M_i^\alpha H_i}{\sum H_i}$$

　　该方法具有广泛的适应性，目前已经采用计算机与 GPC 联机进行数据自动处理，与普通气相色谱操作类似，只需要将试样和淋洗剂按照规定程序加入，很快就可以得到聚合物的相对分子质量及其分布的图形和数据，使用起来非常方便。

　　不过，由于 GPC 只是测定聚合物相对分子质量及其分布的相对方法，所以必须采用标准试样进行校正或标定。如果与测定聚合物相对分子质量的其他方法联合使用，则可以大大简化结果校正的过程，提高仪器的测定效率。

　　5. 相对分子质量分布的表示方法

　　聚合物相对分子质量分布的表示方法有多种，常用的包括分布曲线法、模型函数法、分布宽度指数法和直观参数法等，读者可以参阅有关专著，本书不做详述。

本 章 要 点

1. 渗透压法测数均相对分子质量

$$\frac{\Pi}{c} = RT\left[\frac{1}{M} + A_2 c + A_3 c^2 + \cdots\right]$$

$$A_2 = \left(\frac{1}{2} - \chi\right) / \bar{V}_1 \rho_2^2$$

$$\left(\frac{\Pi}{c}\right)_{c \to 0} = RT / M$$

2. 黏度法测定聚合物黏均相对分子质量的几种黏度

$$[\eta] = KM^\alpha$$
$$= \lim(\eta_{sp} / c)$$
$$= \lim \ln(\eta_r / c)(c \to 0)$$

3. GPC 分级体积排斥原理：保留体积与相对分子质量的负相关性。

习　　题

1. 解释下列术语。
   (1) 相对黏度与增比黏度　　　　　　　　(2) 比浓黏度与特性黏度$[\eta]$
   (3) 第二位力系数 A_2　　　　　　　　　　(4) 瑞利比
   (5) Huggins 常数与 Mark-Houwink 常数
2. 简要叙述黏度法测定聚合物相对分子质量的原理、仪器、操作和结果处理。
3. 简要叙述 GPC 对聚合物进行相对分子质量分级的原理、步骤和结果处理。
4. 两个同种聚合物试样均由相对分子质量分别为 10^4、10^5 和 2×10^5 的单分散级分组成，3 个级分在两个试样中的质量分数分别为 0.3、0.4、0.3 和 0.1、0.8、0.1，试分别计算两个试样的数均相对分子质量、重均相对分子质量和分散指数。

5. 按照下面给出的聚合物试样的分级结果数据分别计算其数均相对分子质量、重均相对分子质量、黏均相对分子质量和分散指数。

级分序号	1	2	3	4	5	6	7	8
质量分数/%	10	19	24	18	11	8	6	4
累积质量分数/%	10	29	53	71	82	90	96	100
平均相对分子质量/($\times 10^{-3}$)	12	21	35	49	73	102	122	146

第5章 高分子热力学凝聚态

在讲述了理想状态下单个分子链结构,以及被溶剂稀释后的分子链结构之后,接下来三章将依次讲述聚合物的热力学凝聚态、材料学形态及其分子运动规律与性能。

客观而论,不同学科对于物质存在状态分类界定的着眼点有所不同,分类原则和界定结果自然有所差异。例如,化学学科按照化学热力学是否处于平衡的原则将物质分别归类于固态、液态、气态和等离子态4种相态。如果按照此原则,聚合物仅存在化学热力学意义上的固态和液态,即使在高温条件下任何聚合物都不存在稳定的气态。

高分子物理学则着眼于微观分子链结构的有序程度而将聚合物分别归类于非晶态、晶态、取向态、液晶态和多组分结构5种凝聚态形式。然而,材料学与工程学科则是着眼于聚合物材料的宏观力学形态和特性而将聚合物分别归类于玻璃态、橡胶态和黏流态3种材料学基础形态。

5-1-y
相态是依据分子化学热力学平衡与否界定的状态。凝聚态是根据分子有序程度界定的物理学形态。材料学形态则是根据宏观力学性状界定的。

例如,室温条件下的聚苯乙烯,按照化学热力学原则理应归类于分子结构并非达到热力学平衡而存在松弛特性的凝固的液态。如果按照物理学凝聚态分类原则就属于分子链高度无序的非晶态。如果依据材料学界定的标准,则应归类于模量较高、表现刚性的玻璃态。同理,按照化学热力学原则天然橡胶同样归类于分子结构未达热力学平衡、表现松弛特性的凝固的液态,按照物理学分类属于非晶态,而按照材料学分类则其在低温下属于玻璃态,常温下则属于具有高弹性能的橡胶态。

毋庸置疑,非晶态和晶态是聚合物作为结构材料使用最为稳定而普遍存在的两种凝聚态。相对而言,聚合物的非晶态结构又比晶态结构更具有普遍性,是绝大多数聚合物所表现的凝聚态结构类型。一个最有说服力的例证便是完全非晶态的聚合物是普遍存在的,而100%晶态结构的合成聚合物却非常罕见。而取向态、液晶态和多组分结构则是某些特殊组成和结构的聚合物在特定条件下表现出的凝聚态形式。

由于合成聚合物的物理性能和材料学性能是最重要的使用性能指标,因此高分子物理学最关心的是聚合物的凝聚态和材料学形态。事实上,绝大多数合成聚合物材料在常温条件下均处于非晶态、晶态或部分结晶态,而聚合物的加工成型过程通常都是在黏流态进行的。

本章将依次讲述聚合物的非晶态、晶态、取向态、液晶态和多组分结构等,并以聚合物结构与性能的相关性原理为主线,讲述分子链的化学组成和结构与其凝聚态结构的相关性;不同类型聚合物究竟是以非晶态还是以晶态形式存在的分子结构基础;重点讲述结晶型聚合物的分子链结构特点、结晶能力、结晶形态、结晶速率、结晶度和熔点等分子结构基础。

有关非晶态和晶态聚合物的材料学形态转变,即玻璃态、橡胶态和黏流态的转变过程及其分子运动学原理将在第 6 章讲述,而聚合物的各种特殊材料力学性能将在第 7 章讲述。

5.1 聚合物结构模型

人们对聚合物微观结构的认识,与半个多世纪以来各种现代分析仪器的发明与不断完善以及与之相适应的各种现代分析方法的不断创立密不可分,从而人们对聚合物微观结构的认识得以不断深化并取得长足进步。回顾这段历史,目的在于了解高分子科学先辈们如何根据当时获得的有限实验研究结果,建立与之相适应的结构模型和理论。相信高分子科学的后生们将踏着巨人的肩膀,走得更远、看得更深、攀得更高。

5.1.1 非晶态结构模型

如前所述,非晶态不仅是绝大多数合成聚合物在室温条件下呈现的凝聚形态,即使对多数晶态聚合物而言,其内部或多或少也存在非晶态区域。由此可见,非晶态结构是合成聚合物最为普遍的凝聚态结构形式。在高分子物理学的发展进程中,曾先后提出毛毡模型、无规线团模型和两相球粒模型等多种结构模型,用以描述和表征非晶态聚合物的微观结构。

1. 毛毡模型

在高分子物理学建立早期,人们曾从聚合物分子链形态柔软卷曲、杂乱无规出发,将非晶态聚合物的微观结构简单设想为由卷曲分子链完全无规堆砌而成类似于羊毛交织的毛毡状。这种理解与当时提出的晶态聚合物结构的两相结构模型相对应。但是,随着人们对晶态聚合物结构逐渐深入了解,特别是后来对晶态聚合物提出的折叠链结构模型为实验所证明,人们对非晶态聚合物的毛毡模型产生了怀疑。

显而易见,毛毡模型无法解释某些结晶型聚合物的结晶过程几乎能够瞬时完成的实验事实。很难想象杂乱无章堆砌在一起的柔性分子链能够在很短的时间内彼此分开,并迅速折叠成为高度有序的晶体。随后对聚合物试样的 X 射线衍射和电子衍射实验结果表明,非晶态聚合物中也可能存在局部有序的“束状结构或球状结构”。

2. 无规线团模型

20 世纪 50 年代初期,诺贝尔化学奖获得者、著名高分子学者 Flory 从统计热力学角度提出非晶态聚合物的无规线团模型。其要点是:非晶态聚合物无论处于玻璃态、熔融状态,还是在稀溶液中,其分子链的形态都是无规线团状,线团内部分子链之间是无规地相互缠结,因此非晶态聚合物在热力学上属于均相体系,而不属于非均相体系。20 世纪 70 年代,采用中子小角衍射实验对非晶态聚合物进行结构研究的结果,为无规线团模型提供了有力证据。

3. 两相球粒模型

20 世纪 60 年代, Yeh 等学者对非晶态聚合物进行了大量的电镜观察和 X 射线小角衍射实验, 结果发现非晶态聚合物内部存在着尺寸为 3~10 nm 的局部有序结构, 并于 1972 年提出非晶态聚合物的两相球粒结构模型或称为折叠链樱状胶束粒子模型, 其要点包括: ①非晶态聚合物由局部有序的粒子相和完全无序的粒间相构成; ②粒子相由厚度 2~4 nm、平行排列的分子链折叠构成, 周围是厚度 1~2 nm 的粒界区, 内含折叠链的链端、缠结点、连接链与折叠链弯曲部分; ③完全无序的粒间相呈无规线团状, 内含低分子物和分子链的链端等, 尺寸为 1~5 nm; ④单个分子链可同时贯穿若干个无法截然分开的粒子相和粒间相。

大量研究结果证明, 非晶态聚合物的这种结构模型能够解释许多实验现象, 因此更接近于实际情况。例如, ①粒间相的无序结构能够为橡胶弹性形变的回缩提供足够大的构象熵, 从而赋予橡胶足够大的回弹力; ②实测一般聚合物的非晶态与结晶态的相对密度之比均处于 0.85~0.96, 如果按照无规线团模型计算其比值应小于 0.76; 可见实际非晶态聚合物的相对密度高于完全无序状态, 却低于完全结晶的相对密度。③无论在缓慢冷却还是缓慢加热过程中, 某些非晶态聚合物的相对密度总是呈现增加趋势, 电镜下能观察到晶粒增大的过程。④粒子相中链段的部分有序堆砌为可能的结晶过程创造了条件, 从而不难解释多数聚合物的结晶速率很快的实验事实。

不过, 两相球粒结构模型同样也存在一定局限性。该模型就无法对如下实验现象进行解释: 分别对非晶态聚合物熔体和溶液进行高能辐照交联时发现, 两种情况下聚合物分子链的交联结构完全相同, 说明在熔融和溶解状态下的分子链呈现相同或相似的结构形态。采用 X 射线衍射分别测得原子标记的非晶态聚苯乙烯及其在溶液中的均方半径值相当接近, 表明处于不同凝聚态条件下的分子链都具有相同或相似的形态。特别是 20 世纪 80 年代以来, 采用中子小角衍射法对聚合物熔体和非晶相玻璃态聚合物进行研究的结果证明, 处于熔融和溶解状态的分子链都呈无规线团状, 线团尺寸与其在稀溶液中的无扰尺寸完全相符。

总而言之, 描述非晶态聚合物的上述 3 种结构模型除毛毡模型现已极少认同外, 另外两种结构模型各自都有一定的实验依据和合理性, 自然也存在一定局限性。目前学术界一致认同非晶态是聚合物普遍存在的凝聚态, 即使在晶态聚合物内部也普遍存在非结晶微区域。

由此可见, 聚合物非晶态结构研究是一项极为困难而复杂的课题, 许多问题至今仍尚待解决。目前学术界争论的焦点之一是非晶态聚合物的分子链结构到底是完全无序还是局部有序。相信随着现代科学技术的不断发展, 特别是对聚合物结构研究的方法和仪器设备的日趋完善, 人们最终可以更深入而准确地了解非晶态聚合物的微观结构。

5-2-y
了解非晶态和晶态聚合物的两相球粒模型要点:
1. 聚合物由局部有序“粒子相”和完全无序“粒间相”组成;
2.“粒子相”由折叠分子链构成;
3.“粒间相”呈无规线团状;
4. 单个分子链可贯穿多个粒子相和粒间相。

5.1.2　晶态结构模型

聚合物结晶过程的研究始终是学术界最为关注却又一直存在争议的领域。高分子物理学建立初期，曾先后提出两相结构模型和折叠链结构模型，前者也适用于非晶态结构的描述，后者至今仍被普遍认同。为了能够更深刻理解聚合物的结晶过程、形态特征及其影响因素，有必要首先介绍这两种结构模型。

1. 两相结构模型

日常生活中可以发现，细长而刚硬的丝状材料如果无外力拉伸就很难保持刚直形态，一定呈现卷曲的趋势，其卷曲程度随材料的柔软度和长度增加而增加。同理，众多细长而高度柔性的线型分子链聚集在一起，自然很容易发生卷曲、相互缠绕或扭结。然而难以想象的却是如此细长、柔软卷曲的聚合物分子链如何能够达到高度有序，甚至形成完整的晶体结构。

不过早在 20 世纪 40 年代，高分子物理学家对某些聚合物进行的 X 射线衍射及其他实验结果也已证明，许多聚合物内部确实存在着高度有序的晶态结构，当时获得的著名实验证据包括：①结晶聚合物的特殊 X 射线衍射图；②结晶聚合物相对密度显著高于同类非结晶聚合物的理论值，却低于同类完全结晶聚合物的理论值，正好介于两者之间；③聚癸二酸乙二酯球晶经过苯蒸气浸蚀以后，得到无法浸蚀的残余部分呈放射绒球状。根据这些实验结果，建立了两相结构模型。该模型又称樱状微束模型，要点是：结晶型聚合物内同时存在着晶区和非晶区，晶区尺寸约 10 nm，单个分子链可同时贯穿数个晶区和非晶区；分子链在晶区内进行有序排列，而在非晶区内则完全处于无序堆砌形态。由于该模型无法解释后来发现的聚乙烯单晶的结构及其生成过程，所以逐渐失去人们的普遍认同。

细心的读者一定注意到两相结构模型同时被用于描述晶态和非晶态聚合物的微观结构，可见聚合物微观结构的完全无序与完全有序之间确实难以截然划分。换言之，无序的非晶态聚合物内部存在某种程度的有序结构，有序的晶态聚合物内部同样也存在局部无序的非晶态结构。

2. 折叠链结构模型

Keller 等学者于 1957 年将聚乙烯在二甲苯稀溶液中进行缓慢结晶，结果得到尺寸大约 5 nm × 10 nm 的菱片状单晶。电镜分析结果测得晶片厚度 10 nm，并与相对分子质量无关。同时还发现晶片内部呈高度有序结构，伸直的分子链垂直于晶片平面。当时人们就提出这样的疑问：长度达 $10^4 \sim 10^5$ nm 的聚乙烯分子链如何规整地排列在厚度只有 10 nm 的晶片内？为了进行合理解释，Keller 提出折叠链结构模型，要点如下：

(1) 分子链平行聚集成链束。在一定条件下，聚合物的若干分子链源于分子间力的强烈吸引，趋向彼此平行靠近并聚集成链束。链束长度可超过单个分子链长,类似纺织车间前纺工序加工的棉条长度远远超过单根棉纤维的长度。

(2) 链束折叠成链带。细长而表面积仍然很大的链束受内聚力驱动自发地折叠成为带状的链带,以降低表面积和热力学能,使体系趋于更稳定状态。

(3) 链带堆砌成晶片。链带继续向着降低体系热力学能的趋势发展,紧密地堆砌排列成为具有某种规整形态的晶片,最后再由晶片按照一定规律构成某种类型的晶体。

简而言之,分子链→链束→链带→晶片→各种类型晶体,这便是折叠链结构模型描述聚合物结晶过程的几个主要阶段。

如此描述似乎显得过于简单,也过于理想化,但是为后来大量实验结果所证实。所以,折叠链结构模型用于描述结晶型聚合物的结晶过程和晶体结构的基本点至今仍然被普遍认同。不过,有关聚合物分子链在晶体生成过程中的具体折叠方式和过程,半个多世纪以来学术界一直存在争议,并先后提出诸如规整折叠、无规折叠、松散环近邻折叠和隧道-折叠链等多种经过修正的折叠链模型,如图 5-1 所示。

5-3-y
折叠链结构模型描述聚合物结晶过程:分子链→链束→链带→晶片→各种类型晶体。

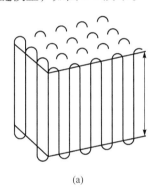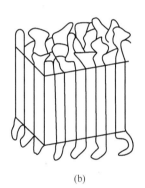

图 5-1　近邻规整折叠链模型(a)和近邻松散折叠链模型(b)

显而易见,有关描述聚合物分子链束或链带具体折叠方式的这些模型,都是在承认折叠链结构模型的基础上进行的局部修正。虽然这些模型的提出者各自都拥有自己的实验依据,但是有一点却是明确的,即有关聚合物结晶原理和结晶过程的研究尚存在诸多需要继续深入和完善之处。

3. 插线板模型

Flory 从大分子无规线团形态出发,提出插线板模型,如图 5-2 所示。他认为聚合物在结晶时分子链进行近邻折叠的概率很低,相邻排列的分子链很难依然以近邻排列的形式进入晶片之内,而很可能是跨越近邻分子链甚至不同晶片而完成非近邻折叠过程,类似旧式电话交换机的插线板。

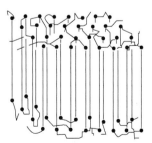

图 5-2　Flory 插线板模型

那些留在晶片表面既不规则也不紧凑未插入的分子链或其链端,事实上就构成了晶态聚合物的非晶区。不少学者采用中子小角散射研究聚乙烯的结晶形态和结构，实验结果为 Flory 的插线板模型提供了强有力的支持。

　　4. 结晶机理研究新进展

　　按照折叠链结构模型，结晶型聚合物的结晶过程必须首先形成晶核，然后再生长成晶片，进而生成各种形态的晶体。然而人们发现在聚合物熔体中也可以直接生成均匀的晶片，而不必经历中间过程。不仅如此，近年来不少学者对聚合物结晶过程的初期阶段进行研究后发现了一些新的实验现象。例如，①某些聚合物在特定条件下的结晶过程可能存在结晶部分与无定形部分间的旋节线相分离(spinodal decomposition)过程；②聚合物分子链在形成晶体之前可能需要经历一个有序化阶段，即从非晶态到晶态可能存在中间态；③在结构均匀的聚合物晶片生成之前，首先形成较小的晶粒，最后由许多晶粒堆砌成晶片。

　　德国学者 Strobl 近年来根据上述实验现象提出聚合物结晶过程中的中间相结构模型，其要点如下：聚合物的结晶不是直接从熔体生成晶片的过程，而必须首先经历有序化的中间相(过渡相)，如图 5-3 所示，即完全无序的聚合物熔体首先经历一维有序过渡相，再通过协同作用，最后形成三维有序的微晶，微晶粒进而形成均匀的晶片，成核过程并非必需。

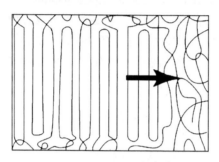

图 5-3　聚合物熔体分子链有序排列、
结晶向前发展的过程(箭头方向)

5.1.3　聚合物非晶态结构概论

　　客观而论，非晶态结构确实属于聚合物凝聚态结构的普遍存在形式。一个不争的事实就是完全非晶态的聚合物是普遍存在的，即使在高结晶度的聚合物(如聚乙烯和聚四氟乙烯)内部，也总是存在着或多或少的非结晶微区域。不仅如此，所有种类的聚合物在熔融温度条件下，均属于分子链高度无序的非晶态结构。随着环境温度的降低，一些具有结晶能力的聚合物才逐渐开始形成结晶结构，而许多聚合物却很难形成结晶。

　　在 5.1.1 中介绍了被普遍认同的非晶态聚合物结构的无规线团模型和两相球粒结构模型，从而对非晶态聚合物的微观结构有了初步印象。在 5.2.1 中，将从分子链的结构规整性和柔性两个方面探索、归纳聚合物的结晶能力与分子链结构之间的相关性。如果从这些相关性的对立面考察，就可以归纳非晶态聚合物的分子链结构存在如下特点。

　　1) 分子链结构欠规整

　　典型例子是聚甲基丙烯酸甲酯(PMMA)和聚乙酸乙烯酯，两者分子主链结构单元的 α-碳原子分别带着两个大小悬殊的取代基(—H 和—COOCH₃ 或—OCOCH₃)，从而严重破坏了分子主链的结构规整性，因此属于典型的非晶态

5-4-y
非晶态聚合物分子链的 3 个特点：
结构欠规整、非极性或弱极性、刚性分子主链。4 个典型例子：PMMA、聚乙酸乙烯酯、PS、聚碳酸酯。

聚合物。

2) 分子链带非极性或弱极性取代基

例如，聚苯乙烯(PS)分子侧链上的苯基导致分子链结构规整性变差，而极性很弱的苯基却又大大降低了分子链间作用力，因此也属于典型的非晶态聚合物。

3) 具有刚性分子主链

例如，聚对苯二甲酸乙二酯的分子主链因含有苯环而导致其柔性降低，结晶能力变得很弱。相比之下，聚碳酸酯分子主链的苯环密度更大、柔性更低、结晶能力更弱，以致其在常温条件下均以非晶玻璃态的形式存在。

最典型的例证如前述典型非晶态结构的聚乙酸乙烯酯。其水解产物聚乙烯醇则由于分子间氢键的强烈作用而具有典型晶态结构，与甲醛缩合生成部分交联的维尼纶以后，基于分子间氢键作用力的减弱以及交联键的限制，又成为具有非晶态结构的纤维材料。

典型非晶态聚合物的材料学形态类型、特点及其形态转变过程的分子运动基础将在下一章系统讲述。

5.2　聚合物结晶能力

聚合物的结晶能力取决于内因和外因两方面因素，其内因即分子链的结构规整性和柔性具有决定性影响，而外因即温度、压力、浓度和应力等也具有一定影响。

5.2.1　分子链结构与结晶能力

按照几何结晶学原理，将聚合物分子主链方向确定为主轴即 c 轴，而将与主轴方向垂直的平面确定为由 a 轴和 b 轴构成的平面。理论分析和实验结果都证明：只有分子链的化学结构和几何结构在 3 个轴向都高度规整的聚合物才具有良好的结晶能力。否则，分子链存在任何不规整性都必然会造成局部结构缺陷而残留于晶体内部，构成晶体之间的无序区域，从而降低聚合物的结晶能力。

所以首先特别强调：**分子链的结构规整性是衡量聚合物是否属于结晶型聚合物最重要的条件之一**。在分子链 3 个轴向的结构规整性中，主轴方向的结构规整性起着主导作用。将影响聚合物结晶能力的内因归纳为下述 8 个方面。

1) 主链结构规整的线型聚合物结晶性良好

高密度聚乙烯(HDPE)和聚四氟乙烯都是结晶能力很强的聚合物。原因是两者的分子主链全部由碳原子组成，既不含杂原子，也不含手性原子，这些碳原子仅与一种原子(分别为 H 和 F)相连。这种高度规整的主链结构赋予其极强的结晶能力，几乎在任何条件下都能结晶，而且其结晶度都很高。即使在液氮低温条件下两者均可结晶，聚乙烯的结晶度通常高达 90%以上，

5-5-y

链结构规整性与结晶能力：

1. 结构规整，结晶能力强。例：PE、PTFE。

2. 支链使结构规整性和结晶能力降低。例：LDPE 结晶能力低于 HDPE。

3. 对称取代基使结晶能力增强。例：聚偏二氯乙烯强于 PVC。

4. 立构规整性聚合物结晶度高。例：全同 PP、PS。

无规立构聚合物不能结晶。例：PS 和 PMMA。

5. 全反和非全顺式结构聚共轭二烯能结晶。例：古塔波胶、非全顺式天然橡胶。

6. 取代基体积差异小能结晶。例：聚三氟氯乙烯（PTFE）。

7. 无规共聚物结晶能力差。例：PE、PP、乙丙胶。

8. 嵌段和接枝共聚物维持其组分均聚物结晶能力。

相比之下一般聚合物的结晶度却只有 50%左右。

2) 支链使结构规整性和结晶能力显著降低

采用自由基聚合合成的低密度聚乙烯(LDPE)，由于分子链内和链间的链转移反应而在分子主链上生成一定数目的短支链和长支链，从而使分子主链 a、b 轴向的结构规整性受到破坏，其结晶度和相对密度都明显低于 HDPE。

3) 对称 1, 1-二取代聚合物的结晶能力强于一取代聚合物

聚 1, 1-二氯乙烯的分子主链在 a、b 轴向上的结构规整性虽然较聚乙烯低，但正是由于其 α-碳原子上的双取代结构一定程度上改善了单一取代的不对称性，其结晶能力虽然低于聚乙烯，却稍高于聚氯乙烯。

4) 立构规整性聚合物均能结晶

采用配位聚合反应合成的全同或间同立构聚丙烯、聚甲基丙烯酸甲酯和聚苯乙烯等立构规整性聚合物都是结晶性良好的聚合物，原因是手性原子在 a、b 轴向的结构规整性大大提高。立构规整度越高，结晶能力也越强。无规立构聚丙烯、一般自由基聚合反应合成的无规聚苯乙烯、聚甲基丙烯酸甲酯和聚乙酸乙烯酯等都是典型的难结晶聚合物，原因是与分子主链垂直的 a、b 轴向的规整性很差，因此无法结晶。

5) 全反和非全顺式结构的聚共轭二烯可以结晶

其中尤以对称性最好的全反式结构的聚共轭二烯的结晶能力最强。典型例子是聚异戊二烯的两种天然异构体全反式结构的古塔波胶和非全顺式的天然橡胶，前者由于良好的结晶性而表现典型的塑料特性，后者却是难于结晶、综合性能优异的橡胶弹性体。

6) 取代基体积差异很小的聚合物能结晶

采用自由基聚合合成的聚三氟氯乙烯虽然属于无规立构聚合物，但是由于 F、Cl 原子的体积差异很小，不显著影响分子链的结构规整性，也不妨碍分子链在结晶过程中的有序排列和堆砌，所以仍然具有很强的结晶能力，其结晶度可达 80%以上。

再如，在无规立构聚乙酸乙烯酯分子链中，由于体积较大的取代基大大降低了分子链 a、b 轴向的结构规整性，所以是典型的非晶态聚合物。但是其水解产物聚乙烯醇却是结晶度颇高的结晶型聚合物。原来，在聚乙烯醇分子链中羟基与氢原子的体积差异不大，同时由于羟基之间的氢键大大增加了分子链间力，从而有利于结晶过程的有序排列。

第三个例子便是聚氯乙烯其实也具有微弱结晶能力，原因是氯原子体积与氢差异不大，分子链上电负性很强的相邻氯原子间的排斥作用使其分子链具有类似间同立构聚合物的结构，有利于结晶过程的有序排列。

7) 无规共聚物结晶能力较差

一般原则是，只有当组成共聚物的两种单体的均聚物具有同类晶体结构时，在所有配比范围内都能够结晶，其晶胞参数也不发生改变。当组成共聚物的两种单体的均聚物具有不同类型晶体结构时，只有其中一种单体占优势时才存在结晶可能。此时含量少的结构单元作为结晶缺陷而存在于含量多的

均聚物晶体结构之间。当两种单体含量接近时,共聚物的结晶能力大大降低,甚至完全消失。例如,乙烯-丙烯共聚物的结晶能力随丙烯含量的增加而降低,当丙烯含量达到 25%时,共聚物将不再具有结晶能力并成为具有良好弹性的乙丙橡胶。

8) 嵌段和接枝共聚物维持其组分均聚物的结晶能力

采用活性阴离子聚合合成的遥爪聚合物与聚酯缩合制得的聚酯-聚丁二烯-聚酯三嵌段共聚物中,聚酯链段仍然具有结晶能力。当聚酯链段含量较少时,少许的聚酯晶体分散于非晶态的聚丁二烯基体中,起着物理交联点的作用,这类嵌段共聚物就是性能优异的新型热塑性弹性体。

总而言之,有关聚合物结晶能力与分子主链结构单元化学组成和结构规整性相关性的 8 点规律相当重要,在下面章节中为综合解释聚合物的结晶能力、结晶速率和材料性能,无疑可以提供有益参考。

5.2.2 分子链柔性与结晶能力

除分子主链结构规整性外,分子链的柔性也是决定聚合物结晶能力的重要内因,相关规律归纳如下。

1) 柔性分子链的结晶能力强

原因是分子链的良好柔性有利于结晶过程中必须经历的链段运动、分子链成束、链束折叠以及晶片堆砌等一系列过程的进行,因此有利于结晶。例如,具有高度柔性主链的 PE 和 PP 等很容易结晶,而聚对苯二甲酸乙二酯(PET)的分子主链却因苯环而使柔性降低,因此结晶能力较弱,只有在其熔体缓慢冷却过程中才能部分结晶,如果冷却速度稍快便难于结晶。聚碳酸酯分子主链苯环密度更大,柔性更低,结晶能力更弱,通常以非晶玻璃态形式存在。

然而必须特别强调,分子链的柔性只是决定聚合物结晶能力的重要因素之一。判断聚合物结晶能力的强弱,还必须结合前述有关分子链结构规整性在 8 个方面的因素进行综合分析,才能得出正确的结论。例如,不能因此而得出分子链柔性越好,聚合物结晶能力越强的片面结论。事实上,天然橡胶分子链的柔性就很好,但是是结晶能力很差、弹性很好的材料。

2) 交联使聚合物结晶能力降低

低交联度聚合物一般仍然可以结晶,如一种微交联橡胶就具有与交联度呈负相关性的结晶能力。例如,硫化橡胶达到一定交联度后其结晶能力就完全丧失。原因不难解释,分子链间交联键的存在对结晶过程中分子链的有序化过程构成巨大障碍,从而显著降低其结晶能力。

现将从链结构规整性和柔性两个方面归纳的影响聚合物结晶能力的 10 条规律列于表 5-1。

5-6-y
分子链柔性
与结晶能力:
1. 良好柔性
有利于结晶。例:
PE。
2. 交联使结
晶能力降低。例:
微交联、低交联和
高交联橡胶。

表 5-1　分子链结构规整性和柔性对结晶能力的影响

序号	结构特点		实例	结晶能力
1	主链高度规整对称		PE、PTFE	通常 > 90%
2	支链聚合物		LDPE	降低
3	1,1-二取代聚合物		聚 1,1-二氯乙烯	比聚氯乙烯高
4	有规聚合物		全同或间同立构 PP	高度结晶
	无规聚合物		无规 PP、PS	无法结晶
5	共轭二烯	无规结构	天然橡胶	不能结晶
		全顺或全反	古塔波胶	能够结晶
6	双取代基	体积差异小	聚三氟氯乙烯、聚乙烯醇	良好结晶
		体积差异大	聚乙酸乙烯酯	不能结晶
7	无规共聚物		乙丙橡胶	远低于均聚物
8	嵌段和接枝共聚物		SBS	部分结晶
9	刚性主链		PET、聚碳酸酯	很弱
10	交联		交联橡胶	很弱甚至消失

5-7-b
归纳分子链结构规整性和柔性对结晶能力的影响。

5.3　结晶形态与结构

大量实验证明,许多聚合物是可以结晶的。如果将结晶型聚合物的浓溶液或熔体冷却,发现在不同条件下可以得到不同结构的结晶,图 5-4 为无规和全同聚苯乙烯的 X 射线衍射图和衍射曲线,图 5-5 为不同温度条件结晶的聚环氧丙烷球晶的偏光显微镜照片。聚合物的结晶形态通常包括单晶、伸直链晶、串晶或柱晶、球晶和微晶 5 种类型。

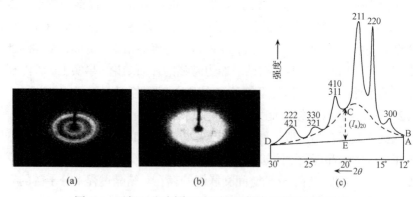

图 5-4　无规(a)和全同(b) PS 的 X 射线衍射图与曲线(c)

5.3.1　结晶形态

1. 单晶

聚合物单晶只有在极低浓度溶液(<0.01%)中才能缓慢析出。电镜观察

单晶时发现其由规则的片状晶片组成,有些晶片可多层重叠组成螺旋状复合晶体。虽然不同聚合物单晶的外形有所不同,但是构成单晶基本单元的晶片厚度却都在 10 nm 左右。

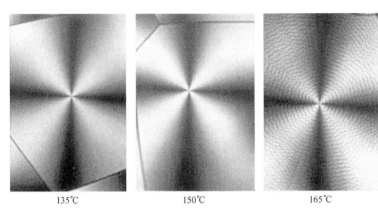

135℃　　　　　150℃　　　　　165℃

图 5-5　不同温度结晶的聚环氧丙烷球晶的偏光显微镜照片

进一步的电镜观察发现,聚合物晶片内部的分子链均垂直于晶片平面。由于聚合物分子链长达 $10^4 \sim 10^5$ nm,显然只能通过沿分子链轴向进行折叠的方式,才能整齐堆砌在厚度仅 10 nm 的狭窄空间。研究发现,结晶压力和温度对聚合物晶片的厚度产生一定影响,一般规律是:聚合物熔体如果在高压条件下结晶,分子链的折叠长度和晶片厚度随之增加;升高温度往往导致分子链折叠长度和晶片厚度降低。

2. 球晶

客观而论,球晶是聚合物单晶中最常见、研究得最多的类型。聚合物浓溶液或熔体在无应力作用条件下一般倾向于生成单晶或球晶,如聚乙烯和全同立构聚丙烯薄膜拉伸前都具有球晶结构。在聚乙烯、聚丙烯和尼龙纤维的卷绕丝中都不同程度地存在着大小不同的球晶结构。

图 5-6 是全同立构聚丙烯球晶的相差显微照片,显示球晶好似穿上辐条的车轮,那些类似辐条的辐射状“晶束”称为球晶的“亚结构单元”,是从球晶中心向球面生长的,在球晶生长过程中由

图 5-6　全同 PP 球晶的相差显微照片

于空间不断扩大,这些亚结构单元必须不断分叉或扭转以填补不断扩大的空间,最后生成径向对称的球体,这就是球晶名称的由来。

需要特别指出,聚合物球晶的基本特点是晶核以径向对称形式生长,而最终生成的晶体形态并非一定属于球形。当聚合物溶液浓度较低时,开始生成的晶核数目也较少,晶核可以无障碍生长为近似完美的球形晶体。但是,聚合物熔体或浓溶液结晶时，开始阶段的晶核数目就非常密集，晶核生长过程中不可避免与邻近生长着的晶核相互接触和挤压，从而导致晶核生长过程被阻碍甚至停止。

聚乙烯单晶的电镜照片和电子衍射照片如图 5-7 所示。电镜观察结果发现，球晶的亚结构单元呈扭曲状的晶片结构，晶片厚度在 10 nm 左右，球晶内分子链总是垂直于球晶半径，而晶片扭曲的方向也总是与径向垂直。换言之，分子链在与球晶径向垂直的方向进行折叠的同时，也可能以彼此依次错位的方式实现晶片的径向扭曲。另外还发现，球晶内部晶片之间是通过微丝状分子链实现彼此连接。由此设想，分子链不一定限定在一个晶片内进行折叠，完全可能分段折叠于几个相邻的晶片之内。正因为如此，分子链上未折叠的部分就构成晶片之间的非结晶区域，从而为晶态聚合物提供了足够的强度和韧性。

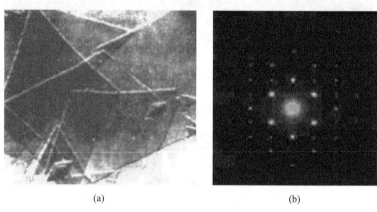

(a)   (b)

图 5-7　聚乙烯单晶的电镜照片(a)和电子衍射照片(b)

3. 伸直链晶

在高温高压(如数百兆帕)条件下，可以得到完全由伸直分子链规整排列而构成的聚合物晶体，即伸直链晶体。伸直链晶体与晶片的不同在于前者分子链的轴向与晶面平行，而后者分子链的轴向与晶面垂直。伸直链晶片的高度与分子链长度大体一致，其数值与聚合物的相对分子质量有关，一般可以达到数百乃至数千纳米。

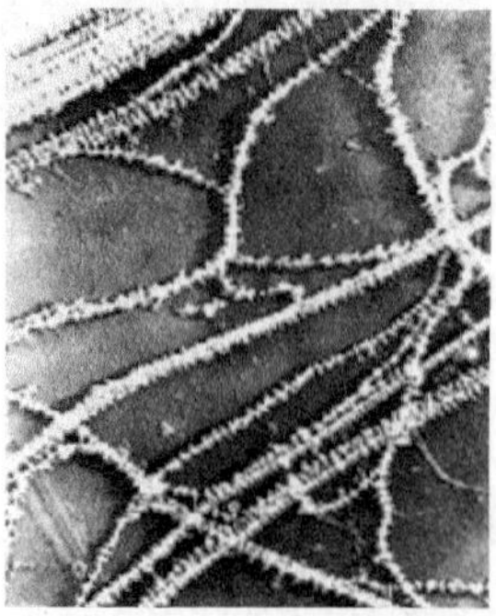

研究发现，通常组成伸直链晶体的晶片高度并不一致，且正好与聚合物的相对分子质量分布相关，晶片高度并不随结晶温度和热处理条件的不同而改变。因此，目前普遍认为伸直链晶体是聚合物所有结晶类型中热力学最稳定的。伸直链晶体的熔融温度就是聚合物的平衡熔点 T_m^0。例如，聚乙烯在 225℃和 480 MPa 静压力下结晶 8 h，即得到伸

图 5-8　聚乙烯伸直链串晶的电镜照片

直链晶体，如图 5-8 所示。

有关聚合物伸直链晶体的形成机理，目前有两种不同的解释。Wunderlich 认为，聚合物在高温高压条件下的结晶过程也生成折叠链晶体，不过由于在高压条件下折叠弯曲部位不够稳定，因此会逐渐使晶片增厚，最后形成热力学最稳定的伸直链晶体。但是 Hoffman 则认为聚合物熔体在高压条件下从一开始就形成伸直链晶体。有关聚合物伸直链晶体形成机理的学术争议至今仍然在继续。

4. 串晶和柱晶

如前所述，结晶型聚合物在极低浓度溶液中进行缓慢结晶就可得到具有折叠链晶片结构的单晶，而聚合物在高温高压条件下则生成伸直链晶体，这是两种极端情况。一般聚合物的成型加工条件往往介于上述两种极端条件之间，此时聚合物多生成串晶或柱晶。例如，聚合物熔体在纺丝或注射成型过程中受到的应力远低于能生成伸直链晶体的压力，所以只能生成串晶或柱晶。聚合物溶液受到搅拌时，也会生成类似于串珠状的串晶。聚合物串晶是由伸直链组成的纤维状晶束和串接着的若干个由折叠链构成的晶片构成，因此属于伸直链和折叠链共同构成的多晶体。串晶的生成过程包括如下两个阶段。

首先，在剪切应力作用下部分聚合物分子链受到拉伸而取向，进而聚集成分子链束，链束的取向逐渐形成许多结晶中心，继续外延生成折叠链晶片，最后成为串接在链束上的类似于"串珠"状的膨大结构。研究发现，聚合物串晶中含"串珠"的多少以及串珠之间"晶束"的长短与聚合物承受剪切力的大小有关。一般规律是搅拌速率越快、剪切力越大，则晶束越长、串珠越稀疏、晶体的熔点也就越高。

结晶型聚合物熔体在应力作用下冷却结晶时，通常生成类似于串晶形状的柱状晶体。其结晶过程大体上是这样的：聚合物分子链在应力作用下首先沿着应力方向取向，形成类似于串晶形成过程中的晶束状晶核，然后聚合物熔体中的分子链在这些晶核周围生成折叠链晶片。由于在应力方向上的晶核十分密集，晶体的生长受到限制而不能生成球晶结构，只能沿着与应力垂直的方向生成柱状晶片结构。

柱晶内部分子链的取向程度与应力大小有关，当应力较低时，晶核密度较低，最后生成螺旋状生长的扭曲晶片；当应力较高时，晶核和晶束密度很高、空隙很小，晶片不能扭曲生长，最后生成由高取向度的晶片平行排列而形成的柱晶结构。聚合物熔体在熔融纺丝过程中就常生成这样的柱晶。例如，在高密度聚乙烯的熔融纺丝过程中，当卷绕速率很低时生成球晶，卷绕速率很高时则生成柱状晶体结构。表 5-2 即为各类结晶形态与结晶条件的总结。

5-8-b

各种晶体生成条件：低浓度溶液缓慢结晶得单晶或球晶，高温高压条件下生成伸直链晶体，纺丝或注射成型过程中生成串晶和柱晶。

表 5-2　聚合物结晶形态与结晶条件的关系

结晶类型	形态与结构	形成条件
球晶	球形或非完整球形	熔体缓慢冷却或浓度<0.1%溶液
单晶或折叠链晶片	分子链垂直于折叠链晶片表面，含菱形、四边形等	从浓度0.01%～0.1%溶液长时间结晶
伸直链晶片	分子链呈伸直状，晶片厚度与分子链长相当	在高温高压(数百兆帕以上)条件下
串晶	在纤维状晶体表面附生众多折叠链晶片	在搅拌剪切力作用之后再终止而生成

　　研究发现，除上述几种结晶形态外，一些"似晶非晶"的局部有序结构也存在于某些聚合物的微观结构中。例如，聚氯乙烯分子链上强电负性氯原子间的强烈相互作用，赋予其具有类似全同立构聚合物的结晶能力，容易生成尺寸较小的微晶结构，这对于其良好物理力学性能至关重要。

　　以上讲述了聚合物晶体的几种最基本的结构形态，总体而言可以按照如下思路进行归纳和理解：无规线团、折叠链和伸直链是所有聚合物分子链存在的 3 种最极端的结构形态，这 3 种形态的各种组合也就构成多样化的聚合物凝聚态结构。具体而言，非晶态聚合物的分子链属于无规线团结构，晶态聚合物的分子链属于折叠链或伸直链结构，部分结晶聚合物的分子链则同时存在上述 2 种或 3 种结构类型。

5.3.2　晶体结构参数

　　现已了解，许多球形蛋白质大分子能够从水溶液中结晶析出，生成大小接近、分子链堆砌成具有三维长程有序结构的球形晶体。组成晶体的每个晶胞都含有若干个相对分子质量相同的分子。然而，合成聚合物的结晶情况与此完全不同。

　　首先，聚合物晶体内部在晶胞主轴方向和与之垂直的方向的连接方式不同，前者属于共价键，而后者属于范德华力或氢键。其结果就造成聚合物晶体具有各向异性，从而使最常见的 7 种基本晶格结构中的立方晶格不存在于合成聚合物晶体中，通常聚合物晶体的晶格类型只包括六方、四方、三方、正交、单斜和三斜 6 种晶格类型。究竟生成哪一种晶格结构则取决于聚合物分子链的结构和结晶条件。其次，与完美的蛋白质球晶不同的是合成聚合物晶体之间、晶体内部晶胞与晶胞之间一般都存在着分子链的贯穿和连接，还存在非晶区域。

1. 聚乙烯球晶结构参数

　　事实上，各种聚合物具有不同类型的晶体结构，要全面了解所有聚合物的晶体结构是十分困难的。不过由于聚乙烯是最重要的聚合物之一，又是非常容易结晶的聚合物，所以首先讲述聚乙烯球晶的结构，如图 5-9 所示。

　　图 5-9 中(a)为单个 PE 球晶；(b)是球晶中单个楔形晶片的放大图，图中

无法标出晶片沿径向扭曲的情况；(c)是晶片的局部横截面图；(d)是单个晶胞的正视图；(e)是晶胞的横截面图。按照晶体几何学分类，聚乙烯晶体属于正交系晶格，其晶格常数分别为 0.736 nm、0.492 nm 和 0.253 nm。除此以外，图 5-9 中无法表示的几点需补充说明。

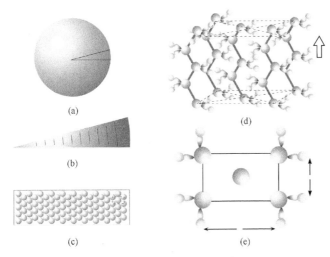

图 5-9　聚乙烯球晶的结构示意图

(1) 以任一原子或原子团为基点，在三维空间任意方向上间隔一定距离(晶格常数值)，都会出现相同原子或原子团，这就是长程有序；

(2) 晶胞内都包含每个分子链的 2 个结构单元；

(3) 每个亚甲基所带的 2 个氢原子无法在图中准确定位，实际上它们都是按照热力学能最低、最稳定的全反交叉式构象排列。图(e)晶胞剖面中心碳原子所连接的 2 个氢原子也无法标出。

2. 结晶聚合物的分子构象

聚合物结晶过程必须遵循热力学能最低原则，即在结晶过程中分子链必然按照热力学能最低、最稳定的方式进行，因此在聚合物晶体中分子链的构象应该是热力学能最低、最稳定的构象。聚合物在结晶过程中其分子链究竟按照何种构象排列，主要取决于分子链的化学结构以及分子间力的强弱。例如，像聚乙烯分子链那样无取代基或取代基体积很小的分子链以及许多间同立构聚合物分子链，通常以全反锯齿状构象排列于晶格(晶格内的最小重复单位称为晶胞)中，分别解释原因如下：

聚乙烯分子链的全反式构象中相邻碳原子上氢原子之间的距离(0.253 nm)大于一般范德华力的作用距离(范德华半径)0.24 nm，因此这种构象的热力学能最低，也最稳定。聚乙烯醇分子链的羟基取代基体积较小，反式结构更有利于分子链间氢键的形成，因而更加稳定。聚酯、聚酰胺和大多数间同立构聚合物分子链的最低能量形态正是全反式平面锯齿状构象。

然而，取代基体积较大的聚合物分子链，为了尽量减小空间位阻以降低热力学能，只能按照螺旋状结构排列。下面介绍几种晶态聚合物晶胞中的分子链空间构象。全同立构的各种聚α-烯烃(如聚丙烯和聚苯乙烯等)的分子链以4种不同的螺旋状构象之一排列于晶胞中,其正视图和顶视图如图5-10所示。

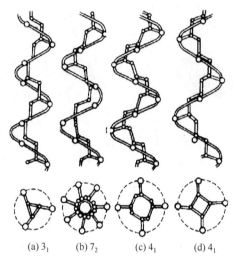

(a) 3₁   (b) 7₂   (c) 4₁   (d) 4₁

图 5-10　各种全同立构取代乙烯聚合物的螺旋状分子构象

(a) $H3_1$, R: —Me, —Et, —CH=CH₂, —CH₂CHMe₂, —OMe, —OCH₂CHMe₂;
(b) $H7_2$, R: —CH₂CHMeEt, —CH₂CHMe₂;
(c) $H4_1$, R: —CHMe₂, —Et;
(d) $H4_1$, R: —Ph-o-Me, —Ph-p-F, —Ph-o-Me-p-F, —萘基

图 5-10 所示 4 种螺旋状分子链构成的晶型中，其等同周期所含结构单元的数目分别为 3、7、4 和 4。而聚乙烯晶体中分子链按照全反式平面锯齿状排列时，其等同周期内含有的结构单元数仅为 2。

为了表征聚合物晶体内分子链的形态及其晶胞参数，规定用英文大写字母 PZ、Z、H 和 DH 分别代表分子链呈平面锯齿状、锯齿状、螺旋状和双螺旋状，其后数字标注等同周期内含有的结构单元数，再其后下标数字表示每个等同周期的螺旋圈数。例如，聚四氟乙烯晶体为 $H13_6$，表示螺旋状的聚四氟乙烯分子链在晶胞内每个等同周期含有 13 个结构单元，旋转 6 圈，如图 5-11 所示。表 5-3 列出一些聚合物的晶体参数。

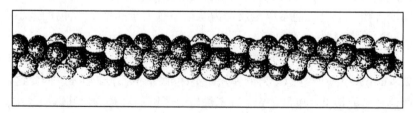

图 5-11　具有 $H13_6$ 螺旋构象的聚四氟乙烯晶胞结构示意图

表 5-3　一些重要聚合物的晶体参数

聚合物	N(链数)	晶胞常数/nm			分子形态	晶系	密度/(g/cm³)
		a	b	c			
PE	2	0.736	0.492	0.253	PZ	正交	1.00
PVA	2	0.781	0.252	0.551	PZ	单斜	0.936
PET	1	0.456	0.594	1.075	PZ	三斜	1.455
尼龙-66	1	0.490	0.540	1.720	PZ	三斜	1.240
PVC	2	1.060	0.540	0.510	PZ	正交	1.420
PTFE*	1	0.554	0.554	1.680	H13$_6$	六方	2.350
PTFE**	1	0.561	0.561	1.950	H15$_7$	三斜	2.300
全同 PP	4	0.665	2.096	0.650	H3$_1$	单斜	0.936
间同 PP	2	1.450	0.560	0.740	H4$_1$	六方	0.930
PMMA	4	2.098	1.206	1.040	DH10$_1$	正交	1.260
全同 PS	18	2.208	2.208	0.663	H3$_1$	三斜	1.130
PC	4	1.230	1.010	2.080	Z	单斜	1.315

∗ 结晶温度<19℃；∗∗ 结晶温度>19℃。

表 5-3 显示，不少聚合物具有多种结晶形态，究竟生成何种类型的晶体很大程度上取决于结晶条件，这就是聚合物的同质多晶现象。例如，全同聚丙烯通常生成单斜晶胞，但是在较窄的温度范围内，尤其在外加晶核的诱导条件下也可生成六方系晶胞。三斜晶系的聚四氟乙烯 19℃时转变为六方晶系，使分子链排列得更加紧密，体积收缩同时使相对密度增大。当采用这类材料作密封垫圈时，有可能因为晶型转变而导致材料收缩漏气。

3. 晶片的理论厚度

聚合物结晶过程一般包括初级晶核生成和晶粒生长两个阶段，而分子链折叠形成的晶核达到一定大小以后，才属于热力学稳定体系。下面按照晶片形成过程的热力学原理计算晶片理论厚度并简要讨论其影响因素。晶核一旦生成，周围分子链将以折叠链的形式在其侧面生长而成为次级晶核，如图 5-12 所示。

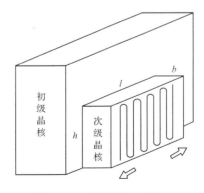

图 5-12　次级晶核在晶核上生长示意图

该过程的 Gibbs 自由能增量应包括次级晶核上下两个折叠端面和前后两个侧面共 4 个表面的表面能(σ_f 和 σ_s)，以及单位体积次级晶核的结晶能(ΔG_c)。由于次级晶核生长过程中沿着分子链折叠方向两个侧面的面积并不改变，所以不予考虑，于是按照 Gibbs 方程：

$$\Delta G = 2lb\sigma_f + 2hb\sigma_s - lbh\Delta G_c = 0$$

对该方程进行微分即得到晶片的临界理论厚度(h_0)：

$$h_0 = 2\sigma_f / \Delta G_c \tag{5-1}$$

对上式进行微分即得到晶片的临界理论长度(l_0)：

$$l_0 = 2\sigma_s / \Delta G_c \tag{5-2}$$

由于结晶过程的 Gibbs 自由能增量与温度的关系如下式：

$$\Delta G_c = (\Delta H_m)_u - T_c (\Delta S_m)_u \tag{5-3}$$

式中，$(\Delta H_m)_u$ 和 $(\Delta S_m)_u$ 分别为分子链折叠成晶片过程中重复单元焓和熵的增量；T_c 为结晶温度。于是聚合物晶体的平衡熔点 T_m^0 由下式决定

$$T_m^0 = (\Delta H_m)_u / (\Delta S_m)_u \tag{5-4}$$

将式(5-3)和式(5-4)代入式(5-1)，即得

$$h_0 = \frac{2\sigma_f T_m^0}{(\Delta H_m)_u}(T_m^0 - T_c) \tag{5-5}$$

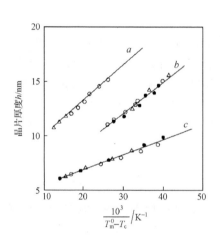

图 5-13　聚合物在不同溶剂和
过冷条件的晶片厚度

a、*b*、*c* 分别为 PMP、PE、POM，溶剂分别
为四氢呋喃、对二甲苯和十氢萘

由此可见，聚合物晶片的厚度(折叠链段的长度)只与结晶温度有关，而与聚合物的相对分子质量无关。式(5-5)中分母的数值随结晶温度 T_c 的升高而减小，从而导致晶片厚度 h_0 的增加。为了使结晶过程能够顺利进行就必须适当降低结晶温度，相对于熔点降低的幅度 $(T_m^0 - T_c)$ 即是聚合物熔体必须达到的过冷程度。

图 5-13 为 3 种聚合物在不同溶剂中和不同过冷条件下生成晶片的厚度曲线。结果显示，3 种聚合物的晶片厚度均随过冷程度的增加而增加，但是其厚度增加得并不多，都在 10～20 nm。另外，溶剂的种类对晶片的厚度也不产生显著影响。

5.4　高分子结晶过程

与小分子物质的结晶过程类似，聚合物结晶同样经历晶核生成和晶体生长两个阶段。为了更有效控制聚合物结晶过程以达到调控性能的目的，了解聚合物结晶过程是必要的。

5-9-y
诱导聚合物
结晶的方法：热
诱导、应力诱导
和液体诱导结晶。

5.4.1　诱导结晶方法

　　按照结晶学原理，晶核或晶种的存在是结晶过程得以开始的必要条件。一般情况下无论是在溶液还是熔体中，晶核的产生都需要一定条件。对聚合物而言，产生晶核的条件包括热、应力或某些液体(适用于熔体结晶)的作用。

　　1. 热诱导

　　聚合物在无外力作用条件下的结晶过程，主要是热作用导致晶核生成和结晶过程的开始，因而称为热诱导结晶。例如，聚合物稀溶液、浓溶液或过冷熔体在无外力作用下可生成单晶、球晶或其他不同形态的结晶。

　　2. 应力诱导

　　在应力作用条件下聚合物熔体或溶液进行的结晶过程称为应力诱导结晶。聚合物溶液在高速搅拌过程中结晶，或者熔体在高应力条件下的挤出成型也属于应力诱导结晶过程。有些聚合物在室温条件下长时间放置也不容易结晶，但是经过拉伸后却很容易结晶，也属于应力诱导结晶的例子。

　　例如，聚异丁烯熔体单纯依靠降低温度无论如何也无法使其结晶，但是将其进行拉伸后就很容易结晶。
图 5-14 是未硫化天然橡胶在应力作用下的结晶曲线，结果显示，天然橡胶在室温下即使长时间放置也不结晶，但是如果将其拉伸则结晶过程立即开始。

　　其原因解释如下：具有弱结晶能力的非晶态聚合物转变成晶态所需活化能较高，在室温条件下很难达到，因此结晶非常困难。当分子链受外力作用后则很容易在应力方向发生有序排列而进入晶格，使结晶过程容易进行，这就是聚合物所特有的应力诱导结晶过程。

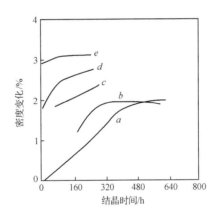

图 5-14　应力作用下未硫化
天然橡胶的结晶曲线
$a\sim e$ 拉伸比分别为 0、25、104、230 和 700

　　3. 液体诱导

　　对于那些结晶速率很慢的聚合物如聚对苯二甲酸乙二酯和聚碳酸酯等，其熔体在冷却过程中，分子链往往还来不及取向就会因温度降低而被冻结于玻璃态。但是如果将这类玻璃态聚合物浸入某些小分子液体中，结晶过程可重新开始。像聚对苯二甲酸乙二酯这样的刚性分子链聚合物熔体在快速降温时，往往会使分子链之间堆砌得很松散，处于热力学不稳定状态。如果有适当的小分子液体进入分子链之间的空隙，犹如润滑剂的加入，使分子链重新获得结晶必需的运动能力，于是结晶过程得以重新开始。一般而言，具有诱导结晶能力的液体必须与聚合物具有适当相容性，但不得为其溶剂。表 5-4 列出一些有机溶剂诱导聚对苯二甲酸乙二酯的结晶度数据。

表 5-4　一些有机溶剂诱导聚对苯二甲酸乙二酯结晶的结晶度 f

溶剂	己烷	四氯化碳	甲苯	苯	丙酮
f/%	4.2	4.2	38.1	45.8	45.8
溶剂	苯甲醇	正丁醇	间甲酚	乙酸	乙醇
f/%	50.8	4.2	63	45.8	4.2

结果显示，除己烷、四氯化碳、正丁醇和乙醇外，其他 6 种溶剂都可以作为诱导聚对苯二甲酸乙二酯液体结晶的诱导剂，能够大大促进其结晶过程，提高其结晶度。

4. 本体结晶与溶液结晶

本体结晶是聚合物加工过程中最重要的结晶过程。这里本体是指不含其他助剂的聚合物固体或熔融体。结晶型非晶态聚合物熔体在缓慢降温过程中，无序的分子链会在热或应力诱导下开始形成晶种并逐渐生长。随着结晶过程的延续，结晶度不断升高。

研究发现，当结晶度低于 40% 时，非晶区依然维持于聚合物连续相，结晶区则构成分散相。在此阶段，聚合物的物理力学性能主要取决于非晶态连续相。当结晶度超过 40% 以后，结晶区转变为连续相，余下尚未结晶的非晶区好似"岛区"一样被分散于结晶区中，这时材料显示晶态聚合物的物理力学性状。

溶液结晶是研究聚合物结晶形态和动力学的常用方法，表 5-5 列出几种聚合物在溶液中生成单晶的条件和晶体形态。

表 5-5　几种聚合物单晶的生成条件和形态

聚合物	溶剂	结晶温度/℃	单晶形态	溶解温度/℃
PE	二甲苯	50～95	菱形	沸点
PP	o-氯苯	90～115	长方形	沸点
PAN	碳酸丙烯酯	～95	四边形	
尼龙-66	甘油	120～169	菱形	～230
聚氧化乙烯	丁基溶纤剂			～100

5.4.2　结晶速率

1. 结晶速率的定义

结晶速率是聚合物相态转变过程研究以及聚合物加工过程最重要的工

艺控制参数之一。严格而论，结晶速率应是单位时间非晶态聚合物转化为晶态聚合物的质量分数，然而目前采用不同方法测定结晶速率的定义却并非如此。如果采用膨胀计法测定聚合物熔体的等温结晶曲线，再计算结晶速率，则将试样体积收缩率达 1/2 所需时间的倒数定义为该温度下的结晶速率 $1/t_{1/2}$，单位是 s^{-1}、min^{-1} 或 h^{-1}。如果采用偏光显微镜测定熔体中球晶半径增长与时间的关系，则将单位时间内球晶半径的增加值定义为球晶的结晶速率，单位是 nm/s 或 nm/min。

2. 等温结晶动力学——Avrami 方程

聚合物等温结晶过程与低分子物质相似，试样的摩尔体积变化同样服从 Avrami 方程式：

5-10-j
等温结晶速率 Avrami 方程式。

$$\frac{V_\infty - V_t}{V_\infty - V_0} = \exp\left(-kt^n\right) \tag{5-6}$$

式中，V_0、V_t 和 V_∞ 分别为结晶开始、t 时刻以及无限长时间试样的比体积；k 为结晶速率常数；n 为 Avrami 指数。k 和 n 均为与结晶过程成核方式、晶格类型和晶体生长方式相关的常数。表 5-6 列出 3 种代表性晶格类型与晶体生长方式的结晶速率常数。表 5-7 列出几种聚合物结晶过程的 Avrami 指数 n 的数值。

表 5-6 不同成核方式、晶格类型和生长方式的结晶速率常数

晶体形状与生长方式	均相成核 n	$k(\rho_1/\rho_2)$	非均相成核 n	$k(\rho_1/\rho_2)$
球晶(三维)	4	$(1/3)\pi AG^3$	3	$(4/3)\pi NG^3$
晶片(二维)	3	$(1/3)\pi lAG^2$	2	πlNG^2
纤维晶(一维)	2	$(1/4)\pi d^2 AG$	1	$(1/2)\pi d^2 NG$

注：ρ_1 为熔体相对密度；ρ_2 为晶体相对密度；d 为纤维状晶体直径；l 为晶片厚度；A 为晶体生长速率；N 为晶核相对密度；G 为核线生长速率。

表 5-7 几种聚合物结晶过程的 Avrami 指数范围

聚合物	n	聚合物	n
聚乙烯	零点几~4	全同立构聚丙烯	3~4
聚丁二酸乙二酯	3	PET	2~4
尼龙-6	2~6	尼龙-8	5~6

将式(5-6)取对数，即为

$$\lg\left(-\ln\frac{V_\infty - V_t}{V_\infty - V_0}\right) = \lg k + n\lg t \tag{5-7}$$

以该等式左端对 $\lg t$ 作图得直线如图 5-15 所示，在不同温度条件下得到的都是彼此平行的直线，证明 Avrami 指数 n 与温度无关，而结晶速率常数 k 与

5-11-y
主期结晶和次期结晶过程的两种表述:
1. 符合Avrami方程为主期结晶, 发生偏离为次期结晶;
2. 对球晶而言, 彼此独立生长为主期结晶, 晶体开始接触以后为次期结晶。

温度密切相关。

从图 5-15 中各曲线的线性范围很广还可得到如下结论: 在聚合物结晶过程中, 大部分时间内结晶速率均符合 Avrami 方程, 这个阶段称为主期结晶阶段。在结晶过程的最后阶段却发生了偏离, 如图 5-15 中曲线的上部和图 5-16 中曲线的尾部均出现倾斜或台阶, 这个阶段称为次期结晶阶段。

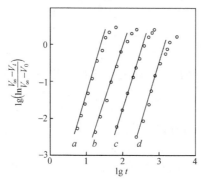

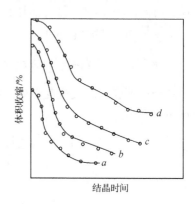

图 5-15　尼龙-1010 的 Avrami 对数曲线
结晶温度 a、b、c、d 分别为 189.5℃、191.5℃、195.5℃、197.8℃

图 5-16　几种聚合物的等温结晶曲线
a、b、c、d 分别为 PET、HDPE、LDPE、尼龙-6

对球晶而言, 当其体积增长到开始发生彼此接触和碰撞时, 必将阻止晶体尺寸的继续增加, 表明主期结晶结束。接着进行的则是残留在球晶内部晶片中无定形分子链继续进行有序化的过程, 以减少或消除球晶内部的结构缺陷, 这就是次期结晶过程。研究证明, 未完成次期结晶的聚合物在使用过程中将发生结构和性能的缓慢而持续变化。为此, 在聚合物制品生产过程中常采用退火处理以加速次期结晶过程的完成, 从而获得性能稳定的聚合物制品。

按照结晶速率的定义, 设式(5-7)等于 1/2, 即得到该聚合物在测定条件下的半结晶时间为

$$\frac{1}{t_{1/2}} = \left(\frac{k}{\ln 2} \right)^{1/n} \tag{5-8}$$

由此可见, 结晶速率常数 k 和 Avrami 指数 n 是决定聚合物结晶速率的重要参数。其数值大小取决于聚合物类型、成核方式、晶格类型和晶体生长方式等因素。

3. 分子链结构对结晶速率的影响

分子链结构是决定聚合物结晶速率的最重要因素, 不同分子链结构的聚合物的结晶速率相差很大。表 5-8 列出几种重要聚合物球晶的最大生长速率数据。

表 5-8　几种重要聚合物球晶的最大生长速率(nm/s)

聚合物	生长速率	聚合物	生长速率
聚乙烯	8.3×10^4	聚三氟氯乙烯	5.0×10^2
尼龙-66	2.0×10^4	全同聚丙烯	3.3×10^2
聚甲醛	6.7×10^3	PET	1.7×10^2
尼龙-6	2.5×10^3	全同聚苯乙烯	3.3

注：相对分子质量约为 10^5。

结合 5.2 节讲述的有关结晶型聚合物结晶能力的相关内容，归纳总结影响聚合物结晶能力和结晶速率的结构因素如下：

(1) 分子链化学组成简单且结构规整的聚合物，如线型聚乙烯和聚四氟乙烯等结晶能力最强、结晶速率也最快；

(2) 支链使分子链的结构规整性、结晶能力和结晶速率都显著降低；

(3) 共聚物的结晶能力和结晶速率均低于同类均聚物；

(4) 1, 1-二取代聚合物基于 a、b 轴向对称性的改善，其结晶能力和结晶速率稍快于一取代的同类聚合物；

(5) 主链含手性碳原子的立构规整性聚合物的结晶能力强，结晶速率中等；

(6) 相对分子质量和交联度也对结晶能力和结晶速率造成影响，两者均为负相关性，即相对分子质量或交联度增加，都会导致结晶能力和结晶速率显著降低。

显而易见，无论从热力学(结晶能力)还是从动力学(结晶速率)角度，上述因素对聚合物结晶过程的影响基本一致。换言之，结晶能力强的聚合物其结晶速率也较快。

4. 结晶速率与温度的关系

聚合物结晶速率与温度的关系十分密切，一般聚合物在室温条件下往往需要数年才能完成结晶过程。不过如图 5-17 所示，总可以在玻璃化温度与熔点之间找到能够在数小时内完成结晶过程的最佳温度。

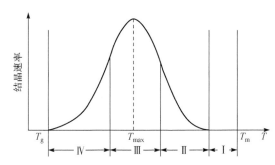

图 5-17　聚合物结晶速率-温度曲线

T_g. 玻璃化温度；T_m. 熔点；T_{max}. 最佳结晶温度

Ⅰ. 过冷零速区；Ⅱ. 成核控制区；Ⅲ. 最佳结晶区；Ⅳ. 晶体生长控制区

图 5-17 横坐标晶态聚合物的玻璃化温度 T_g 是指分子链段能够运动的临界温度,其与聚合物结构和性能的相关性将在第 6 章详细讲述。晶态聚合物的熔点 T_m 是指分子链可以运动的临界温度,其影响因素将在 5.2.7 节讲述。下面归纳结晶过程和结晶速率与结晶温度相关性的一般规律。

1) $T < T_g$ 或 $T > T_m$,不能结晶

温度低于玻璃化温度 T_g,不能结晶的原因显而易见,因为在 T_g 之下分子链段已被冻结为过冷熔体,无法进行有序排列运动,所以结晶速率为零。当温度高于熔点 T_m 时,虽然分子链段具有足够的运动能力,有利于链段有序排列和晶体生长,但是由于在高温条件下晶核很难形成,因此温度高于或接近熔点时聚合物很难结晶。

2) $T_g < T < T_m$ 能结晶,存在结晶速率极大的温度 T_{max}

当温度处于玻璃化温度 T_g 与熔点 T_m 之间时,既能保证晶核平稳生成的条件,同时也能保证分子链段具有足够运动能力以满足其取向、折叠,进而使晶体不断生长的条件。**所以,聚合物本体结晶的温度条件必须是在玻璃化温度 T_g 与熔点 T_m 之间**。此区间可分为如图 5-17 所示 4 个不同区域。

Ⅰ区:在熔点以下 10～30℃,属于冷却过程的过冷温度区,晶核生成速度极慢,结晶速率实际为零。

Ⅱ区:在熔点以下 30～60℃,晶核生成速率成为控制要素。随着温度的降低,晶核生成速率和结晶速率呈急速增加趋势。在成核速率控制区即温度低于熔点 T_m 而高于最佳结晶温度 T_{max} 时,随着温度逐渐降低,晶核生成速率上升,成核速率成为影响结晶速率的控制因素,此阶段的结晶速率随温度降低呈上升趋势。

Ⅲ区:这是晶核生成速率与晶体生长速率比较协调匹配的区域,也是结晶速率最大的区域。一般聚合物选择在这个温度区域进行结晶。作为生长速率控制区,当温度低于最佳结晶温度 T_{max} 而高于玻璃化温度 T_g 时,随着温度的逐渐降低,虽然成核速率继续增加,但是晶体生长速率却因链段运动能力的降低而逐渐降低,晶体生长速率成为控制因素,直至达到或接近玻璃化温度 T_g,此阶段的结晶速率随温度降低呈下降趋势。

Ⅳ区:随着温度继续降低,越来越接近玻璃化温度,链段运动越发困难,晶体生长速率呈迅速降低趋势,所以成为结晶速率的控制要素。

聚合物结晶速率达到最大值所对应的温度为 T_{max},即聚合物结晶速率最高的温度或最佳结晶温度。聚合物采用熔融加工成型时往往选择在此温度附近进行,就是为了使熔体的结晶过程在适宜的温度范围内快速完成。表 5-9 列出尼龙-1010 的结晶速率随温度降低而逐渐增加的趋势,如果继续升高温度将经历结晶速率逐渐降低的过程。

表 5-9　尼龙-1010 结晶速率常数与温度的相关数据(膨胀计法测定)

温度/℃	72.4	71.6	70.7	69.7	68.6	67.7	66.7
$k \times 10^{-6}$	5.51×10^{-13}	4.31×10^{-10}	4.32×10^{-7}	1×10^{-4}	0.0238	12.8	150

3) $T_{max} \approx 0.85\, T_m(K)$

这是通过大量实验得到的经验公式，多数聚合物的最佳结晶温度为熔点的 80%～85%(K)。聚合物的最佳结晶温度 T_{max} 也可以按照另一经验公式进行估算：

$$T_{max} = 0.63T_m + 0.37T_g - 18.5(K) \tag{5-9}$$

表 5-10 是按照式(5-9)计算的几种聚合物的最佳结晶温度。表 5-11 则是对结晶速率与温度之间关系的简单总结。

表 5-10　几种聚合物的最佳结晶温度 T_{max}

聚合物	T_m/K	T_{max}/K	T_{max}/T_m
PET	540	453	0.84
尼龙-66	538	～420	0.79
全同 PS	513	448	0.87
PP	449	393	0.88
聚丁二酸乙二酯	380	303	0.78
聚己二酸己二酯	332	271	0.82
聚甲醛	456	358	0.79
天然橡胶	301	249	0.83

表 5-11　温度对聚合物结晶速率的影响

温度范围	结晶速率	原因解释
$< T_g$ 或 $\geq T_m$	0	链段冻结或无法成核
$T_g \sim T_m$	有一极大值	成核和生长都较快
$< T_{max}$	随温度降低而逐渐降低	晶体生长速率控制
$> T_{max}$	随温度降低而逐渐升高	晶核成核速率控制
迅速冷却$< T_g$	→0	"过冷熔体"
$T \approx 0.85\, T_m(K)$	最高速率	经验公式

5-13-y
温度对结晶速率的影响：
$T < T_g$ 或 $T > T_m$ 不能结晶；
$T_g < T < T_m$ 能结晶，其间存在结晶速率极大的温度：$T_{max} \approx 0.85\, T_m(K)$

总而言之，了解聚合物结晶速率与温度的关系，对确定聚合物成型加工温度范围、控制聚合物的晶体形态和结晶度，最终获得预期性能的聚合物制品而言是十分重要的。

5. 结晶速率的其他影响因素

影响聚合物结晶速率的因素除分子链结构和温度以外，还包括成核剂、应力作用和溶剂等因素。此处仅就成核剂的影响作简要讲述。

1) 成核剂的作用

一般聚合物本体结晶时都会由于受热、杂质等因素自发产生少量晶核，从而开始生成较大粒度晶体的过程，这对于聚合物的力学性能是不利的。为了更好地控制聚合物的本体结晶过程，往往需要加入成核剂，犹如在糖蜜结晶制造砂糖过程初期加入粉末糖作晶种一样，聚乙烯结晶时往往加入长链脂肪酸的碱金属盐作为成核剂。

2) 成核剂的种类

能够作为聚合物结晶成核剂的物质包括可溶性和不溶性有机或无机化合物。可溶性成核剂仅起稀释作用，同时对结晶速率可能存在负面影响，多数有机颜料属于可溶性稀释剂，具有稀释和成核剂双重功能。不溶性成核剂对聚合物一般表现惰性，多数能够为聚合物熔体所浸润，可以诱导"异相成核"过程而生成细小球晶，多数无机颜料和填料均属于这一类。

6. 结晶速率的测定

测定聚合物结晶速率的方法有多种，其中膨胀计法和偏光显微镜法是最常采用的方法。

1) 膨胀计法测定等温结晶曲线

原理和仪器：聚合物结晶过程中往往伴随试样体积和相对密度的改变，测定这种改变与时间的对应关系便是本方法的原理和主要测定内容。所使用的膨胀计同样用于非晶态聚合物玻璃化温度和比体积的测定。

测定步骤：将聚合物试样和跟踪液体加入膨胀计，将膨胀计连同试样加热到熔点以上使之熔融。然后再将膨胀计连同试样迅速置入恒温槽中使其迅速冷却至事前确定的结晶温度，测定膨胀计毛细管内液面与时间的对应关系，最后作出如图 5-18 的等温结晶曲线。

结果分析：图 5-18 曲线各区域的物理意义为 *a*. 急速冷却时试样体积出现快速收缩；*b*. 结晶诱导期，试样温度已降到结晶温度，却还未观察到结晶过程引起的体积收缩；*c*. 试样体积明显收缩显示结晶过程开始，初期体积收缩较快并逐渐趋于平稳；*d*. 最后逐渐缓慢直至达到平衡，曲线接近水平。

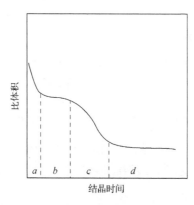

图 5-18　聚合物的等温结晶曲线
a. 体积急剧收缩；*b*. 诱导期；*c*. 结晶开始和进行；
d. 最后结晶变慢

实际上要完全达到结晶平衡需要很长时间，有时即使延长时间也很难达到平衡，因此将试样体积收缩达到极限收缩率1/2所需时间的倒数定义为聚合物在该温度条件下的本体结晶速率 $1/t_{1/2}$，单位是 s^{-1}、min^{-1} 或 h^{-1}。

2) 偏光显微镜法

如前所述，球晶的典型光学特性是能在偏光显微镜的正交偏振片之间呈现独特的黑十字消光图案，也称 Maltase 十字，可以利用偏光显微镜观察并测定熔融状态聚合物生成球晶过程与时间的对应关系。将单位时间内球晶半径的增加值定义为球晶生长速率，单位是 nm/s 或 nm/min。通常测定球晶半径与时间的对应关系并作图，如图 5-19 所示。结果显示，球晶的结晶速率与温度的关系十分密切，在恒定温度条件下，球晶径向生长速率为常数，实验测得聚己二酸己二酯球晶在 26.0℃时的生长速率最快。

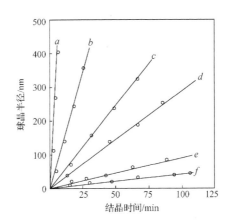

图 5-19　聚己二酸己二酯球晶生长速率
相对分子质量 9900；结晶温度 a~f 分别为 26.0℃、43.0℃、48.6℃、50.3℃、52.1℃、53.2℃

7. 结晶度

聚合物结构层次的复杂性及其结晶过程影响因素的多样性，决定了一般聚合物在通常条件下都不可能达到完全结晶。结晶聚合物内部通常包括晶区和非晶区，即使在晶区内也存在结晶缺陷以及分子链跨越或贯穿晶片而留下的非结晶部分，因此要严格区分和表征聚合物的结晶度相当困难。为了简便起见，将聚合物假定为由完全结晶和完全未结晶的部分组成，于是将完全结晶部分与聚合物总质量或体积的百分比定义为聚合物的结晶度。

测定聚合物结晶度的方法包括相对密度法、X 射线衍射法、红外光谱法和核磁共振法等。其中相对密度法是最简便易行、最常采用的方法，下面对其原理和测定步骤作简要介绍。

设结晶聚合物试样中晶区和非晶区的体积分别为 V_c 和 V_a，根据体积加和原理，聚合物试样的总体积应等于晶区体积与非晶区体积之和。如果 m_c、m_a 和 m 分别为晶区、非晶区和聚合物试样的质量，而 ρ_c、ρ_a 和 ρ 分别为完全结晶聚合物、完全非结晶聚合物和实际聚合物试样的相对密度，X_c^m 和 X_c^V 分别为用相对质量和相对体积表示的结晶度，则下面公式应成立：

$$\frac{m}{\rho} = \frac{m_c}{\rho_c} + \frac{m_a}{\rho_a} = \frac{mX_c^m}{\rho_c} + \frac{m\left(1-X_c^m\right)}{\rho_a}$$

$$X_c^m = \frac{\rho_c\left(\rho-\rho_a\right)}{\rho\left(\rho_c-\rho_a\right)} \tag{5-10}$$

$$\rho = \rho_c X_c^V + \rho_a\left(1-X_c^V\right)$$

$$X_c^V = \frac{\rho-\rho_a}{\rho_c-\rho_a} \tag{5-11}$$

如果能制得完全非结晶的同种聚合物试样，就可准确测定其相对密度

ρ_a。如果无法制得这种试样，就只得测定聚合物熔体相对密度与温度的对应关系，然后再作图外推到测定温度即得到ρ_a，式中完全结晶聚合物的相对密度ρ_c按下式计算：

$$\rho_c = MZ / N_A V \tag{5-12}$$

式中，Z 和 M 分别为一个晶胞中含有的大分子结构单元数和结构单元的相对分子质量；V 为晶胞体积；V 和 Z 可以采用 X 射线衍射法测定；N_A 为 Avogadro 常量。聚合物试样的相对密度通常采用密度梯度管测定。密度梯度管是将两种相对密度不同、而彼此又可以混溶的液体缓慢加入细长的透明管内，形成自上而下相对密度呈连续递增分布的液柱。

具体测定步骤如下：首先用数个已知相对密度的玻璃或别的标准球标定液柱高度与该点相对密度的对应关系，并绘制标定曲线，然后再将聚合物试样放入管中，从试样停留在液柱中的高度即可以测得其相对密度。采用不同方法测定同一个聚合物试样的结晶度值往往并不相同，所以在使用测定结果时应该标明测定方法和条件，由此可见，结晶度的测定结果往往只具有相对意义。表 5-12 列出常见结晶型聚合物的相对密度。

表 5-12　常见结晶型聚合物的相对密度

聚合物	$\rho_c/(g/cm^3)$	$\rho_a/(g/cm^3)$	ρ_c/ρ_a
聚乙烯	1.00	0.85	1.18
聚丙烯	0.95	0.85	1.12
顺-聚异戊二烯	1.00	0.91	1.10
反-聚异戊二烯	1.04	0.90	1.16
聚苯乙烯	1.13	1.05	1.08
聚氯乙烯	1.52	1.39	1.10
聚四氟乙烯	2.35	2.00	1.17
尼龙-6	1.23	1.08	1.14
尼龙-66	1.24	1.07	1.16
聚甲醛	1.54	1.25	1.25
聚氧化乙烯	1.33	1.12	1.19
PET	1.46	1.33	1.10
聚碳酸酯	1.31	1.20	1.09
聚乙烯醇	1.35	1.26	1.07
有机玻璃	1.23	1.17	1.05
均值			1.13

5.5　晶态聚合物的熔融与熔点

低分子晶态物质的熔化过程是从高度有序的晶相转变为完全无序的液

相, 本质上属于热力学相转变过程, 其晶相与液相之间达到热力学平衡的温度就是该晶体的平衡熔点。晶态聚合物和低分子晶态物质在熔化过程中的比体积随温度升高而变化的趋势如图 5-20 所示。

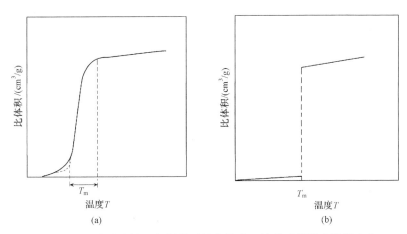

图 5-20　晶态聚合物(a)与低分子晶态物质(b)熔化过程的比体积变化

图 5-20 显示, 由于聚合物的相对分子质量很大同时还存在多分散性, 所以其熔化过程与低分子晶态物质的熔化过程明显不同, 前者的熔化过程虽然也属于热力学相变过程, 但是不像低分子晶体那样有一个确定的熔点, 而是一个相对较宽的温度范围——常将其称为晶态聚合物的熔限, 而将晶体完全熔化的温度称为晶态聚合物的熔点。

晶态聚合物分子链从有序到无序的熔化过程中, 体系的热力学状态函数如 Gibbs 自由能等都会发生突变。图 5-21 即为晶态聚合物和理想低分子晶体熔化过程的 Gibbs 自由能变化趋势比较。

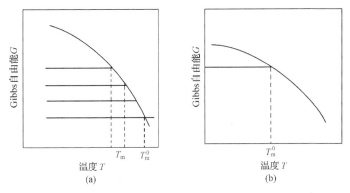

图 5-21　晶态聚合物(a)与低分子晶体(b)熔化过程的 Gibbs 自由能变化
T_m^0为平衡结晶熔点；T_m为非平衡结晶熔点

事实上, 晶态聚合物熔化过程正是结晶过程的逆过程。聚合物分子链从无序到有序的结晶过程, 本质上属于与温度和应力作用速率等外界条件密切相关的松弛过程。所以在有些情况下, 当聚合物晶体往往还未达到平衡晶态时就被冻结, 迫使其处于非平衡态或亚稳态, 从而造成材料局部不完善的晶

5-14-y
晶态聚合物的熔化温度是一个较宽的温度范围,晶体完全熔化的温度即为熔点。

体结构。显而易见,那些有序程度不同的晶体会在不同的温度熔化,有序程度或结晶度较低的晶体熔化温度相对较低,而有序程度较高的晶体熔化温度也较高。

重要结论:晶态聚合物的熔化温度是一个较宽的温度范围,将晶体完全熔化的温度称为晶态聚合物的熔点。影响晶态聚合物熔点的因素主要包括以分子链结构为核心的内因,以及试样结晶和熔点测定条件的外因两个方面。

5.5.1 结构性内因对熔点的影响

熔点是晶态聚合物的使用上限温度,是作为结构性材料最重要的耐热性指标。一般而言,分子链的化学结构是决定晶态聚合物熔点高低的最重要因素,而材料的结晶条件和加工过程也对熔点产生一定影响。了解聚合物分子结构对熔点的影响规律,对于判断聚合物耐热性能高低,以及合理确定聚合物的使用温度范围都是十分重要的。下面将依据分子链结构从理论上初步判断晶态聚合物熔点的高低。既然晶态聚合物受热转变为黏流态的过程属于热力学意义上的相变过程,因此达到平衡时体系的 Gibbs 自由能增量应为

$$\Delta G = \Delta H_m - T_m^0 \Delta S_m = 0$$

式中,ΔH_m 和 ΔS_m 分别为晶态聚合物的熔融热和熔融熵。假设聚合物的熔融热和熔融熵分别由不与相对分子质量相关的基础值 H_0、S_0 和分子链每个重复单元在晶体熔化前后的熔融热增量$(\Delta H_m)_u$ 和熔融熵增量$(\Delta S_m)_u$组成,则

5-15-y
晶态聚合物熔点的理论计算式。

$$T_m^0 = \frac{\Delta H_m}{\Delta S_m} = \frac{H_0 + n(\Delta H_m)_u}{S_0 + n(\Delta S_m)_u} \propto \frac{(\Delta H_m)_u}{(\Delta S_m)_u} \tag{5-13}$$

由此可见,聚合物分子链在熔融过程中重复单元的熔融热增量$(\Delta H_m)_u$越大,或熔融熵增量$(\Delta S_m)_u$越小,晶态聚合物的熔点也就越高。按照化学热力学原理,聚合物重复单元的熔融热增量与大分子间作用力强弱有关,重复单元的熔融熵增量则与晶体熔化后分子链的无序程度有关。表 5-13 列出一些结晶聚合物熔融过程的热力学参数。

表 5-13　一些结晶聚合物重复单元的熔融热力学数据

聚合物	T_m^0 / ℃	$(\Delta H_m)_u$/(kJ/mol)	$(\Delta S_m)_u$/[J/(mol·K)]	$(\Delta H_m)_u/(\Delta S_m)_u$
聚 1,4-丁二烯(顺)	11.5	9.20	32.0	0.287
天然橡胶	28	4.40	14.5	0.303
聚己二酸己二酯	65	15.9	49.9	0.318
聚氧化乙烯	80	8.29	22.4	0.370
聚癸二酸癸二酯	80	50.2	142	0.353
聚癸二酸乙二酯	83	25.6	74.2	0.345
聚乙烯	141	4.11	9.91	0.414
聚甲醛	180	6.66	14.7	0.453

续表

聚合物	$T_m^0/℃$	$(\Delta H_m)_u/(kJ/mol)$	$(\Delta S_m)_u/[J/(mol \cdot K)]$	$(\Delta H_m)_u/(\Delta S_m)_u$
聚丙烯(全同)	200	5.80	12.1	0.479
聚氯乙烯(全同)	212	12.7	26.2	0.484
尼龙-1010	216	34.7	71.2	0.487
聚苯乙烯(全同)	243	8.37	16.3	0.513
尼龙-6	270	26.0	48.8	0.533
尼龙-66	280	44.4	82.5	0.538
聚对苯二甲酸乙二酯	280	26.9	48.6	0.553
聚双酚 A 碳酸酯	295	33.6	59.0	0.569
聚四氟乙烯	327	3.42	5.70	0.600
聚对二甲苯撑	375	30.1	46.5	0.647

依据式(5-13)和表 5-13 列出的数据,可从理论上对一些晶态聚合物熔点的高低及其影响因素做如下定性解释。

1. 分子链柔性的影响

一般而言,分子链柔性越良好,聚合物的熔点也就越低,从表 5-13 中可找到不少例证。

(1) 天然橡胶的熔点远低于聚乙烯。虽然两者单个分子链的柔性都很好,然而其熔点分别为 28℃和 141℃,悬殊 100℃以上。原因在于,即使天然橡胶分子重复单元的熔融热增量$(\Delta H_m)_u$仅稍高于聚乙烯的结构单元,不过其熔融熵增量$(\Delta S_m)_u$却高于前者 50%以上。**可见天然橡胶的低熔点主要归因于其晶体在熔化过程中的熵增量更高。换言之,相对于聚乙烯而言,即使处于黏流态的橡胶分子链也有良好柔性而拥有更多构象。**

(2) 聚氧化乙烯的熔点低于聚乙烯和聚甲醛。虽然聚氧化乙烯分子重复单元的熔融热增量$(\Delta H_m)_u$是聚乙烯的 2 倍,然而由于前者分子链中 C—O 键的柔性远优于后者的 C—C 键,其重复单元的熔融熵增量$(\Delta S_m)_u$却是聚乙烯的 2.5 倍,因此其熔点也比聚乙烯低得多。虽然单个聚乙烯分子链的柔性很好,但是正是由于其柔性和对称性良好而具有特别强的结晶性能,致使晶态聚乙烯分子链的柔性大为降低。

聚甲醛和聚氧化乙烯均为螺旋状分子链晶体结构,前者较后者堆砌得更致密,其分子链重复单元的熔融热增量$(\Delta H_m)_u$要比后者高许多,所以聚甲醛的熔点比聚氧化乙烯高得多。

(3) 分子主链含亚甲基越多其熔点越低。例如,聚己二酸己二酯的熔点只有 65℃,而涤纶(PET)的熔点高达 280℃。再如,一般线型脂肪族聚酯的熔点均低于涤纶,原因是前者分子主链含亚甲基数远多于后者。

过去曾经认为这是由于酯基的引入增大了重复单元的熔融熵增量

$(\Delta S_m)_u$，从而增加了其对熔点降低的贡献，也就抵消了酯基引入对重复单元熔融热增量$(\Delta H_m)_u$的增加。但是现在看来这种解释欠合理，大量研究结果也已证实，聚合物晶体中存在的偶极矩同样存在于聚合物熔体中，所以聚酯分子内羰基的偶极力对聚合物的$(\Delta H_m)_u$基本上不存在贡献。聚酯晶体熔化所要克服的内聚能几乎完全来源于亚甲基产生的色散力。由于单位链长聚酯所含亚甲基数目恒少于等长聚乙烯的亚甲基数，因此线型聚酯的熔点必然低于聚乙烯的熔点。

涤纶分子链中含有的苯环使分子链的柔性大为降低，从而使重复单元的熔融熵增量$(\Delta S_m)_u$显著降低，与此同时其重复单元的熔融热增量却增加了 4 倍，因此其熔点高达 280℃ 也就不难理解。一般而言，芳香族聚酯和聚酰胺的熔点要比相应脂肪族聚酯和聚酰胺的熔点高出 100℃ 以上，也是基于同样的原因。完全由苯环组成的聚苯撑的熔点高达 530℃。可见在分子主链上引入苯环或其他杂环是提高聚合物熔点、改善聚合物耐高温性能的重要途径。

2. 极性取代基和氢键的影响

一般而言，带极性取代基聚合物的熔点一定高于带非极性取代基聚合物。例如，聚丙烯腈的熔点高达 317℃，达到熔点之前就开始分解，所以只能采用溶液纺丝而不能采用熔融纺丝。全同聚丙烯和聚乙烯的熔点却分别只有 200℃ 和 141℃。

分子主链含有可生成氢键的 O、N 等强电负性原子的晶态聚合物，由于分子链间氢键的作用而使其熔点大大升高，如各种尼龙的熔点都在 260℃ 以上。

(1) 尼龙高熔点的原因及其规律。红外光谱分析结果表明，处于熔融状态的聚酰胺分子链间的氢键依然存在，不仅如此，酰胺键在黏流态时的共振倾向远强于其处于晶体之中，如图 5-22 所示。

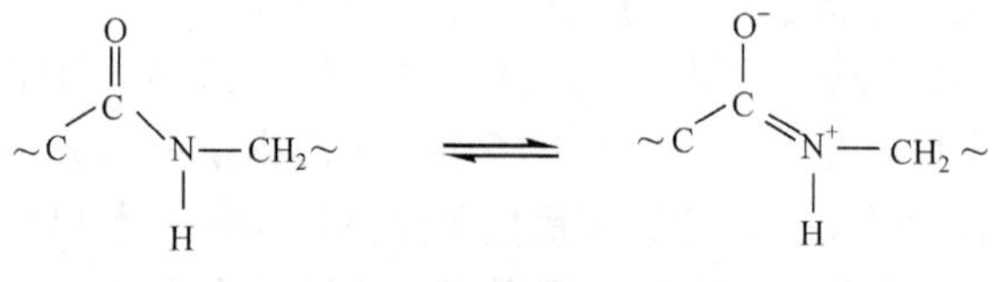

图 5-22　熔融态酰胺键的共振反应式

5-16-y
聚酰胺的高熔点归因于其晶体熔化过程氢键的强化，导致熔融熵增量的显著降低。

共振作用使分子链变得更僵硬，因而使聚合物的熔融熵大大降低。**由此可见，聚酰胺的高熔点归因于其晶体熔化过程中氢键的强化，从而导致熔融熵增量的显著降低。换言之，熔体内聚酰胺分子链的构象数和无序程度更加受到限制。**另一方面，聚酰胺的熔点还与分子主链上酰胺键之间的碳原子数有关，如图 5-23 和图 5-24 所示。

图 5-23 和图 5-24 表明，聚酰胺的熔点随重复单元碳原子数的增加而呈锯齿形下降趋势。以奇数碳原子 ω-氨基酸(或内酰胺)为单体合成尼龙的熔点均高于相邻偶数碳原子单体合成的尼龙。如果以不同碳原子数的二元胺与相同二元酸为单体，则以偶数碳原子二元胺合成尼龙的熔点均高于相邻奇数碳

原子二元胺合成的尼龙。

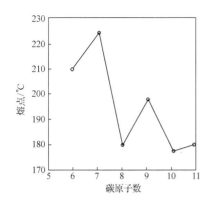

图 5-23 聚 ω-氨基酸熔点与单体
碳原子数的关系

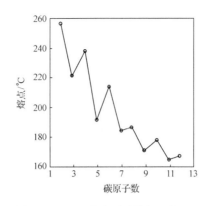

图 5-24 二元胺碳原子数与尼龙-n10
熔点的关系

分析其中原因发现,原来这是由于不同碳原子数单体聚合生成聚合物以后,分子链间形成氢键的概率和密度不同,分子间作用力不同,最终导致熔点的差异。例如,当以奇数碳原子数 ω-氨基酸(或内酰胺)为单体合成尼龙时,分子链上所有酰胺键之间都可形成氢键,所以其熔点较高。相反,如果以偶数碳原子数氨基酸为单体,则其聚合物分子链中仅有大约 1/2 酰胺键可形成氢键,因此熔点较低。

研究发现,对用二元酸和二元胺合成混缩聚尼龙而言,当两种单体碳原子数相等且均为偶数时,分子链上所有酰胺键都可以形成氢键,所以这种尼龙的熔点较高。当两种单体碳原子数都是偶数但并不相等时,分子链中至少碳原子数多的重复单元所含酰胺键都可形成氢键,聚合物熔点也就不低。另一方面,随着单体碳原子数的增加,为分子链提供柔性的亚甲基数增加,同时为增加分子间作用力的酰胺键数目相对减少,所以聚合物的熔点总体上随单体碳原子数的增加而呈下降趋势。

(2) 聚酰胺、聚脲和聚氨酯的熔点规律。上述关于尼龙熔点规律的讨论也可以推广到其他能够生成氢键的缩聚物类型,结果如图 5-25 所示。

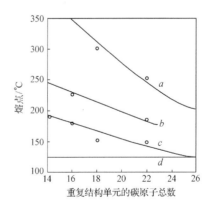

图 5-25 几种聚合物的熔点与重复
单元碳原子数之间的关系
a. 聚脲;b. 聚酰胺;c. 聚氨酯;d. 聚乙烯

图 5-25 中脂肪族聚脲、聚酰胺和聚氨酯的分子主链上分别含有如下结构～R—HN—CO—HN—R′～、～R—HN—CO—R′～、～R—HN—COO—R′～。具有如此结构都可以在分子链间生成氢键,所以这些聚合物的熔点都很高。其中由于聚脲分子链间生成氢键的能力最强,所以其熔点也最高。而且随着重复单元所含碳原子数的增加,这些聚合物分子链与聚乙烯分子链的相似程

度也逐渐增加，于是它们的熔点都向着聚乙烯的熔点接近。图 5-25 仅是根据有限的实验数据显示聚合物熔点的总体趋势。事实上，如果结合单体碳原子数是奇数或者偶数，该变化趋势也会呈现与图 5-23 和图 5-24 相类似的锯齿形下降趋势。

3. 主链和侧基位阻的影响

刚性分子链晶态聚合物的熔点一定高于柔性链聚合物的熔点。例如，聚对二亚甲基苯和聚苯撑的熔点分别高达 375℃和 530℃，显示分子主链的刚性随着苯环密度的增加而增加，聚合物熔点同步升高。分子主链和侧基上存在的位阻基团均使分子链的刚性和晶态聚合物的熔点显著增加。其中，尤以主链刚性增加而导致熔点升高的作用更为明显。

聚四氟乙烯熔点 327℃远高于聚乙烯，原因是大量强极性氟原子围绕分子链形成由 9 个重复单元组成的螺旋状结构，从而增加了分子链的刚性，使重复单元的熔融熵增量$(\Delta S_m)_u$大幅度减小。以上从热力学角度分析取代基位阻对晶态聚合物熔点的影响，表 5-14 列出取代乙烯聚合物的熔点比较。

表 5-14　取代基对熔点的影响

聚合物	取代基	熔点/℃
聚 1-己烯	—C_4H_9	−55
聚 1-戊烯	—C_3H_7	130
聚 1-丁烯	—C_2H_5	138
聚乙烯	—	146
聚丙烯	—CH_3	200
聚苯乙烯	—C_6H_5	243
聚 p-氟代苯乙烯	—C_6H_4-p—F	265
聚 p-特丁基苯乙烯	—C_6H_4-p—$C(CH_3)_3$	300
聚 3-甲基-1-丁烯	—$CH(CH_3)_2$	304
聚 3,3-二甲基丁烯	—$C(CH_3)_3$	>320
聚乙烯基咔唑		>320
聚萘乙烯	—$C_{10}H_7$	360

表 5-14 列出的数据显示如下两条规律：①若以聚乙烯为比较基准，随着直链烷基取代基碳原子数增加，聚合物的熔点大体呈降低趋势(聚丙烯例外)；②随着取代基体积的增加，聚合物熔点呈显著升高的趋势。可见在分子主链和侧基引入大位阻基团以求降低柔性、提升刚性，是合成高熔点、耐高温聚合物的有效途径之一。

4. 构型的影响

全同立构聚丙烯具有较高的熔点(187℃)，也是由于其分子链在晶体和熔体中都呈现柔性相当差的螺旋状构象，这就大大降低了重复单元的熔融熵增量$(\Delta S_m)_u$，最终使熔点增高。

5. 共聚的影响

图 5-26 是两种共聚物熔点与单体组成的关系图。结果显示，如果组成共聚物的两种单体的均聚物都具有相同的晶体形态，则共聚物的熔点随组成变化而平滑变化。由对苯二甲酰己二胺与己二酰己二胺组成的共聚物就是一个典型例子。

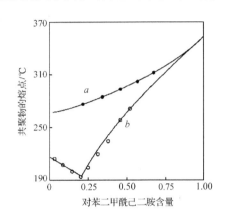

图 5-26　共聚物的熔点与组成的关系
对苯二甲酰己二胺与己二酰己二胺(*a*)
和癸二酰己二胺(*b*)的共聚物

但是，对于不具有相同晶型的无规共聚物，随着含量较少的第二单体含量的增加，共聚物的晶体逐渐变小，从而导致熔点降低，对苯二甲酰己二胺与癸二酰己二胺组成的共聚物就是一例。对结晶型嵌段或接枝共聚物而言，由于其晶体结构更接近于两个组分聚合物独立的晶体结构，因此该类共聚物可能存在两个熔点。

6. 助剂和杂质的影响

为了满足聚合物制品加工和使用性能的需要，通常在加工过程中加入各种助剂，其也会对晶态聚合物的熔点产生一定影响。

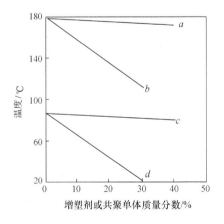

图 5-27　增塑剂和共聚物的
熔点与玻璃化温度
a. 增塑剂熔点；*b*. 共聚物熔点；*c*. 增塑剂
玻璃化温度；*d*. 共聚物玻璃化温度

根据加入助剂性质的不同，可将其分为稀释剂和填充剂两大类。增塑剂是聚合物加工过程中最常用的稀释剂，增塑剂的加入可显著改善聚合物制品的脆性并提高其韧性，但是却使聚合物的熔点显著降低，如图 5-27 所示。按照经典相平衡热力学，低分子晶体熔点因杂质而降低的程度服从下式

$$\frac{1}{T_m} - \frac{1}{T_m^0} = -\frac{R}{\Delta H_u}\ln a_A$$

式中，a_A 为含可溶性杂质晶体熔化后结晶组分的活度。对晶态聚合物而言，

增塑剂、残余单体和分子链的末端结构单元等均可视为可溶性杂质。当其含量极低时，a_A 近似等于杂质的体积分数，于是就可以用下式计算熔点降低的幅度

$$\frac{1}{T_m} - \frac{1}{T_m^0} = \frac{Rx_1}{(\Delta H_m)_u} \frac{V_u}{V_1} \left(\varphi_1 - \chi \varphi_1^2 \right) \tag{5-14}$$

式中，T_m^0 为纯聚合物的平衡熔点；T_m 为含可溶性杂质稀释剂后的熔点；x_1 为稀释剂的摩尔分数；$(\Delta H_m)_u$ 为重复单元熔融热；V_u 和 V_1 分别为重复单元和杂质稀释剂的摩尔体积；φ_1 和 χ 分别为杂质稀释剂的体积分数和 Huggins 参数；R 为摩尔气体常量。该公式也可用于晶态无规共聚物熔点的计算，式中 T_m^0 为含量多的单体均聚物的平衡熔点，x_1 则是含量少的单体的摩尔分数。

7. 晶片厚度和结晶缺陷的影响

研究发现，晶态聚合物的熔点与构成晶体的晶片厚度以及晶片堆砌成晶体的缺陷程度等因素密切相关。如前所述，聚合物晶片都是由分子链折叠而成，折叠过程中不可避免会留下各种类型的折叠缺陷，如折叠链中和链端欠整齐、形成空洞等。

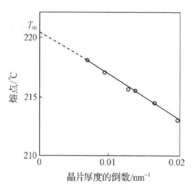

图 5-28　聚三氟氯乙烯晶片厚度与熔点的关系

由此可见，晶片厚度及其缺陷对任何聚合物晶体的实际熔点都有很大影响，如图 5-28 所示。目前普遍认为聚合物晶体的熔化过程是从表面开始，然后逐渐扩展到晶体内部。

总体而言，分子链上每个重复单元的熔融热增量 $(\Delta H_m)_u$ 对晶体熔融热 ΔH_m 都做出了贡献。就单个晶片而言，上下两个晶面的热焓 ΔH_f 使熔融热降低，假设在晶片厚度方向上由 N_u 个结构单元组成，则该晶片的熔融热、熔融熵和熔点分别为

$$\Delta H_m = N_u (\Delta H_m)_u - 2\Delta H_f$$

$$\Delta S_m = N_u (\Delta S_m)_u$$

$$T_m = \Delta H_m / \Delta S_m$$

于是，假想的无限厚度晶片的熔点就应为

$$T_m^0 = (\Delta H_m)_u / (\Delta S_m)_u$$

实际厚度晶片的熔点则可表示为

$$T_m = T_m^0 \left[1 - \frac{2\Delta H_f}{N_u (\Delta H_m)_u} \right] \tag{5-15}$$

按照式(5-15)，只要能够测定与晶片厚度相关的结构单元数 N_u，以其倒数对实际测定的熔点作图并外推，即可得到无限厚度晶片的熔点。

8. 相对分子质量的影响

由于分子链的末端重复单元受束缚的程度较低，因而具有相对较高的运动自由度，基于此可将其视为可溶性杂质，于是就可用式(5-14)计算晶态聚合物的熔点随聚合度改变而变化的幅度。此时考虑到分子链的末端和链中重复单元的摩尔体积近似相等，即 $V_1=V_u$，其摩尔分数 x_1 通常也很小，近似等于其与分子链重复单元数的比值，即等于数均聚合度的倒数；x_1 的平方项更小也就可以忽略，于是式(5-14)就可简化为

$$\frac{1}{T_m} - \frac{1}{T_m^0} = \frac{2R}{X_n (\Delta H_m)_u} \tag{5-16}$$

式中，X_n 为数均聚合度。计算结果表明，当聚合度较高时，末端重复单元占比很小，其对熔点的影响很小而难以觉察。不过当聚合度较低时，其影响就相当大而不可忽视。例如，相对分子质量分别为 30000、2000 和 900 的聚丙烯的熔点依次为 170℃、114℃ 和 90℃。

5.5.2　环境外因对熔点的影响

1. 结晶温度的影响

从晶片厚度与结晶温度和晶体平衡熔点的关系式(5-5)可以推论，聚合物晶体的熔点与结晶温度密切相关。图 5-29 是天然橡胶的熔化温度与结晶温度的关系。该图显示如下重要结论：聚合物结晶温度越低，晶体开始熔化的温度越低，熔限也越宽；反之，结晶温度升高，熔点也升高，熔限随之变窄。聚合物晶体从开始熔化到完全熔化总是需要在一定温度范围和一定时间才能完成，这与低分子晶体的熔化过程显著不同。一般低分子晶体即使反复进行结晶-熔化过程，其熔点都是固定不变的。

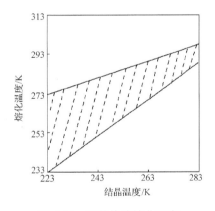

图 5-29　天然橡胶熔化温度
与结晶温度的关系
阴影部分为晶体的熔限

聚合物熔点和熔限对结晶温度的依赖性完全产生于大分子的特殊长链结构。当聚合物在较低温度下结晶时，体系的黏度较高，分子链的活动能力较低，生成晶片的厚度较小，晶体内部的缺陷也较多，所以晶体的熔点较低，熔限也较宽。反之，在较高温度结晶时，体系黏度较低，分子链的运动能力较强，结晶比较完全而缺陷较少，因此熔点较高，熔限也较窄。于是可以假设，如果在略低于熔点的温度条件下经过长时间的缓慢结晶过程，得到的聚合物结晶的熔点最高，熔限也非常窄，

这样的熔点就被定义为晶态聚合物的平衡熔点 T_m^0。

2. 外应力的影响

如前所述，拉伸有利于聚合物结晶过程并减少晶体内的结构缺陷，因此拉伸有利于结晶聚合物熔点的提高。在合成纤维生产中，分为若干阶段的拉伸过程是提高纤维综合性能的重要后处理工艺。合成纤维的熔点与拉伸应力之间的关系可表示为

$$\left(\frac{\partial x}{\partial T_m}\right)_p = -\frac{\Delta S}{\Delta L} \tag{5-17}$$

式中，x 为在温度 T_m、压力 p 条件下维持纤维处于取向态(晶态)与解取向态(非晶态)所需的应力；ΔL 和 ΔS 分别为纤维长度和熵值在拉伸过程中的增量。式(5-17)表明，拉伸应力越大，纤维的熔点也就越高。天然橡胶在室温和未拉伸条件下属于非晶态，但是经过高倍拉伸后能够结晶，生成微晶的熔点将随拉伸比的增加而明显升高。综上所述，将晶态聚合物熔点的影响因素归纳于表 5-15。

5-18-b
归纳影响聚合物熔点的结构性内因和环境外因。

表 5-15 晶态聚合物熔点的影响因素与结果归纳

影响因素	影响结果例证
分子链柔性	天然橡胶 T_m<PE T_m，熵增量前者更大
	聚氧化乙烯 T_m<PE T_m，熵增量前者更大
	聚己二酸乙二酯 T_m<PET T_m，前者分子主链柔性好
主链或取代基极性	PAN T_m 317℃；尼龙熔体氢键随 C 数↑，T_m 呈锯齿状↓
	聚脲等熔点高，原因同尼龙
主链或侧基位阻	聚苯 T_m 530℃，主链位阻
	聚萘乙烯 T_m 360℃，侧基位阻
	PTFE T_m 327℃，螺旋状晶胞位阻
构型	全同 PP T_m 200℃，PE T_m 141℃
共聚物	视两单体均聚物晶型而定，存在单一或两个 T_m
晶片厚度	晶片厚度↑，晶体熔点↑，熔限变宽
相对分子质量	相对分子质量↑，T_m 略↑，实质是视为杂质的末端份额略降
杂质添加剂	稀释剂使熔点↓，增塑和共聚使 T_g 和 T_m 均↓
结晶温度	结晶温度↓，晶体熔点↓，熔限变宽
外应力	拉伸应力有利于结晶完全，使熔点↑

概而论之，前述影响晶态聚合物熔点的内因无不以晶体熔融过程中分子链柔性变化所带来的熔融熵值改变为核心进行讨论。至于影响熔点的外因，

则需要综合考虑多种因素的影响，才能对熔点做出正确的判断。单纯从分子链的结构有时也很难准确判断聚合物熔点的高低。将一些高熔点聚合物列于表 5-16。

表 5-16　一些高熔点聚合物

聚合物	结构	熔点/℃
脂肪二酸芳二胺尼龙	$\sim NH(CH_2)_6NHCOC_6H_4CO\sim$	235
聚碳酸酯	$\sim OC_6H_4C(CH_3)_2C_6H_4OCO\sim$	295
聚对二甲苯撑	$\sim CH_2\,C_6H_4\,CH_2\sim$	375
全芳尼龙	$\sim NHC_6H_4NHCOC_6H_4CO\sim$	430
聚苯醚	$\sim C_6H_2(CH_3)_2O\sim$	481
聚酰亚胺	聚均苯四酸二亚胺	>450

5.5.3　聚合物熔点的测定

测定晶态聚合物熔点通常采用差热分析法(DTA)或差示扫描量热分析法(DSC)，也可以采用 X 射线衍射法和红外光谱法等。如果需要准确测定一个晶态聚合物试样的平衡熔点，事前就必须使该聚合物熔体在接近熔点的恒温条件下结晶，并尽可能使结晶完全，通常需要很长时间。另外，也可以采用测定聚合物晶片生长速率的方法间接测定晶态聚合物的熔点。为此假定晶片厚度达到极限时的温度就是熔点，利用直线外推法即可由晶片生长速率计算出熔点。

有关差热分析法或差示扫描量热分析法测定熔点的操作步骤和结果处理，将在 6.3.4 节详细讲述。

5.5.4　晶态聚合物的热处理

聚合物材料加工成型后，往往需要按照不同的使用要求对制品进行适当的热处理，即"退火"或"淬火"等。通常将材料升温到接近熔点并维持一定时间，这一过程称为退火；而将温度升高到接近熔点的材料急速冷却到室温的过程称为淬火。退火的实质是在相对温和的条件下使材料内部的分子运动尽量完成而达到或接近平衡态，消除内应力和局部结构缺陷，从而使制品获得良好的性能稳定性。事实上，退火和淬火是金属材料最常采用的热加工后处理工艺。

晶态低分子物质通常是以原子、离子或小分子作为单一结构单元而排入晶格，这种小分子晶体的熔点通常为确定的温度，在此温度条件下晶态和液态处于热力学平衡状态。然而聚合物却是以链段为基本单位排入晶格的，晶格内链段所进行的运动除了受聚合物熔体高黏度的影响外，还由于链段之间彼此牵制而存在显著的运动障碍。由此可见，聚合物晶体很难达到"完美无缺"的程度，绝大多数聚合物晶体都是以微晶或多晶(微晶聚集体)等亚稳态结构形式存在。这就使晶态聚合物在使用过程中常发生性能的持续性变化。

5-19-y
了解晶态聚合物"退火"和"淬火"热处理原理和目的。

　　　针对这一特殊情况,为了改善聚合物制品的结晶度并最终提高其性能稳定性,生产中通常采用退火工艺对晶态聚合物制品进行热处理。接近熔点温度的晶态聚合物所经历的退火过程,实际上是稳定性较小的微晶首先部分熔融,然后重新在未熔融部分的晶核附近生长成为厚度较大的晶片的过程。这就意味着对不完善、存在缺陷的微小晶体进行长时间的热处理,可以使其转化成更完善、稳定性更高的较大晶体,最终提高聚合物的结晶度和熔点。

　　　例如,将聚乙烯在125℃退火30 min,晶片厚度由10 nm增加到20 nm。晶片厚度增加的直接结果是晶体表面积减小,也就降低了体系的自由能,提高了聚合物的结晶度和稳定性。再如,由于尼龙制品的结晶时间很长,相对密度会随着结晶过程的进行而逐渐增加,有时甚至会发生制品的变形或开裂。对尼龙制品进行退火处理就可以加速结晶过程,避免制品的外观尺寸和力学性能存在不稳定的缺陷。

　　　生产实践证明,控制模具温度和热处理温度对于晶态聚合物的加工成型十分重要,按照聚合物制品不同用途对性能的不同要求,选择合适的热处理条件显得尤其重要。例如,如果片面追求聚合物的高结晶度往往会增加材料的脆性。为了避免那些具有很强结晶能力聚合物的结晶度过高,有时采用淬火处理工艺,即以较快的降温速率很快跨越最佳结晶温度范围,从而减小微晶尺寸和结晶度。例如,聚三氟氯乙烯的结晶能力很强,做成薄膜或涂层后很脆而不耐冲击。如果将其从210℃迅速冷却到120℃以下,即可得到韧性良好的薄膜。由此可见,淬火工艺常用于那些极容易结晶的聚合物制品的后处理。

5.6　聚合物取向态结构

　　　一般而言,不同类型聚合物在无外力作用环境中可以自然凝聚成晶态或非晶态结构。而在一定外力如拉伸应力或剪切应力作用下,聚合物的分子链、链段和微晶等都可以沿着外力方向进行有序排列,这个过程称为取向。聚合物的取向过程乃是分子链的强迫有序化运动过程,因此从化学热力学角度判断,这是体系熵值减小的非自发过程。物质内部的分子热运动则是趋于无序化、体系熵值增加的自发过程。因此,分子热运动可视为解取向过程,而取向态聚合物则属于热力学非平衡态。

5.6.1　取向态聚合物的取向类型

　　　一般聚合物的取向分为单轴取向和双轴取向两种类型。单轴取向是指聚合物只受一维方向拉伸力的作用,链段和分子链沿着拉伸应力方向平行取向而排列,这种单轴取向广泛用于合成纤维的拉伸后处理过程。

　　　单轴取向(拉伸)的薄膜往往表现显著的各向异性,平行于取向方向的力学性能大大提高,而垂直于取向方向的力学性能则显著降低,这就是一般小商品包装捆扎用聚丙烯薄膜带的典型特点。其本质原因在于:在取向方向上材料具有极高的强度,这是源于沿取向方向排列的更多分子主链化学键的键能,而垂直于取向方向的强度则是分子链间相对较弱的作用力(范德华力)的宏观表现。与此形成对比的是未经取向的聚合物在各个方向上的分子排列状况和力学性能大体相同。

双轴取向(拉伸)是指沿着聚合物薄膜或板材平面纵向和横向同时拉伸而完成的二维取向过程。经过双轴取向的聚合物分子链虽然在平面的纵向和横向呈现有序排列,但是在平面上下方向的排列是随机而无序的,所以采用双轴取向生产的聚酯薄膜平面上下呈现各向同性。

5.6.2　取向态聚合物的结构层次

按照聚合物结构层次的不同,聚合物的取向层次一般包括链段取向、分子链取向以及晶态聚合物的晶束、晶带和晶片的取向等多种层次,达到不同取向层次的聚合物的取向程度不同,其力学性能自然也存在较大差异。

从几何结晶学角度判断,聚合物的结晶过程属于三维有序过程,而取向则属于一维或二维有序过程。聚合物取向的结果使分子链沿外力方向有序排列,使聚合物呈现各向异性,同时使材料的力学、光学和热学性能均发生显著变化。由此可见,取向态结构的研究对于聚合物工艺学和工程学都是十分重要的。

5.6.3　取向机理和特点

不同凝聚态与不同结构层次范围内进行的聚合物拉伸取向过程,常伴随着分子链结构和凝聚态结构逐步变化的一系列复杂过程。以球晶聚合物的拉伸取向为例,包括以下 3 个阶段。

(1) 拉伸初始阶段:球晶发生弹性形变,逐渐转变成椭球状结构。

(2) 不可逆形变阶段:椭球状结晶逐渐转变成带状结构,折叠链晶片间首先发生倾斜、滑移和转动,进而发生晶片破裂,部分折叠链被拉直,导致原有结构部分或全部遭到破坏。

(3) 再结晶阶段:经过拉伸取向的折叠链晶片,以及沿着取向方向贯穿于晶片之间的伸直链及其链段重新组成新的晶体结构,这种新的晶体结构被特别称为"微丝晶结构"或"微纤晶结构"。原来的折叠链晶片也有可能部分转变成沿着拉伸方向有序排列的完全伸直链晶体。

不同类型的晶态聚合物,在不同的拉伸温度和拉伸速率条件下,其拉伸取向机理可能有所不同,但是在拉伸过程中的再结晶过程,即重新生成的"微丝晶结构"却大同小异。总而言之,拉伸取向的结果是使折叠链减少,伸直链增加,从而使聚合物的力学强度和冲击韧性都得以提高。

5.6.4　聚合物的取向度

取向度是表征取向态聚合物结构与性能关系的重要参数,通常用取向函数表示:

$$f_0 = 1/2\left(\overline{3\cos^2\theta} - 1\right) \tag{5-18}$$

式中，θ 为分子链主轴与纤维轴(拉伸力方向)之间的夹角。对于完全取向，$\theta = 0$，取向函数 $f_0 = 1$；完全未取向时，取向函数 $f_0 = 0$，$\overline{\cos^2\theta} = 1/3$，平均取向角 $\theta = 54°44'$。

取向度一般为 0～1，可通过分析材料的各向异性测定其取向度。由于聚合物的取向可能表现为不同的取向层次，即发生取向的结构层次可能是链段、分子链、晶粒或晶片等，所以采用不同的测定方法测得的结果可以表征不同取向单元的取向度。例如，用 X 射线衍射可测定晶区的取向度；用声速法测定的取向度则表征整个分子链的取向程度；用光学显微镜测定双折射所计算的取向度则表征晶区和非晶区取向的总结果；采用红外二色性法或激光小角散射法可以得到聚合物的取向函数。

5.7　聚合物液晶态结构

某些具有特殊化学结构的化合物处于熔融状态或在溶液中能够表现出特殊的有序结构和性能，该类流体统称为液晶。 按照制备方法的不同，液晶态物质通常分为"热致型液晶"和"溶致型液晶"两大类。将某些特殊结构的化合物加热熔化即可得到热致型液晶，这是大多数低分子液晶的制备方法。绝大多数聚合物液晶的制备是将某些具有特殊结构的聚合物溶解于特定溶剂中，从而得到溶致型液晶。聚合物液晶是兼具液体和晶体的部分特性、处于过渡状态的特殊聚合物类型。

5.7.1　液晶分类及其结构特点

液晶态聚合物通常具有刚性分子链，分子链多为长度远大于横向尺寸的棒状，同时具有便于取向的几何不对称性。由此可见，棒状、刚性和不对称性是液晶态聚合物的 3 个基本条件。例如，聚对苯二甲酰对苯二胺(PPTA)、聚对苯酰胺(PBA)、聚 γ-苄基-L-谷氨酸酯(PBLG)，以及生物大分子核糖核酸(RNA)和脱氧核糖核酸(DNA)等都可以形成液晶结构。一般按照液晶分子排列有序类型的不同，将液晶性化合物分为近晶型、向列型和胆甾型 3 种类型，如图 5-30 所示。

> 5-20-y
> 液晶态聚合物的结构特点是棒状、刚性和不对称性。

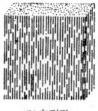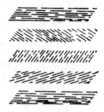

(a) 近晶型　　　　　(b) 向列型　　　　　(c) 胆甾型

图 5-30　液晶高分子的 3 种类型结构示意图

1. 近晶型液晶

这是 3 种液晶中最接近于晶相结构的液晶类型。其分子排列保持高度的二维有序结构,原因在于棒状分子依靠垂直于分子轴向强烈的分子间作用力维系着彼此平行排列,呈现极为规整的层状结构。但是在与分子轴向垂直的平面内,其有序程度(保证完整晶体必须具备的周期性)却很差。分子可以在同一层运动而不能在层间运动,也可以发生分子层之间滑动,而垂直于层面方向上的运动却很困难。所以近晶型液晶的黏度呈现显著的各向异性。

2. 向列型液晶

棒状分子之间只是按照轴向取向而平行排列,而分子质心却仍然是无序的。换言之,如果近晶型液晶平行排列的棒状分子链几乎是头尾对齐(犹如将粉笔整齐堆砌于净空等长的盒子里),那么向列型液晶平行排列的棒状分子链的头尾并未完全对齐(犹如将粉笔随意同向平放于净空更长的盒子里),因此向列型液晶只具有一维有序性。

3. 胆甾型液晶

这是胆甾醇衍生物所特有的液晶结构类型,因此而得名。这类液晶的分子链同样是层状排列,同一层中的分子排列成向列型,相邻两层分子链的排列方向依次有规律地扭转一定角度,从而形成螺旋状结构。这些扭转的分子层可以将入射光线散射成彩虹般的颜色,因此胆甾型液晶可以作为彩色图像显示材料。同时,胆甾型液晶也可以使透射光产生强烈的偏振旋转,因而可以作为制作光检测元器件的材料。

5.7.2　聚合物液晶的流变性

聚合物液晶的特殊黏度-浓度曲线能够间接反映其结构特征,如图 5-31 所示。当对液晶施加的剪切应力较低时,聚合物液晶的黏度不是随浓度增加呈现简单的增加,而是在其间出现一个尖锐的峰值,然后出现一个相对圆滑的极小值,最后才表现出正常的各向异性晶体的黏度升高过程。显而易见,在图 5-31 的 A 区,液晶表现各向同性特点;在尖锐峰处开始转变为各向同性与各向异性共存(B 区);在极小值处转变为各向异性(C 区)。聚合物液晶的黏度与温度的关系也与普通聚合物溶液不同,如图 5-32 所示。

图 5-32 显示,随着温度升高,液晶黏度在一定温度范围内出现极小值,高于此温度后液晶黏度反而急剧升高。这显然是由各向异性液晶开始向各向同性的液态转变所致。温度继续上升到体系完全转变成均匀的各向同性液体时,黏度出现极大值。随后溶液黏度随温度升高而降低,此时才与普通溶液的黏度-温度关系相似。

由于聚合物液晶具有特殊的光学性能以及对应力和温度特别敏感的能力,所以被广泛用于显示和测量元器件的制造。例如,电视、计算机等各种电器的液晶显示，以及灵敏度可达 0.01℃的超灵敏温差检测元件等。值得一提的是聚合物液晶在合成纤维纺丝工艺上的应用，可以纺制具有超高强度和模量、综合性能特别优异的合成纤维。

5-21-y
液晶态聚合物的黏度特点。

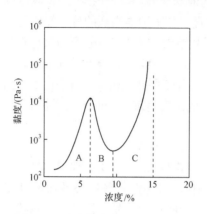 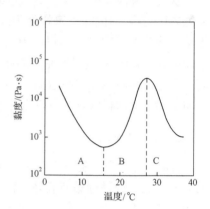

图 5-31　聚合物液晶黏度-浓度曲线　　　　图 5-32　聚合物液晶黏度-温度曲线
A. 各向同性；B. 各向同性异性共存；C. 各向异性　　　A. 各向异性；B. 各向同性异性共存；
　　　　　　　　　　　　　　　　　　　　　　　　　　　　C. 各向同性

5.8　聚合物多组分结构

　　聚合物多组分结构是近年来随着高分子工艺学和工程学的发展而逐渐发展起来的聚合物结构研究新领域。众所周知，作为石油化工高端产品的聚合物种类总是有限的，而且各种聚合物总是存在这样或那样的性能缺陷，难以满足日益增长的各种需求。近年来，高分子工作者广泛采用共聚、共混、填充、增强等工艺学和工程学手段将两种或两种以上的聚合物及其他物质进行化学或物理混合，开发出许多性能独特的聚合物新材料。

5.8.1　聚合物共混相容性

　　广义而言，聚合物共混物可视为浓溶液。就小分子物质而言，要达到分子水平的完美相容混合的必要条件是其混合自由能小于零。然而对多数聚合物而言，要达到分子水平的共混几乎是不可能的。其原因在于呈现无规线团状的分子链内部结构复杂而彼此牵连，使其混合熵变得很小。不仅如此，聚合物的混合过程往往是吸热过程，于是要使混合自由能$\Delta G_M = \Delta H_M - T\Delta S_M \leqslant 0$变得相当困难。

　　不过即便如此，依然可以找到使某些聚合物之间达到部分相容的条件，这与聚合物溶液的情况有些类似。例如，在3.4节中就讲述临界共溶相互作用参数、临界共溶浓度以及最高临界共溶温度或最低临界共溶温度等热力学条件。这些条件同样可以用于判定聚合物共混是否可能及其相容性类型，表 5-17 列出一些非晶态聚合物的相容性类型。参考表中列出的两种聚合物相容性类型，再参阅 3.4 节中列出的两者共溶相图，就可以控制在适当浓度和温度条件下制备两种聚合物的共混物。这类共混物的一大特点是宏观均相而微观非均相。

表 5-17　一些非晶态聚合物的相容性类型

聚合物 1	聚合物 2	相容性类型*
聚苯乙烯	聚异戊二烯	UCST
聚苯乙烯	聚异丁烯	UCST
聚苯乙烯	聚丁二烯	UCST
聚甲基丙烯酸甲酯	氯化聚氯乙烯	UCST, LCST
聚氯乙烯	聚甲基丙烯酸正丁酯	LCST
苯乙烯与丙烯腈共聚物	聚丙烯酸甲酯	LCST
乙烯与乙酸乙烯酯共聚物	氯化聚异戊二烯	LCST

*UCST：最高临界共溶温度；LCST：最低临界共溶温度。

5.8.2　多组分聚合物的类型

多组分聚合物是指聚合物与别的高沸点液态(或固态)有机物或无机物均匀混合的材料。按照组分的不同将其分为 3 类，即聚合物-增塑剂、聚合物-填充剂和聚合物-聚合物混合体系。第 1 类属于增塑聚合物，第 2 类属于增强聚合物，这是目前人们熟知、被广泛应用的两类高分子混合物。第 3 类则属于聚合物的共混物，是近年来高分子材料与工程学科颇受瞩目的研究领域。按照现代高分子物理学原理，增塑聚合物本质上属于呈固态的聚合物浓溶液，增强聚合物和共混聚合物则属于一类称为"高分子合金"或具有"织态结构"的凝聚态类型。

现已了解，多组分聚合物混合材料的性能在很大程度上取决于材料在微米级水平的亚微观相态——织态结构。**"织态结构"是特别用来描述不同聚合物分子链之间或者聚合物与添加剂分子之间，通过物理缠绕、扭结、贯穿或者化学偶联等作用而形成的特殊凝聚态类型**。织态结构可以按照混合组分、制备方法、结构和应用领域的不同进行分类。一般按照混合组分的不同而将其分为高分子合金、聚合物填充体系和聚合物助剂体系等类型。

5.8.3　高分子合金结构

由两种或两种以上聚合物或添加剂组成具有类似于金属合金所特有的"多相交织"结构的多组分聚合物材料，称为高分子合金。其中包括嵌段与接枝共聚物、机械共混物、熔体或溶液共混物等类型。在分子水平上完全互溶的聚合物体系反而不称为高分子合金。

高分子合金的结构与各组分间的相容性存在密切相关性。按照热力学原理，两种聚合物之间是否相容主要取决于它们之间混合过程自由能的增量是否小于或等于零，即

$$\Delta G = \Delta H - T\Delta S \leqslant 0$$

由于聚合物的相对分子质量很大，混合时熵值的变化很小，而且聚合物

之间的混合过程一般是吸热过程，即$\Delta H > 0$，因此要满足$\Delta G \leqslant 0$的条件是困难的。这就是大多数二元或多元聚合物的混合体系都不能达到分子水平均匀混合的原因。换言之，**由于热力学原因，加上聚合物熔体的黏度极高、分子和链段运动缓慢等动力学原因，聚合物的高均匀度混合是十分困难的。**

高分子合金具有以下特点：①通常表现为"宏观均相而亚微观非均相"体系；②各组分自成一相，相与相之间存在界面；③性能取决于各相性能、相间织态结构以及界面特性等；④当组分聚合物之间的相容性太差时，材料表现出宏观相分离而无法得到高性能材料。

高分子合金的结构多数情况下均可视为由一种组分聚合物构成的连续相与另一种组分聚合物构成的分散相所构成。通常按照组分聚合物分子链刚柔性将其分为以下 4 种类型：①硬连续相＋软分散相，如橡胶增韧塑料；②软连续相＋硬分散相，如热塑性弹性体 SBS；③硬连续相＋硬分散相，如聚苯乙烯改性聚碳酸酯；④软连续相＋软分散相，如天然橡胶与合成橡胶共混物。

5.8.4　聚合物-填充剂结构

由连续的聚合物相与不连续的填充剂相构成的材料称为高分子复合材料。填充剂可以是微粒状物如碳酸钙、炭黑粉末等，也可以是纤维状物如玻璃纤维、碳纤维等。高分子复合材料在降低制品成本的同时改善了材料的诸多性能。

高分子复合材料的性质与所用聚合物和填充剂密切相关，同时与复合材料的亚微观结构存在密切关系。通常情况下填充剂微粒的性质、形状、粒度和表面结构等因素都对材料的性能产生显著影响，这是高分子工艺学和工程学的研究内容。

5.8.5　聚合物-发泡剂体系结构

泡沫塑料正越来越广泛应用于社会生活的各个方面，常见泡沫塑料包括聚苯乙烯、聚氨酯、聚乙烯和聚氯乙烯等。泡沫塑料的共同特点是：聚合物内部含有大量充满空气的泡孔，其相对密度不及普通塑料的 10%，具有良好的绝热、防震、阻尼和吸声等功能。按照内部泡孔的开闭与否将其分为开孔泡沫塑料和闭孔泡沫塑料两大类，其性能存在很大差异。聚合物的发泡过程通常是在高黏度的糊状熔体中进行一系列化学物理过程，主要为泡孔形成、增大和稳定 3 个阶段。近年来，一些新型泡沫塑料相继问世，其中一种"结构泡沫体"材料的力学性能与木材接近，作为木材代用品将具有广阔的应用前景。

5.9　晶态聚合物现代研究方法

此前曾讲述过膨胀计法和偏光显微镜法测定聚合物的等温结晶曲线和

结晶速率，同时介绍了采用相对密度法测定聚合物的结晶度。本节则简要介绍研究晶态聚合物的其他现代检测方法。采用差热分析法或差示扫描量热分析法测定晶态聚合物熔点和玻璃化温度将在第 6.3.4 节讲述。本节则简要介绍研究晶态聚合物的其他现代检测方法。

1. 透射电镜和扫描电镜法

近年来透射电镜(TEM)和扫描电镜(SEM)被广泛用于研究晶态聚合物细微结构形态，以及多组分聚合物相容性及其微相结构。该方法的最大特点是具有高达数十万甚至上百万倍的放大能力，可以分辨纳米级别的聚合物局部微细结构特征。

1) 基本原理

透射电镜要求的聚合物试样应该是极薄的"超薄切片"。经过高度聚焦的电子束轰击到试样时，大部分电子穿透薄片而过称为透射电子；小部分电子则撞击到原子核而发生散射，其运动方向和速度均发生改变，称为散射电子。透射电镜就是利用透射电子和部分散射电子而成像，显示出不同程度的明暗特征，即称为"衬度"。

扫描电镜是采用二次电子和背散射电子的成像原理。其图像是按照一定时间空间顺序逐点扫描形成，并在镜体外的显像管上显示出来。二次电子成像是扫描电镜中应用最广泛、分辨率最高的一种图像，其成像过程为：由电子枪发射出 20～50 μm 直径的电子束，以 1～40 kV 阳极电压加速，经聚光镜将其聚缩为直径仅为纳米数量级的电子光束，并在扫描线圈的驱动下，变直线运动为兼有 x 轴和 y 轴方向的光栅扫描运动，经物镜再次汇聚成极小的斑点聚焦在试样表面。这样轰击到试样表面的入射电子束密度极高、能量极大，大约在 10 nm 的表面层内与试样相互作用，激发出二次电子。二次电子收集极将各个方向发射的电子汇集，经加速极加速后再轰击到闪烁体上被转变为光信号，最后通过光电倍增管及视频放大器，在荧光屏上显现出明暗程度不同的二次电子图像。

2) 研究目的与提供的信息

透射电镜能够提供聚合物的微观结构与形态、相对分子质量及其分布以及多相聚合物体系的微细结构等信息，还可以在加热、低温或拉伸条件下观察样品的动态结构与成分的变化过程。透射电镜主要应用于聚合物的形态和结构研究、聚合物多相体系以及聚合物的相对分子质量及其分布的测定等。

扫描电镜的应用主要包括结晶聚合物的晶态结构、多组分材料的相容性、聚合物的微细结构和形态观察，以及聚合物膜材料的孔径及其分布的测定等。除此以外，还可获得与聚合物表面形貌相关的组成、结晶等特殊图像。

3) 试样制备

透射电镜虽然可以观察试样极为细微的结构，但是不能直接观察聚合物材料，所以必须通过各种技术手段将聚合物制备成适合电镜观察的试样。由此可见，聚合物试样的制备技术对图像质量至关重要。因而聚合物试样的制备通常都必须由熟悉操控透射电镜的专门技术人员承担。

制备透射电镜聚合物试样的方法通常包括金属载网和支架膜、超薄切片、蚀刻、投影和染色技术等多种。其目的都是使聚合物试样符合适宜于电子束透射穿过恰当厚度等要求，同时保证图像拥有足够的衬度和质量。

扫描电镜聚合物试样的制备没有像透射电镜试样那样严格的厚度要求，通常的制样过程包括取样、干燥、黏合、喷金和观察等步骤。由于聚合物多由低原子序数的 C、H、O、N 等元素组成，且多为绝缘材料，在高能电子束的轰击下容易产生充放电效应，从而降低仪器的分辨率，因此必须在聚合物表面喷镀一层导电薄层，一般采用金、铂或碳等惰性导电材料。

2. 激光小角散射法

激光小角散射法(SALS)是研究聚合物凝聚态结构尤其是研究球晶尺寸、形成条件和影响因素等最有效的方法之一。该方法适宜于研究尺寸在数百纳米到数十微米范围内聚合物的微细结构。采用激光小角散射观察球晶时，从激光光源发射出强度为 E_0 的单色偏振光入射到聚合物试样并被散射，散射光 E 通过检偏镜再入射到照相底片而成像。当检偏镜的偏振面与入射光的偏振面垂直时，即可看到 4 个叶瓣状的散射图像，如图 5-33(a)所示；当检偏镜的偏振面与入射光的偏振面平行时，即可得到小角散射图，如图 5-33(b)所示。

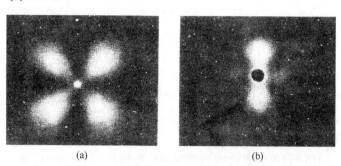

(a)　　　　　　　　　　(b)

图 5-33　未变性全同 PP 球晶的激光小角散射图

本 章 要 点

1. 非晶态聚合物的分子链结构特点。

序号	结构特点	实例	结晶能力
1	分子链规整差	PMMA、聚乙酸乙烯酯	典型非晶态
2	非极性弱极性取代基	PS	典型非晶态
3	分子主链柔性差	PET 和聚碳酸酯	几乎不结晶

2. 分子链结构与结晶能力。

序号	结构特点	实例	结晶能力
1	主链高度规整对称	PE、PTFE	通常>90%
2	支链聚合物	LDPE	降低
3	1,1-二取代聚合物	聚偏二氯乙烯	比 PVC 稍强
	有规聚合物	全同或间同 PP	高度结晶
4	无规聚合物	无规 PP、PS	无法结晶
	无规结构共轭二烯	天然橡胶	不能结晶
5	全顺或全反共轭二烯	古塔波胶	能够结晶
6	双取代基，体积差异小	聚三氟氯乙烯、PVA	良好结晶
	双取代基，体积差异大	聚乙酸乙烯酯	不能结晶
7	无规共聚物	乙丙橡胶	难以结晶
8	嵌段和接枝共聚物	SBS	部分结晶
9	刚性主链	PET、PC	结晶能力很弱
10	交联	交联橡胶	结晶能力降低

3. 结晶速率与温度。

温度范围	结晶速率	原因解释
$< T_g$ 或 $\geq T_m$	0	链段冻结或无法成核
$T_g \sim T_m$	有一个速率极大的温度	成核和生长都较快
$< T_{max}$	随温度降低而逐渐降低	晶体生长速率控制
$> T_{max}$	随温度降低而逐渐升高	晶核成核速率控制
迅速冷却 $< T_g$	→0	过冷熔体不结晶
$T \approx 0.85\, T_m(K)$	最高速率	经验公式

4. 结晶形态与结晶条件的相关性。

结晶类型	形态与结构	形成条件
球晶	球形或非完整球形	熔体缓慢冷却或浓度<0.1%的稀溶液
单晶或折叠链晶片	分子链垂直于折叠链晶片表面，含菱形、四边形等	从浓度 0.01%～0.1%溶液长时间结晶
伸直链晶片	分子链呈伸直状，晶片厚度与分子链长相当	在高温高压(数百兆帕以上)条件下
串晶	在纤维状晶体表面附生众多折叠链晶片	在搅拌剪切力作用之后再终止而生成

5. T_g 与 T_m 的关系：$T_m = 2T_g$ 或 $1.5T_g(K)$，分别对应于对称和非对称分子链。

6. 影响晶态聚合物熔点的原因归纳。

影响因素	影响结果例证
分子链柔性	天然橡胶 T_m<PET T_m，熵增量前者更大
	聚氧化乙烯 T_m<PET T_m，熵增量前者更大
	聚己二酸乙二酯 T_m<PET T_m，前者分子主链柔性好
主链或取代基极性	尼龙 T_m 317℃，熔体内氢键↑；C 数↑，T_m 呈锯齿状↓
	聚脲等的熔点高，原因同尼龙
主链或侧基位阻	聚苯 T_m 530℃，主链位阻
	聚萘乙烯 T_m 360℃，侧基位阻
	PTFE T_m 327℃，螺旋状晶胞位阻
构型	全同 PP T_m 200℃，PE T_m 141℃
共聚物	视两单体均聚物晶型而定，存在单一或两个 T_m
晶片厚度	晶片厚度↑，T_m↑，熔限变宽
相对分子质量	相对分子质量↑，T_m略↑，实质是视为杂质的末端份额略降
杂质添加剂	稀释剂使熔点↓，增塑和共聚使 T_g 和 T_m 均↓
结晶温度	结晶温度↓，晶体 T_m↓，熔限变宽
外应力	拉伸应力有利于结晶完全，使 T_m↑

习　题

1. 解释下列概念。

　(1) 物质的相态与凝聚态　　　　　　　(2) 结晶速率与结晶度

　(3) 主期结晶和次期结晶　　　　　　　(4) 熔点和熔限

　(5) 退火与淬火　　　　　　　　　　　(6) 取向与取向度

　(7) 液晶态聚合物　　　　　　　　　　(8) 织态结构与高分子合金

2. 归纳一般非晶态聚合物的分子链具有的结构特征。

3. 试简要归纳聚合物结晶能力与分子链结构的相关性。

4. 试简要说明诱导聚合物结晶的 3 种方法。

5. 试简要归纳结晶温度对聚合物结晶速率的影响。

6. 简要归纳分子链结构和外因对晶态聚合物熔点高低的影响。

7. 聚乙烯和聚丙烯均属于容易结晶的聚合物，其玻璃化温度分别为–68℃和–18℃，其熔点分别为 137℃和 176℃，试从分子链结构对其熔点与玻璃化温度的影响进行解释。

8. 试解释为何聚乙烯和聚丙烯都是高度结晶型的塑料，而它们的共聚物乙丙橡胶却是结晶能力很差的橡胶。

9. 试解释为何聚乙酸乙烯酯是非结晶型聚合物，而其水解产物聚乙烯醇却是结晶型聚合物。

10. 测得 PET 的平衡熔点为 280℃，重复单元熔融热增量为 26.9 kJ/mol，试计算其熔融熵增量以及相对分子质量从 10000 增大到 20000 时的熔点升高值。

11. 一聚合物完全结晶和完全非晶态时的密度分别为 0.936 g/cm³ 和 0.854 g/cm³，试计算密度为 0.900 g/cm³ 的实际试样的体积结晶度。

12. 试归纳和比较两种类型的主期结晶过程与次期结晶过程。

第6章　高分子材料学形态与分子运动基础

本章将从材料学形态与性能的角度出发，讲述非晶态聚合物的玻璃态、橡胶态和黏流态及其转变过程的分子运动基础。严格而论，聚合物的材料学形态也称为力学状态，既不属于按照化学热力学原理界定的相态，也不属于按照微观分子结构有序程度界定的凝聚态，而是非晶态聚合物在不同环境条件(主要是不同温度和外力)所呈现不同力学性状的材料学类别。

有关聚合物的材料学形态表述和称谓，以及与聚合物凝聚态结构之间的关联与区别，目前学术界尚存在一定争议。国内外教材中尚欠规范统一，相关内容的编排也似乎显得层次交错而结构混乱。或有将涉及聚合物材料学形态转变的相关内容穿插于对应的凝聚态结构中，或以"热转变与分子运动"或"热转变与松弛"等材料学特殊行为和性能为题另列章节。不仅造成学科基础知识构架层次欠清晰，也平添归纳理解困惑之虞，或许会成为初学者普遍感觉本学科难学习和掌握的原因之一。

为破解此困惑、明晰本学科核心内容的结构层次而做出尝试，本书将聚合物物理学凝聚态与材料学形态及其转变过程作为学科基础构架，分别单列为第5章和第6章。

6.1　聚合物分子运动特点

首先必须强调，与低分子物质相比较，聚合物分子链所具有的相对分子质量大以及结构和形态复杂等因素，使其分子运动主体及其运动形式具有多样性，运动过程及其结果对时间和温度等环境条件具有强烈依赖性等。

6.1.1　运动主体和运动形式多样性

如前所述，一般合成聚合物都是相对分子质量在 10000 以上、由化学组成和结构相同而相对分子质量不同的同系物组成的混合物。按照化学热力学原理，构成聚合物分子链及其所含结构单元、侧基、支链和链段等均始终处于不同类型、不同幅度、既彼此联系又相互制约的热运动中。

由此可见，聚合物分子运动的主体和运动形式确实要比低分子化合物复杂得多。这就导致聚合物凝聚态结构和材料学形态的复杂性，基于分子运动所致形态转变过程对温度和时间的强烈依赖性、影响因素的多样性以及影响结果的复杂性。

就分子运动的主体而言，通常将整个分子链的运动称为布朗运动，而将分子链内更小尺寸的主体如结构单元、侧基、支链和链段等的运动统称为微布朗运动或亚布朗运动。聚合物分子运动的主要形式包括如下 4 类。

1. 分子链的整体运动

这是主要对应于聚合物黏流态的分子运动形式。结晶型聚合物的结晶过程也涉及分子链整体或部分的运动过程。

2. 链段运动

这是主要对应于非晶态聚合物在玻璃化温度以上表现橡胶高弹性特点的分子运动形式。当然在结晶型聚合物的结晶过程中,往往也会涉及链段运动的参与,才能顺利完成分子链的折叠并形成晶体。

3. 侧基运动

这是主要对应于晶态和非晶玻璃态聚合物在外力作用下发生次级转变的分子运动形式,其中包括侧基、支链等的振动和转动,分子链内众多 σ 键的内旋转运动以及键角和键长的改变等。

4. 晶态聚合物晶区的运动

这是对应于外力作用或环境因素影响下,晶态聚合物局部发生晶型转变、结晶缺陷扩展或修复过程的分子运动形式。

就分子链运动的结果而言,不同运动主体进行的各种形式和不同幅度的运动过程,无疑都会对聚合物的凝聚态和材料学形态及其性能产生不同程度的影响。

因此,在应用分子运动原理讨论和解释聚合物的材料学形态转变及其特殊性状时,必须首先明确对应的分子运动主体究竟是分子链、链段还是侧基。不过就分子运动的影响程度而言,**分子链内的链段运动无疑是聚合物所特有、对材料结构和性能影响最大的基本运动形式,聚合物的许多特殊性能都与链段运动直接相关。**

6.1.2　运动过程的时间依赖性

严格来说,运动是物质存在的普遍形态,物质一切形式的分子运动都与运动时间存在密切关联。不过,不同运动主体的运动所涉及时间的长短却存在巨大差异。例如,金属内自由电子的运动几乎可以瞬间完成,一般小分子物质在溶液或熔融状态的分子扩散运动,以及相态转变过程中的分子运动都是极为迅速的。相比之下,鉴于聚合物相对分子质量很大,分子链很长且呈无规线团状,其分子运动主体和运动形式具有多样性,运动过程的影响因素和结果异常复杂。尤其是分子链内的链段运动受到各种形式的牵制和障碍,以及聚合物溶液或熔体的特高黏度对各种运动造成巨大阻力等因素,决定了聚合物分子运动相对于低分子物质而言,其运动过程缓慢得多,运动过程及其产生的结果对温度和运动时间的依赖程度更密切。换言之,聚合物的分子运动属于对温度和时间存在强烈依赖关系的松弛过程。

6-1-y
聚合物分子运动特点:具有运动主体和形式多样;运动过程和结果对时间和温度强烈依赖,即松弛特性。

以一个并非贴切却也直观的例子为喻,彼此手牵手行进于繁华闹市的一队行人(喻作分子链)的行进速度,要比单个行人(喻作小分子)缓慢得多,其行进方向受牵制而发生改变的概率一定比单个行人大得多。

1. 松弛过程

聚合物在外界条件改变或受外力作用时,通过分子运动从一种平衡状态过渡到另一种平衡状态,总是需要相对于低分子物质长得多的时间才能完成,如此过程称为松弛过程,完成该过程所需时间称为松弛时间。聚合物所特有对时间和温度具有强烈依赖的特性称为松弛特性。

试验结果表明,室温条件下一般液态低分子物质对外力作用作出反应的响应时间或松弛时间只有 $10^{-10} \sim 10^{-8}$ s,远远小于测定外力作用致其性能改变所用常规仪器的响应时间。因此,可以认为一般低分子物质在外力作用下所产生的应变(响应)是瞬时完成的,而不必考虑该过程所经历的时间。换言之,一般低分子物质不存在可测量的松弛过程和松弛时间,也不具有松弛特性。

然而聚合物的情况却大不相同,由于其相对分子质量远高于低分子物质、分子链间作用力远强于低分子物质、熔体和溶液的黏度均特别高以及分子链内多种运动主体的复杂运动可以同时进行并相互影响等诸多原因,聚合物在外力作用下从一种平衡态过渡到另一平衡态的过程通常无法瞬时完成,必须经历一段相对长的时间,这就是聚合物所特有的松弛特性。

2. 松弛时间

以恒温和恒定外力作用下进行橡皮筋的拉伸-回缩试验为例。将一段橡皮筋试样拉伸至应力-应变平衡,然后解除外力,精确测量结果表明,橡皮筋不会立即回缩到拉伸前的长度,开始阶段回缩较快,其后回缩越来越慢,有时这样的回缩过程可能持续数天甚至更长时间。

原来,外力解除后橡皮筋试样内的分子链从受力条件下的伸直状态缓慢恢复到原来的卷曲状态,这样的恢复过程是通过分子链段的运动来实现的。由此可见,聚合物分子链段的运动不是瞬时完成的,必须经历一段较长的时间,所以属于松弛过程。由于聚合物的松弛过程进行得越来越慢,彻底完成该过程的时间会非常长,很难实际测定,所以采用下面的应力-形变松弛过程公式对松弛时间重新定义:

$$\Delta L = \Delta L_0 \exp(-t/\tau) \tag{6-1}$$

式中,ΔL_0 为外力解除前橡皮筋试样长度的最大增加值,即试样的最大伸长;ΔL 为外力解除后 t 时刻测得的橡皮筋尚未回缩到位的长度增加值。当 $t = \tau$ 时,$\Delta L = \Delta L_0/e$,将实际**松弛时间 τ 定义为外力解除后试样形变恢复到最大形变值的 1/e(约为 0.36)所消耗的时间**。

显而易见,松弛时间 τ 的长短直接反映松弛过程的快慢。可以设想,如果松弛时间相对较短,而观察或测定该过程所用仪器的响应时间相对较长,

即 $t \gg \tau$，橡皮筋即使回缩到原来的长度也难以觉察到实际发生的松弛过程。与此相反，如果松弛过程过于缓慢，而观察或测定时间又过于短暂，即 $\tau \gg t$，则橡皮筋需要经历很长的时间才能回缩到原来的长度，以至于在相对较短的时间内也难以觉察到实际松弛过程的进行。

由此可见，只有当松弛时间与观察时间接近，即 $t \approx \tau$ 时，才能观察到明显的松弛过程，也才能研究松弛过程中材料性能发生改变的一般规律。

聚合物松弛过程的另一个特点是存在"松弛时间谱"。原因在于聚合物分子运动主体及其运动形式的多样性，以至于单一外力作用就可能导致多种松弛过程同时或相继发生，这就使这些松弛过程所对应的松弛时间可能有许多个，可以从数秒到数月甚至更长时间。高分子物理学中将这些松弛过程所对应的一系列松弛时间视为在一定范围内连续分布的松弛时间谱。

总而言之，松弛过程是聚合物分子运动的重要而基本的特征之一，是聚合物许多物理力学性能与观察或测定这些性能的时间长短密切相关的本质原因。

6.1.3　运动过程的温度依赖性

分子运动与温度的强烈相关性其实也是自然界物质运动的普遍规律。对低分子物质而言，分子运动强度对温度的依赖性尤为明显。从这个意义上讲，聚合物分子运动同样具有类似的温度依赖性。不过，聚合物分子运动还具有与低分子物质截然不同的温度依赖性特点。将其简单归纳为：**聚合物分子运动对温度的响应具有相对于低分子物质而言更缓慢和滞后的特点**。最简单的例子就是加热或冷却聚合物总是要比低分子物质缓慢而困难得多。正如日常生活中，加热或冷却黏稠的粥要比加热或冷却水更缓慢且耗时。

聚合物许多物理力学性能也存在类似对温度变化表现缓慢响应的松弛特性。其一般规律是：升高温度为聚合物内部各种运动主体(侧基、支链、结构单元、链段及整个分子链等)提供更多能量，使各种形式的布朗运动和亚布朗运动强度增加，分子间距离增加，运动空间加大，从而加快了各种运动主体的松弛过程，致使相应的松弛时间缩短。

松弛时间与温度的相关性可以用阿伦尼乌斯方程表示为

$$\tau = \tau_0 \exp\left(\frac{\Delta E}{RT}\right) \tag{6-2}$$

式中，τ_0 为彻底完成松弛过程所需的时间或与其对应的参数(如试样长度、体积、相对密度等)；ΔE 为松弛过程的活化能；R 为摩尔气体常量；T 为热力学温度。

式(6-2)显示，松弛时间的长短取决于运动过程所需能量和温度的高低。对确定的运动主体和运动形式而言，温度的高低则是决定松弛时间长短的最重要因素，升高温度使松弛过程加快，松弛时间缩短，可以在较短时间内观察和测定该松弛过程。相反，降低温度则使松弛过程变慢，松弛时间延长，需要较长时间才能观察和测定该松弛过程。换言之，对观察或测定松弛过程

6-4-g
时温等效原理：聚合物从一平衡态过渡到另一平衡态，既可在较高温度和较短时间内达到，也可在较低温度和较长时间内完成。可见延长时间与升高温度等效。

而言，升高温度与延长(观察或测定)时间等效，即产生的结果相同，这就是后面将要讲述的聚合物分子运动的"时温等效原理"。

一种更为通俗的叙述是：聚合物从一个平衡状态过渡到新的平衡状态，既可以在较高温度和较短时间内达到，也可以在较低温度和较长时间内完成。本章和第 7 章的后续内容将反复证明：聚合物的几乎所有物理力学性能不仅依赖于所处温度的高低，也依赖于观察或测量这些性能的时间长短。

6.2　聚合物材料学形态转变

在恒速升温条件下对确定尺寸的聚合物试样施加恒定拉伸力，测定其形变或模量与温度的对应关系，再以形变或模量对温度作图，即分别得到聚合物的形变-温度和模量-温度曲线(曾称为热-机械曲线)，这是表征聚合物材料学形态转变过程最简单而直观的方法。通常非晶态聚合物、晶态聚合物和交联聚合物的形变-温度曲线存在显著差异。

6.2.1　非晶态聚合物

6-5-t

非晶态聚合物的形变-温度曲线从低温到高温依次划分为玻璃态、玻璃化转变区、橡胶态、黏流转变区和黏流态。

线型非晶态聚合物的形变-温度曲线和模量-温度曲线分别如图 6-1 所示。

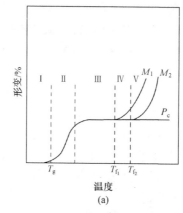
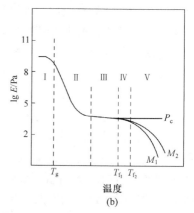

图 6-1　非晶态聚合物的形变-温度曲线(a)和模量-温度曲线(b)
相对分子质量 $M_1 < M_2$，P_c 为轻度交联聚合物
Ⅰ. 玻璃态；Ⅱ. 玻璃化转变区；Ⅲ. 橡胶态；Ⅳ. 黏流转变区；Ⅴ. 黏流态

这是本章乃至高分子物理学最重要的图形之一，提醒读者给予足够的重视。该图的重要性在于：既形象描述出了非晶态聚合物材料学形态转变过程以及材料性能随温度和外力变化而变化的趋势，也确立了聚合物加工和使用的温度范围。图中显示的重要信息将分别在后面几节中详细讲述。

图 6-1 中横坐标从低温到高温有 4 条竖直虚线，依次划分为玻璃态、玻璃化转变区、橡胶态、黏流转变区和黏流态 5 个区域，现分别讲述如下。

1. 玻璃态

当温度低于某一确定温度或温度范围时,非晶态聚合物受应力作用而产生的形变率很小,一般仅为 0.1%~1%,对应的模量为 10^9~$10^{9.5}$ Pa。在此温度条件下聚合物表现为材质坚硬而具有脆性,属于 Hooke 弹性行为而类似于刚硬的玻璃,所以按照材料学性状特点将其归类于玻璃态。在该特定温度以下,聚合物的形变-温度曲线随温度的升高而呈现斜率很小的上升趋势。对不同类型的非晶态聚合物而言,其服从 Hooke 弹性行为的这个特定温度各不相同。

2. 玻璃化转变区

这是非晶态聚合物玻璃态与橡胶态之间的过渡区域,在此温度范围内聚合物的模量随温度的升高而迅速降低 3~4 个数量级,材料受外力作用而产生的形变率则迅速增加,开始从硬而脆的刚性玻璃性状逐渐转变为柔软而富有弹性的橡胶。因此,将这一区域称为玻璃态与橡胶态的转变区,即玻璃化转变区。该区域曾称为"皮革态",虽然形象却不够严谨。

将非晶态聚合物从玻璃态向橡胶态转变过程开始的温度,即图 6-1 中曲线左端出现第一个向上(或向下)拐点的温度称为玻璃化温度 T_g。

6-6-g
非晶态聚合物从玻璃态向橡胶态转变过程开始的温度定义为玻璃化温度 T_g。

3. 橡胶态(高弹态)

在玻璃化温度 T_g 之上相对宽泛的温度范围内,非晶态聚合物受很小的应力就能产生高达 100%~1000%的形变,对应的模量只有 10^5~10^6 Pa。外力解除后,由于存在松弛过程,必须经过一段时间之后形变才能完成恢复。聚合物在此温度范围内表现为柔软而富有弹性的固体,具有橡胶的典型特征,所以称为橡胶态,也常称为高弹态,这是线型非晶态聚合物特有的材料学形态。

4. 黏流转变区

这是橡胶态与黏流态之间的过渡区域。当温度升高到此区域之后,聚合物分子链的流动性开始显现并出现相对位移,从而产生随温度升高而急速增加的不可逆形变。因此,将这个区域称为橡胶态与黏流态转变区域,即黏流转变区。将对应于开始发生黏性流动的温度,即图 6-1 曲线右端出现向上或向下拐点(或其切线交点)的温度定义为黏流温度 T_f。

5. 黏流态

当温度高于黏流温度 T_f 时,聚合物转变为高度黏稠、可发生黏性流动的液体,因黏性流动而产生不可逆形变,所以称为黏流态,此时的模量仅为 10^2~10^4 Pa。综上所述,典型非晶态聚合物在不同温度条件下存在 3 种材料学形态,即玻璃态、橡胶态和黏流态,其间随温度变化而发生的材料学形态转变过程分别为玻璃化转变和黏流转变。

6.2.2　晶态聚合物

不同结晶度的同种聚合物的形变-温度曲线和模量-温度曲线如图 6-2 所示。结果显示，高结晶度聚合物的形变-温度曲线与普通低分子晶态材料类似，既不存在玻璃化温度，也不存在橡胶态平台，而只出现晶体的熔点 T_m。当温度低于熔点 T_m 时，晶态聚合物表现符合 Hooke 弹性规律的普弹性能，以区别于橡胶态聚合物特有的高弹性能。当温度高于熔点 T_m 时，聚合物直接转变为黏流态(曲线 a)。

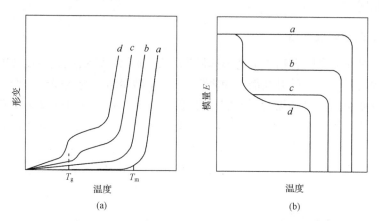

图 6-2　线型晶态聚合物的形变-温度曲线(a)和模量-温度曲线(b)
结晶度 $a > b > c$、d

如图 6-2 所示，晶态聚合物的熔点随结晶度的降低而逐渐降低，其内部非晶态部分的材料学特征逐渐显现出来。其在熔点温度 T_m 以下的形变率逐渐增加，模量逐渐降低，玻璃化转变过程和玻璃化温度随之逐渐显现，熔点与玻璃化温度之间的橡胶态平台也随之逐渐加宽(如图 6-2 中曲线 a、b、c、d)。另一方面，相对分子质量的升高也能一定程度提高晶态聚合物的熔点，如式(5-16)所示。

6.2.3　交联聚合物

由于交联聚合物分子链间存在或多或少、或长或短的交联键或链段，当温度高于黏流温度时，交联键的存在使分子链无法相对滑动，所以交联聚合物一般不会出现黏流态。但是，当交联度较低，分子链间交联键的长度大于链段长度，或温度高于玻璃化温度 T_g 时，分子链段仍然能够进行较大幅度的运动。因此，低交联度聚合物仍然表现出明显的玻璃化转变过程，也存在玻璃态和橡胶态。

随着交联度的继续增加，交联点间的距离缩短，链段的运动变得越来越困难，受力拉伸时的形变率越来越小，材料的弹性也越来越低。当交联度增大到某一数值后，链段运动将被完全抑制，此时的交联聚合物只表现出玻璃态的力学特性，既不存在橡胶态，也不出现玻璃化转变过程，更不会出现黏流态和黏流转变过程。

图 6-1 中曲线 P_c 为低交联度非晶态聚合物。例如，以 10%固化剂六次甲基四胺固化成型的酚醛树脂就不存在橡胶态和黏流态，即使在高温条件下也仍然保持玻璃态聚合物的性能，这是作为高分子结构材料使用最重要的特性。当然，对橡胶制品而言则需要控制恰当的低交联度，使其既能维持高弹性能，又不会出现不可逆黏流转变。

综上所述，如果严格按照物质的相态结构理论理解，处于上述三种材料学形态的非晶态聚合物其实均属于液相。无论是玻璃态、橡胶态，还是黏流态，其内部分子链的排列均处于高度的无序状态。这三种材料学形态的区别在于：首先，三者对应的分子运动主体(依次为键角键长等、链段和分子链)不同；其次，各自产生形变所对应的应力或模量大小不同。

非晶态聚合物材料学三态(即玻璃态、橡胶态和黏流态)的区别在于不同温度条件下分子运动主体和运动形式不同，其在不同温度和外力作用下表现的宏观材料学行为和性能也不相同。

6-7-y
非晶态聚合物材料学三态的本质区别：运动主体不同，不同温度分子运动主体和运动方式不同，在不同外力或温度条件下表现的宏观力学行为也不同。

6.3　玻璃态与玻璃化转变

玻璃态是非晶态聚合物在温度低于玻璃化温度 T_g 条件下表现出以硬而脆为特征的材料力学形态，也是作为塑料材料在使用条件下必须稳定保持的力学状态。玻璃化转变是指非晶态聚合物的玻璃态与橡胶态之间的转变过程。

对结晶聚合物而言，由于很难达到 100%的结晶度，聚合物内部或多或少存在着非晶态部分，因此也存在相对较弱的局部玻璃化转变过程。一般而言，非晶态聚合物的玻璃化转变过程总是伴随着材料各种物理和力学性能的急剧变化，如比体积、比热、热膨胀系数、导热系数、折射率、介电常数等都会发生非连续的突变，利用这种突变就可对该过程进行研究并测定其玻璃化温度。

6-8-y
玻璃化转变过程开始的温度为玻璃化温度 T_g；聚合物开始发生黏性流动的温度为黏流温度 T_f。

6.3.1　玻璃态聚合物的性状特点

图 6-3 分别为非晶态聚合物的比体积(a)、体膨胀系数(b)和折射率(c)与温度的关系曲线。

如图 6-3 所示，一般聚合物的比体积和体膨胀系数均随温度的升高而增大，折射率则随温度升高而降低。这些曲线的斜率发生转折所对应的温度即为玻璃化温度 T_g。如果曲线并无明显转折点，通常采用将曲线中的直线部分外延相交的方法确定 T_g。

必须明确强调：按照物质热力学相态结构理论严格界定，非晶态聚合物的玻璃化转变过程并非热力学意义上的相态转变过程，对应的玻璃化温度 T_g 也不属于热力学意义上的相转变温度。

还需要说明的是，图 6-3 所示曲线的形态以及测得的 T_g 与测定时的冷却速率有关，冷却越快，测得的 T_g 越高。了解非晶态聚合物处于玻璃态时结构与性能之间的相关性,以及玻璃化转变的机理及其对聚合物各种性能的影响,对研究聚合物结构与性能的相关性原理以及指导聚合物成型加工及使用过程中的条件优化都具有重要意义。

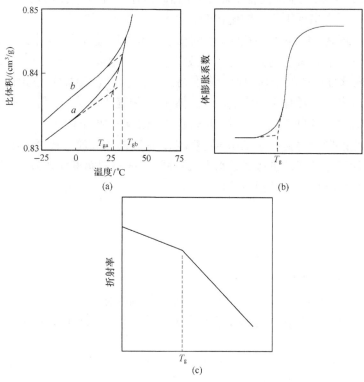

图 6-3　非晶态聚合物的比体积(a)、体膨胀系数(b)和折射率(c)-温度曲线

6-9-y
聚合物材料学三态的分子运动主体:
玻璃态:侧基、链节、短支链、键角、键长等;
橡胶态:链段;
黏流态:链段和分子链。

6-10-y
玻璃态聚合物的普弹性:
在玻璃化温度 T_g 之下,聚合物表现出高的弹性模量和小的形变,表现出一般弹性固体材料的"Hooke 弹性"。

当外界温度低于玻璃化温度 T_g 时,分子热运动能量较低,不足以达到分子链上 σ 键内旋转所需的热力学能垒,分子链的构象好似被冻结而不能变化,此时链段和整个分子链的运动自然无法进行。由此可见,玻璃态聚合物的松弛时间应远大于环境温度变化或外力作用时间,因此无法观察到链段运动所产生的形变。但是,此时分子链内热力学能垒较低的侧基和短支链等的局部振动,以及键角、键长的微小改变仍然能够进行,不过这些运动进行快速,其松弛时间也很短。

处于玻璃态的非晶态聚合物在宏观上表现出很高的弹性模量和很小的形变,应力-应变关系服从 Hooke 定律,表现出与一般弹性固体材料类似的 Hooke 弹性。通常将处于玻璃态的非晶态聚合物表现出的这种弹性称为普弹性,以区别于橡胶态聚合物特有的高弹性。

外界温度继续升高,分子热运动随之强化,分子链间距逐渐加大,材料体积逐渐膨胀。当温度达到玻璃化温度 T_g 时,链段运动被激活,分子链上 σ 键的内旋转运动即成为链段运动的主要形式,结果使分子链的构象不断改变,构象数目急剧增加,于是聚合物开始转变为橡胶态。

6.3.2　玻璃化转变理论

为了建立非晶态聚合物分子链结构及其运动与玻璃化转变过程之间的联系，并对玻璃化转变过程中的特殊物理和力学行为进行合理解释，曾提出多种模型和理论，其中包括自由体积理论、动力学理论和热力学理论等。

1. 自由体积理论

非晶态聚合物玻璃化转变过程的自由体积理论是由 Fox 和 Flory 共同提出的，该理论的核心是将聚合物的比体积与大分子实际净体积(或称已占体积)之差定义为"自由体积"。众所周知，一般液态和固态物质的表观体积实际由两部分构成，即分子自身占有体积和分子间的空隙体积。将分子间存在的这部分空隙体积定义为自由体积。从微观角度考虑，自由体积是聚合物内部大分子间连续而无规分布的微小空隙体积的总和。正是由于聚合物内部自由体积的存在，为分子链各种层次的运动和构象变化提供了必要的自由空间。自由体积理论的基本假设包括以下 4 点：

(1) 温度高于玻璃化温度 T_g 时，自由体积随温度升高而增加，以保证橡胶态聚合物分子链段运动能在更大空间内进行。

(2) 温度接近 T_g 时，自由体积随温度降低而逐渐减小。温度达到 T_g 时，自由体积达到极小值，此时再也没有足够空间保证分子链构象发生改变。于是链段运动被迫停止，分子链的形态和构象被完全冻结。这个自由体积逐渐趋于极小值，同时使链段被冻结的过程就是玻璃化转变过程。

(3) 在玻璃化转变过程中，自由体积在聚合物总体积中所占百分数不随温度变化而改变。

(4) 进入玻璃态后，自由体积将不再随温度的继续降低而发生改变。基于此，聚合物的玻璃态有时也被视为等自由体积态。

图 6-4 为自由体积理论推导非晶态聚合物玻璃化温度的图形表征。按照上述第 4 点假设，当温度低于玻璃化温度 T_g 时，处于极小值的自由体积不再随温度变化而变化，此时聚合物体积的改变完全依赖于分子内化学键键长和键角变化导致的分子体积变化。

当温度升高到玻璃化温度 T_g 时，分子链内的某些运动得以激活，自由体积开始增加。当温度高于 T_g 时，聚合物的体积增量应包括两个部分，即玻璃态聚合物的分子净体积随温度升高而产生的增量，以及

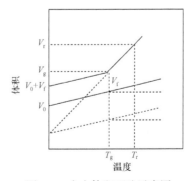

图 6-4　自由体积理论示意图

自由体积膨胀所产生的增量。正是基于这个原因，聚合物处于橡胶态时的热膨胀系数 α_r 总是比处于玻璃态时的热膨胀系数 α_g 大得多。以下是自由体积理论的定量推导过程。

设 V_0 为热力学温度零度(0 K)时聚合物大分子占有的净体积, V_f 为温度 $T < T_g$ 时恒定不变的自由体积(图 6-4 中两平行实线在纵轴上的截距差), $(dV/dT)_g$ 为 $T < T_g$ 时聚合物的热膨胀系数。玻璃态聚合物的体积 V_g 应由基础自由体积、分子净体积及其膨胀体积三部分组成, 如

$$V_g = V_f + V_0 + T_g \left(\frac{dV}{dT} \right)_g \tag{6-3}$$

当温度 $T > T_g$ 时, 橡胶态聚合物的体积 V_r 应为玻璃态聚合物的体积加上其在温度 $T > T_g$ 区间产生的体积膨胀部分, 即

$$V_r = V_g + \left(\frac{dV}{dT} \right)_r \left(T - T_g \right) \tag{6-4}$$

因此, 橡胶态聚合物的自由体积(V_{fr})应等于玻璃态时的自由体积加上其在温度 $T > T_g$ 区间的体积增量, 即

$$V_{fr} = V_f + \left[\left(\frac{dV}{dT} \right)_r - \left(\frac{dV}{dT} \right)_g \right] \left(T - T_g \right) \tag{6-5}$$

式中, 方括号内的部分为聚合物橡胶态与玻璃态热膨胀系数之差。基于以下两个假设, 这个差值就是在玻璃化温度 T_g 以上时自由体积随温度的变化率, 即橡胶态聚合物的自由体积膨胀系数。

首先, 假设聚合物分子净体积的热膨胀系数在整个温度范围内恒定不变(如图 6-4 中通过 V_0 的直线)。其次, 再假设在玻璃化温度以下自由体积恒定不变。设温度处于玻璃化温度 T_g 附近, 则橡胶态和玻璃态聚合物的热膨胀系数分别为

$$\begin{aligned} \alpha_r &= \frac{1}{V_r} \left(\frac{dV}{dT} \right)_r \\ \alpha_g &= \frac{1}{V_g} \left(\frac{dV}{dT} \right)_g \end{aligned} \tag{6-6}$$

两式之差即为玻璃化温度附近自由体积的热膨胀系数:

$$\alpha_f = \alpha_r - \alpha_g \tag{6-7}$$

设 f_g 为温度接近 T_g 时玻璃态聚合物的自由体积分数, 即自由体积在试样中所占有的体积分数

$$f_g = V_f / V_g \tag{6-8}$$

则在温度略高于 T_g 时橡胶态聚合物的自由体积分数(f_r)应为

$$f_r = V_{fr} / V_r \approx V_{fr} / V_g \tag{6-9}$$

根据以上各式即可得

$$f_r = f_g + \alpha_f \left(T - T_g \right) \tag{6-10}$$

式(6-10)表明, 橡胶态聚合物的自由体积等于玻璃态时的自由体积加上自由体积膨胀系数与温度高于 T_g 部分的乘积。这就是按照自由体积理论推导出的玻璃化温度 T_g 与自由体积变化率之间的著名关系式。推导过程虽然烦琐, 但是结果并不复杂。后来经 Williams、Landel 和 Ferry 等学者证明, 多数聚合物玻璃化转变过程中的自由体积分数 f_g 总是常数, 大约等于聚合物总体积的 2.5%, 进入玻璃态后自由体积不再变化。表 6-1 列出的实验结果从侧面证明自由体积理论的正确性。

表 6-1　几种聚合物在玻璃化转变时的自由体积分数(f_g)

聚合物	PS	PVAC	PMMA	聚甲基丙烯酸丁酯	聚异丁烯
f_g	0.025	0.028	0.025	0.026	0.026

后来 Simha 等学者对自由体积的定义做了修正，即建议在热力学温度零度(0 K)时，聚合物的自由体积应等于其处于玻璃态和黏流态的两条体积-温度曲线同时外推到热力学零度时的差值。按照这样的修正，聚合物在玻璃化转变前后，其体积增加率之差(V')应等于橡胶态和玻璃态热膨胀系数与玻璃化温度乘积之差，即

$$V' = T_g\left(\frac{dV}{dT}\right)_r - T_g\left(\frac{dV}{dT}\right)_g = T_g\left(\alpha_r - \alpha_g\right) \tag{6-11}$$

于是，玻璃化转变过程中试样的体积增量差为

$$V_f' = V'V_g = T_g V_g\left(\alpha_r - \alpha_g\right) = T_g V_g \alpha_f \tag{6-12}$$

由于体积增量差完全产生于自由体积的膨胀，因此在此过程中的自由体积分数应为

$$f_g' = V_f'/V_g = T_g \alpha_f$$

Simha 和 Boyer 测得许多聚合物在玻璃化温度时的自由体积约占试样总体积的11.3%。显而易见，上述两种理论对自由体积的定义不同，计算出的自由体积分数差异也较大。事实上，Kovacs 等通过大量实验证明，玻璃态聚合物的自由体积并非恒定不变，而是随温度改变而变化的。例如，将淬火后的聚合物存放于恒温条件下，结果发现试样体积随着存放时间的延长而不断缩小，其缩小速率会越来越慢。实验结果还证明自由体积的大小与聚合物的物理性质关系密切，由此可见，聚合物制品加工成型后的退火处理非常必要。

Doolittle 根据自由体积理论曾提出，黏流态聚合物的黏度与其分子净体积与自由体积之比的半经验公式为

$$\eta = A\exp\left(BV'/V_f\right) \tag{6-13}$$

式中，V' 为聚合物分子实际占有的净体积；A、B 为常数。聚合物的实际体积应为 $V = V + V_f$，对应的自由体积分数 $f = V_f/V$。将式(6-13)转变为对数形式，并将自由体积分数代入即得

$$\ln\eta = \ln A + B\left(\frac{1}{f} - 1\right) \tag{6-14}$$

按照自由体积的定义，聚合物在玻璃化温度 T_g 时的自由体积分数(f_g)应大于玻璃态区间($T < T_g$)的自由体积分数。设 $\eta(T)$ 和 $\eta(T_g)$ 分别为温度 T 和 T_g 时体系的本体黏度，从式(6-10)和式(6-14)可分别得知，当 $T > T_g$ 时，

$$\ln\eta(T) = \ln A + B\left(\frac{1}{f_r} - 1\right)$$
$$= \ln A + B\left[\frac{1}{f_g + \alpha_f\left(T - T_g\right)} - 1\right] \tag{6-15}$$

当 $T = T_g$ 时，

$$\ln\eta\left(T_g\right) = \ln A + B\left(\frac{1}{f_g} - 1\right) \tag{6-16}$$

将式(6-15)与式(6-16)相减即得

$$\ln \frac{\eta(T)}{\eta(T_g)} = B\left[\frac{1}{f_g + \alpha_f(T - T_g)} - \frac{1}{f_g}\right]$$

将该式转换为常用对数形式并化简，最后得到

$$\lg \alpha_T = \lg \frac{\eta(T)}{\eta(T_g)} = \frac{-B}{2.303 f_g}\left[\frac{(T - T_g)}{f_g / \alpha_f + (T - T_g)}\right] \tag{6-17}$$

式中，α_T 是一个与温度相关、称为"平移因子"的参数。

在玻璃化温度以上大约 100℃ 的范围内，实验测得多数聚合物的热膨胀系数 α_g 大约都等于 $4.8 \times 10^{-4}(K^{-1})$，常数 B 近似为 1，而在玻璃化温度时的 $f_g = 0.025$。将这些数据代入式(6-17)，即得

$$\lg \alpha_T = \lg \frac{\eta(T)}{\eta(T_g)} = \frac{-17.4(T - T_g)}{51.6 + (T - T_g)} \tag{6-18}$$

这就是由 Williams、Landel 和 Ferry 3 人推导出的著名 WLF 方程，它给出了黏流态聚合物的本体黏度与玻璃化温度之间的数值关系。虽然该公式还属于半定量的经验公式，但是却适用于大多数非晶态聚合物。由于多数聚合物在黏流态时的本体黏度大约都在 10^{12} Pa·s，因此按照式(6-18)就可以粗略计算其在玻璃化温度以上 100℃ 范围内的本体黏度。当然也可不以玻璃化温度作为参考温度，而将玻璃化温度以外的任意温度 T_0 作为参考温度，于是式(6-18)可转变为

$$\lg \frac{\eta(T)}{\eta(T_0)} = \frac{-c_1(T - T_0)}{c_2 + (T - T_0)} \tag{6-19}$$

需要特别指出的是，有关自由体积的不同定义曾在学术界引起一些混乱，不过引用较多的仍然是以 WLF 方程为核心的自由体积理论。

2. 动力学理论

从化学动力学角度解释，非晶态聚合物的玻璃化转变过程本质上属于分子链内运动主体、运动形式及其运动速率改变的过程。如此理论性的归纳也得到实验结果的支持。例如，采用聚合物比体积-温度曲线测定玻璃化温度时，测得 T_g 的数值大小与温度改变(冷却或加热)速率密切相关。冷却速率越快，测得的 T_g 越高，反之测得的 T_g 越低。采用动态方法测得的结果证明，玻璃化温度 T_g 的数值大小也与测定方法有关。由此可见，所有玻璃化转变过程的实验数据都与动力学过程密切相关。

为了建立非晶态聚合物玻璃化转变过程分子运动的动力学模型，从实验观察聚合物宏观性能的改变出发，曾提出多种动力学理论假设，本节仅作简要介绍。Alfrey、Goldfinger 和 Mark 等最早提出采用动力学方法处理非晶态聚合物玻璃化转变过程中的体积变化问题，他们将聚合物冷却过程中的体积收缩分为两部分，即产生于分子链段非简谐热振动振幅减小所引起的瞬时体积改变，以及产生于链段构象重排到较低能态、具有松弛特点的体积改变。后一部分体积改变的松弛时间与温度相关。

试验结果证实，非晶态聚合物在缓慢冷却过程中，如果在每个试验温度的停留时间远大于该温度条件下链段运动的松弛时间，则试样就能彻底完成

构象重排而达到该温度条件下的平衡体积。在此情况下,聚合物比体积将随温度的降低而以线性方式减小。由于分子链段运动的松弛时间与温度存在指数关系,如式(6-2),因此继续降低温度将使松弛时间迅速增加。

如果在试验温度点的停留时间小于链段运动的松弛时间,则尚未达到平衡态构象的分子链将被冻结在较大的体积内,此时聚合物的比体积-温度曲线将出现向上转折,其对应的温度就是玻璃化温度。试样冷却速率越快,会使分子链内更多的非平衡态构象被冻结在(降温前)更高温度条件下的构象和更大体积内,于是比体积-温度曲线的转折点就越高,此时测得的玻璃化温度也就越高。由此可见,聚合物玻璃化温度的高低与试样冷却快慢存在紧密关系。

对非晶态聚合物玻璃化转变过程进行长期研究之后,Aklonis 等对玻璃化转变过程的动力学特点作如下几点归纳。

(1) 非晶态聚合物玻璃化温度 T_g 的实验测定值与测定条件(如冷却和加热速率等)密切相关。

(2) 分别采用冷却和加热两种方法测定聚合物的比体积-温度曲线时,即使温度变化速率相同,在玻璃化转变区域内聚合物的比体积随温度的变化也遵循不同的路径。换言之,冷却过程并非加热过程的逆过程。这种具有典型不平衡特征的玻璃化转变过程很难用热力学理论进行解释和处理。

(3) 在玻璃化转变区域内,非晶态聚合物实际体积与该温度条件下的平衡体积之间存在一定偏差,差值大小与聚合物的热历史有关,显示处于玻璃化转变区域内的聚合物具有其热历史的记忆功能。

(4) 将非平衡态聚合物试样的体积相对于平衡体积的偏离率定义为 $\delta = (V - V_\infty)/V_\infty$,式中 V 和 V_∞ 分别为该温度条件下聚合物的实测体积和平衡体积。对快速冷却过程中聚合物的体积收缩而言,$\delta > 0$,显示在降温过程中聚合物的体积收缩滞后。与此相反,对快速加热过程中聚合物的体积膨胀而言,$\delta < 0$,显示在升温过程中聚合物的体积膨胀也相对滞后。具体而言,冷却过程试样的适时体积滞后于较大值,而加热过程试样的实时体积滞后于较小值。

不过,聚合物的体积偏离率 δ 值随温度的变化并不呈直线关系,如 $\Delta T = -7.5$℃时的 δ 值并非 -2.5℃时的 3 倍。因此,Aklonis 认为任何成功的理论都必须能够说明以上列出的非晶态聚合物玻璃化转变过程中的特点。

总而言之,动力学理论虽然能够解释玻璃化转变过程中的许多实验现象,但是却无法从聚合物的分子链结构及其运动对玻璃化温度进行预测,这是该理论有待完善之处。

3. 热力学理论

高分子物理学建立初期,曾一度将聚合物的玻璃化转变过程理解为"二级相转变",将玻璃化温度称为"二级相转变温度"。部分原因在于,按照热力学原理二级相转变属于热力学平衡过程的基本条件,当时就已经注意到聚合物的玻璃化转变温度与热力学平衡条件密切相关的实验事实。例如，聚合物的热膨胀系数和导热系数等在玻璃化转变过程中往往表现出不连续和突变的特点。但是，真正的热力学二级相转变过程却只与平衡条件有关而与该过程的动力学因素无关，然而聚合物的玻璃化转变过程却是与热过程(冷却或加热)以及测定方法等密切相关的松弛过程，因此不应属于真正意义上的二级相转变过程。

然而 Gibbs 和 Dimarzio 却认为非晶态聚合物确实存在热力学二级相转变温度，在此温度条件下聚合物的平衡构象熵为零，因此在这个二级相转变温度直至热力学零度之间，聚合物的构象熵不再发生变化。换个角度考虑，每个分子链虽然存在许多可能的构象，这是处于较高温度时的普遍情况，此时的平衡构象熵大于零。但是总是存在一个能态最低的构象，这就是温度降低到某一特定温度以下时的极端情况。在此之前，聚合物分子链段的运动随温度的降低越来越困难，高能态构象越来越少，低能态构象越来越多，自由体积越来越小，该过程一直进行到构象熵等于零时的"基态"。

虽然热力学理论在解释聚合物玻璃化转变过程中的某些实验结果时似乎也有一定的合理性，但是在达到构象熵等于零的"基态"之前，分子链内进行构象变化所依赖的链段运动会随着温度的降低而越来越慢，只有无限缓慢地冷却才有可能保证分子链最终达到最低能态结构。显而易见，这样的观察和实验事实上是无法完成的。有鉴于此，有关聚合物玻璃化转变的热力学理论逐渐失去普遍认同。

6.3.3　玻璃化温度的影响因素

非晶态聚合物的玻璃化温度本质上是分子链段开始运动或被冻结的温度，而链段的运动是通过 σ 键的内旋转来实现的。因此，正如在 2.5.2 节分子链柔性的影响因素中所讲述的，凡是对分子链柔性及其分子间力产生影响的因素必然会对链段的运动能力产生影响，从而对玻璃化温度产生影响。为了使问题的阐述更系统而有条理，本节将从主链结构、取代基和其他因素 3 个方面系统讲述。

1. 主链结构的影响

1) 分子链完全含单键聚合物的 T_g 较低

分子主链为 C—C、C—N、C—O 或 Si—O 等单键组成的非晶态聚合物，其玻璃化温度均较低。原因是这类单键内旋转的活化能都较低，分子链柔性良好。表 6-2 列出一些常见聚合物的玻璃化温度。从表 6-2 中可找到不少例证，如硅橡胶(聚二甲氧基硅烷)的玻璃化温度低达−123℃，因此是耐寒性最好的合成橡胶。

表 6-2　一些常见聚合物的玻璃化温度

聚合物	T_g/℃	聚合物	T_g/℃
聚二甲氧基硅烷	−123	聚丙烯酸乙酯	−24
聚 1,4-顺丁二烯	−108(−95)	聚丙烯酸甲酯	3(6)
聚 1,4-反丁二烯	−83(−18)	PMMA(无规)	105
PE	−120(−68)	尼龙-6	50
聚丁二烯	−90	尼龙-66	60
聚异丁烯	−75(−60)	PET	69
天然橡胶(顺式)	−73	聚乙烯醇	85
聚异戊二烯(反式)	−60(−58)	聚氯乙烯	87
聚己二酸己二酯	−70	聚苯乙烯	100(105)
聚丙烯酸丁酯	−56	聚丙烯腈	104(130)
聚氯丁二烯	−50	聚丙烯酸	106
聚甲醛	−50(−85)	聚甲基丙烯腈	120
聚偏二氟乙烯	−35	聚四氟乙烯	128
聚氟乙烯	−20	聚碳酸酯	150
聚偏二氯乙烯	−17	聚α-甲基苯乙烯	192(180)
PP(全同)	−10	聚甲基丙烯酸	224
PP(无规)	−20	聚苯醚	220

注：括号内的数字为采用不同方法测得的结果。

2) 含孤立双键聚合物的 T_g 很低

孤立双键即非共轭双键多含于共轭二烯烃 1,4-加成聚合物的分子主链中。由于与双键相邻的单键具有 sp^2 杂化轨道，其内旋转位阻较小，因而分子链具有良好柔性。例如，天然橡胶和多数合成橡胶都是共轭二烯烃的 1,4-加成聚合物，其 T_g 通常都在−70℃以下。

3) 含苯环或芳杂环主链聚合物的 T_g 很高

原因是刚性苯环或芳杂环的存在导致主链容易发生内旋转的 σ 键数目减少，从而降低了分子链的柔性。试验结果证明，聚合物主链上的刚性环越多，玻璃化温度升高的幅度越大。例如，聚己二酸己二酯、聚对苯二甲酸乙二酯和聚碳酸酯的玻璃化温度分别为−70℃、69℃和 150℃。

4) 相对分子质量的影响

非晶态聚合物相对分子质量对玻璃化转变过程和玻璃化温度的影响分别如图 6-5 和图 6-6 所示。图 6-5 显示，当聚甲基丙烯酸甲酯的相对分子质量高于最低值约 1.5×10^4 时，材料才开始具有稳定的比体积和玻璃化温度，这是作为塑料材料使用的基本要求。

如果相对分子质量低于此值，发现聚合物的比体积随相对分子质量的降低而急剧增加，意味着材料相对密度和力学性能显著下降。基于此，将该曲

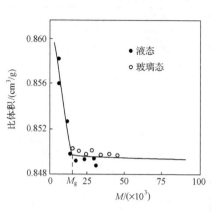

图 6-5 PMMA 的比体积-相对分子
质量曲线

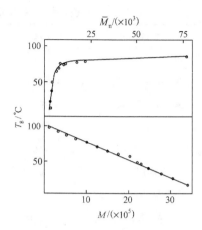

图 6-6 PS 的玻璃化温度-相对分子
质量曲线

线拐点所对应的相对分子质量称为该聚合物的玻璃化转变相对分子质量，其实质是指拥有聚合物性状所必需的最低相对分子质量。非晶态聚合物玻璃化温度与相对分子质量的关系可表示为

$$T_g = T_{g\infty} - K / \bar{M}_n \tag{6-20}$$

式中，$T_{g\infty}$ 为达到最高极限相对分子质量时聚合物的玻璃化温度；K 为与聚合物种类有关的常数；$\bar{M}_n$ 为数均相对分子质量。

式(6-20)和图 6-6 均显示，非晶态聚合物的玻璃化温度随相对分子质量增加而升高，不过当其达到一定数值后，这种升高的趋势趋于平缓。换言之，当达到一定相对分子质量后，玻璃化温度不再与相对分子质量相关。5.2.7 小节讲述相对分子质量对晶态聚合物熔点的影响时，曾经将分子链末端结构单元视为致熔点降低的杂质。分子链的链端是分子运动活性最高的部位，其对玻璃化温度同样具有降低作用。随着相对分子质量的增加，末端结构单元的占比越来越小，从而使玻璃化温度在逐渐升高之后趋于定值。

5) 立构规整性的影响

一般而言，分子主链的立构规整性对非晶态聚合物玻璃化温度的影响程度，明显小于其对聚合物结晶能力和结晶度的影响。例如，全同立构聚丙烯和无规聚丙烯的玻璃化温度分别为-10℃和-20℃，差别不大；而全同立构聚苯乙烯和无规聚苯乙烯的玻璃化温度均为 100℃。

6) 交联的影响

轻度交联并不影响分子链段的运动能力，所以其对非晶态聚合物玻璃化温度的影响并不明显。随着交联度增加或交联点间链长缩短，链段的运动能力随之逐渐降低，自然使玻璃化温度升高。交联聚合物玻璃化温度与交联密度之间的关系可以用下面的经验公式表示：

$$T_{gc} = T_g + K\rho \tag{6-21}$$

式中，T_g 为同类线型聚合物的玻璃化温度；K 为常数；交联密度 ρ 可以用单位体积内交联键的数目或者主链上平均每 100 个原子所含交联键的数目表示。

2. 取代基的影响

1) 强极性取代基使 T_g 显著升高

带强极性取代基的分子链间作用力强烈，从而使 σ 键内旋转所需能量增加，最终使分子链的柔性显著降低，玻璃化温度升高。例如，聚乙烯、聚丙烯、聚氯乙烯和聚丙烯腈 4 种聚合物分子链取代基的极性依次递增，其玻璃化温度也呈急剧升高趋势，分别为–68℃、–20℃、87℃和104℃。

2) 氢键使 T_g 大大升高

无论分子间还是分子内氢键的产生，都会使分子间作用力大大增加，对链段运动构成巨大障碍，最终导致玻璃化温度明显升高。例如，聚丙烯酸和聚甲基丙烯酸的玻璃化温度分别高达 106℃和 224℃。

3) 大体积取代基使 T_g 升高

大体积取代基必然使分子链 σ 键内旋转的位阻和能量需求显著增加，从而降低了分子链的柔性，使玻璃化温度升高。例如，聚乙烯、聚丙烯、聚4-甲基戊烯、聚苯乙烯和聚萘乙烯的取代基的体积递增，聚合物的玻璃化温度依次为–68℃、–20℃、29℃、100℃和 162℃，呈递增趋势。

4) 柔性长链侧基使 T_g 降低

聚甲基丙烯酸正烷酯的取代烷基链的长短对玻璃化温度有一定影响，柔性侧链具有类似增塑剂或润滑剂的作用，分子链柔性随链长增加而增加，使聚合物玻璃化温度降低，如表 6-3 所示。

表 6-3　聚甲基丙烯酸正烷酯的烷基对玻璃化温度的影响

烷基 C 数	1	2	3	4	6	8	12	18
T_g/℃	105	65	35	20	–5	–20	–65	–100

5) 1, 1-二取代基使 T_g 降低

相对于单取代基而言，这种同碳二取代基使分子链 a、b 轴向的对称性和柔性都有提高。例如，聚丙烯和聚异丁烯的玻璃化温度分别是–20℃和–75℃，聚氯乙烯和聚偏二氯乙烯的玻璃化温度分别是 87℃和–17℃。

3. 其他内因的影响

1) 结晶度的影响

结晶度低于 100%的部分结晶聚合物由于存在非晶区域，因此也存在局部玻璃化转变过程以及对应的玻璃化温度。由于结晶区的存在对非晶态区域的链段运动产生显著的制约作用，因此其玻璃化温度往往高于完全非晶态同类聚合物。以聚对苯二甲酸乙二酯为例，完全无定形和结晶度为 50%时的玻璃化温度分别为 69℃和 81℃。

部分结晶聚合物的玻璃化温度与结晶度密切相关，当结晶度较高时，非晶态区域含量较少且分布分散，使其玻璃化转变过程的研究和测定都相当困

6-13-y
玻璃化温度与结晶度呈正相关性。

难，数据也欠准确。同种聚合物的玻璃化温度测定结果有可能相差很大。例如，聚乙烯的玻璃化温度就有两个文献值，即-68℃和-120℃，相差近一倍。

2) 共聚、共混和增塑的影响

(1) 无规共聚物：玻璃化温度介于组分均聚物玻璃化温度之间，并随其组分含量变化而呈线性变化，如下式

$$1/T_g = W_A/T_{gA} + W_B/T_{gB} \tag{6-22}$$

式中，T_g、T_{gA} 和 T_{gB} 分别为共聚物和两组分均聚物的玻璃化温度；W_A 和 W_B 分别为两组分的质量分数。苯乙烯-甲基丙烯酸甲酯无规共聚物的玻璃化温度就符合式(6-22)，其玻璃化温度-共聚物组成曲线如图 6-7(a)所示。这是二元无规共聚物中玻璃化温度与共聚物组成呈线性关系的最简单情况。

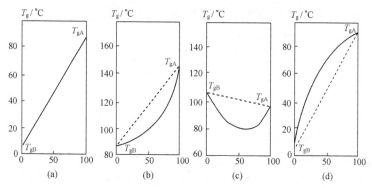

图 6-7　无规共聚物的玻璃化温度与共聚物组成的关系
(a) PS-甲基丙烯酸甲酯；(b) PAM-PS；(c) PMMA-PAM；(d) PMMA-丙烯酸甲酯
横坐标为 A 单体(位序于前)的质量分数

如果组成共聚物的两种组分单体的性质差异很大，共聚物中两种分子链的排列堆砌就比较松散，于是 σ 键内旋转和链段运动的能力得以增加，此时共聚物的玻璃化温度往往低于按照式(6-22)计算的数值，从而使其玻璃化温度-组成曲线呈现下凹形态，如图 6-7(b)和(c)所示。苯乙烯-丙烯酰胺共聚物和甲基丙烯酸甲酯-丙烯腈共聚物就属于这种类型。当组成共聚物的两组分单体的性质非常接近，均聚物中存在大体积取代基造成的位阻往往可在共聚物中得到一定程度缓解时，由于相似相容原理，这种共聚物分子链的堆砌比均聚物更致密，从而共聚物的玻璃化温度-组成曲线呈现上凸形态，如图 6-7(d)所示。

(2) 交替共聚物：由于分子链中两种结构单元严格交替排列，相当于由这两种结构单元交替排列的一种重复单元构成的均聚物，就只有一个玻璃化温度。

(3) 接枝、嵌段共聚物和共混聚合物：与两种均聚物的共混物相似，其玻璃化温度的决定因素是这两种单体的均聚物是否相容。如果相容则共聚物的玻璃化温度不随共聚物组成改变而改变；否则，就存在两个分别接近于各自均聚物的玻璃化温度。

(4) 增塑剂的影响：增塑剂的加入犹如在运动机械中添加润滑剂，能使

聚合物分子链间作用力减弱，显著增加分子链段的运动能力，因而使聚合物的玻璃化温度显著降低，同时还使玻璃化转变过程变宽，降低和变宽的程度与增塑剂的种类和加入量有关。例如，聚氯乙烯的玻璃化温度为 87℃，室温下是硬质塑料，加入 20%～40%增塑剂邻苯二甲酸二辛酯后，玻璃化温度降低到零下 30℃，室温时呈橡胶态，外力作用可达很大形变。

6-14-y
玻璃化温度
与增塑剂加入量
呈负相关性。

　　总而言之，增塑作用与共聚相似，均使聚合物玻璃化温度降低，不过增塑剂降低玻璃化温度的作用远超过共聚的作用。为了便于初学者理解掌握，将前述有关大分子主链结构和取代基对玻璃化温度的影响规律归纳于表 6-4。

表 6-4　分子链结构和取代基对玻璃化温度的影响

序号	影响因素	影响类别	链柔性	T_g
1	全单键链	C—C、C—N、C—O 或 Si—O 键	良好	较低
2	孤立双键	含孤立双键的聚共轭二烯烃	很好	很低
3	主链芳环	苯环、芳杂环增加位阻	差	升高
4	取代基	强极性取代基增加分子间力	差	升高多
5	取代基	大体积取代基增加分子刚性	差	升高多
6	取代基	柔性中长链取代基似润滑剂	好	降低
7	取代基	成氢键取代基增加分子间力	差	升高多
8	取代基	1,1-二取代相同时对称性↑	稍好	稍降低
9	手性原子	立构规整性分子链刚性↑	差	较高
10	相对分子质量	呈正相关性并趋于定值		
11	交联	轻度交联影响小，高交联 T_g↑		
12	结晶度	结晶度↑，T_g↑		
13	无规共聚	线性、下凹和上凸 3 种类型		
14	交替共聚	只有一个玻璃化温度		
15	接枝和嵌段共聚物	组分单体的均聚物相容，T_g 不变，否则存在两个 T_g		
16	共混	组分聚合物相容则 T_g 不随组成改变而变化		
17	增塑	使 T_g 显著降低		

4. 外界条件的影响

　　非晶态聚合物玻璃化温度 T_g 的高低与测定方法和测定时的温度改变速率关系密切。采用不同的测定方法、在不同的升降温速率条件下测得的玻璃化温度 T_g 可能存在较大差异。

6-15-b
压力和升降
温速率对玻璃化
温度的影响。

　　1) 温度改变速率的影响

　　如前所述，非晶态聚合物的玻璃化转变过程不属于热力学相态转变过程，而是一种松弛过程。所以在测定非晶态聚合物玻璃化温度时，温度改变速率对过程进行的路径和结果都会产生显著影响。例如，采用测定比体积-温度曲线的方法测定玻璃化温度时，升温速率越快，测得的玻璃化温度越高。升温速率降低到原来的 1/10，测定的玻璃化温度将降低约 3℃。因此，在测定非晶态聚合物玻璃化温度的试验中，通常要求升降温速率不得超过 1℃/min。除此以外，采用不同方法测定同一聚合物试样的玻璃化温度也不一定相等，采用动态法测定的数值一般都要高于静态法测定的结果。

　　2) 外力作用的影响

　　聚合物试样在受到应力拉伸时往往会发生体积膨胀，内部自由体积增加，分子链间空隙加大，有利于链段的运动，从而使玻璃化温度降低。几种聚合物的玻璃化温度与拉伸应力的关系见图 6-8。与此相反，聚合物受压缩应力作用时往往发生体积收缩，自由体积缩小，分子链间空隙减小，不利于链段运动，从而使玻璃化温度升高。例如，含硫量 19.5%的硫化橡胶在压力 0.1 MPa 时的玻璃化温度为 36℃，压力增加到 80 MPa 时，玻璃化温度达到 45℃。表 6-5 列出了几种聚合物的玻璃化温度与压力的关系。

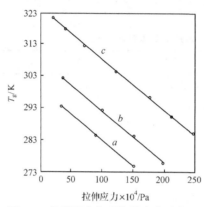

图 6-8　几种聚合物受拉伸应力时的 T_g
a. 聚乙酸乙烯酯；b. 增塑 PS；c. 聚乙烯醇缩丁醛

表 6-5　几种聚合物玻璃化温度(℃)与压力(101325 Pa)的关系

聚合物	PS	PVAC	PVC	PMMA	硫化橡胶	PP
dT_g/dp	0.0342	0.022	0.014	0.018	0.017	0.21

　　表 6-5 中数据显示，聚丙烯的玻璃化温度随压力改变而改变的幅度明显大于其他几种聚合物。换言之，非晶态聚丙烯的玻璃化温度对外界压力更敏感。表 6-6 归纳影响非晶态聚合物玻璃化温度的其他因素及其影响结果。

表 6-6　影响玻璃化温度的其他因素

类别	影响因素	对玻璃化温度的影响结果
外因	温度改变速率	升温速率↑，测得的 T_g↑
外因	外力作用	拉伸使 T_g↓，压缩使 T_g↑

6.3.4　玻璃化温度的测定

　　玻璃化温度是表征聚合物物理和材料学性能的重要指标之一。多数非晶态聚合物在低于玻璃化温度条件下是坚硬的固体，在玻璃化温度之上则表现出柔软而具有橡胶弹性。由此可见，玻璃化温度是作为塑料材料使用的最高温度，是作为橡胶材料使用的最低温度。一般塑料的玻璃化温度都必须在室温以上若干摄氏度，而一般橡胶的玻璃化温度都必须远低于室温。

高分子科学工作者，尤其是高分子物理学、聚合物工艺工程学以及聚合物其他应用领域的专业工作者，应该逐渐了解熟悉一些重要聚合物的玻璃化温度 T_g 范围，如表6-2中所列。一般而言，聚合物的许多物理性能(如比体积、热焓、模量、比热容、热膨胀系数、折射率、导热系数、介电常数、介电损耗、力学损耗等)，在玻璃化转变过程中都会发生非连续性的突变，原则上都可用来研究玻璃化转变过程或测定玻璃化温度。下面重点讲述最常采用的膨胀计法和差热分析法。这两种方法也常用于晶态聚合物熔点的测定。

1. 膨胀计法

膨胀计上部是刻度均匀的玻璃毛细管，下部为玻璃安瓿，两者之间通过磨口插接，常用于液体和微粒状固体相对密度或比体积的测定。测定微细粒状固体试样比体积的操作要点如下。

1) 选择填充液(跟踪液)

选择原则是既能充分填充微细粒状固体试样之间的空隙，又不与试样发生任何化学反应和形态改变，一般选择待测聚合物的非溶剂。

2) 装入试样和填充液

将准确称量约200 mg的微细粒状固体试样装入安瓿，然后用吸管小心注入适量填充液，控制其液面应刚好处于安瓿与毛细管磨口插接口下侧。

3) 将毛细管插接于玻璃安瓿磨口

小心将毛细管插入安瓿并旋紧，同时注意观察填充液液面的上升高度。当接口旋紧时液面应稍高于毛细管下部起始刻度线，以保证在整个试验温度范围内液面的上升都能在刻度上准确读数。如果起始液面过高，实验后期填充液会溢出毛细管。起始液面过低则实验初期因液面低于刻线而无法读数。为此需反复试验安瓿与毛细管之间的插接，并用吸管少量添加或吸出填充液，使液面高度最终达到要求。特别注意插接时即使微量气体的带入也会导致测定结果的巨大误差，为此务必仔细耐心。

4) 恒速升温

固定膨胀计并将其玻璃安瓿全部插入恒温热源，控制适当升温速率缓慢升温，观察并记录毛细管内液面高度和对应温度。

5) 结果处理

最简单的方法是用直接读取的毛细管液面高度与对应的温度作图，如图6-9所示。两条直线出现拐点或其直线部分切线的交点即为玻璃化温度。如果所用安瓿的容积和毛细管内径已知，也可以计算试样在不同温度时的体积或比体积，然后再对温度作图。

6-16-f
掌握膨胀计法测定聚合物玻璃化温度的要点。

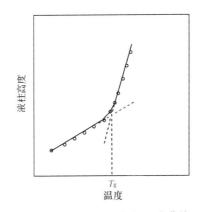

图6-9　膨胀计液柱高度-温度曲线

2. 差热分析法

差热分析法全称为差示扫描量热分析，基本原理是在程序升温过程中，待测试样与惰性参比物(通常为α-Al$_2$O$_3$)之间任何热焓增量的突变都将导致两者之间产生温度差，测定并记录待测试样与惰性参比物之间的温度差，即可跟踪试样在升温过程中发生的任何物理及化学变化过程。简而言之，差热分析就是测定待测试样与惰性参比物之间的温度差(ΔT)与动态实验温度(T)之间关系的方法。图 6-10 即为某种聚合物的差热分析热谱图。

图 6-10 显示，处于玻璃态的聚合物试样在升温过程中所发生的玻璃态-结晶态转变、熔融、氧化及最后的化学分解过程所产生的热效应都反映在谱图中。从图中各个差热峰的位置即可确定与之对应的物理化学过程发生的温度。除此以外，也可通过聚合物的形变-温度曲线或模量-温度曲线等测定玻璃化温度。不过正如前述原因，同一聚合物试样采用不同方法，甚至同一方法在不同条件下测定的结果都可能存在数值差异。

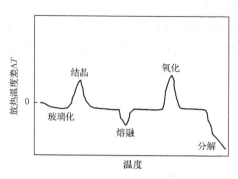

图 6-10 聚合物的差热分析热谱图

6.3.5 玻璃化温度与熔点

一般而言，晶态聚合物的熔点一定显著高于其处于非晶态时的玻璃化温度。例如，线型聚乙烯的玻璃化温度和熔点分别为–68℃和137℃，无规聚丙烯的玻璃化温度为–18℃，全同立构晶态聚丙烯的熔点高达 176℃。这是由于晶态聚合物的分子链处于高度有序的致密状态，必然需要相当强的外力作用才能将其从稳定的有序状态转变为无序排列的非晶态直至熔融态。由此可见，将晶态聚合物转化为黏流态的能量消耗无疑远高于同种非晶态聚合物玻璃态转化过程的能量消耗。

事实上，晶态聚合物的熔点与非晶态聚合物的玻璃化温度分别对应于分子链和链段开始运动的温度。从热力学角度考虑，温度对分子链运动和链段运动的影响应该一致，因此两者之间必然存在某种联系。Boyer 从分子链结构对称性出发，提出聚合物熔点与玻璃化温度之间的如下经验公式：

$$T_m = KT_g \tag{6-23}$$

式中，K 为与分子链结构对称性相关的常数。大量实践证明，结构对称和非对称分子链聚合物的 K 值分别为 2 和 1.5。表 6-7 和表 6-8 的数据为式(6-23)提供了有力证据。

6-17-j
玻璃化温度与熔点的近似换算关系式：$T_m = KT_g$。

表 6-7　几种聚合物的 T_g 与 T_m 比较

聚合物	对称性	T_m/K 实测	T_g/K		T_g/T_m	T_m/T_g
			理论	实测	计算	计算
尼龙-6	非对称	498	332	333	0.6687	1.495
PET	非对称	540	360	342	0.6333	1.579
PE	对称	410	205	205	0.5000	2.000
PDCVC*	对称	471	235.5	256	0.5435	2.000

*聚偏二氯乙烯。

表 6-8　一些常见聚合物的熔点和玻璃化温度

聚合物	T_m/℃	T_g/℃	$T_m(K)/T_g(K)$
线型聚乙烯	137	−68	2.00
聚异丁烯	125	−70	1.97
聚丙烯	176	−18	1.76
天然橡胶	28	−73	1.50
尼龙-66	265	50	1.66
尼龙-106	227	40	1.59
PET	267	69	1.57
聚丙烯腈	317	104	1.56
聚己内酰胺	225	50	1.54
全同聚苯乙烯	240	100	1.38
聚氯乙烯	212	87	1.34

　　式(6-23)的最大用途是为晶态聚合物的熔点与同种非晶态聚合物玻璃化温度之间的相互估值提供了便利,不过必须特别注意两者均应以热力学温度为准。显而易见的是,除极少数(如聚乙烯)对称分子链外,多数聚合物分子链均属于非对称的,其 K 值多数为 1.5 ± 0.2。据此即可根据该聚合物的熔点估算玻璃化温度的高低,毕竟晶态聚合物熔点的测定相对容易得多。

6.3.6　次级转变与物理老化

1. 玻璃态聚合物的次级转变

　　由于现代实验技术的不断发展,发现处于玻璃态聚合物的链段运动虽然被冻结,但是尺寸较小而运动能量需求不大的运动主体(如侧基、短支链和链节等)较小级别的运动仍然能够进行。这类运动主体较小、运动级别较低、运动方式各异的热运动过程同样可以在一定温度范围内发生或被冻结,因此同样属于松弛过程。这是一类相对于玻璃化转变过程更低级别的松弛过程,故称为“次级松弛”。玻璃态聚合物发生次级松弛过程中,某些物理性能(如动态力学性能和介电性能等)都会发生突变,分别在其力学性能-温度谱和介电性能-温度谱上出现多个"内耗吸收峰",如图 6-11 所示。

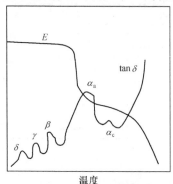

图 6-11　介电损耗和杨氏模量-温度谱示意图
$\tan\delta$ 为损耗角正切；E 为材料的杨氏模量

测定聚合物动态力学性能 (DMA) 和介电性能是研究聚合物次级松弛过程的常用方法。通常将聚合物的玻璃化转变称为主转变,而将包括主转变在内的多个内耗峰按其出现温度由高到低依次用 α、β、γ、δ 等字母标记。

显而易见,对非晶态聚合物而言,α 峰对应于主转变即玻璃化转变的内耗峰,特别用 α_a 表示。如此看来,所有非晶态聚合物的 α_a 内耗峰均具有明确的分子松弛机理,即玻璃化转变过程对应的链段运动机理。

但是,不同聚合物的次级松弛过程可能存在完全不同的分子运动机理。例如,研究发现聚甲基丙烯酸甲酯和聚苯乙烯的 β 松弛均产生于体积较大的侧基内旋转,如图 6-12 所示。而聚氯乙烯在温度低于 T_g 时出现频率范围很宽的 β 松弛过程,产生于链段内部原子在平衡位置的振动和小范围内运动,既包括键长的伸缩振动,也包括键角的变形振动,还包括围绕 C—C 键的扭曲振动等。

总而言之,由于运动主体和运动形式都很复杂,局部振动的频率及振幅范围也相当宽,所以其 β 松弛的范围也相应变宽。如果其松弛过程是产生于部分原子而不是侧基,具有这种宽幅度松弛特性的玻璃态聚合物即使处于玻璃态也具有一定韧性和良好的耐

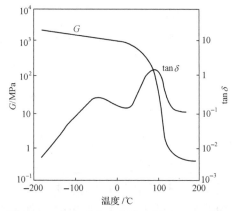

图 6-12　PMMA 在交变应力频率 1 Hz 时的切变模量 G 和损耗角正切 $\tan\delta$

冲击性能。研究发现,对于无长链侧基的 C—C 主链或 C—O 主链大分子组成的非晶态聚合物,其 β 松弛峰的位置大约处于 $0.75T_g(K)$ 处,表明两种转变过程确实存在某种内在联系,可以认为 β 松弛是玻璃化转变的先兆。

Heijboer 按照非晶态聚合物次级转变的分子运动机理,将次级松弛过程可能涉及的 4 种运动形式分别归纳为

(1) 分子链内短链段的局部运动。玻璃化转变过程通常包括 20～50 个相邻原子的运动,β 松弛通常只涉及 3～8 个原子的运动。例如,聚氯乙烯的 β 松弛,聚酯、聚碳酸酯分子主链上含杂原子的酯基,以及聚砜分子链中的砜基等,它们的局部运动所产生的 β 松弛通常标志着聚合物从脆性到韧性的转变,结果使材料的抗冲击性能得以改善。

(2) 侧基的转动。例如，聚甲基丙烯酸甲酯分子主链上酯基的转动可产生 β 松弛，也可产生 γ 松弛，而主链上的 α-甲基的转动则只能产生 γ 松弛。

(3) 侧基内的运动。例如，聚甲基丙烯酸甲酯的酯甲基转动就产生幅度很低的 δ 松弛内耗峰。

(4) 低分子助剂的运动。例如，增塑剂邻苯二甲酸二丁酯混溶于聚合物后，分子中正丁基的运动也会产生强度较弱的内耗峰。

2. 玻璃态的实质与物理老化

对低分子物质而言，如果按照其相态特征界定其究竟属于液态还是固态，关键是看其分子排列的有序性以及分子运动的自由程度。用此标准衡量处于玻璃态的非晶态聚合物显然应属于固态，原因是玻璃态聚合物的分子链和链段都不能运动。但是如果按照分子排列有序程度判断，处于玻璃态的非晶态聚合物的分子链因处于完全无序的状态而更像是过冷的液态。

因此，必须再次强调：非晶态聚合物的玻璃态绝不属于热力学平衡的固态，而属于非平衡的过冷液态。聚合物处于玻璃态时的体积和热焓等热力学参数均大于对应平衡固态的数值。许多结晶型聚合物熔体在骤冷过程中，由于其分子链不能及时进行有序排列，仍然保留着类似液态的无序排列。有些聚合物如无规聚苯乙烯、聚甲基丙烯酸甲酯等，无论冷却速率快慢都无法完成分子链的有序化过程，所以只能以玻璃态形式存在。

还必须明确，聚合物处于玻璃态时其分子链的非链段运动始终缓慢地进行着。从这个意义上说，无论时间长短，玻璃态聚合物最终总会逐渐趋于平衡态。这就是一般聚合物材料及其制品的许多性能都会随着时间的推移而发生缓慢变化的本质原因。这种现象称为聚合物的物理老化过程，以示区别于化学因素导致的化学老化。

物理老化是指一般聚合物制品的许多性能随时间推移而发生变化的现象，其本质原因则是非链段的分子内运动的持续缓慢进行，从非平衡态逐渐向平衡态过渡的结果。

总而言之，一般玻璃态聚合物始终存在持续而缓慢的物理老化过程，其最终结果将对那些具有松弛特征的结构和性能产生影响。

6.4　橡胶态与高弹性

橡胶态是指非晶态聚合物处于玻璃化温度 T_g 与黏流温度 T_f 之间较宽的温度范围内具有高弹特性的材料学形态类型。这也是一般金属和非金属材料不具有的特殊材料学形态类型。

6.4.1　橡胶态聚合物的特殊性能

1. 可逆形变大、弹性模量小且与温度正相关

一般金属材料的弹性模量为 $10^{10} \sim 10^{11}$ N/m²，其可逆形变率不高于 1%。

6-18-g
物理老化：一般聚合物制品的许多性能随时间推移而发生变化的现象称为物理老化，其本质原因是非链段的分子内运动(次级转变)的缓慢持续进行，从非平衡态逐渐向平衡态过渡的结果。

6-19-y
橡胶态聚合
物特征：
1. 可逆形变
率可高达 1000%；
2. 弹性模量
小且随温度升高
而增加；
3. 快速绝热
拉伸使材料温度
升高。

而橡胶态聚合物的可逆形变率高达 1000%，弹性模量却只有 $10^2 \sim 10^5$ N/m²。可见橡胶态聚合物的弹性模量比金属小 5 个数量级，而形变率却高达 5 个数量级。另一方面，橡胶态聚合物的弹性模量随温度升高而增加，而金属的弹性模量却随温度升高而降低。

2. 绝热快速拉伸放热而回缩吸热

橡胶态聚合物受外力快速拉伸时，外力所做的功除绝大部分消耗于分子链因构象数减少而导致的熵值减小外，少部分损耗于克服分子链间内摩擦力，最终以热的形式放出而使材料温度升高。而金属材料则恰恰相反，拉伸时吸热，回缩时放热。

3. 具有松弛特性

理论分析和试验结果均证明，非晶态聚合物的特殊长链分子结构及其中链段的运动能力是其具有高弹性的本质原因。从热力学角度理解，长链分子处于卷曲状态时的熵值较大，处于伸直状态时的熵值较小。使卷曲的分子链伸直是受外力"强迫"、熵值减小的非自发放热过程，外力解除后伸直分子链的回缩过程则属于熵值增加的自发吸热过程。

当温度高于玻璃化温度时，具有线型长链、通常呈卷曲状态的分子链即使在很小的外力作用下也很容易发生 σ 键的内旋转而发生链段运动，导致分子链的构象发生变化，由卷曲变为舒展，即使很小的外力也能产生很大的形变。外力解除后，分子热运动又促使分子链的构象力图恢复到受力前那种更稳定、熵值更大的卷曲状态，于是形变得以回复。由此可见，高弹形变属于可逆形变，具有松弛特性，即形变与外力作用时间或作用频率密切相关。本书 7.3 节在讲述聚合物黏弹特性时将详细讲述聚合物的应力松弛过程及其特点。

6.4.2　橡胶态的分子运动基础与热力学分析

处于橡胶态的非晶态聚合物受外力拉伸时，需要克服热力学能垒较低的 σ 键内旋转能垒，分子链形态由卷曲向伸直转变，因此聚合物在宏观上表现出弹性模量急剧减小、形变率大幅度增加。与此同时，由于分子链间范德华力、氢键以及局部扭结、缠绕和互贯等物理作用，使分子链之间还不能发生相对滑动，所以此时在外力作用下发生的形变是可逆形变。当外力解除后，永远使熵值增加的链段运动过程又会迫使分子链逐渐恢复到原来的卷曲状态。

1. 分子运动基础

在玻璃化温度 T_g 与黏流温度 T_f 之间，非晶态聚合物的形变或模量-温度曲线出现形变或模量几乎不随温度变化而变化的平台区域，即橡胶态平台。外界温度继续升高，分子链的局部即链段的运动继续加强，分子链间作用力继续减弱，分子链的扭结和缠绕逐渐得以解离。链段在外力方向上的协同作用逐渐导致分子链间发生相对滑动，其质心开始发生位移，最终结果是逐渐开始发生不可回复的永久性形变。不过此时分子链内的链段运动仍然进行着，因此分子链构象改变而产生的可逆形变仍然存在。随着温度继续升高，这部分可逆形变在整个形变中所占份额将越来越小，直至最后消失，此后产生的将是完全不可逆的黏性形变。

一般而言，聚合物的黏流温度 T_f 随着相对分子质量增加而升高。图 6-1和图 6-2 中 M_1、M_2 即为不同相对分子质量非晶态聚合物的形变或模量-温度曲线，其中 $M_1 < M_2$。显而易见，相对分子质量较高的非晶态聚合物具有较宽的橡胶态温度范围，这就是橡胶材料均拥有极高相对分子质量的原因。

2. 热力学分析

纯粹从理想角度考虑，线型分子链在发生高弹形变时往往会发生分子链间的滑动，从而导致部分不可逆的永久性形变，这是橡胶材料必须竭力避免的。由于橡胶分子链之间都应该拥有适度的化学交联，以保证更为理想的高弹性。下面将以这种适度交联、形变完全可逆的分子链网络模型进行热力学分析。

设长度为 l 的橡皮筋试样在拉伸力 f 的作用下伸长 dl，由热力学第一定律可得到体系的热力学能增量为

$$dU = dQ - dW \tag{6-24}$$

式中，dQ 为体系吸收的热量，假设拉伸过程属等温可逆过程，按照热力学第二定律可以得到

$$dQ = TdS \tag{6-25}$$

式中，dW 为体系对外所做的功，包括两部分，即拉伸过程试样体积改变所做的功 pdV，以及试样变形所做的功 $-fdl$。对单轴拉伸而言，体系对外所做的功为

$$dW = pdV - fdl \tag{6-26}$$

将式(6-25)和式(6-26)代入式(6-24)，并假设试样在拉伸过程中体积保持不变，即得到

$$dU = TdS - pdV + fdl = TdS + fdl \tag{6-27}$$

将该式改写为偏微分形式

$$f = \left(\frac{dU}{dl}\right)_{T,V} - T\left(\frac{dS}{dl}\right)_{T,V} \tag{6-28}$$

式(6-28)表明，拉伸应力使试样的热力学能和熵都发生了改变，按照 Gibbs 自由能定义和 Maxwell 关系式，即可得到

$$dG = Vdp + fdl - SdT$$

$$\left(\frac{dS}{dl}\right)_{T,V} = -\left(\frac{df}{dT}\right)_{l,V} \tag{6-29}$$

按照式(6-29)，可将一般无法直接测定的系统热力学状态参数熵增量 dS 变换为可以直接测定的状态动力学参数(外力、温度及其所做的功)，于是将式(6-29)转换为

$$f = \left(\frac{dU}{dl}\right)_{T,V} + T\left(\frac{df}{dT}\right)_{l,V} \tag{6-30}$$

按照式(6-30)，将橡皮筋试样拉伸到确定长度后，测定其在不同温度条件下的应力，然后再以应力对温度作图即得直线。试验中需要注意的是每次改变温度时都必须维持足够长的时间，使试样的松弛过程得以彻底完成，从而使试样受到的应力达到平衡。图 6-13 即为天然橡胶的应力-温度曲线，图中箭头标出施以相等拉伸力在升温和降温条件分别测定的曲线方向。

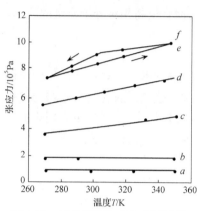

图 6-13　天然橡胶的应力-温度曲线

$a\sim f$伸长率分别为 4%、11%、33%、77%、166%、166%

图 6-13 表明，在不同伸长率测得的应力与温度之间都呈线性关系，直线的斜率随伸长率的增加而增加。如果将所有直线外推到 $T = 0$ K，则几乎都通过坐标原点(图中无法标出)，即

$$\left(\frac{dU}{dl}\right)_{T,V} = 0 \tag{6-31}$$

由此证明，具有理想弹性的橡胶在拉伸过程中热力学能并不改变，因此得到

$$f \approx T\left(\frac{df}{dT}\right)_{l,V} = -T\left(\frac{dS}{dl}\right)_{T,V} \tag{6-32}$$

式(6-32)表明，橡胶受到的张应力与热力学温度成正比。不过更精细的试验结果显示，实际橡胶试样的伸长率 < 10%时，其热力学能并非与伸长率无关，基于试样的热膨胀对系统的熵值也构成一定贡献。

重要结论: 橡胶在拉伸应力作用下熵值减小，外力解除后熵值增加的自发过程使其恢复原状。换言之，橡胶的弹性完全产生于受拉伸时自身熵值的变小。基于此，橡胶的高弹性往往又称为**熵弹性**。

6-20-g

熵弹性: 橡胶在拉伸力作用下熵值减小，外力解除后熵值增加的自发过程使其恢复原来状态。

6.4.3　高弹形变的统计学理论(参考阅读材料)

通过热力学分析已经明确，橡胶高弹性的本质是体系熵值变化的宏观表现，因此可以采用分子链的构象统计理论研究交联网络应力与应变之间的定量关系。为此首先计算体系中所有分子链在受拉伸力时的构象改变，然后再计算交联网络形变导致的系统熵值变化，主要推演步骤如下。

1. 单个线型柔性分子链的构象熵

对于孤立的线型柔性分子链，可采用 2.4.2 小节所述的"等效自由结合链"模型进行

处理，即将分子链视为由 n 个长度为 l 的链段组成的自由结合链。如果将分子链的一端固定于直角坐标原点，则另一端出现在三维坐标系中任意体积元中的概率就可以用高斯分布函数进行描述：

$$W(x,y,z)\mathrm{d}x\mathrm{d}y\mathrm{d}z = \left(\frac{\beta}{\sqrt{\pi}}\right)^3 e^{-\beta^2(x^2+y^2+z^2)}\mathrm{d}x\mathrm{d}y\mathrm{d}z, \quad \beta^2 = \frac{3}{2nl^2}$$

如果将 $\mathrm{d}x\mathrm{d}y\mathrm{d}z$ 视为三维空间体积元，则该分子链的构象数目与分子链自由端在空间体积元内出现的概率密度 $W(x,y,z)$ 成比例。按照玻耳兹曼定律，该体系的熵值 S 与其微观状态数即构象数 Ω 的关系应为 $S = k\ln\Omega$，式中 k 为玻耳兹曼常量，因此单个柔性分子链的构象熵应为

$$S = c - k\beta^2\left(x^2 + y^2 + z^2\right) \tag{6-33}$$

式中，c 为常数。

2. 理想交联网络模型的构象熵

由于线型分子链受拉伸时容易产生分子链相对滑动而导致永久性形变，因此橡胶分子链之间必须形成适度的三维交联网络。为了简化处理实际橡胶内部复杂的交联网络，采用理想化的"仿射网络模型"，该模型必须同时满足下列 4 个条件。

(1) 整个网络中所有交联点均是无规分布，每个交联点均由 4 个彼此连接的链段构成；

(2) 两个交联点之间的链段属于独立连接的自由结合链(高斯链)，其末端距符合高斯分布，两个链端就是交联点；

(3) 网络体系的热力学能与单个链段的构象无关，由这些高斯链构成的各向同性的交联网络的构象总数是所有单个链段构象数的乘积；

(4) 在受力变形前后，每个交联点都固定于各自的平衡位置，产生变形时微观交联网络的形变与整个试样的形变具有相似性，即符合"仿射形变"的假设。

按照前述 4 个基本假设，橡胶试样发生弹性形变过程中，其在三维坐标系中 3 个轴向的伸长率分量($\lambda = l/l_0$)分别为 λ_1、λ_2、λ_3，则分子链的末端距也发生相应的变化。仍然假设交联链段的一端固定于原点，而另一端则从原来的坐标(x,y,z)运动到新的坐标$(\lambda_1 x, \lambda_2 y, \lambda_3 z)$，这样形变前后第 i 个交联链的构象熵分别应为

$$S_i = c - k\beta^2\left(x_i^2 + y_i^2 + z_i^2\right)$$

$$S_i' = c - k\beta^2\left(\lambda_1^2 x_i^2 + \lambda_2^2 y_i^2 + \lambda_3^2 z_i^2\right)$$

形变前后第 i 个交联链构象熵的变化值应为

$$\Delta S_i = S_i' - S_i = -k\beta^2\left[\left(\lambda_1^2 - 1\right)x_i^2 + \left(\lambda_2^2 - 1\right)y_i^2 + \left(\lambda_3^2 - 1\right)z_i^2\right] \tag{6-34}$$

如果单位体积试样内交联链的数目为 N，则形变前后单位体积试样内总的构象熵应该等于 N 个链段构象熵的加和，即

$$\Delta S = -k\beta^2 \sum_{i=1}^{i}\left[\left(\lambda_1^2 - 1\right)x_i^2 + \left(\lambda_2^2 - 1\right)y_i^2 + \left(\lambda_3^2 - 1\right)z_i^2\right]^2 \tag{6-35}$$

由于每个交联网络链的末端距并不相等，因此取其平均值

$$\Delta S = -kN\beta^2\left[\left(\lambda_1^2 - 1\right)\overline{x_i^2} + \left(\lambda_2^2 - 1\right)\overline{y_i^2} + \left(\lambda_3^2 - 1\right)\overline{z_i^2}\right] \tag{6-36}$$

假设交联网络在形变前都是各向同性的，所以

$$\overline{x^2} = \overline{y^2} = \overline{z^2} = \overline{h^2}/3 \tag{6-37}$$

式中，$\overline{h^2}$ 为网络链的均方末端距，将其代入式(6-36)，即得到

$$\Delta S = -1/3kN\beta^2\overline{h^2}\left[\left(\lambda_1^2-1\right)+\left(\lambda_2^2-1\right)+\left(\lambda_3^2-1\right)\right] \tag{6-38}$$

对高斯链而言，$\overline{h^2}=nl^2=3/2\beta^2$，$\beta^2=3/(2\overline{h^2})$，将其代入上式，则

$$\Delta S = -1/2kN\left(\lambda_1^2+\lambda_2^2+\lambda_3^2-3\right) \tag{6-39}$$

3. 储能函数

6-21-y
橡胶弹性产
生于受拉伸时熵
值变小，外力解
除后熵值增加。由于前面已假设橡胶态聚合物交联网络在形变过程中的热力学能并不改变，因此恒温恒容条件下外力所做的功应等于体系 Helmholtz 自由能的增量ΔF，即

$$W_{形变} = \Delta F = 1/2kNT\left(\lambda_1^2+\lambda_2^2+\lambda_3^2-3\right) \tag{6-40}$$

Helmholtz 自由能 $F = U - TS$ 在恒温过程中的变化为$\Delta F = U - T\Delta S$。式(6-40)为橡胶高弹性的储能函数式，表征产生高弹形变后单位体积橡胶所储存的能量，它是交联聚合物的结构参数(N)、温度(T)和形变参数(λ_1，λ_2，λ_3)三者的函数。可以用两个交联点间链段的平均相对分子质量 $\bar{M}_c$ 表示单位体积试样内交联链的数目 N，两者之间的关系为 $N\bar{M}_c/N_A = \rho$，式中ρ为聚合物的相对密度，N_A 为 Avogadro 常量，于是橡胶的储能函数就有如下形式：

$$W_{形变} = \frac{\rho RT}{2\bar{M}_c}\left(\lambda_1^2+\lambda_2^2+\lambda_3^2-3\right) \tag{6-41}$$

令 $G = NkT = \rho RT/\bar{M}_c$，则将储能函数简化为

$$W_{形变} = \frac{G}{2}\left(\lambda_1^2+\lambda_2^2+\lambda_3^2-3\right) \tag{6-42}$$

实验证明，单向拉伸橡胶的体积膨胀率很小(约 10^{-4} 数量级)，所以通常可以忽略。现在只考虑单个体积元，由于$\lambda_1 + \lambda_2 + \lambda_3 = 1$，所以$\lambda_2 = \lambda_3 = 1/\lambda^{1/2}$，于是将式(6-42)简化为

$$W_{形变} = \frac{G}{2}\left(\lambda^2+\frac{2}{\lambda}-3\right)$$

由于 d$W = \sigma$dλ，σ 为拉伸力 f 产生的应力，所以

$$\sigma = \frac{\mathrm{d}W}{\mathrm{d}\lambda} = G\left(\lambda-1/\lambda^2\right) \tag{6-43}$$

这就是橡胶态聚合物所受应力与应变之间的状态方程式，当形变值(ε)很小时，该状态方程可以简化成更简单的形式：

$$\sigma = 3\varepsilon G \approx 3G\left(\lambda-1\right) \tag{6-44}$$

当 $E = 3G$ 时，式(6-43)才与式(6-42)完全相同。由此可见，只有当形变很小时，适度交联的橡胶态聚合物的应力-应变关系才符合 Hooke 定律。由于橡胶态聚合物发生高弹形变时体积几乎不变，其泊松比(ν)为 0.5，杨氏模量与切变模量的关系为

$$E = 2G\left(1+\nu\right) = 3G$$

由此可见，交联橡胶状态方程式中的 G 是切变模量，其数值等于 NkT，而切变模量随温度的升高而增加。将理论推导出的应力-应变关系与实验测得的曲线进行比较，如图 6-14 所示。从图中可以发现，只有在较小形变范围内($\lambda < 1.5$)，理论推导结果才与实验值基本相符。

4. 橡胶弹性状态方程式产生偏差的原因

研究发现，橡胶态聚合物试样的形变越大，采用状态方程式计算应力-应变理论值与实测值之间的偏离也越大，产生原因有两点：①形变值很大时，橡胶分子网络交联点间的链段不再完全符合关于高斯链的前述 4 点假设；②橡胶态聚合物在形变较大时容易结晶，从而导致模量增加。

理论推导过程中采用过于理想化的模型和假定，如理想的交联网络、链段两端都有交联点、热力学能对弹性无贡献、形变时试样体积不变等，都是导致理论推导结果与实验结果不完全相符的原因。除此以外，假设单键内旋转完全自由、构象变化不改变热力学能等也属于与实际情况不完全相符的绝对理想化假定。

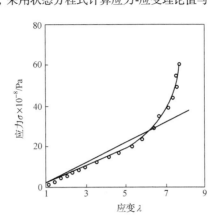

图 6-14　天然橡胶的应力-应变曲线
曲线为实验结果，直线为按照
$\sigma = 4 \times 10^5 (\lambda - 1/\lambda^2)$ 计算的结果

事实上，橡胶受到拉伸力作用时其分子链变得伸展，必然会导致热力学能的变化，因此外力可以分为对热力学能和对熵的贡献两个部分。已有实验结果证明，外力作用于热力学能的贡献只占 12%～15%，其余超过 80% 的外力都贡献于熵值的减小。

近年来，学术界对橡胶态聚合物状态方程进行了一些修正，其中包括采用 "有效交联链数目" 代替总交联链数，以及对均方末端距引入 "前置因子" 进行修正等，使状态方程能更准确描述橡胶态聚合物的力学行为。例如，将均方末端距前置因子 $(\overline{h^2}/\overline{h_0^2})$ 引入后，橡胶态聚合物的切变弹性模量即为 $G = NkT(\overline{h^2}/\overline{h_0^2})$。

综上所述，虽然橡胶态聚合物应力与应变状态方程式，即式(6-42)还存在一些不足，但是应该承认在处理结构如此复杂、分子运动形式如此多样的体系中，该方程仍然基本正确，所以仍不失为高分子物理学最伟大的理论性成果之一。

6.4.4　橡胶的拉伸强度

橡胶态聚合物的物理和力学性能的确极为特殊，除 6.4.1 小节介绍的橡胶高弹性的 4 个主要特点外，橡胶材料还具有稳定的尺寸，在较小幅度的形变过程中服从 Hooke 定律，确实属于弹性固体材料。但是其热膨胀系数和等温压缩系数又与一般液体处于相同数量级，显示其性能与液体具有一定的相似性。除此以外，橡胶的弹性模量随温度升高而增加，这又与气体的压力随温度升高而增加十分相似。研究结果证明，橡胶态聚合物的高弹性还具有以下特点。

1. 在拉伸应力作用下能够缓慢结晶

实验发现在拉伸应力作用下橡胶会慢慢结晶，从而使其拉伸强度增加并伴随着弹性的降低，这就是长期使用橡胶弹性逐渐变差的原因之一。不过在很宽的温度范围内(如−50～100℃)天然橡胶的断裂强度变化却很小。

2. 只有在较高温度和较低拉伸速率下才是完全弹性材料

大量试验结果证明，只有在较高温度和较低拉伸速率条件下橡胶的应力-应变行为才不受黏弹性的影响。利用 WLF 方程将不同温度条件下在不大的应变速率区间内测得的断裂应力折算为参考温度条件下的数值，然后再平移，就可叠合出较大应变速率范围的组合曲线，由此证明橡胶既具有弹性，又具有黏性。

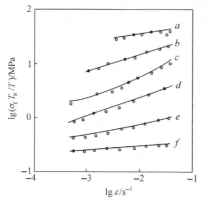

图 6-15　硫化丁苯橡胶断裂强度与温度的关系

$a \sim f$ 温度分别为-48.5℃、-34.4℃、-12.2℃、
25℃、43.3℃、93.3℃

图 6-15 是硫化丁苯橡胶在不同温度条件下的断裂强度与应变速率的关系。比较图中 6 条曲线的趋势可以发现，随着温度升高，橡胶断裂强度对应变速率的依赖性逐渐变小。

6.4.5　热塑性弹性体

热塑性弹性体(thermoplastic elastomer，TPE)，也称热塑性橡胶，是一种兼具塑料和橡胶特性、称为第三代橡胶的新型弹性材料。热塑性弹性体具有在常温条件下显示橡胶的高弹特性、在高温条件下又可很方便地塑化成型、并不需要像传统橡胶那样进行硫化、其加工边角余料容易回收利用等一系列优越性，因此广受学术界和产业界的重视。

按照合成方法的不同，TPE 分为两大类，其一是采用阴离子聚合反应合成的如 SBS 之类的嵌段共聚物，其二则是某些弹性体与塑料在特定条件下的共混物，具有代表性的是乙丙橡胶与聚丙烯的共混物，通常称为热塑性乙丙橡胶。

虽然化学合成的 TPE 具有诸多优点，不过与传统的硫化橡胶比较，却存在弹性较差、压缩永久形变较大、热稳定性较差、相对密度较高和价格昂贵等缺点，使其应用受到一定限制。而共混型 TPE 则在很大程度上弥补了上述缺陷，尤其受到学术界和产业界的重视。

1. 嵌段共聚型 TPE

嵌段共聚型 TPE 包括苯乙烯系、聚氨酯系、聚酯系和聚硅橡胶系等系列。在这类 TPE 中，玻璃化温度较低、为材料提供弹性、构成材料连续相的组分称为橡胶段或软段，如 SBS 中的丁二烯(B)段；而玻璃化温度较高、为材料提供韧性和强度、构成材料分散相的组分称为塑料段或硬段，如 SBS 中的苯乙烯(S)段。

2. 共混型 TPE

以热塑性乙丙橡胶为例,其共混工艺经历了简单机械共混、部分动态硫化共混和动态硫化共混 3 个发展阶段。第 1 阶段是在 PP 中掺入未硫化的乙丙橡胶后再进行简单的机械共混,产品密度较低且抗冲击性能良好。第 2 阶段是在 PP 与乙丙橡胶共混时借助于过氧化物交联剂和机械剪切力的作用对乙丙橡胶组分进行部分动态硫化,产生少许化学交联结构,其综合性能得以显著提高。第 3 阶段是制备完全硫化的热塑性乙丙硫化橡胶。虽然热塑性弹性体具有诸多优点,不过其压缩永久形变仍然高于化学交联弹性体,有待继续改进。

6.4.6 高弹性聚合物的基本条件与性能改善

按照美国材料协会制定的标准(ASTM),将温度 20~27℃、1 min 内可拉伸 2 倍、外力解除 1 min 内可回缩 < 原长度 1.5 倍,或使用条件下杨氏模量为 106~107 Pa 的材料定义为橡胶。

1. 高弹性聚合物的基本条件

作为弹性橡胶材料使用的聚合物,在使用温度范围内必须长时间保持稳定而良好的弹性。如果按照聚合物凝聚态一般分类原则,其在使用条件下应处于稳定的橡胶态。因此,可以作为弹性材料使用的聚合物必须满足以下两个基本条件:室温条件下必须处于稳定的非晶态,其玻璃化温度应远低于室温。

6-22-y
高弹聚合物基本条件:室温下处于稳定的非晶态、玻璃化温度远低于室温。

显而易见,聚合物在使用温度条件下的任何结晶倾向都必然导致其高弹性能的降低甚至完全丧失。同样重要的是聚合物在低于、达到甚至接近玻璃化温度时,其高弹性能都将显著降低甚至完全失去。因此,强调上述两个条件是常温条件下具备橡胶高弹性必须同时满足的最基本条件。

例如,聚乙烯的玻璃化温度虽然很低(–68℃),但是其结晶能力特别强,所以不具备橡胶的高弹性能。将聚乙烯进行适度氯化后即得到氯化聚乙烯,由于后者分子链结构对称性的降低而失去结晶能力,从而成为一种可以作为橡胶使用的弹性材料。乙烯与丙烯的共聚物基于同样原因而失去结晶能力,是一种性能良好的弹性材料。古塔波胶(杜仲胶)与天然橡胶都是化学组成完全相同的聚异戊二烯,但是由于前者是全反式结构而结晶良好,因而不具有弹性只能作塑料材料使用。

2. 改善橡胶弹性的途径

按照前述聚合物分子链近程、远程和凝聚态结构的一般规律,以及影响分子链柔性的各种因素,再遵照聚合物高弹性能赖以存在的基本条件,将改善橡胶态聚合物高弹性的一般途径归纳为提高分子链柔性、适度交联、降低 T_g、增塑以及避免长时间和高强度反复拉伸 5 个方面。

6-23-y
改善橡胶弹性的途径：
1. 提高分子链柔性；
2. 适度交联；
3. 以玻璃化温度为最低使用温度；
4. 适量加入增塑剂；
5. 反复、长时间、高强度拉伸不利于弹性的长久维持。

1) 提高分子链柔性

提高分子链柔性有利于改善材料的高弹性能，但是应以不结晶为前提。聚醚类聚合物如聚甲醛虽然分子链的柔性很好，但是由于容易结晶而只能作为工程塑料使用。

2) 适度交联

交联有利于阻止应力作用下分子链间的滑动，降低弹性形变过程永久性形变的倾向，从而能有效改善聚合物的高弹性能，但是应以不显著影响链段的运动能力为限度。否则，过度交联反而会降低聚合物的弹性。例如，大多数天然及合成橡胶分子链中都含有双键，适度硫化可大大提高弹性，但是含硫太高的橡胶却成为硬性而缺乏弹性的材料。

聚合物交联的方法包括化学交联、辐照交联和各种形式的物理交联。后者的典型例子是 SBS 热塑性弹性材料，其分子链内苯乙烯链段的存在使分子链链间的滑动倾向大大降低，起着物理交联作用，因此其弹性得以改善。与此同时，正因为其无化学交联键存在，可采用一般热塑性材料的热加工方法很方便地进行加工。将制品冷却后，处于玻璃态的聚苯乙烯链段也可以阻止处于高弹态的丁二烯链段的滑动，所以同时具有良好的弹性和热塑性。

3) 玻璃化温度是橡胶的最低使用温度

当温度接近或低于玻璃化温度时，橡胶逐渐变脆同时失去弹性，因此玻璃化温度的高低表征橡胶耐寒性能的优劣。表 6-9 列出几种重要合成橡胶的使用温度范围。

表 6-9　几种重要合成橡胶的使用温度范围($°C$)

橡胶名称	T_g	适应温度范围
顺-1,4-聚异戊二烯	-70	-50～120
顺-1,4-聚丁二烯	-105	-70～140
丁苯共聚物(75/25)	-60	-50～140
聚异丁烯	-70	-50～150
聚α-氯丁二烯(含 1,4-反式 85%)	-45	-35～180
丁腈共聚物(70/30)	-41	-35～175
乙烯-丙烯共聚物(50/50)	-60	-40～150
聚二甲氧基硅氧烷	-120	-70～275
偏氟乙烯-全氟丙烯共聚物	-55	-50～300

4) 加入适量增塑剂

如前所述，加入适量增塑剂可降低非晶态聚合物的玻璃化温度，同样可提高橡胶的耐寒性能。例如，氯丁橡胶的玻璃化温度为-45℃，加入适量磷酸三甲酚酯增塑剂后，可使其玻璃化温度降低到-57℃。不过必须同时考虑增塑剂的加入使链段的运动能力增加，也有可能为聚合物结晶创造条件，这对提高橡胶耐寒能力不利，因此增塑剂种类及其加入量必须严格控制。

5) 长时间、高强度反复拉伸不利于高弹性

长久维持拉伸作用使聚合物分子链沿着受力方向取向而呈现各向异性，这种有序化的倾向有利于结晶的形成，而结晶的生成又使弹性应力升高和模量增大，聚合物内部表现弹性的非晶态部分的减少最终导致橡胶弹性的逐渐降低。由此可见，对橡胶进行长时间、高强度的反复拉伸不利于其高弹性能的长久维持。

6.5　黏流态与流变学理论

6.5.1　黏性流动与流体

线型非晶态聚合物处于黏流温度(晶态聚合物为熔点)与分解温度之间的凝聚态称为黏流态。处于黏流态的聚合物在外力作用下进行伴随着不可逆形变的流动过程称为黏性流动。线型聚合物在黏流态所具有的流动特性正是聚合物热成型加工的依据和条件。绝大多数热塑性聚合物材料的加工，如挤出、吹塑、注塑及合成纤维熔融纺丝等过程都是在黏流态进行的。由此可见，研究聚合物黏流态特性及其流变学行为，对深入理解聚合物结构与性能的相关性，了解热塑性聚合物热加工条件的优化原则等具有重要的理论价值和实用意义。

1. 流体流动类型

按照流体动力学原理将流体的流动分为剪切流动、单轴拉伸流动和静压下体积压缩流动 3 种基本类型。

1) 剪切流动

这是自然界一般液态物质流动的常见类型，其中包括流速不高的层流和流速很高的湍流。层流是指以薄层形式表现流速梯度的流动。流体力学认为，处于相邻两薄层的流体源于自身黏度而产生的内摩擦力导致两者存在流速差异。连续若干薄层流体之间的流速差异也就构成了垂直于流动方向连续分布的速率梯度，也就导致层与层之间剪切力的存在，故称为剪切流动。聚合物熔体和溶液的流动大都属于或部分含有剪切成分的这种类型，如图 6-16(a)所示。

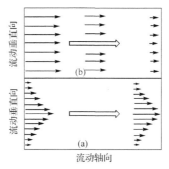

图 6-16　两种类型流体流动示意图
(a) 剪切流动；(b) 拉伸流动

2) 拉伸流动

这是流体前端在轴向拉伸应力作用下、沿流动轴向存在连续速率梯度的流动，如图 6-16(b)所示。聚合物熔融加工过程中，高黏度熔体的流动常属于含拉伸流动成分在内的复杂流动过程。

3) 体积压缩流动

这是聚合物熔体在高压成型加工过程中发生的流动过程,是流体后端在轴向压缩应力作用下沿流动轴向存在连续速率梯度,且伴随着试样体积减小的特殊流动过程。

研究发现,能够进行剪切流动的各种流体中,按照其流动行为的不同又分为牛顿流体和非牛顿流体两大类。

2. 牛顿流体

牛顿流体是指其流动行为服从牛顿流动定律的流体。而牛顿流动定律则是描述液体层流(剪切流动)过程行为最简单而经典的定律,因此首先予以讲述。

图 6-17 是剪切流动过程中切应力与切变速率的定义示意图。图中标出

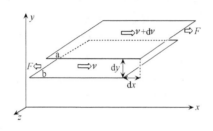

图 6-17　切应力与切变速率的定义示意图

沿 x 轴平行流动的液体中假设存在两相邻液层 a 和 b,液层间距为 dy,由于受剪切力 F 作用液层 a 的流速较液层 b 稍快。如图示液层 a 和 b 的流速分别为 v 和 $v+dv$,两者流速差为 dv,两液层间的剪切应变为 $\gamma = dx/dy$,而两液层间的流速梯度为 dv/dy,实验证明其与切应力(σ_s)成正比,其比例系数 η 定义为流体的表观黏度或切黏度,这就是牛顿流动定律。

试验结果还证明,液层之间产生的剪切应变随时间的变化率即切变速率 $\bar{\gamma} = d\gamma/dt$ 与液层间的流速梯度相等,即液层间的切应力与流速梯度成正比:

$$\sigma_s = \frac{\eta dv}{dy} = \frac{\eta d\gamma}{dt} = \eta \bar{\gamma} \tag{6-45}$$

从分子运动角度分析,液体流动是分子质心的相对运动,由于分子间存在相互作用力,液体流动时分子间就一定产生抗衡彼此相对移动的力,即内摩擦力。由此可见,液体的表观黏度就是分子间内摩擦力的宏观表现。通常将切应力与切变速率间的关系曲线称为流动曲线。牛顿流体的流动曲线是一条通过原点的直线,直线的斜率即为该流体的表观黏度。由此证明,牛顿流体的表观黏度与切应力和切变速率无关,而仅与液体的分子结构和温度有关。

绝大多数小分子液体都属于牛顿流体,而聚合物熔体和浓溶液的流动却不服从牛顿流动定律,其表观黏度并非确定值而是随切变速率变化而改变。将这类无确定表观黏度的流体统称为非牛顿流体,这类流体的流动曲线主要包括图 6-18 中的

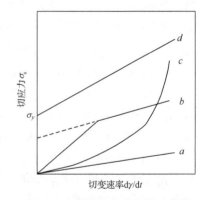

图 6-18　各种类型流体的流动曲线
a. 牛顿流体;*b.* 假塑性流体;
c. 膨胀性流体;*d.* 塑性流体

3 种类型：假塑性流体、膨胀性流体和塑性流体，曲线 a 是牛顿流体。黏度不同牛顿流体的流动曲线(直线)的斜率大小不同，不过直线均通过坐标原点。

3. 非牛顿流体

1) 塑性流体

塑性流体最显著的流动特征是存在临界切应力 σ_y，当切应力小于此临界值时流体不会流动，只有当切应力大于该临界值时才可视为牛顿流体并可用下式描述流动过程：

$$\sigma_s - \sigma_y = \eta\gamma \tag{6-46}$$

式中，临界切应力 σ_y 又称为屈服应力。服从这种流动规律的流体称为塑性流体或宾汉流体。塑性流体的流动曲线是一条不通过坐标原点的直线，其在纵轴上的截距就是屈服应力，如图 6-18 中的直线 d。许多添加填料的聚合物熔体如硝化纤维素、聚氯乙烯塑料熔体等就属于塑性流体。

2) 假塑性流体

假塑性流体流动曲线的特征是既不像塑性流体那样相交于纵轴并存在屈服应力，也不像牛顿流体那样通过坐标原点。如图 6-18 曲线 b，其最右端近似直线部分作延长虚线可相交于纵轴，显示该类流体似乎存在屈服应力，故称为假塑性流体。

3) 膨胀性流体

膨胀性流体的流动曲线向上弯曲，如图 6-18 曲线 c。其特征同样不存在塑性流动那样的屈服应力，其表观黏度随变速率增加而增加，所以有时形象地称为"切力增稠"流体，将具有这种流动特性的流体称为膨胀性流体。一般悬浮液体、某些聚合物-填料的熔融体、乳胶涂料-颜料体系等均属于这种类型。

图 6-18 中 4 种流体的表观黏度与切变速率的关系如图 6-19 所示。结果显示，牛顿流体的表观黏度与切变速率的大小无关，如曲线 a 为一条水平线。从曲线 b 和 d 的形态可见，假塑性流体和塑性流体的表观黏度均随切变速率的增加而显著降低，其中尤以假塑性流体最为显著，因此形象称为"切力变稀"。产生这一现象的原因在于流动过程中切应力作用导致流体内聚合物分子链结构发生了某种改变。绝大多数聚合物熔体及其浓溶液都属于假塑性流体。与此相反的是曲线 c 显示膨胀性流体的表观黏度却随切变速率的增加而显著增加。

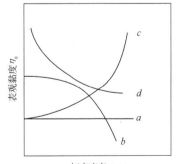

图 6-19 表观黏度与切变速率的关系
a. 牛顿流体；b. 假塑性流体；
c. 膨胀性流体；d. 塑性流体

总而言之，非牛顿流体的表观黏度不像牛顿流体那样为常数，而是随切变速率或切应力的变化而变化,因此取流动曲线上某一具体点的切应力与切变速率的比值定义为该切变速率条件下的表观黏度。

需要特别明确，无论采用何种实验方法，直接测定聚合物流体黏度都是表观黏度而非实际黏度。为何要冠以表观呢？原来聚合物熔体或溶液在流动过程中除了进行不可逆的黏性流动外，还可能发生部分可逆的弹性形变。流体实际黏度本该完全来源于不可逆的线性流动而不包括弹性形变。所以实验测定的表观黏度值总是低于实际黏度，于是用表观黏度以示区别于实际黏度。目前尚无成熟理论和定量公式准确描述并计算聚合物熔体的表观黏度，通常采用经验公式进行计算和表征，其中以幂函数形式表达的方程式(幂律公式)被广泛采用：

$$\sigma_s = k\overline{\gamma}^n$$

$$\eta_a = \sigma_s / \overline{\gamma}^n = k\overline{\gamma}^{n-1} \tag{6-47}$$

6-24-y
非牛顿指数
$n=1$ 为牛顿流体，
$n < 1$ 为假塑性
流体，$n > 1$ 为
膨胀性流体。

式中，η_a 为表观黏度；k 为牛顿黏度；n 为流体的非牛顿流体指数，或简称为非牛顿指数，其数值大小反映该流体的流动特性与牛顿流体的偏差程度。当 $n = 1$ 时为牛顿流体，$n < 1$ 时属于假塑性流体，$n > 1$ 时属于膨胀性流体。多数聚合物熔体的流动都属于假塑性流动，$n < 1$；n 值比 1 小得越多，表明该流体的非牛顿性特征越明显。

4. 黏性流动的特点

1) 流动活化能与相对分子质量无关

6-25-y
黏性流动特点：
1. 流动活化
能与相对分子质
量无关；
2. 在黏流
温度 T_f 以上才能
流动；
3. 聚合物
熔体属弹性非牛
顿液体，类似于
假塑性流体。

曾有学者根据低分子流体流动活化能的变化规律，推算 1 个聚合度 500、含 1000 个亚甲基的长链聚乙烯分子的流动活化能约 2100 kJ/mol，但是 C—C 单键的键能却只有 335 kJ/mol。如果前述推算正确，就意味着聚合物熔体或其浓溶液在发生流动之前分子链就已经发生断裂，这显然是不正确的。

对一系列烃类同系物流动活化能的测定结果表明，当分子链碳原子数增加到 20～30 以上时，其流动活化能即达到极限值。对不同相对分子质量的同种聚合物流动活化能的测定结果也证明，其数值大小与分子结构有关而与相对分子质量无关。由此可见，聚合物熔体或浓溶液的流动绝不是整个分子链的扩散运动过程，而是以链段作为扩散、移动和运动的基本单位，犹如蚯蚓蠕动那样逐步而缓慢地实现整个分子链质心的位移过程。

2) 非晶态聚合物熔体在黏流温度以上才能流动

一般而言，流体流动过程受到的阻力与流体的黏度有关，而流体黏度又与温度关系密切，如

$$\eta = A\exp\left(\Delta E_\eta / RT\right) \tag{6-48}$$

式中，A 为常数；ΔE_η 为流动活化能，是流体流动过程中为克服邻近分子间作用力所需的能量。流体流动活化能的测定需首先测定不同温度条件下流体的黏度，再用黏度对温度的倒数作图即可得直线，其斜率即为该流动活化能。非晶态聚合物必须在黏流温度(T_f)以上才能流动，黏流温度的高低与大分子结构及其相对分子质量有关。

如前所述,虽然聚合物熔体的流动本质上是通过链段运动来实现,其流动活化能与相对分子质量无关,但是由于相对分子质量越大的聚合物所含链段数越多,其运动所受阻力也越大,分子链质心的移动也越困难,这就意味着必须在更高的温度下才能产生流动。事实上,非晶态聚合物的黏流温度是比较宽的温度范围,其热加工成型就在这个温度范围内进行。

3) 聚合物熔体属弹性非牛顿流体,流动时伴随弹性形变

低分子液体流动时产生的形变完全属于不可逆形变,而聚合物熔体流动过程所产生的形变往往包含可逆部分,因而表现出一定弹性。当外力作用于聚合物熔体使其产生流动时,熔体内分子链段不可避免会顺着外力方向进行取向运动而达到部分舒展,这样就伴随着弹性形变的产生。如前所述,弹性形变属于可逆松弛过程,当聚合物的相对分子质量很高或外力作用时间很短,且所处温度正好在黏流温度附近时,熔体产生的弹性形变就表现得更为显著。聚合物熔体的这一特性必须在热加工成型过程中予以足够重视,才能保证生产合格制品。

聚合物熔体的黏度与切应力和切变速率密切相关,所以属于典型的非牛顿流体。非牛顿流体的流动规律难于采用流动方程进行描述,所以需通过实验测定流动曲线的途径进行研究。研究发现,多数聚合物熔体及其浓溶液的流动行为类似于假塑性流体,其流动时的切应力和切变速率的变化范围非常宽,一般采用双对数坐标作图,如图 6-20 所示。聚合物熔体的表观黏度与切变速率的关系如图 6-21 所示。

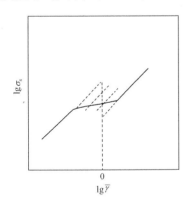 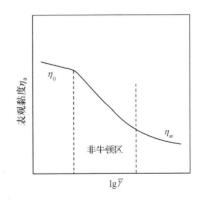

图 6-20　聚合物熔体的流动曲线　　　图 6-21　熔体表观黏度与切变速率曲线

图 6-20 中聚合物熔体的流动曲线分为 3 个区域:左侧低切变速率区是斜率 $n = 1$ 的直线,服从牛顿流体流动规律,称为第 1 牛顿流动区;右侧高切变速率区也是斜率 $n = 1$ 的直线,也服从牛顿流体流动规律,称为第 2 牛顿流动区;两个区域之间属于非牛顿流体区,称为假塑性流动区。在此区域内,聚合物熔体黏度随切变速率增加反而降低。如果作一系列斜率为 1 的直线(图 6-20 中虚线),其与垂直虚线($\lg \bar{\gamma} = 0$)的交点所对应的切应力等于该切变速率条件下的表观黏度。聚合物熔体在第 1 牛顿流动区内的黏度称为零切变速率黏度(η_0),在第 2 牛顿流动区内的黏度称为极限牛顿黏度(η_∞)。

图 6-21 显示，$\eta_\infty < \eta_0$，两者之间即假塑性流动区的表观黏度介于零切变速率黏度(η_0)和极限牛顿黏度(η_∞)之间。通常情况下在聚合物加工成型过程中，其熔体黏度往往达不到第二牛顿流动区，原因是达到该区域之前聚合物熔体就出现不稳定流动，原因将在后面讲述。所以应特别明确：聚合物的热加工成型过程都是在非牛顿区内进行的。在非牛顿区域内，按照近似直线法以斜率 n 表征聚合物熔体的非牛顿化程度。

6.5.2　黏流温度的影响因素

1. 分子链结构的影响

黏流温度即聚合物分子链开始具备整体运动能力的温度。柔性分子链的运动主体链段较短，其运动的空间需求较小，运动活化能也较低，因此可以在较低温度发生由链段参与的整个分子链的运动，可见其黏流温度较低。与此相反，柔性差的分子链的运动主体链段较长，其运动的空间需求较大，运动活化能较高，只能在较高温度才能进行分子链运动，因此其黏流温度较高。例如，柔性分子链的聚乙烯和聚丙烯其黏流温度较低，而刚性分子链的聚碳酸酯和聚砜等的黏流温度就相当高。

分子链间作用力的强弱同样影响聚合物的黏流温度，一般规律是：具有非极性分子链的聚合物的分子间力较弱，其黏流温度较低；极性分子链聚合物的分子间力较强，其黏流温度较高。例如，聚氯乙烯和聚丙烯腈的黏流温度就相当高，甚至尚未达到黏流温度聚合物就开始发生分解和降解反应。

2. 相对分子质量的影响

既然黏流温度是分子链能够运动的最低温度，分子链越长其运动所需能量也越高，所以黏流温度与相对分子质量呈现强烈正相关性就不难理解。然而必须指出，由于相对分子质量具有多分散性，以至于一般非晶态聚合物都没有一个明确的黏流温度，而仅仅表现为从开始软化直至最后黏性流动较为宽泛的温度范围，聚合物的热成型加工通常都是在该温度范围内进行。

有必要探究结晶性聚合物处于非晶态时的黏流温度与其处于晶态时熔点的比较。正如 5.5.1 小节所讲述的，相对分子质量对晶态聚合物熔点的影响相对轻微，如第 5 章习题 10 的计算结果也显示，晶态聚对苯二甲酸乙二酯的相对分子质量从 10000 升高到 20000，其熔点也仅仅升高大约 1.4 K。既然如此，对结晶性聚合物而言，下面两种情况都有可能出现。

(1) 对于较低相对分子质量的结晶性聚合物，其处于非晶态时的黏流温度大多低于晶态时的熔点，即 $T_f < T_m$。其黏流温度随相对分子质量的升高而升高，甚至有可能超过熔点，即对于高相对分子质量的结晶性聚合物，$T_f > T_m$。

(2) 对于部分结晶聚合物，当其结晶度较低时，非晶区黏流温度的高低对材料的力学性能和热加工性能起着控制作用，此时相对分子质量的高低就十分关键。当其结晶度较高时，晶区的熔点就转化为控制因素，材料力学性能和热加工性能与相对分子质量的关系则降为次要因素。

3. 外力大小与作用时间的影响

在外力作用下，分子链间作用力得以部分克服，表现为其表观黏度和黏流温度相应降低。对那些表观黏度和黏流温度均较高的刚性分子链聚合物的热加工成型而言，选择在适当的应力作用下即可在较低温度下进行，尤其具有重要意义。总体而言，黏流温度是非晶态聚合物热加工成型的下限温度，而分解温度则是其热加工的上限温度。

6.5.3　熔体黏度的影响因素

聚合物熔体黏度的影响因素主要包括聚合物结构和测定条件两个方面，其中聚合物结构又涉及取代基、分子链柔性、助剂和相对分子质量及其分布等因素，而黏度测定条件则含温度、切应力或切变速率和压力等因素。

6-26-y
熔体黏度的
影响因素：
1. 柔性分子
链熔体黏度较低；
2. 刚性分子
链、支化、位阻和
极性取代基使熔
体黏度升高；
3. 聚合度↑，
熔体黏度↑。

1. 分子链结构的影响

按照流体力学原理，流体的流动是其在外力作用下克服分子间力而产生位移的过程。由此可见，聚合物熔体分子间力的大小是决定其黏度高低最重要的因素。根据活化能的高低能够客观评价化学或物理过程进行的难易，从表 6-10 列出几种聚合物熔体的流动活化能，即可比较其熔体流动的相对难易。

表 6-10　几种聚合物熔体的流动活化能ΔE_η(kJ/mol)

聚合物	HDPE	LDPE*	PP	聚异丁烯	PVC	PS	PET	聚酰胺
ΔE_η	25	46~71	42	50~67	95	105	59	63

*低密度聚乙烯含长支链越多，其流动活化能越高。

表 6-10 的结果显示，不同结构聚合物的流动活化能相差很大，其中高密度聚乙烯的流动活化能最低仅 25 kJ/mol，而聚苯乙烯的流动活化能最高达 105 kJ/mol。根据表 6-10 列出的结果，可以归纳聚合物分子链结构与熔体的流动活化能及其黏度之间存在以下规律。

(1) 分子链上无取代基、结构规整且柔性良好的聚合物，其熔体流动活化能较低，流动性较好。分子链上既无取代基，也无支链的高密度聚乙烯和聚四氟乙烯就属于这一类。

(2) 分子链柔性较差的聚合物熔体的流动活化能较高，流动性能较差，黏度对温度的敏感程度却较高。例如，聚碳酸酯、聚对苯二甲酸乙二酯和聚乙酸乙烯酯就属于此类，这与表 6-10 得到的结论一致，却与黏度对切应力的敏感程度趋势恰恰相反。

(3) 取代基、支链尤其是极性基团的存在，会大大增加聚合物熔体的流动活化能，降低流动性。例如，表 6-10 中 LDPE 因存在大量支链，其流动活化能较无支链的 HDPE 成倍增加，聚苯乙烯和聚氯乙烯的流动活化能约是高密度聚乙烯的 4 倍。

2. 相对分子质量及其分布的影响

相对分子质量及其分布对聚合物熔体黏度的影响是显而易见的。相对分子质量高的聚合物熔体内分子链间作用力较强，其表观黏度较高而流动性较差，两者的相关性如图 6-22 所示。

1) 每种聚合物都存在临界相对分子质量

图 6-22 显示，在无限低切变速率即零切变速率条件下，测定聚合物熔体黏度与相对分子质量的关系为两条斜率不同而相交的直线，交点所对应的是具备聚合物熔体特征、能满足材料基本物理和力学性能要求的"临界相对分子质量"。换言之，只有相对分子质量达到并超过此临界值的聚合物才能满足加工使用的基本性能要求。

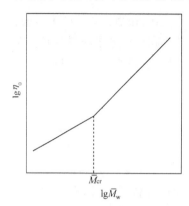

图 6-22　熔体零切变黏度与相对
分子质量的关系

临界相对分子质量 $(\bar{M}_{\mathrm{cr}})$ 是聚合物的重要结构性能参数之一，当聚合物的相对分子质量高于 $\bar{M}_{\mathrm{cr}}$ 时，其熔体黏度随相对分子质量的增加而急剧增加。一般认为这是由于分子链发生彼此缠绕而导致流动阻力增大的结果。$\bar{M}_{\mathrm{cr}}$ 则是分子链彼此发生缠绕的最低相对分子质量，也是聚合物形变-温度曲线上能够出现橡胶态平台的最低相对分子质量。换言之，当聚合物的实际相对分子质量低于临界相对分子质量时，该聚合物将不会出现橡胶态，表 6-11 列出一些聚合物的临界相对分子质量。

表 6-11　一些聚合物的临界相对分子质量

聚合物	聚乙烯	尼龙-6	天然橡胶	聚异丁烯	PVAC	PDMS	PS
$\bar{M}_{\mathrm{cr}}$	4000	5000	5000	17000	25000	30000	35000

注：PVAC 是聚乙酸乙烯酯；PDMS 是聚二甲基硅氧烷。

6-27-y
临界相对分子质量是指聚合物熔体从牛顿流体转变为非牛顿流体的最低相对分子质量。

聚合物的相对分子质量低于临界值 $\bar{M}_{\mathrm{cr}}$ 时，其熔体黏度几乎不随切变速率的改变而变化，因而具有牛顿流体的特性。当聚合物的相对分子质量高于 $\bar{M}_{\mathrm{cr}}$ 时，其熔体黏度则随切应力或切变速率的增加而降低。相对分子质量越高，切应力增加对熔体黏度降低的作用也越显著。聚合物熔体从牛顿流体特性转变为非牛顿流体特性所需的临界切变速率也随相对分子质量的增大而逐渐减小。由此证明聚合物熔体的非牛顿流动行为随着相对分子质量的增大而变得越来越显著。

由此可见，临界相对分子质量是聚合物熔体从牛顿流体转变为非牛顿流体的最低相对分子质量。

2) 相对分子质量分布的影响

聚合物相对分子质量分布对熔体黏度也存在显著影响。一般而言，相对分子质量分布较宽的聚合物熔体的黏度较低，流动性也较好，同时表现出更强的非牛顿流动特性。由于相对分子质量较高的聚合物分子对切变速率变化的敏感程度高于相对分子质量较低的分子，于是相对分子质量分布较宽的聚合物熔体对切变速率变化的敏感程度也较高。图 6-23 和图 6-24 分别为不同相对分子质量分布的聚合物熔体黏度与切变速率、切应力的关系曲线。

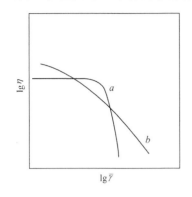

图 6-23　不同相对分子质量分布聚合物的　　图 6-24　不同相对分子质量分布聚合物的
　　　熔体黏度-切变速率的关系曲线　　　　　　　　　熔体黏度-切应力曲线
　　　相对分子质量分布顺序 $a < b$　　　　　　　　相对分子质量分布顺序 $a < b < c$

结果显示，相对分子质量分布较宽的聚合物熔体对切应力或切变速率具有较宽的适应范围，不仅黏度较低，容易与辅料混合均匀，而且工艺条件也不苛刻，动力消耗较低，制品质量更容易得到保证。当然聚合物的相对分子质量分布也不能过宽，否则容易发生溢料、粘辊等故障。由此可见，为了获得合格聚合物制品，合理确定其相对分子质量及其分布范围十分必要。

3) 不同用途和加工方法对相对分子质量及其分布的要求

在聚合物加工成型过程中，其熔体黏度越低，流动性越好，就越容易与其他辅料均匀混合，制成品的表面也就越光滑。从这个意义出发，采用较低相对分子质量的聚合物是有利的。但是，如果聚合物的相对分子质量太低则往往会显著降低制品的力学性能。因此，在聚合物工程领域把握聚合物相对分子质量的基本原则，即在充分满足制品力学性能的前提下尽可能选择较低相对分子质量的聚合物，以降低加工成型技术条件的综合要求。不同用途的聚合物材料对相对分子质量及其分布的要求有所不同，现分别简述如下。

合成橡胶：一般要求相对分子质量达数十万以上，其分布较宽。相对分子质量太低往往弹性不足，同时容易发黏；要求相对分子质量分布宽一些，原因是低相对分子质量的组分可以充分保证在较低黏度条件下能与辅料均匀混合，而高相对分子质量的组分则可以保证制品具有良好的力学性能。

合成纤维：一般要求相对分子质量数万或稍低，其分布较窄。否则，太高相对分子质量的聚合物熔体的黏度太高，很容易堵塞孔径微小的纺丝孔。另一方面，为了提高聚合物熔体的纺丝性能，一般都要求较窄的相对分子质

6-28-y
各种用途对聚合物相对分子质量及其分布的要求：
橡胶要求相对分子质量数十万以上，分布较宽；合成纤维要求相对分子质量数万或稍低，分布较窄；塑料要求介于橡胶和纤维之间。

量分布。

普通塑料：要求相对分子质量介于橡胶和纤维之间，其分布也较窄。原因是塑料的相对分子质量一般较低，加工成型时加入的辅料也较少，较宽的相对分子质量分布必然导致制品力学性能的显著降低。不过不同加工方法对聚合物的相对分子质量也有不同的要求。例如，注射成型要求的相对分子质量较低，挤出成型要求的相对分子质量较高，而吹塑成型要求的相对分子质量则介于两者之间。

3. 助剂的影响

聚合物加工过程中通常都需加入各种助剂如填充剂、润滑剂、增塑剂和稳定剂等，这些助剂的加入一般都会不同程度影响熔体的黏度及其流动行为。实践证明，固体助剂的加入常导致熔体黏度增加和流动性降低，降低程度取决于助剂的种类及其加入量。与此不同的是多为高沸点液体的增塑剂或溶剂的加入往往导致聚合物熔体黏度的降低和流动性能的改善。

通常采用熔融指数表征聚合物熔体的流动性。熔融指数是指在确定温度和压力条件下，聚合物熔体在 10 min 内从标准直径和长度的毛细管中流出的质量(g)。测定聚合物熔融指数的仪器是熔融指数仪。显而易见，保证测定温度和压力条件的恒定对测定结果的准确和可比性十分重要。

4. 温度的影响

研究发现，非晶态聚合物在黏流温度以上或晶态聚合物在熔点以上时，其表观黏度随温度升高而呈指数函数降低的趋势。不过温度太高容易导致聚合物发生降解，因此熔体的温度范围也不能太宽。式(6-48)取自然对数，熔体黏度与温度的关系式为

$$\ln \eta = \ln A + \Delta E_\eta / RT \tag{6-49}$$

式中，ΔE_η 为聚合物熔体的表观黏度活化能，是熔体黏度对温度的依赖程度指标。表 6-12 列出几种聚合物的表观黏度活化能。

表 6-12   几种聚合物的表观黏度活化能

聚合物	$\Delta E_\eta/(kJ/mol)$	聚合物	$\Delta E_\eta/(kJ/mol)$
HDPE	25	PVC	95
LDPE	46~71	PS	105
PP	42	聚对苯二甲酸乙二酯	69
聚异丁烯	50~67	聚酰胺	63

以 6 种聚合物的表观黏度对温度或其倒数对温度作图，如图 6-25 所示。结果显示，这些聚合物的表观黏度均在较窄温度范围内呈现直线，显示聚合

物的表观黏度均随温度升高呈下
降趋势。

在聚合物的加工成型过程中，
当熔体黏度对温度的依赖性很强
时，只需要稍微改变温度就能明显
改善熔体的流动性，所以必须特别
注意保持熔体温度稳定，否则将会
因为熔体流动性的显著改变而影
响制品质量。评价聚合物熔体对温
度的敏感程度，可在固定切变速率
条件下测定比较熔体在相差 40℃
时的表观黏度，将其比值作为熔体
黏度对温度敏感程度的指标。

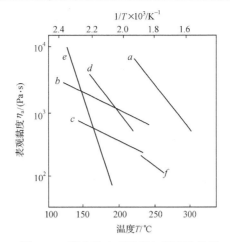

图 6-25　聚合物表观黏度与温度的关系
a. 聚碳酸酯；*b*. 聚乙烯；*c*. 聚甲醛；
d. 聚甲基丙烯酸甲酯；*e*. 醋酸纤维(4 Pa)；*f*. 尼龙-33

当聚合物熔体的温度降低到
黏流温度以下时，其黏度与温度的关系不能再直接用式(6-49)表征，此时聚
合物熔体的流动活化能将随温度的降低而急速增大。例如，聚苯乙烯在
217℃和 80℃时的流动活化能分别为 101 kJ/mol 和 335 kJ/mol；聚甲基丙烯
酸甲酯在玻璃化温度之上 10℃时的流动活化能竟然高达 1046 kJ/mol。这是
由于聚合物熔体在较低温度条件下的体积急剧收缩，自由体积急剧减小，链
段运动变得非常困难，此时熔体黏度与玻璃化温度的关系应该用式 $T_m = KT_g$
进行换算，并以玻璃化温度为参考温度，就可以按照式(6-49)计算 T_g 之上
100℃温度范围内聚合物熔体的黏度及其流动活化能。

5. 压力的影响

聚合物熔体在加工成型过程中常采用很高的压力，有时熔体自身静压力
也不小。熔体在压力作用下通常会产生体积收缩、自由体积减小、分子间作
用力增加，最后导致熔体黏度升高。表 6-13 列出几种聚合物熔体在静压力
作用下的体积收缩率。

表 6-13　几种聚合物熔体在静压力作用下的体积收缩率

聚合物	PMMA	LDPE	尼龙-66	聚苯乙烯
温度/℃	150	150	300	150
体积收缩率/%	3.6	5.5	3.5	5.1

注：受压情况分别为常压和 70 MPa。

大量研究结果显示，当压力增加到 100 MPa 时聚合物熔体的黏度大约
翻倍，而温度每降低 20℃，熔体黏度也翻倍。由此可见，温度对熔体黏度
的影响远远超过压力的影响。

在实际生产过程中，为了提高生产效率，往往同时采用升温和增加压力
的条件，这就充分考虑了温度和压力对熔体黏度的影响正好相反，影响可以

部分抵消，熔体的黏度可以保持基本不变。如果压力控制不当，就有可能出现增加压力反而使熔体成型困难，甚至变得像固体一样失去流动性。

6. 切应力与切变速率的影响

如前所述，聚合物熔体属非牛顿流体，其黏度与切应力和切变速率密切相关。多数聚合物熔体的黏度随剪切力或剪切速率的增加而降低，不过不同聚合物所表现的降低程度有所不同。聚合物熔体表观黏度对切变速率的依赖性，既反映其流动特性与分子结构的相关性，也体现出聚合物加工成型条件控制的重要性。

图 6-26 为几种聚合物熔体的表观黏度与切应力的相关曲线。从图 6-26 可以得到如下结论：**聚合物分子链柔性越好，其熔体表观黏度对切应力的敏感程度越高。相反，分子链柔性越差的聚合物，其熔体黏度对切应力的敏感性越低。**

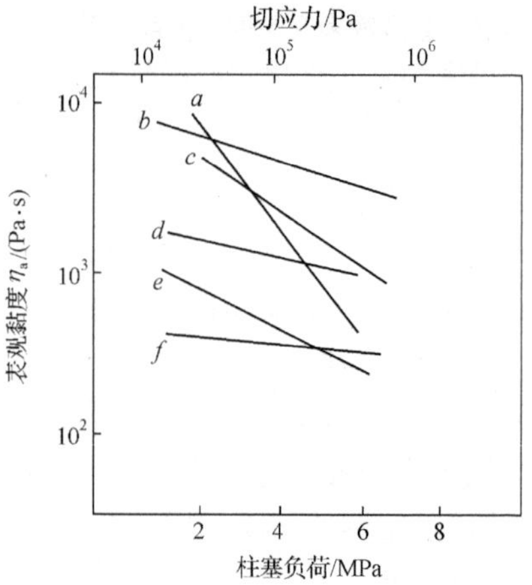

6-29-y
分子链柔性好，熔体黏度对切应力的敏感度较高，其对温度的敏感度却较低。相反，链柔性差，熔体黏度对切应力的敏感度低，其对温度的敏感度却较高。

图 6-26　聚合物熔体表观黏度与切应力的关系

a. 聚甲醛，200℃；*b.* 聚碳酸酯，280℃；*c.* 聚乙烯，200℃；*d.* 有机玻璃，200℃；*e.* 醋酸纤维素，180℃；*f.* 尼龙，230℃

其中原因不难理解，即柔性好的聚合物分子链之间的缠绕或扭结点比较多，切应力增加时这些缠绕、扭结点的解离也比较容易，从而切应力导致聚合物熔体的分子结构发生显著改变，于是其流动阻力和表观黏度对切应力改变的敏感程度也就比较高，如聚甲醛就属于这种情况。这类表观黏度对切应力或切变速率敏感的聚合物在加工过程中，常采用增加切应力以达到降低黏度和改善流动性的目的。

总而言之，在聚合物加工成型过程中温度和切应力是两个最重要的工艺控制指标，在确定工艺条件时必须综合考虑两者对不同柔性分子链聚合物熔体黏度的影响。例如，采用注射成型制造长流程薄壁制品时，熔体应具有较低的黏度和较好的流动性才能保证物料充分填满模腔。否则，制品将可能出现断裂和残缺等严重质量问题。

6-30-y
热加工柔性分子链聚合物时，优先考虑增加模具柱塞压力或螺杆转速以提高熔体流动性。加工刚性分子链聚合物时，首先考虑提高温度以降低熔体黏度。

为此必须根据不同柔性分子链聚合物对温度和压力的敏感性强弱，决定究竟选择温度还是压力作为调控熔体黏度的优先手段。例如，在加工聚甲醛和聚乙烯等柔性分子链聚合物时，由于熔体黏度对切应力非常敏感，要提高熔体流动性就必须优先考虑增加模具柱塞压力或螺杆转速。然而在加工尼龙、聚碳酸酯和聚砜等刚性分子链聚合物时，首先考虑的是提高温度以降低熔体黏度。原因是这 3 类聚合物的分子链柔性均较差，其熔体黏度对温度很敏感而对切应力却不甚敏感。

研究结果证明，在零切变速率条件下聚合物熔体零切变黏度与重均相对分子质量之间存在如下经验关系：

当　　　　　　　　　　$\bar{M}_{\mathrm{w}} < \bar{M}_{\mathrm{cr}}$ 时 ，$\eta_{\mathrm{a}} \propto \bar{M}_{\mathrm{w}}^{3.4}$

当　　　　　　　　　　$\bar{M}_{\mathrm{w}} > \bar{M}_{\mathrm{cr}}$ 时 ，$\eta_{\mathrm{a}} \propto \bar{M}_{\mathrm{w}}^{1.0 \sim 1.6}$

测定多种不同来源和不同相对分子质量的聚丙烯试样的表观黏度，并对黏均相对分子质量作图可以得到一条斜率为 3.5 的直线，证明上述经验公式与实际情况基本相符。

6.5.4　熔体表观黏度的测定

采用不同加工成型方法对聚合物熔体的黏度要求并不相同。一般而言，注射成型对熔体的流动性要求较高，挤出成型对熔体的流动性要求相对较低，而吹塑成型对熔体黏度的要求介于两者之间。即使采用同一种工艺加工复杂程度不同的聚合物制品，或者加工不同类型的聚合物时，其对聚合物熔体的黏度也有不同要求。可见要获得高质量的聚合物制品，严格控制加工成型过程中聚合物熔体的流动性十分重要。

从宏观角度考虑，黏度是流体流动性优劣的工艺参数，在微观上则是大分子内摩擦力大小的量度。在实际工作中通常采用聚合物熔体的表观黏度(切黏度)表征其流动性。测定聚合物熔体表观黏度的仪器通常包括落球式黏度计、毛细管流变计和转动式黏度计等多种，其中毛细管挤出流变计最常用。用这些仪器测定聚合物熔体黏度的原理及操作有所不同，其测定的黏度范围和适宜的切变速率也不尽相同，如表 6-14 所示。

表 6-14　各种黏度计的测定范围

黏度计	落球式	毛细管式	平行板式	转动圆筒式	转动锥板式
测定范围/(Pa·s)	$10^{-5} \sim 10^3$	$10^3 \sim 10^5$	$10^3 \sim 10^8$	$10^{-1} \sim 10^{11}$	$10^2 \sim 10^{11}$
切变速率范围/s	极低	$10^{-1} \sim 10^6$		$10^{-5} \sim 10$	

6.5.5　聚合物的拉伸黏度

本节开始曾讲述过聚合物熔体的流动包括剪切流动、单轴向拉伸流动和静压力条件下的体积压缩流动 3 种基本类型。本节具体讲述聚合物熔体在轴向拉伸应力作用下发生的拉伸流动，这是合成纤维和薄膜加工过程中非常重要的问题。与前面讲述的在切应力条件下对聚合物熔体黏度定义相类似，这里将熔体在拉伸流动过程中表现的黏度定义为拉伸黏度。

例如，单轴拉伸应力与该方向上拉伸应变速率成正比：

$$\sigma_t = \eta_t \bar{\varepsilon} \ ; \quad \bar{\varepsilon} = \mathrm{d}l / l\mathrm{d}t$$

式中，η_t 为单轴拉伸黏度或特鲁顿黏度。拉伸黏度与切黏度的区别在于前者的速率梯度场方向与形变方向相同，而后者的速率梯度场方向与形变方向不同。实践证明，平面双轴均等拉伸服从如下关系：

$$\bar{\varepsilon}_x = \bar{\varepsilon}_y = \bar{\varepsilon} \ ; \quad \sigma_{xx} = \sigma_{yy} = \eta_{tt} \bar{\varepsilon}$$

式中，常数 η_{tt} 为双轴拉伸黏度，对牛顿流体 $\eta_{tt} = 2\eta_t = 6\eta$。

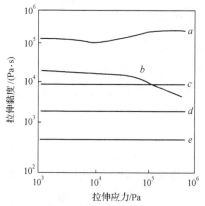

图 6-27　常压单轴拉伸黏度与应力的关系
a. LDPE，170℃；*b*. 乙-丙共聚物，230℃；
c. 聚丙烯酸酯类，230℃；*d*. 缩醛类共聚物，200℃；
e. 尼龙-66，285℃

由于聚合物熔体的非牛顿特性，除在形变速率很小时拉伸黏度是常数外，多数情况下其单轴拉伸黏度(η_t)和双轴拉伸黏度(η_{tt})均与表观黏度(η)类似，对形变速率具有不同程度的依赖性，如图 6-27 所示具有 3 种类型。

第一类，拉伸黏度与拉伸应力无关。例如，聚丙烯、尼龙-66和缩醛类聚合物均属于此类，即使高达 10^6 Pa 的拉伸应力，其拉伸黏度也与应力大小无关。

第二类，拉伸黏度随拉伸应力增加而减小。例如，聚丙烯在应力 10^6 Pa 时的拉伸黏度仅为 10^3 Pa 时拉伸黏度的 1/5。

第三类，拉伸黏度随拉伸应力的增加而增加。例如，低密度聚乙烯在应力为 10^6 Pa 时的拉伸黏度是应力为 10^3 Pa 时拉伸黏度的 2 倍。

多数聚合物熔体的表观黏度随切应力增加而大幅度降低，拉伸黏度却随拉伸应力的增加而增加。即使个别聚合物熔体的拉伸黏度随拉伸应力增加而降低，其降低幅度也远小于表观黏度降低的幅度。因此，在很大应力作用下，拉伸黏度往往要比表观黏度高 1～2 个数量级。此时，拉伸黏度不再像小分子流体那样是表观黏度的 3 倍，其数值将更大。聚合物熔体拉伸黏度与形变速率之间的关系也表现为 3 种类型。

第一类，拉伸黏度随拉伸形变速率的增加而增加，如聚异丁烯和聚苯乙烯等的单轴拉伸就属于这种类型。在拉伸过程中，如果聚合物熔体存在局部缺陷，则可能逐渐趋于均匀化以至完全消失。

第二类，拉伸黏度随拉伸形变速率的增加而减小，如高密度聚乙烯单轴拉伸就属于此类。在拉伸过程中，熔体存在的局部缺陷不能均匀化，更不会消失，最终将导致熔体局部破裂。

第三类，拉伸黏度与拉伸形变速率无关，如有机玻璃、ABS 树脂、尼龙、聚甲醛等就属于这一类。

总而言之，聚合物的拉伸黏度和表观黏度及其影响因素对加工成型条件的确定至关重要，不同加工成型方法对拉伸黏度和表观黏度的相关性并不相同。例如，合成纤维的熔融纺丝与熔体的拉伸黏度密切相关，而与表观黏度的关系不大；吹塑和拉弧薄膜等成型工艺与熔体的双轴拉伸黏度存在密切关系。

由此可见，拉伸黏度是材料的"可纺性"指标，拉伸黏度低的聚合物可纺性都很好。实验结果证明，当聚合物的重均相对分子质量相同时，相对分子质量分布宽的聚合物的拉伸黏度较高，相对分子质量分布窄的聚合物的拉伸黏度较低。正因为如此,作为纺制纤维原料的聚合物的基本要求就是其相对分子质量分布必须足够窄,这样才具有良好的可纺性。

6.5.6 聚合物熔体的弹性行为

如前所述,聚合物熔体在外力作用下既表现黏性流动的不可逆形变特性(产生于分子链位移),也表现出一定程度弹性流动的可逆形变特性(产生于链段运动)。弹性形变的产生和回复都属于松弛过程,对聚合物加工成型过程产生重要影响。聚合物熔体的弹性行为可呈现如下 4 个方面的表现。

1. 可回复切形变

定量测定聚合物熔体的黏性形变和弹性形变是聚合物工程学最重要的检测内容之一。通常采用旋转黏度计,将熔体加入黏度计内两个同轴圆筒之间,施加一定扭力矩使圆筒转动并维持一定时间后,测定 θ 与时间的关系如图 6-28 所示。

决定聚合物弹性形变大小的主要因素包括温度高低、起始形变值大小和形变维持时间长短等 3 个方面。一般规律是,温度高、起始形变值大、维持形变时间长都会使弹性形变相对减小。以聚丙烯为例,当 θ 为 20°、温度分别为 176℃、232℃和 260℃时的弹性形变分别占 70%、45%和 15%。

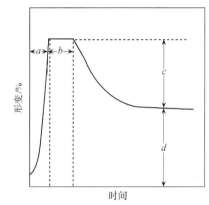

图 6-28　弹性形变和黏性形变示意图
a、b 分别为形变产生和维持时间;
c、d 分别为弹性形变和黏性形变

弹性形变在外力解除后,松弛过程进行的快慢由松弛时间 τ 决定,如果测定时间比松弛时间长得多,则测定结果主要是黏性形变;如果实验时间比松弛时间短得多,测定结果主要是弹性形变。当聚合物的相对分子质量较高且分布较宽时,松弛时间较长,弹性形变的回复相对缓慢,熔体的弹性就表现得特别明显。

2. 法向应力效应

众所周知,普通低分子牛顿流体如水等在外力搅动下快速旋转时,由于强大离心力作用而使液面呈现中间低、边沿高的"锅底形态"。但是具有弹性形变能力的聚合物熔体受力作高速旋转运动时,往往会受旋转轴向(即法向)应力作用而沿轴向上爬,呈现"中间高、边沿低"的现象。实践中称为爬杆效应或包轴现象,也称韦森堡效应。其实质源于具有黏弹性的聚合物熔体受法向应力作用的结果。对熔体中体积元的受力分析结果表明,聚合物熔体具有法向应力效应的本质原因在于其熔体同时具有黏性和弹性(即黏弹性)。

3. 挤出膨胀效应

聚合物熔体从加工模具的模口挤出后，往往发现直径明显大于模口内径，这就是挤出膨胀效应，也称为巴拉斯效应。通常用胀大比(B 值)表示膨胀效应程度。虽然解释聚合物熔体挤出膨胀效应的理论有多种，不过这些理论均承认：**聚合物熔体发生挤出膨胀的本质原因是熔体在模孔内受力产生的可逆弹性形变在离开模口后进行的松弛过程，最终导致熔体力图恢复受力前的形态和体积而产生膨胀**。

归纳导致膨胀效应的因素至少包括下面两种具体情况。第一种情况，由于熔体在模孔入口处的流线收缩导致在流动方向上产生速率梯度，从而使熔体在模孔中呈现拉伸弹性形变。当模孔较短、熔体在模孔中流动的时间也很短时，其发生的弹性形变不会完全松弛，熔体一旦离开模口，进一步的松弛作用(即弹性形变回复)使其直径膨大。图 6-29 为熔体膨胀比与模孔长径比的关系曲线。结果显示，当模具模孔的长径比较小(如等于 2)时，流线收缩因素是膨胀的主要原因。当模具模孔的长径比大于 2 时，熔体的膨胀比随长径比增加而迅速降低，意味着熔体发生的弹性形变在较长的模孔内已经得到部分松弛。

第二种情况，熔体在模孔内流动时由于切应力与法向应力之差的作用而产生弹性形变，当熔体离开模口时这种形变的松弛作用导致直径膨大。当模具模孔的长径比很大(如 > 16)时，切应力与法向应力之差则是造成熔体膨胀的主要原因。除此以外，膨胀比还强烈依赖于切变速率的大小。一般聚合物熔体的膨胀比可达 3～4，并随切变速率的增加而增加，如图 6-30 所示。

6-31-y
影响聚合物熔体挤出膨胀比的因素包括温度、切变速率、模孔长径比 3 个外因，以及相对分子质量及其分布、分子链是否有长支链 3 个内因。

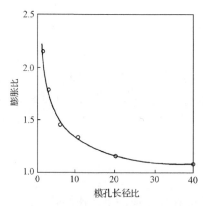

图 6-29　熔体膨胀比与模孔长径比的关系

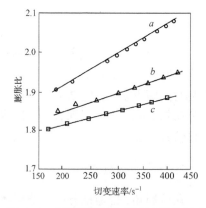

图 6-30　熔体膨胀比与切变速率的关系
a、b、c 温度分别为 180℃、200℃和 220℃

聚合物的相对分子质量及其分布以及分子链含长支链多少也是影响挤出膨胀比的重要因素。一般而言，挤出膨胀比随重均相对分子质量增加而增大，相对分子质量分布较宽的聚合物熔体具有较大挤出膨胀比，分子链上含有长支链也会使挤出膨胀比大大增加。原因都在于这些因素均导致聚合物熔体具有更大的弹性形变。

总而言之，影响聚合物熔体挤出膨胀比的因素包括温度、切变速率、模孔长径比 3 个外因，以及相对分子质量及其分布、分子链上是否有长支链 3 个内因。由于熔体挤出膨胀直接关系制品的尺寸稳定性，而且对制品强度也有影响，因此在模具设计时必须充分考虑影响聚合物熔体挤出膨胀比的各种因素，设计出模口直径适当小于制品直径、挤出制品刚好符合要求的聚合物加工专用模具。

4. 不稳定流动与挤出破坏

生产实践中发现，当聚合物熔体挤出切应力大于 10^5 Pa 时很可能出现熔体不稳定流动，造成制品表面不光滑、粗细厚薄不均匀和轴向扭曲等质量缺陷，严重时制品可呈波浪状、鲨鱼皮状、竹节状、螺纹状等严重变形。更严重的结果是造成不规则挤出物断裂。这些周期性发生的异常现象是由于聚合物熔体在过高切应力作用下产生不稳定流动所引起的，统称挤出破坏。

研究发现，各种聚合物熔体出现不稳定流动的临界切应力为 $0.4 \times 10^5 \sim 3 \times 10^5$ Pa，但是由于各种聚合物熔体黏度不同，它们开始出现不稳定流动的临界切变速率值也存在很大差异。例如，275℃时尼龙-66 在 10^5 s^{-1} 的剪切速率条件下才开始出现熔体破坏，而聚乙烯却在 $10^2 \sim 10^3$ s^{-1} 的剪切速率(250℃)就开始出现熔体破坏。

聚合物相对分子质量及其分布对出现熔体破坏的临界切变速率也产生一定影响。一般规律是提高相对分子质量使临界切变速率降低，相对分子质量分布增宽将导致临界切变速率增大。另外，模孔入口和出口的几何形状及长径比等因素也对熔体发生挤出破坏的临界切变速率产生一定影响。通常减小模孔的入口角度、适当增加模孔长径比可以有效减轻制品发生形状畸变的程度。

聚合物熔体不稳定流动的产生机理目前尚不完全清楚，普遍认为其与聚合物熔体同时具有黏性和弹性密切相关。唯有聚烯烃熔体的不稳定流动机理研究得较为充分，提出如下两种挤出畸变类型。

第一类如高密度聚乙烯和聚丙烯等线型聚合物，熔体流线在模孔入口处呈对称分布，挤出畸变产生于熔体在模孔中流动时发生的弹性形变的松弛回复过程，因而与模孔入口的几何形状关系不大。由于这种弹性形变及回复与熔体在模孔内壁附近的流动状态有关，所以挤出畸变多发生在制品表面。

第二类如低密度聚乙烯和聚苯乙烯等支化聚合物或取代基较大的聚合物，熔体流线在进入模孔之前呈"酒杯形"分布，入口流动角较小，在收敛流线外侧形成较大的旋涡状死角，一旦切变速率增加到一定数值，则进入模孔的流线就会出现周期性间断，从而导致挤出畸变的发生。图 6-31 为上述两种聚合物熔体在不同切变速率条件下在模孔入口附近的流线示意图。

结果表明，以较高切变速率推进到模孔附近时，熔体就已经分成两个部分，其中处于模孔轴线附近的熔体仍然保持较好流线，而远离模孔轴线、处于模孔入口死角附近的熔体则以旋流的流线进入模孔。这两部分聚合物熔体受到的切应力方向和大小不同，它们流出模口后的松弛行为也不相同，其结果必然造成周期性畸变。这就是聚合物熔体挤出加工工艺中的入口效应。模

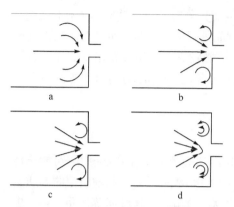

图 6-31　熔体在模孔入口附近流线示意图
a. HDPE, 低切变速率；b. HDPE, 高切变速率；
c. LDPE, 低切变速率；d. LDPE, 高切变速率

口入口处的流线收敛造成熔体的拉伸弹性形变是产生入口效应的重要原因，而入口处的流线间断则可能是熔体弹性断裂的结果。

一般而言，第一种类型聚合物的入口效应小于第二种聚合物大约 1 个数量级，其畸变周期长而起伏大。特别是当临界切变速率较小时，挤出畸变的频率特别小。增加模孔长径比也可减轻入口效应的影响。为了有效减轻入口效应的发生和影响程度，通常可将模孔入口设计为流线型，这样也可同时提高挤出效率。除此以外，提高熔体温度也可使熔体挤出畸变仅发生于更高的切变速率区。

总而言之，熔体不稳定性流动使制品质量和效率受到一定限制，如果挤出过程中盲目追求产量而大幅度提高挤出速率，必然导致产品质量降低、甚至无法生产合格产品。

6.5.7　有关 T_g、T_f 和 T_m 的主要影响因素小结

非晶态聚合物的玻璃化温度、黏流温度以及晶态聚合物的熔点及其与分子链结构的相关性，已分别在第 6 章和第 5 章作了系统讲述。为了方便读者将这些因素联系起来，有必要作系统归纳和比较，见表 6-15。

表 6-15　T_g、T_f 和 T_m 的主要影响因素小结

序号	因素	举例	T_g	T_f	T_m
1	主链单键	C—C、C—O 等	较低	较低	较低
2	主链双键	孤立双键	很低	较低	难结晶
3	主链芳环	苯环及其密度	↑	↑	↑难结晶
4		强极性或氢键	↑	↑	↑易结晶
5	取代基	大位阻	↑	↑	难结晶
6		柔性长链	↓	↓	↓易结晶
7	手性原子	全同和间同	↑	↑	↑
8	相对分子质量	相对分子质量↑	↑趋定值	↑	↑趋定值
9	交联	交联度↑	↑	↑	↑难结晶
10	结晶度	结晶度↑	↑		↑
11	增塑剂	增塑剂↑	↓	↓	↓

表 6-15 的信息可归纳如下几点规律:

(1) 分子链柔性良好的聚合物的玻璃化温度和黏流温度均较低,结晶容易,熔点较低。

(2) 分子链刚性的聚合物的玻璃化温度和黏流温度均较高,结晶困难,熔点较高。

(3) 分子链上大位阻基团对提高聚合物的玻璃化温度、黏流温度和熔点有利,不过造成结晶困难。极性和氢键取代基对提高玻璃化温度和黏流温度有利,也有利于结晶并提高熔点。

(4) 长链取代基的 C 原子数在 18 以下时,玻璃化温度、黏流温度和熔点随 C 原子数增加而降低,结晶较容易。

(5) 交联和增塑的影响恰恰相反,前者使 3 个温度均升高,后者使 3 个温度均降低。

(6) 相对分子质量低于某一特定值时,玻璃化温度和黏流温度急剧降低,超过这个定值后,随着相对分子质量的增加二者逐渐升高。其对晶态聚合物熔点的影响较小。

本 章 要 点

1. 聚合物分子运动特点: 运动主体和形式多样、强烈的时间依赖性和温度依赖性。
2. 非晶态聚合物形变-温度曲线 5 个部分, "力学三态"的分子运动基础。
3. 玻璃化温度的影响因素。

序号	影响因素	影响举例	T_g 的变化
1	主链原子	含 C—C、C—N、C—O、Si—O 单键	较低
2	主链双键	主链含孤立双键的聚合物	很低
3	主链芳环	主链上苯环或芳性杂环的存在	大大升高
4	取代基	强极性	较高
5	取代基	体积越大	升高越多
6	取代基	柔顺性长链取代基	降低
7	取代基	可生成氢键的取代基	大大升高
8	取代基	取代基相同的 1,1-二取代	稍降低
9	手性原子	立构规整度高	较高
10	相对分子质量	相对分子质量↑	↑渐趋定值
11	交联	交联度↑	↑
12	结晶度	结晶度↑	↑
13	无规共聚	T_g 出现线型、下凹和上凸 3 种类型	
14	交替共聚	相当于均聚物,只有 1 个 T_g	

续表

序号	影响因素	影响举例	T_g 的变化
15	接枝、嵌段	相容 1 个 T_g，不相容有 2 个 T_g	
16	增塑剂	使 $T_g\downarrow$	
17	升降温速率	升温越快，测得 T_g 越高	
18	外力作用	拉伸使 $T_g\downarrow$，压力使 $T_g\uparrow$	

4. 熔体黏度的影响因素。

序号	影响因素	影响情况	黏度
1	相对分子质量	相对分子质量↑，有临界值	↑
2	相对分子质量分布	相对分子质量分布宽	↓
3	不同用途要求	橡胶十万以上，分布较宽 纤维数万，分布窄，塑料中	
4	分子链结构	结构规整、柔性链 大取代基、刚性链	↓ ↑
5	助剂	润滑剂、增塑剂、稳定剂等	↓
6	温度和切应力	柔性链黏度对切应力敏感，对温度不敏感 刚性链黏度对温度敏感，对切应力不敏感	

5. 玻璃化温度测定方法：膨胀计法和差热分析法原理、操作和结果处理。
6. 橡胶态特点：弹性模量小、形变大、拉伸放热、回缩吸热、松弛特性。
7. 高弹性聚合物的基本条件：非晶态、T_g 远低于室温。
   改善橡胶弹性的途径：链柔性、不结晶、适度交联、增塑、T_g 是最低使用温度。

习　题

1. 解释下列概念。
   (1) 凝聚态与材料学形态
   (2) 松弛过程与松弛时间
   (3) 玻璃态与玻璃化温度
   (4) 黏流温度与熔点
   (5) 次级转变与物理老化
   (6) 牛顿流体与非牛顿流体
   (7) 塑性流体与假塑性流体
   (8) 表观黏度与非牛顿指数 n
   (9) 聚合物临界相对分子质量
   (10) 法向应力效应与挤出膨胀效应

2. 非晶态聚合物玻璃化转变与低分子固液相转变有何本质区别?

3. 试归纳聚合物分子运动的主要特点。

4. 试简要说明聚合物分子运动的各种运动主体及其运动所对应的松弛过程。

5. 参照图 6-1 和图 6-2 分别简要说明非晶态和晶态聚合物的形变-温度曲线在不同温度区间的性状特点。

6. 参考表 6-3 归纳并举例解释非晶态聚合物分子链结构对玻璃化温度的影响原因和结果。

7. 试解释在测定非晶态聚合物玻璃化温度时温度改变速率和外力作用导致测定结果改变的趋势及其原因。

8. 简要说明橡胶态聚合物的结构和性能特点，以及改善橡胶弹性的主要途径。

9. 简要归纳影响聚合物熔体黏度的结构性因素和环境因素。

10. 试说明合成橡胶、合成纤维和普通塑料对聚合物相对分子质量及其分布的基本要求及内在原因。

11. 一般而言，测定聚合物的熔点要比测定其玻璃化温度简便快速得多，而两者之间又存在一定联系。已知聚乙烯和尼龙-66 分别属于典型的对称和不对称分子，测得它们的熔点分别为 410 K 和 498 K，试参考式(6-23)分别计算其玻璃化温度。

第7章 聚合物材料学性能

第5章和第6章已经讲述了聚合物的凝聚态结构和材料学形态转变及其分子运动基础。既然大多数聚合物是作为结构性材料使用,那么有必要从材料学角度对其力学行为和特性进行系统讲述。结构性材料的力学性能是表征材料承受外力作用而产生抗衡形变能力的量度。相对而言,材料的力学性能是更直接而重要的应用性能指标。

在讲述聚合物材料学性能的过程中,需始终将材料的宏观力学性能与不同凝聚态聚合物的微观分子链结构及其在受力或温度改变过程中的动力学特点联系起来,力求将高分子物理学基本原理与材料力学性能结合起来,重点针对非晶态和晶态聚合物结构与性能的相关性进行系统归纳和评述。

简而言之,具有高弹性、黏弹性和强韧性是聚合物力学性能的三大突出特点。不过化学组成和结构不同的聚合物其力学性能也存在巨大差异。按照材料对外力作用承受能力的大小,通常将材料大体分为刚性和非刚性两大类,而绝大多数合成聚合物均属于非刚性材料。基于上述原则,本章将重点讲述聚合物的强度与断裂行为、高弹性与黏弹性、屈服与强迫高弹性,简要讲述聚合物的抗冲击韧性和疲劳强度以及动态力学行为和特点,最后还将对聚合物加工和使用过程中的一些力学行为和现象进行分子结构与分子运动的解释。

7.1 材料性能表征与量度

7.1.1 应力与应变

7-1-g
应力:单位截面积材料所承受与外力方向相反、源于分子内结构改变而产生的内作用力。

首先有必要复习材料力学中两个重要的术语即应变与应力。**应变是指材料在无惯性移动条件下受外力作用而产生形状和尺寸的相对改变。将单位截面积材料所承受与外力方向相反、源于分子结构改变而产生的内作用力定义为应力。**

外力作用导致材料产生形变,以分子结构改变为本质的形变产生内应力。具体而言,作用于材料局部的外力导致材料产生整体形变,其内部分子结构随即发生改变以抵抗形变,于是均匀分布于材料内部、产生于分子结构改变、方向与外力相反的无穷微小"内作用力"的合力就构成了应力。按照材料所受应力和应变方式的不同,一般分为以下3种基本类型。

1) 张应变与张应力

材料受垂直于其横截面(A)的拉伸力(F)作用而产生的应变(伸长)称为张应变(ε),此时产生沿材料轴向、与外力大小相等、方向相反的内应力称为张应力(σ),为工程界普遍采用。即张应变 $\varepsilon = (l - l_0)/l_0 = \Delta l/l_0$,式中 l_0、l 和

Δ*l* 分别为材料原长度、变形后长度和绝对伸长值。一般材料单向拉伸时，拉伸方向伸长往往伴随着横向收缩，其横向收缩与纵向伸长之比为泊松比。

2) 切应变与切应力

材料受平行于横截面(*A*)的一对大小相等、方向相反的外力(*F*)作用而发生偏斜，将其偏斜角θ的正切值定义为切应变γ= tanθ，当切应变足够小时，γ ≈ θ，切应力σ_s = *F*/*A*。

3) 压缩应变与膨胀应力

材料受均匀压缩应力(*P*)作用而产生致其体积缩小的形变定义为压缩应变(−Δ*V*/*V*)。产生于流体静压力的压缩应变是可压缩流体材料的基本应变类型，不过聚合物材料中很少采用。

7.1.2　材料学主要性能指标

1. 强度与模量

将材料对其所受强大而持续、能致其破坏的外力作用的抗衡能力定义为强度，通常用模量表征。换言之，模量是材料抗衡外力作用不致变形或破坏的极限能力指标。

超过材料强度的外力必然造成其严重变形直至断裂。材料断裂的方式和过程与其结构和性质密切相关，一般脆性材料的断裂是其结构缺陷快速扩展的结果，而韧性材料的断裂则首先经过屈服后再发展成最后断裂。材料学中最常用的强度是拉伸强度(抗张强度)和弯曲强度，对应的模量就是拉伸模量和弯曲模量。

1) 弹性模量

理想弹性固体的应力与应变成正比，服从 Hooke 定律，比例常数即为弹性模量=应力/应变。可见弹性模量是材料产生单位应变时的应力，用以表征材料抗衡变形能力的强弱。如前所述，对应于前述 3 种基本应变类型的弹性模量分别为杨氏模量、切变模量和体积模量，分别记为 *E*、*G* 和 *B*。

杨氏模量 $E = \sigma/\varepsilon$，式中σ和ε分别为张应力和张应变。

切变模量 $G = \sigma_s/\gamma$，式中σ_s和γ分别为切应力和切应变。

体积模量 $B = PV/\Delta V$，式中 *P*、*V* 和Δ*V*分别为外压力、试样原体积及其增量。由于 3 种应变量纲均为一，所以其弹性模量的单位分别与其应力相同。

2) 柔量与可压缩度

有时使用弹性模量的倒数(柔量)更为方便，对应于 3 种弹性模量的倒数分别称为拉伸柔量 *D*、切变柔量 *J* 和可压缩度 *K*。简而言之，材料产生单位应变所需应力为模量，而施以单位应力产生的应变即为柔量。

3) 泊松比

3 种弹性模量之间存在如下关系：

$$E = 2G(1+\upsilon) = 3B(1-2\upsilon) \tag{7-1}$$

式中，υ 定义为拉伸试验中材料横向单位宽度的减小值与纵向单位长度的增

7-2-g
将材料对其所受强大而持续、能致其破坏的外力作用的抵抗能力定义为强度,通常用模量表征。

加值之比，称为泊松比。

$$\upsilon = 横向应变/纵向应变 = -\varepsilon_t/\varepsilon$$

理想的不可压缩材料发生变形时其体积不变，而多数材料变形时均发生体积变化，拉伸时体积膨胀，其泊松比 υ 为 0.2～0.5。

$$\Delta V/V = 0,\ B = \infty,\ \upsilon = 0.5,\ E = 3G$$

在 3 个基本模量 E、G、B 和泊松比 υ 4 个参数中，实际上只有 2 个是独立的，其余 2 个均可按照式(7-1)计算得出。换言之，只需 4 个参数中的任意 2 个就足以描述材料的弹性行为。多数材料上述参数的理论数值范围如下：泊松比 $\upsilon = 0～0.5$，切变模量 $G = E/3～E/2$，体积模量 $B = E/3～\infty$。表 7-1 列出几类材料的泊松比。

表 7-1　几类材料的泊松比

材料	υ	材料	υ
钢	0.25～0.33	玻璃	0.25
铜	0.31～0.34	聚苯乙烯	0.33
铝	0.32～0.36	LDPE	0.38

2. 弹性与黏弹性

材料受到逐渐增大的外力作用时将首先发生弹性形变。不同类型、结构和特性的材料，其弹性形变的程度及其所需应力大小相差很大。一般金属和非金属无机刚性材料在外力作用下的弹性形变很小，所需应力相当高。

黏弹性是指材料在应力作用下可同时表现出分别以永久形变和暂时形变为特征的黏性和弹性，这是一般金属和非金属材料以及低分子有机化合物所不具有的特殊物理性能。一般合成聚合物在较小应力作用下就能产生较大的弹性形变。非晶态聚合物与晶态聚合物在外力作用下的弹性行为存在明显差异，前者在低于玻璃化温度 T_g 时首先发生普弹形变，在 T_g 与黏流温度 T_f 之间发生高弹形变；后者在熔点以下可发生强迫高弹形变。非晶态聚合物在黏流温度之上、晶态聚合物在熔点之上产生的永久性黏弹形变也包含部分可回复的弹性形变。

3. 屈服与塑性

一般聚合物材料发生弹性形变后，如果外力继续增加到超过材料的弹性极限，就可能出现脆性断裂或者屈服，这取决于材料的类型和结构。经屈服的材料随后发生幅度很大的塑性形变，即强迫高弹形变。总而言之，断裂是材料脆性的表现，屈服和强迫高弹性则是材料具有塑性即延展性的表现。

4. 抗冲击性能

材料在极短的时间内承受强大应力的作用称为冲击，材料承受冲击应力作用的能力称为抗冲击能力或冲击强度。聚合物材料及其制品的抗冲击能力同样是一项重要的力学性能指标。

5. 疲劳与寿命

材料的疲劳是指在持续恒定或周期性应力作用下发生的破坏行为。一般情况下,施加持续恒定应力或周期性应力均不高于材料静态条件下的破坏应力,可见导致材料最终破坏的决定因素并非应力强度,而是应力作用时间的长短以及作用方式和频率。相比之下,材料及其制品在其强度限定条件下长期使用的寿命往往取决于其疲劳强度的大小,而与材料极限强度并无直接联系。

6. 动态力学性能

如前所述,聚合物几乎所有的物理性能和力学性能都对外力作用条件如温度和作用时间等具有强烈依赖性,所以聚合物的所有力学性能事实上都具有动力学的特征。正是由于聚合物具有松弛特性,因此对聚合物动态力学性能的研究过程也是研究各种松弛转变过程的手段。

7.1.3　聚合物材料学类别

应力-应变关系曲线是固体材料在单轴拉伸外力作用下产生形变直至断裂的动态行为描述。图 7-1 为玻璃态和部分结晶聚合物应力-应变曲线的几个典型类型,分别解释如下。

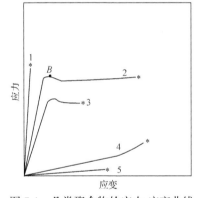

图 7-1　几类聚合物的应力-应变曲线

7-4-t
理解并解释图中曲线 1~4 所代表的聚合物类型及其应力-应变行为和特点。

1. 硬而脆的材料

当试验温度远低于玻璃化温度 T_g 时,材料表现坚硬易脆,杨氏模量较高,断裂伸长率通常<10%。随着应力逐渐增加,材料在发生普弹形变后不经屈服而发生脆性断裂。例如,酚醛树脂等高交联度热固性聚合物、远低于玻璃化温度的塑料(如 PS、PMMA),以及低温下的橡胶等大多属此类。

2. 硬而韧的材料

这类材料的拉伸强度较高,表现坚硬而强韧、具有强迫高弹形变的特点。当拉伸应力达到一定数值时(曲线 2 中 B 点),材料某处突然出现细颈并迅速扩展,最终可达数倍以上拉伸比,从而迫使材料转变为取向态结构,材料强度因此而得以显著提高,应力继续增大,最终材料突然断裂或整体变形。高强度尼龙和聚碳酸酯等晶态聚合物属此类。

3. 硬而强的材料

例如,PVC 与 PS 的共混物的拉伸强度较高,也不存在明显的屈服点,断裂伸长率可达 5%～10%，可作为结构材料使用。

4. 软而韧的材料

例如，普通橡胶和高增塑 PVC 等，杨氏模量相当低，无明显屈服点。此类聚合物的最大特点是具有高弹性，在很小的应力作用下即可达 20%～1000%的伸长率。

5. 软而弱的材料

例如，某些种类低聚物和凝胶等，这类低聚物即使在很小的拉伸、剪切或压缩应力作用下，其形态和尺寸都难以维持，因此除了做特殊研究外并无实际用途。

图 7-1、图 6-1 和图 6-2 是高分子物理学相当重要的图形，其对全面了解并掌握各种凝聚态和材料学形态聚合物在不同温度和不同外力作用条件下的物理和力学性能当有裨益。

7.2　聚合物的强度

材料的强度是其承受外力作用能力的综合性指标，直接关系其使用范围、条件和寿命。由于材料用途以及承受外力类型多种多样，所以对材料的强度要求各不相同。

7.2.1　聚合物的理论强度

聚合物的强度本质源于其分子主链化学键键能、分子间力和氢键的综合强弱，但是并非等于它们的简单加和。原则上可以对化学和物理结构明确、化学键热力学函数已知的材料进行理论模量计算。不过，必须保证材料承受外力作用发生弹性形变直至最后断裂的过程都遵循相同的机理，这样材料的实际强度就与理论强度直接相关。

在引入一系列假设后，粗略计算具有原子晶格结构的金属材料的拉伸和剪切实际强度大约仅相当于理论模量的 1/10。虽然对聚合物理论强度的计算更为困难，然而长期以来受到学术界的普遍重视。为此，首先需将聚合物的结构抽象为便于数学处理的理想模型。

早期曾经有人按照分子主链化学键的键能以及单位截面积材料所含分子链的数目来计算聚合物的理论断裂强度，并与实测结果进行比较，结果发现其实际强度比理论强度低 2～3 个数量级。换言之，聚合物的理论强度是其实际强度的 100～1000 倍。如此结果一方面表明聚合物的实际强度较理论强度相差如此之多必定有其内在原因，另一方面也显示提高聚合物实际强度尚有巨大潜力。表 7-2 列出几种常见塑料的实际强度数据。

塑料	拉伸强度/MPa	伸长率/%	拉伸模量/GPa	弯曲强度/MPa	弯曲模量/GPa
HDPE	22～38	60～150	0.82～0.93	24～39	1.1～1.4
PS	34～62	1.2～2.5	2.1～3.4	60～90	
ABS	17～62	10～140	0.7～2.8	25～93	2.9
PMMA	48～76	2～10	3.1	90～117	
PP	33～41	200～700	1.2～1.4	41～56	1.2～1.6
PVC	34～62	20～40	2.5～4.1	69～110	
尼龙-66	81	60	3.1～3.2	98～110	2.8～2.9
聚甲醛	61～68	60～75	2.7	89	2.6
PC	66	60～100	2.2～2.4	96～104	2.0～2.9
PTFE	14～25	250～350	0.4	11～14	

7.2.2　聚合物实际强度的影响因素

影响聚合物实际强度的因素主要包括结构因素和环境因素两个方面。前者涉及分子链结构和凝聚态结构,后者包括温度、湿度和外力作用速率等。

1. 分子链结构

如前所述,决定聚合物强度的最重要结构性因素就是分子主链的化学键能与分子间力的强弱。对键能相同的 C—C 主链聚合物而言,柔性越好的分子链,其末端距越小,可以想象在受力方向单位横截面内所含分子链数目必然越少,源于主链化学键能贡献的强度份额一定越小,材料的拉伸强度也就越低。与此相反,对刚性结构或梯形结构分子主链的聚合物而言,主链化学键能增强、外力方向单位横截面内含有的分子链数目增加,从而能够显著提高材料的实际拉伸强度。

2. 分子间力

鉴于分子间力是决定聚合物实际强度的主要因素,一定条件下甚至超过主链键能的影响,因此一切强化分子间力的途径都能显著提高材料的强度。以聚乙烯、聚氯乙烯、尼龙-610 和尼龙-66 为例,其拉伸强度分别为 16 MPa、50 MPa、60 MPa 和 80 MPa。聚乙烯分子链柔性良好且无极性取代基,分子间力最小,其强度最低。聚氯乙烯的强极性氯原子赋予其较强的分子间力,使其强度显著提高。两种尼龙都能形成分子间氢键,且尼龙-66 的氢键密度更高,因此其强度得以显著提高。

3. 结晶和取向

提高聚合物结晶度对其拉伸和弯曲强度的提高大有好处,表 7-3 列出不同结晶度聚乙烯的材料学性能。数据表明,随着结晶度的提高,聚乙烯材料的相对密度、熔点、拉伸强度和硬度显著提高,其伸长率和抗冲击强度则明显降低。

7-5-y
影响聚合物强度的因素:
1. 分子主链键能和分子间力的强弱;
2. 结晶度和取向度的高低;
3. 支化与交联;
4. 相对分子质量的大小;
5. 共聚和共混的影响;
6. 温度和外力作用速率的影响;
7. 增塑剂和填料的影响。

表 7-3　不同结晶度聚乙烯的材料学性能

结晶度/%	相对密度	熔点/℃	拉伸强度/MPa	伸长率/%	抗冲击强度/(kJ/m²)	硬度
65	0.91	105	1.4	500	54	130
75	0.93	120	18	300	27	230
85	0.94	125	25	100	21	380
95	0.96	130	40	20	16	700

取向可使材料的强度提高几倍甚至几十倍,表 7-4 列出几种高取向度合成纤维的拉伸强度。结果显示,高取向度和具有液晶结构的合成纤维具有与金属接近的超高断裂强度,其相对密度却远比金属低,因而其比强度甚至超过金属。原因在于取向度越高,受力方向单位横截面内所含分子链数目越多,从而使分子主链化学键能和分子间力对拉伸强度的贡献更大。

表 7-4　几种高取向度合成纤维与碳钢力学性能比较

聚合物	密度/(g/cm³)	拉伸模量/GPa	比模量/GPa
高倍拉伸 PE	0.966	68	71
聚芳酰胺纤维	1.45	128	88
碳纤维	2.00	200～420	100～210
碳钢	7.90	210	27

4. 支化和交联

支链聚合物分子链间距离增加使与材料强度直接相关的分子间力显著减小,因而聚合物的拉伸强度降低,同时其抗冲击强度增加,显示支链聚合物的韧性较好。

适度交联显著提高聚合物材料强度的原因不难理解。交联结构聚合物本质上是以交联链段的共价键力替代或部分替代分子间范德华力和氢键,致使分子链不易发生滑动,拉伸强度和抗冲击强度得以大幅度提高。不过过分交联却导致聚合物结晶和取向困难,因而对材料综合强度并非有利。

5. 相对分子质量

研究发现,聚合物的相对分子质量与材料强度存在一定关系。使用温度在室温条件下的多数非晶态聚合物均处于玻璃态,其材料学性能与相对分子质量的关系尤其密切。当相对分子质量过低时,材料的拉伸强度和抗冲击强度都很低,且与相对分子质量呈正相关性。当相对分子质量达到一定数值后,其拉伸强度趋于稳定而抗冲击强度则继续增加。

对晶态聚合物而言,相对分子质量的高低通过对结晶度的影响间接影响聚合物的材料学性能。其一般规律是:当聚合物相对分子质量大于某确定数值时,其结晶度呈下降趋势并最终趋于某一极限值。由此可见,与非晶态聚合物不同,单纯提高晶态聚合物的相对分子质量对改善其材料学性能并非一定有利。

研究发现,聚合物的脆性断裂应力与数均相对分子质量存在如下关系式:

$$\sigma = A - B/\bar{M}_n \qquad (7\text{-}2)$$

式中,常数 A 为相对分子质量趋于∞时的脆性断裂强度;常数 B 为与聚合物种类和结构有关的常数。由此可见,一般聚合物的脆性断裂强度总是随相对分子质量的降低而降低。为了保证材料的脆性断裂强度,提高其相对分子质量是最有效的途径之一。

6. 增塑剂和填料

具有稀释和润滑功能的增塑剂的加入能显著减小聚合物的分子链间作用力,从而使材料强度降低,降低程度与增塑剂的加入量呈线性关系。对多数极性聚合物而言,水具有广义稀释剂的作用,因此这类聚合物如酚醛树脂等在潮湿条件下的强度会显著降低。另一方面,增塑剂却对提高聚合物的抗冲击强度(即韧性)有利。

作为结构性材料使用的聚合物常加入某些无机或有机粉状或纤维状填料,一方面是为了降低成本,另一方面则是为了改善材料的综合力学性能。一般而言,适量加入粉状填料,可以在不显著降低材料拉伸强度的前提下,大幅度提高其抗冲击强度,如酚醛树脂加入适量干燥木粉。纤维状填料的加入类似于钢筋混凝土的功能,可使材料的拉伸强度和抗冲击强度成倍增加。

7. 共聚和共混

共聚和共混都是改善聚合物综合力学性能的有效方法。无论共聚还是共混,得到聚合物材料的性能大体上显示组分聚合物性能的互补。

8. 温度和外力作用速率

温度和外力作用速率对聚合物强度的影响,可以从 6.2 节关于聚合物材料学形态转变与温度的强烈相关性获得证明。一般而言,温度主要影响聚合物的抗冲击强度,而外力作用速率则主要影响其拉伸行为和强度。

非晶态聚合物的抗冲击强度随温度升高而逐渐增加,接近玻璃化温度 T_g 时抗冲击强度迅速增加,不同类型聚合物之间的强度差异逐渐缩小。例如,室温条件下脆性的 PS 在 T_g 附近的韧性也相当好。温度低于 T_g 越多,材料的脆性及不同材料之间的脆性差异越显著。如果晶态聚合物的 T_g 低于室温,则意味着其在非结晶区域一定处于具有增韧作用的高弹态,必然具有良好的抗冲击强度,如 PE 和 PAN 就属于这种情况。

如果在拉伸试验过程中拉伸速率与聚合物分子链段的松弛时间相适应,则材料在断裂之前能够完成链段取向而出现屈服,随之即发生强迫高弹形变。只有在如此条件下聚合物的韧性才得以充分显现。如果拉伸速率快于链段的松弛时间,链段运动就跟不上外力作用,需要更大应力才能使材料屈服。换言之,快速的拉伸将迫使聚合物的屈服点和断裂强度得以提高。

7.3 聚合物的黏弹特性

7-6-g
黏弹性是指材料在应力作用下同时表现出分别以永久形变和暂时形变为特征的黏性和弹性。

读者或许已经注意到,6.5 节已用了不小的篇幅讲述聚合物的黏流态与流变学理论,为何还要再讲述聚合物的黏弹特性呢?细心阅读之后就不难发现这两节内容的侧重点完全不同。在 6.5 节中,仅从材料学形态转变的角度,侧重讲述了聚合物在黏流温度 T_f(晶态聚合物即熔点 T_m)以上所表现出的非牛顿流体的流动特性,以及影响聚合物熔体黏度的各种因素。而本节则从聚合物的材料学性能出发,重点讲述无论属于何种凝聚态的聚合物,也无论其处于何种材料学形态,都会表现出具有黏弹性的鲜明特点。

黏弹性是聚合物独有的特殊物理性能。正如 6.4 节所讲述,处于玻璃化温度与黏流温度之间的非晶态聚合物具有橡胶态结构而表现高弹性,但并非理想弹性体;当其处于黏流温度以上时表现黏流性,但并非理想黏性体。一般而言,理想弹性体受外力作用产生的形变,以及外力解除后的形变回复均能够瞬时完成,而理想黏性体受外力作用而产生的形变却与时间呈线性关系持续增加。

概而论之,聚合物材料受外力作用而产生的形变恰好介于理想弹性体和理想黏性体之间,其弹性形变含有不可回复的黏性形变成分,而黏性形变也含有可回复的弹性形变成分。所以有时也将具有黏弹特性的聚合物称为黏弹性材料。

7.3.1 蠕变与应力松弛

7-7-g
蠕变:恒定应力作用于材料,应变随时间延长而增大的现象。
应力松弛:发生弹性应变的材料维持其应变恒定所需应力随时间延长而逐渐减小的现象。

蠕变是指恒温条件下,恒定应力作用于聚合物产生的应变随时间延长而逐渐增大的现象。应力松弛则是指发生弹性应变的聚合物为了维持其恒定应变所需应力随时间延长而逐渐减小的现象,两者都是聚合物特有的黏弹性的宏观表现形式。

或者可以更通俗而近似地表述为:恒温和恒定外力拉伸非晶态聚合物会越拉越长,蠕变是对材料形变过程的形象描述;维持其伸长不变所需外力却会越来越小,应力松弛则是对材料形变结果的形象总结。由此可见,蠕变和应力松弛是介于典型弹性和典型黏性材料之间的大多数聚合物所表现的、既非瞬时性应变回复也非永久性应变维持的一种应力-应变行为。

1. 蠕变曲线

为了比较各种类型材料在外力作用和解除后的力学行为,图 7-2 给出 3 种典型材料在矩形交变应力作用下的应变行为,分别予以简要解释。

矩形交变应力:拉伸力从 0→瞬时达到恒定值→维持确定时间→瞬时解除外力→维持确定时间→…重复上述过程。

曲线 a 为理想弹性材料，其幅度较小的普弹形变瞬时产生而与应力同步完成，应力解除后其形变立刻回复。

曲线 b 为理想黏性液体，其幅度较大的应变总是滞后于应力，并随应力作用时间的推移而逐渐发展，应力解除后源于黏性而产生的永久形变完全不能回复。

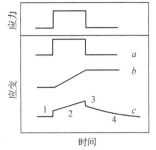

曲线 c 为实际黏弹性材料，恒定应力立刻产生幅度不大的瞬时普弹应变如横向短线 1，随之产生滞后而幅度较大的高弹性应变如斜向上长线 2。应力解除后普弹应变立刻回复如纵向短线 3，滞后的高弹形变则缓慢回复如斜向下曲线 4。如果外力作用足够强大，往往还会残留部分不可回复的永久性黏性形变，如图 7-2 中尾端。

图 7-2　各种材料应变-应力曲线
a. 理想弹性；b. 理想黏性；c. 线性黏弹性

图 7-3 是实际线型聚合物在玻璃化温度与黏流温度之间的典型蠕变曲线，根据不同运动主体所对应的运动特点，曲线由 5 段组成：①段对应于分子链键角和键长改变的普弹形变与初期链段运动产生的高弹形变的叠加，其在材料总形变中仅占很小份额；②段对应于链段运动产生的滞后高弹形变的主体部分，在总形变中占据绝大部分；③段在外力解除时，普弹形变瞬间回复，并与对应于链段松弛过程初期产生的滞后高弹形变的回缩相叠加，且③段等于①段；④段对应于高弹形变的滞后松弛回缩过程的主体部分；⑤段对应于强大外力作用下部分分子链因滑动而产生的永久性形变最终不能回复。

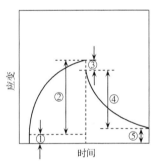

图 7-3　聚合物的蠕变曲线

2. 蠕变与应力松弛产生的原因

要解释蠕变和应力松弛产生的原因，需要首先明确非晶态聚合物分子链内各层次结构对外力作用和外力解除的响应不同、运动速率不同、宏观表现也截然不同。具体而言，分子链内键角和键长的改变可以瞬时完成，其对应于普弹形变的瞬时产生与回复；链段的运动(σ 键的内旋转导致构象变化)却需要克服各种内摩擦阻力而表现出响应滞后和速率较慢的特点，其对应于高弹形变滞后而缓慢的产生与回复；整个分子链的运动则需要更强大的外力作用，其对应于黏流形变运动的结果，即小部分可逆而大部分不可回复的形变过程。

3. 蠕变的影响因素

1) 分子链柔性和交联的影响

一般具有线型柔性分子链的聚合物的蠕变行为表现得相当显著，具有刚性分子链的热塑性聚合物如聚碳酸酯、聚苯醚和聚砜等的蠕变行为就极其微弱。分子链间交联键的存在严重妨碍链段的运动，从而大大降低其蠕变行为，高交联度热固性聚合物的蠕变能力就极其微弱。

2) 结晶的影响

结晶使聚合物的蠕变趋势显著减弱，即使很低的结晶度也会导致蠕变行为显著降低，却不会使其弹性行为明显增加。一般的规律是结晶度越高，蠕变速率越小，这是由于聚合物内部的微小晶粒将非晶区域连接起来而具有类似交联或刚性填料的作用。当结晶度超过 50%时，晶粒彼此接触而形成连续相，这时蠕变就变得很微弱。然而即使对于高结晶度的聚合物，其非晶部分处于橡胶态时，仍然表现出显著的蠕变行为，原因在于聚合物晶体一般并不完善，其内部也存在松弛过程，这种晶区分子链段的运动和晶片之间的运动则因为处于高弹性的非晶区域分子链运动而联系起来。

3) 温度的影响

研究发现，蠕变和应力松弛与温度的关系相当密切，如图 7-4 所示。处于玻璃态的非晶态聚合物内部分子链段的运动能力很弱，蠕变行为表现并不显著；当温度接近玻璃化温度时，链段运动能力显著增加，蠕变行为也变得相当明显。线型聚合物在橡胶平台区域末端向黏流态转变时，蠕变速率急剧增加。

4) 应力与应变幅度的影响

图 7-5 为非晶态聚合物在不同拉伸力作用下的蠕变曲线，结果显示，材料的蠕变行为随着拉伸力的增加而越发显著。蠕变和应力松弛都是应力和应变小于弹性极限时聚合物材料所表现出的具有黏弹性和松弛特点的力学行为。在极低应力条件下发生的蠕变过程中，应变与应力之间呈线性关系，符合线性黏弹性，可将 Hooke 弹性定律和 Newton 黏性定律以适当方式结合起来进行处理。应力松弛与应变之间的关系也是如此，只有在小应变条件下得到的结果才服从线性黏弹性。

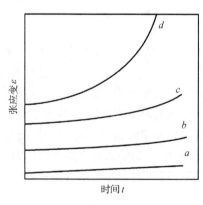

图 7-4　非晶态聚合物在不同温度下的蠕变曲线
温度 $a < b < c < d$

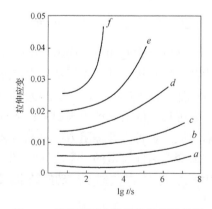

图 7-5　玻璃态聚合物的拉伸蠕变曲线
20℃，拉伸力 $a \sim f$ 分别为 10 MPa、20 MPa、30 MPa、40 MPa、50 MPa、60 MPa

在较小应力-应变幅度范围内，蠕变和应力松弛速率随应力-应变幅度的增加而增加。在中等应力条件下发生的蠕变过程中，应变与应力之间不再具有线性关系，应变随应力增加而增加的幅度越来越大，这就是非线性黏弹性的表现，如图 7-5 所示。在更高应力-应变条件下，聚合物的蠕变迅速发展，可引起银纹化、空隙、缩颈直至断裂，高应力条件下的蠕变过程十分复杂，很难预测。

4. 应变软化

将硫化橡胶拉伸到一定程度后再任其回缩，重复如此拉伸-回复过程，结果发现即使每次拉伸达到的长度都相同，所需要的应力却一次比一次小。如果应力超过上次施加的最大值，则应变-应力关系可以按照上次的应变-应力关系发展。这样的过程可以多次重复。这种现象称为 Mullins 效应，其结果显示橡胶试样经过反复拉伸-回复后似乎变得越来越软，所以称为应变软化，事实上这正是应力松弛的累积性表现形式。

7-8-y
橡胶的应变软化事实上是应力松弛的累积性表现。

7.3.2　弹性滞后与力学损耗

聚合物在交变应力作用下应变落后于应力的现象称为弹性滞后现象。在发生弹性形变的同时内摩擦引起的能量耗散过程，使施加应力过程和解除应力过程得到的应变-应力曲线往往不能重合。在相同条件下如果使应变完全回复，得到的应力-应变曲线就形成一个封闭的弹性滞后环，环面积的大小对应于应力-应变循环过程中能量耗散的多少，是聚合物黏性大小的量度。图 7-6 为硫化橡胶的拉伸应力-应变曲线。

7-9-y
弹性滞后：聚合物在交变应力作用下应变落后于应力的现象。

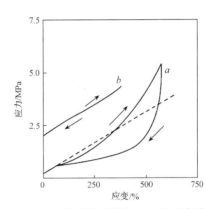

图 7-6　硫化橡胶的拉伸应力-应变曲线
a、b 拉伸比分别为 600% 和 400%，
虚线为理想橡胶的应力-应变曲线

图 7-6 中曲线 b 显示，拉伸比达到 450% 后再解除应力，应变能够完全回复，此时拉伸曲线与回复曲线基本重合，可见硫化橡胶在此条件下接近理想弹性。如果将拉伸比提高到 600%，则解除应力后的回复曲线不能按照拉伸时的路径回复，产生滞后环，如曲线 a，不过应力解除后最终可完全回复而不留下永久性形变。在此条件下该硫化橡胶表现滞后的弹性，俗称推迟弹性。如果继续加大拉伸比至接近试样断裂，则试样的变形不能完全回复而留下一定永久形变。需要解释的是，为了将以上两种类型的应力-应变曲线更清楚地显示，曲线 b 已从接近虚线的实际位置向上移动了一段距离。

由此可见，理想橡胶在拉伸到断裂点之前都是完全弹性的；而实际橡胶则必须在较小拉伸比条件下才表现完全弹性，其在大应变条件下表现弹性滞后的根本原因是存在以下几种能量耗散过程：

1) 内摩擦(内黏性)

聚合物分子链段在构象改变时由于应力作用而发生相对滑动，犹如液体的流动黏度，聚合物内摩擦的大小取决于链段运动能力的大小，对温度有明显依赖性。

2) 诱导结晶

橡胶被拉伸时可诱导结晶过程，能量以结晶热的形式耗散，形变回复时晶体重新熔融又从外界吸收热量。

3) 局部结构破坏

添加在橡胶中的许多填料如炭黑等往往与橡胶分子之间存在很强的结合力，在受到强大应力拉伸时它们之间的结合力可能被破坏。

4) 微区域变形

具有两相结构的橡胶如嵌段共聚或互贯网络热塑性橡胶，其内部由具有橡胶结构的连续相和具有硬塑料结构的分散相组成，后者称为微区，在受大应变作用时微区常发生永久性变形。弹性滞后过程对纤维材料的尺寸稳定性影响也很大。玻璃态和部分结晶态纤维在拉伸率不高时常存在弹性滞后，甚至应变不能完全回复，留下一定的残余形变。这样的纤维在使用过程中经历反复负荷-解负荷循环后，累积的残余应变可能很大。

力学损耗又称阻尼或内耗，是聚合物特有的一种重要动态力学性能指标。聚合物在交变应力作用下，当产生的应变振幅较小而可以完全回复时，聚合物的黏性就表现为力学损耗。力学损耗的大小可用损耗模量、损耗角正切、对数减量或动态增强因子的倒数等表示。如果作用于聚合物的交变应力很大，聚合物产生的应变振幅超过其弹性极限，则每次应力-应变循环后都会留下一定永久性应变即塑性应变，此时材料将不能保持尺寸稳定。过高的力学损耗对聚合物的疲劳强度和抗磨损性能都是不利的，但是使聚合物具有良好的摩擦性能和声学阻尼性能，可在机械制动、隔声、吸声和阻尼等特殊功能材料方面开辟用途。

7.3.3　线性黏弹理论

1. 蠕变柔量与应力松弛模量

在蠕变试验中，当张应力 σ 恒定时，张应变 ε 为时间的函数，于是蠕变可以用随时间变化的蠕变(切变)柔量 J 表示：$J(t) = \varepsilon(t)/\sigma$。

如果只考虑主转变，用非晶态聚合物的蠕变柔量与时间在双对数坐标上作图，在很宽的时间范围内可以得到如图 7-7(a)所示曲线。该曲线的形态与非晶态聚合物的应变-温度曲线有些相似，玻璃态聚合物的蠕变柔量保持恒定，大约为 $10^{-9}\ m^2/N$；玻璃态-橡胶态转变区的蠕变柔量呈逐渐增加的趋势，在 $10^{-9} \sim 10^{-8}\ m^2/N$；橡胶态聚合物的蠕变柔量为 $10^{-8}\ m^2/N$。试验结果证明，线型聚合物的蠕变将无限发展，而轻度交联聚合物的蠕变可维持在一定程度而不再发展。应力松弛试验中应变恒定时，应力是时间的函数，应力松弛过程可以用随时间变化的松弛模量 G 来表示：$G(t) = \sigma(t)/\varepsilon$。与蠕变情况相仿，在时间的对数坐标上松弛模量曲线的形态正好与松弛柔量曲线相反，如图 7-7(b) 所示。

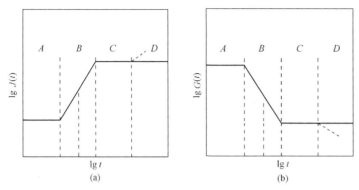

图 7-7　非晶态聚合物的蠕变柔量曲线(a)和应力松弛模量曲线(b)
A、B、C、D 分别为玻璃态、黏弹态、橡胶态、黏流态

2. 线性黏弹模型理论

聚合物的黏弹性可以分别采用分子运动理论和力学理论两种方式描述。以理论模型为基础的现象学(也称唯象学)理论以其严谨的数学处理而创建数学力学的重要分支——线性黏弹理论，其理论模型对于深刻理解各种黏弹现象大有裨益。

以弹性模量 E 的 Hooke 弹簧作为理想弹性元件，以黏度为 η、服从牛顿流动定律的黏壶作为理想黏性元件，将 1 个理想弹性元件弹簧和 1 个理想黏性元件黏壶并联就构成 Voigt-Kelvin 模型，将其串联就构成 Maxwell 模型，如图 7-8 所示。按照 Voigt-Kelvin 模型，当并联弹簧和黏壶共同承受应力时，两者产生的应变相等，其运动方程为

$$\sigma(t) = E\varepsilon + \eta(\mathrm{d}\varepsilon/\mathrm{d}t) \tag{7-3}$$

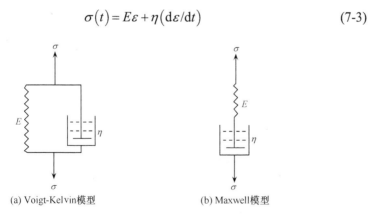

(a) Voigt-Kelvin模型　　　　　(b) Maxwell模型

图 7-8　线性黏弹理论模型示意图

如果蠕变过程中应力保持恒定 $\sigma(t) = \sigma_s$，则运动方程为

$$\frac{\sigma_s}{E} = \varepsilon + (\eta / E)(\mathrm{d}\varepsilon/\mathrm{d}t) \tag{7-4}$$

对切应变 ε 求解，并令 $\tau' = \eta/E$ 即得

$$\varepsilon(t) = \frac{\sigma_s}{E\left[1 - \exp\left(-\dfrac{Et}{\eta}\right)\right]} = \frac{\sigma_s}{E\left[1 - \exp(-t/\tau')\right]} \tag{7-5}$$

7-12-y
推迟时间是
材料黏度与弹性
模量的比值,是
黏性和弹性综合
作用的结果。

式(7-5)的物理意义是在恒定应力条件下,聚合物产生的蠕变按照指数形式发展,τ' 具有时间量纲,是该模型的特征时间常数,称为推迟时间。推迟时间 τ' 的长短等于材料的黏度与弹性模量的比值。由此可见,材料的蠕变是黏性和弹性综合作用的结果,具体表现为动力学过程的推迟弹性行为。而弹性被推迟的程度取决于材料黏度 η 和模量 E 的相对大小,这正是黏弹性的本质。有关 Voigt-Kelvin 模型和 Maxwell 模型方程的数学推导和求解过程颇为烦琐,本书不作讲述。

7.3.4　时温等效原理与时温转换

非晶态聚合物在不同温度或不同外力作用速率或频率条件下,可以表现出三种材料学形态和两个形态转变过程,如图 6-1 和图 6-2 所示。由此表明:温度、应力作用时间和作用频率对聚合物的力学松弛过程(黏弹性)具有等效的作用。

1. 时温等效原理

7-13-y
时温等效原
理:同一黏弹过
程既可在较高温
度和较短时间
(较高频率)外力
作用下完成,也
可在较低温度和
较长时间(较低
频率)外力作用
下完成,这就是
聚合物力学行为
的时温等效原
理。

现已明确,聚合物内部某个结构层次的分子运动主体获得足够能量开始运动而表现出的力学松弛过程总是需要一定时间才能完成,如果升高温度则可以使松弛时间缩短。

因此,同一黏弹过程(松弛过程),既可在较高温度和较短时间(较高频率)外力作用下完成,也可在较低温度和较长时间(较低频率)外力作用下完成,这就是聚合物动态力学行为的时温等效原理。

例如,在某个确定温度下松弛时间很长的过程,可以在高于此温度仅需较短时间就能观察到,或者在较低温度和更长的时间内也可以观察到。聚合物在交变应力作用下,应力频率的倒数相当于应力作用时间,降低作用力频率相当于增加应力作用时间。由此可见,延长应力作用时间、降低外力作用频率与升高温度对聚合物的黏弹过程都是等效的。

2. 组合曲线与时温转换

按照时温等效原理,聚合物在不同温度条件下对应的应力-松弛曲线或蠕变-柔量曲线沿时间坐标发生平移,可以叠合成组合曲线,各条曲线在时间坐标上需要移动的量称为平移因子 α_T,它是实验温度 T 和基准温度 T_0 的函数。按照时温等效原理,则有如下关系式:

$$E(T,t) = E(T_0, t/\alpha_T) \tag{7-6}$$

结果表明,在温度 T_0 和时间 t/α_T 测定的弹性模量等于在温度 T 和时间 t 测得的模量。当 $T < T_0$ 时,$\alpha_T > 1$;当 $T > T_0$ 时,$\alpha_T < 1$。按照同样方式可以得到材料的实数杨氏模量 E'、蠕变柔量 J 和实数柔量 J' 等的类似函

数关系式。

如果不考虑聚合物的瞬时弹性，发生力学松弛的弹性都应属于实际橡胶的弹性，聚合物的杨氏弹性模量 $E = 3\rho T_0/M_c$，模量对温度的依赖性既包括模量直接随温度变化而变化，也包括模量随聚合物相对密度变化而变化，因为后者也随温度变化而变化。由此可见，以上得到的时温转换关系需要用相对密度-温度关系进行修正 $E(T, t) = \rho TE(T_0, t/\alpha_T)/\rho_0 T_0$，这一修正相当于应力松弛曲线或蠕变曲线的垂直位移。

利用时温等效原理进行时温转换，可以使聚合物的黏弹性试验大为简化。例如，在蠕变或应力松弛试验中需要解决的关系是 $J(T, t)$ 或 $E(T, t)$-lg t-T；在动态力学试验中作为温度 T、ω 函数的 E'、E''、J'、J''-lg$t$-T 中有两个独立变数，因而构成三维空间问题，解决起来极为复杂。但是如果利用时温等效原理使 T 与 t 相关联，或者 T 与 ω 相关联，增加 1 个参数平移因子 α_T 后，就使三维空间问题转化为二维平面问题，其数学处理过程大大简化。

除此之外，聚合物在使用条件下的蠕变和应力松弛试验通常需要延续几个月、几年甚至几十年，显然并不现实。利用时温等效原理可以在不同温度条件下作一定时间的试验，将得到的各条曲线进行水平移动，可以得到以任意试验温度为基准、覆盖若干时间跨度的组合曲线，这样就可将在较高温度和较短时间内测得的结果应用于需要在较低温度、很长时间才能够得到的结果。时温等效原理和时温转换方法原则上只适用于非晶态聚合物，将其推广到部分结晶聚合物时带有经验公式的性质。

7.3.5　聚合物黏弹性的研究方法

1) 高温蠕变仪

高温蠕变仪可在 20～200℃温度范围内精确测量聚合物的蠕变过程。一般试样为 ϕ2.5 mm × 300 mm 的单丝，其在仪器下位夹具和约 20 g 负荷的拉伸应力作用下，长度随时间推移而增加，仪器以 0.001 cm 的精度记录试样长度与时间的相关性，即可绘制其蠕变曲线。一般试验温度要求控制在 ±0.1℃以内，测定 1 个温度条件下的蠕变曲线大约耗时 20 h。

2) 应力松弛仪

应力松弛仪利用模量远高于试样的弹簧片在拉伸过程中位置的变动来测定试样的应力松弛过程。当试样被拉杆拉伸时，弹簧片向下弯曲。应力解除后，试样开始应力松弛过程并逐渐回复原状，利用差动变压器测定弹簧片的回复形变，再换算为应力。

3) 动态扭摆仪

动态扭摆仪是研究聚合物黏弹性最常用的仪器之一，其操作原理简述如下：将标准条形试样的一端垂直悬夹于仪器夹具上，另一端与一个能水平自由振动的惯性体连接。当施以适当外力使惯性体转动某一角度时，试样就会发生扭转变形。外力解除后，试样的弹性回复力将迫使惯性体开始做扭转自由振动。由于聚合物分子内摩擦作用的存在，惯性体的振动表现为振幅随时间推移而逐渐减小的"阻尼衰减"，仪器自动记录并解析惯性体的这种衰减阻尼振动曲线，该仪器的名称由此而来。有关动态扭摆仪的具体操作步骤及其结果处理，读者可参阅相关专著。

作为扭摆法的发展，Gillham 于 20 世纪 60 年代发明了扭辫分析法，其原理和仪器均与动态扭摆仪相似，差别仅在于分析试样是涂敷于一根由多股玻璃纤维编织的辫子上。扭辫分析的显著优点是试样量很少，甚至可少于 100 mg，同时由于受玻璃纤维辫子的支撑，可以测定黏稠液状试样。基于此，该方法广泛用于各种树脂的固化反应过程，以及各类聚合物的高温反应历程的研究等。

4) 毛细管流变仪

毛细管流变仪是聚合物材料熔体切黏度及其流变性能测试最常采用的仪器。其工作原理是物料在电加热料桶中被加热熔融，或直接从聚合物热加工模具前端旁路注入熔体。料桶下部安装有一定规格的毛细管口模(可在直径 0.25～2 mm 和长度 0.25～40 mm 之间选择)。当温度稳定后，料桶上部的料杆在驱动马达的带动下以一定速度或以一定规律变化的速度将物料熔体从毛细管口模中挤出。在挤出过程中，可以测量出毛细管口模入口和出口的压力，再结合已知的速度参数、口模和料桶参数以及流变学模型，即可计算出在不同剪切速率下熔体的切黏度。

毛细管流变仪具有下列特点：①可以在最接近聚合物熔体热加工成型条件下测定熔体切黏度与切变速率的关系；②可以直观观察熔体从毛细管挤出后的直径和外形改变，以及挤出过程中的弹性行为和不稳定流动；③能够同时测定熔体的其他重要物理参数，如密度及熔体内部的结构改变；④测试温度和切变速率的调节以及高黏度熔体的注入也相对容易。

7.4 拉伸与强迫高弹性

7.4.1 单轴拉伸应力分析与断裂行为

当单轴拉伸聚合物试样的应力超过其承受极限时，通常表现为脆性断裂或者韧性断裂两种类型，其断裂面的形态存在显著差异。前者断裂面与受力方向垂直且表面光滑，后者断裂面与拉伸方向约呈 45°夹角且表面外延而粗糙。一般而言，脆性断裂是屈服点以前的断裂，断裂能较低，断裂伸长率 $< 5\%$。韧性断裂为屈服点之后的断裂，断裂能较高，试样断裂之前会产生较大形变，断裂伸长率一般 $> 5\%$。

探究聚合物的断裂行为需要首先进行受力分析。以图 7-9 所示横截面积为 A_0 的聚合物试样受单向拉伸力 F 为例，其横截面上的应力 $\sigma_0 = F/A_0$。取试样上任一倾斜截面 a-b-c-d 并令其与横截面的夹角为 α，则该斜截面的面积 $A = A_0/\cos\alpha$，作用于该斜截面的拉伸力 F 可以分解为沿该斜截面法线和切线方向的两个分力 $F_n = F\cos\alpha$ 和 $F_s = F\sin\alpha$。于是该斜截面上单位面积的

受力即法向应力 $\sigma_{\alpha n}$ 和切应力 $\sigma_{\alpha s}$ 分别为

$$\sigma_{\alpha n} = \frac{F_n}{A_\alpha} = \frac{F\cos\alpha}{A_0/\cos\alpha} = \sigma_0\cos^2\alpha \qquad (7\text{-}7)$$

$$\sigma_{\alpha s} = \frac{F_s}{A_\alpha} = \frac{F\sin\alpha}{A_0/\cos\alpha} = \frac{1}{2}\sigma_0\sin 2\alpha \qquad (7\text{-}8)$$

7-14-y
聚合物单轴拉伸的受力分析，以及发生韧性断裂和脆性断裂的不同特征。

根据式(7-7)和式(7-8)可知，试样所受应力 σ_0 一旦确定，法向应力 $\sigma_{\alpha n}$ 和切应力 $\sigma_{\alpha s}$ 只随斜截面的倾角 α 改变而变化。以 $\sigma_{\alpha n}$ 和 $\sigma_{\alpha s}$ 对 α 作图，即可得图 7-10 所示曲线。结果显示，当 $\alpha = 0°$ 时，法向应力最大即 $\sigma_{\alpha n} = \sigma_0$，切应力 $\sigma_{\alpha s} = 0$。当 $\alpha = 45°$ 时，切应力最大且与法向应力相等，即 $\sigma_{\alpha s} = \sigma_{\alpha n} = \sigma_0/2$。

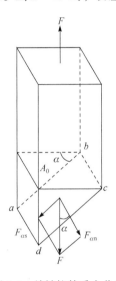

图 7-9　单轴拉伸受力分析

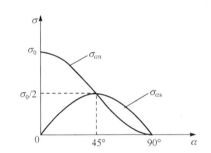

图 7-10　斜截面上法向应力与切应力随截面倾角变化曲线

材料学中将材料的极限抗拉伸能力定义为断裂应力或临界抗拉强度 σ_{nc}，而将材料的极限抗剪切能力定义为屈服应力或临界抗剪切强度 σ_{sc}。当材料受法向应力作用而破坏时，通常表现为脆性断裂；受切应力作用而破坏的结果是导致截面发生滑移，即剪切滑移变形。因此，材料在切应力作用下发生破坏时，往往伴随着试样的屈服。

聚合物在拉伸力作用下的断裂行为究竟属于韧性断裂还是脆性断裂，关键是在试验条件下材料的抗拉伸能力和抗剪切能力达到极限值的先后。如果材料所受法向应力首先达到断裂应力 σ_{nc}，而切应力尚低于屈服应力 σ_{sc}，则材料破坏主要表现为以分子主链断裂为特征的脆性断裂。根据法向应力与切应力随截面倾角 α 的变化关系可知，当 $\alpha = 0°$ 即横截面处法向应力最先达到 σ_{nc}，所以脆性断裂一般发生于横截面。如果材料所受的切应力首先达到屈服应力 σ_{sc}，而法向应力尚低于断裂应力 σ_{nc}，显示材料的抗剪切能力首先遭到破坏，其抗拉伸能力尚能坚持，此时往往首先发生以分子链段沿剪切力方向取向和相对滑移为特征的屈服，随之而发生的断裂即为韧性断裂。由于与横截面倾角 $\alpha = 45°$ 的斜截面处的切应力最大，该斜截面上受到的切应力将最先达到屈服应力 σ_{sc}，所以韧性断裂面通常与拉伸方向呈 45°夹角。

　　基于实验条件的差异，聚合物材料发生韧性断裂和脆性断裂均有可能。不过一般而言，在恒温和较慢应变速率条件下显示韧性断裂的材料，在更快应变速率条件下可能显示脆性断裂。另一方面，在应变速率恒定条件下，材料也可能由高温下的韧性断裂转变为低温下的脆性断裂。下面几节将系统讲述聚合物韧性断裂和脆性断裂的相关特征及其影响因素。

7.4.2　屈服与塑性形变

1. 聚合物屈服现象

　　屈服是指材料在受拉伸力的切应力分量作用下表现出的整体变形。屈服点是应力-应变试验过程中可回复弹性形变与永久性塑性形变的分界点。如图 7-1 曲线 2 所示应力-应变曲线出现极大值，这个极大值就是屈服点 B。如果曲线无极大值，则采用作图法求算其屈服点。聚合物的屈服应变一般都远大于 1%，而一般金属的屈服应变值却小于 1%，可见即使高交联的热固性聚合物的屈服应变值也超过金属。例如，一般玻璃态和部分结晶聚合物的拉伸屈服应变值在 3%～470%，而剪切屈服应变值则更大。几种常见聚合物在拉伸应力作用下的力学性能列于表 7-5。

表 7-5　几种常见聚合物在拉伸应力作用下的力学性能

聚合物	模量/GPa	屈服应力/MPa	极限强度/MPa	断裂伸长率/%
LDPE	0.14～0.28	1～2	1.2～2.5	400～700
HDPE	0.41～1.1	2.5～5.5	2.5～5.5	100～600
PTFE	0.41	1.5～2	2～4	100～350
PP	1.0～1.55	3～4	2.5～5.5	200～600
尼龙-66	1.2～2.8	8.5～11.5	9～12	60～300
PC	2.4	8～10	8～10	60～120
PMMA	2.4～3.5	7～9	7～10	2～10
PS	2.7～3.5		5.5～8	1～2.5
硬质 PVC	2.0～4.1	8～10	6～11	5～60
酚醛树脂	2.7～3.5		6～9	1.5～2
填充酚醛树脂	6.0～14		4～7	0.2～0.5
环氧树脂	21		15～60	3～4

　　发生屈服后的聚合物如果其结构得到强化，则可以进行冷拉伸并完成取向，使其性能转变为各向异性，纤维和薄膜就是经过屈服-拉伸过程的产物。除剪切屈服外，聚合物还可能发生特殊的由正应力引起的局部屈服与塑性形变现象，即银纹化。

2. 聚合物屈服影响因素

1) 温度的影响
聚合物的屈服行为与温度密切相关。一般而言，线型或低交联度非晶态聚合物产生屈服的最高温度是玻璃化温度。部分结晶聚合物产生屈服的最高温度是熔点。非晶态聚合物的屈服应力随温度降低几乎呈直线关系增加,而屈服应变也随之增大。部分结晶聚合物一般不服从上述屈服-应变规律,其屈服应变随温度下降而减小。如果在绘制屈服应力-温度关系曲线时以$(T-T_g)$代替 T 作图,则各种聚合物的屈服应力-温度关系曲线都相当接近,如图 7-11 和图 7-12 所示。

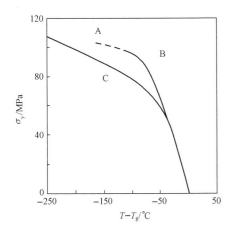

图 7-11　拉伸屈服应力-温度曲线
A、B. PS;A. 脆性断裂;C. PC、PPO 和 PPSu

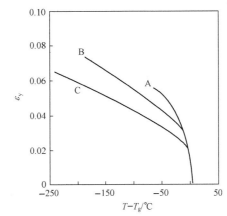

图 7-12　拉伸屈服应变-温度曲线
A. PS;B. PC;C. PPO 和 PPSu

2) 应变速率的影响

按照时温等效原理,提高应变速率的影响与降低温度的影响等效。具有一定刚性的聚合物,应变速率对其屈服的影响相当大。提高应变速率通常都会使聚合物的模量和屈服应力增加,在较高应变速率下可能变为脆性材料。在一定温度条件下,屈服应力与应变的对数呈线性关系,表明聚合物的屈服过程具有黏弹特性。

3) 流体静压力的影响

流体静压力增大使自由体积减小,链段运动能力降低,其对带有黏弹特点的屈服过程的影响相当于降低温度或提高应变速率的影响。因此,增大流体静压力使聚合物的屈服应力增大。例如,在常压条件下能够进行冷拉伸的 PE、PP 和 PC 等,过大流体静压力往往导致其冷拉伸性能变坏而无法进行。

4) 试验方式的影响

聚合物在不同受力方式时所表现的屈服特性显著不同。例如,低交联度环氧树脂在单向拉伸时出现脆性断裂,而在单向压缩时却发生屈服,断裂应变超过 10%;在剪切试验中屈服应力下降,屈服应变却增大,断裂应变超过 20%。同一聚合物试样,其剪切屈服应力最小,单向拉伸屈服应力较大,而单向压缩屈服应力最大。例如,聚碳酸酯的这 3 种屈服应力分别为 34 MPa、62 MPa 和 76 MPa。由此可见,聚合物的屈服主要受剪切应力分量控制,拉伸和压缩应力并不作用于剪切方向上,所以对屈服影响很小。

7.4.3　冷拉与强迫高弹性

不同凝聚态聚合物拉伸屈服的机理有所不同,下面分别讲述玻璃态聚合物和部分结晶聚合物的拉伸屈服。

1. 玻璃态聚合物的冷拉伸

玻璃态聚合物的拉伸屈服过程如果未进行到试样断裂,则温度升高到 T_g 以上时,形变即使达到数倍的试样尚能恢复原状。由此证明,玻璃态聚合物在外力作用下分子链段可沿着外力方向取向而产生幅度很大的受迫高弹形变,这种形变在玻璃化温度 T_g 以下不能回复。从宏观力学角度观察这种形变是塑性的,然而从微观分子运动角度观察却与橡胶态聚合物的高弹形变具有相似之处,所以又称为强迫高弹形变。

曾提出解释聚合物发生强迫高弹形变的多种分子运动机理。普遍认同的观点是:分子链在外力作用下发生解缠结过程,迫使分子链之间的物理作用和次价键作用受到破坏,从而为链段运动提供了可能。该学说能够圆满解释聚合物屈服后的应力软化和屈服应力对温度的依赖性,但是并未具体解释解缠结过程与屈服应力之间的相关性。

近年来 Eyring 提出活化速率过程理论能够定量描述聚合物的受迫形变过程,最终揭示聚合物屈服行为的黏弹性本质,被学术界广泛接受。事实上,该理论的基础正是 Eyring 本人提出的黏度理论,该理论认为聚合物的屈服过程和链段运动过程(强迫高弹形变过程)都需要克服热力学能垒 ΔE,当材料处于无规热涨落(温度升降变化)过程时,聚合物内部分子链段的热力学能和动能均随时间而改变,同时就可能以有限的概率超越热力学能垒。将热力学能与动能之和增加到热力学能垒以上,定义为"前向跃迁";而将热力学能与动能之和降低到热力学能垒以下,定义为"后向跃迁"。图 7-13 即是聚碳酸酯拉伸试验测定的结果,显示实验曲线与理论曲线基本一致。

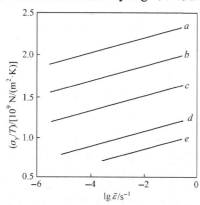

图 7-13　聚碳酸酯的拉伸屈服试验结果
实验温度 $a < b < c < d < e$

但是多数聚合物的活化体积 V 均远大于稀溶液中统计链段的体积,是后者的 2～10 倍。这从另一个侧面说明聚合物的屈服过程所涉及的协同运动的链段数远多于稀溶液中单个分子链构象改变所涉及的链段数。表 7-2 和表 7-5 的数据显示,不少玻璃态聚合物在较大应力拉伸下经屈服后能产生幅度高达 100%～700% 的形变,可与橡胶态聚合物的高弹形变相比拟。这种与高弹形变本质相同、表现却存在很大差异的大幅度形变称为强迫高弹形变或塑性形变。这是存在屈服点的一类玻璃态非晶态和部分结晶聚合物的特殊力学行为。例如，尼龙在拉伸应力作用下，随着应力逐渐增加，可依次清晰表现普弹形变→屈服→强迫高弹形变→断裂 4 个不同阶段的力学行为，具体表述如下：①在相对较小应力作用下，源于分子链内键长和键角改变而产生的幅度约百分之几的普弹形变；②应力继续增加致使试样存在局部结构缺陷的某处出现"屈服"，具体表现为该处直径突然变细，称为细颈；③细颈一旦出现，维持应力即可使细颈向两端扩张，试样的伸长率急速增加，材料变细部分的内部分子链受应力作用而进行取向，材料强度得以大幅度提高；④整个试样完成直径变细和取向后，在承受更大拉伸应力并达到其取向态极限强度时，试样最后发生断裂。

强迫高弹形变过程事实上就是生产各种合成纤维和塑料薄膜所采用的最终成型历程。研究发现，聚合物材料由于几何或结构方面的局部不均匀性，在拉伸应力作用的初期产生细颈。几何方面的原因包括材料直径或厚度即使存在局部微小的差异，也会导致较小尺寸处所受到的应力较大，从而首先发生塑性变形而出现细颈。聚合物发生强迫高弹形变的另一个原因是材料在屈服点之后往往表现出应力软化的特点。当材料局部因应力集中或细颈而导致其应变稍高于其他部位时，该区域的材料表现局部软化，进而导致应变向周围区域发展，最终完成材料的高度取向过程。

2. 部分结晶聚合物的冷拉伸

事实上多数晶态聚合物内部同时存在晶区和非晶区域，两者的物理性质以及对外力作用的响应方式迥然不同。部分结晶聚合物的塑性形变特别是在微观级别上往往以非均匀方式进行，主要发生于非晶区并最终向晶区扩展。处于橡胶态的非晶区域通常不发生屈服而极容易发生剪切变形；晶区对形变具有较强的抵抗能力，如果发生形变也属于各向异性的形变，在特定晶面上沿着一定方向进行，分子链却仍然保持完整而不断裂。聚合物晶体在外力作用下的屈服和塑性形变与一般晶体材料相似，都是通过微晶体之间的滑动、双晶化和马氏体转变 3 个步骤进行的。

3. 强迫高弹与高弹形变的比较

处于玻璃态的非晶态和部分结晶聚合物在外力作用下发生的强迫高弹形变与橡胶态聚合物的高弹形变相比较，具有相似之处，也存在明显不同，归纳为以下 4 点：

(1) 形变率都很大：两者拉伸形变率均可达数倍至十几倍。

(2) 形变本质原因相同：均源于分子链段在外力作用下发生导致构象改变的运动。

(3) 产生形变的温度和应力大小不同。橡胶态聚合物需在玻璃化温度与黏流温度之间，仅需很小应力即可产生高弹形变；而玻璃态非晶和部分结晶聚合物则需在玻璃化温度以下，需要较大应力，首先经过屈服后才能发生强迫高弹形变。主要原因是橡胶态聚合物的自由体积较大，链段运动阻力较小；而玻璃态非晶态和部分结晶聚合物的自由体积较小，链段运动阻力较大。

7-15-y
强迫高弹与高弹形变比较：形变率都很大，本质原因均源于链段运动，产生形变的温度和应力大小不同，应力解除后表现不同。

(4) 应力解除后的表现不同。当应力解除后，橡胶试样会很快恢复原状，而发生强迫高弹形变的试样却不能恢复原状，其形变可长期维持，除非升高温度至玻璃化温度以上。加热一段尼龙钓鱼线，发现其快速缩短就是这个道理。

7.4.4　聚合物的脆化

7-16-y
聚合物屈服
应力曲线与脆化
断裂应力曲线的
交点即为脆性-
韧性转化点。

聚合物单轴拉伸试验中，随着温度降低试样由韧性断裂逐渐转变为脆性断裂。在某特定温度下将不再屈服而直接发生脆性断裂，这就是该聚合物的脆化温度 T_b。不同聚合物的脆化断裂应力 σ_{nc} 与屈服应力 σ_{sc} 随温度变化的趋势不同，如图 7-14 所示两种类型。多数聚合物的 σ_{nc} 和 σ_{sc} 随温度降低而呈现斜率不同的升高趋势，一些聚合物的断裂应力对温度敏感，另一些聚合物的屈服应力对温度敏感。两条曲线的交点即为脆性-韧性转化点。

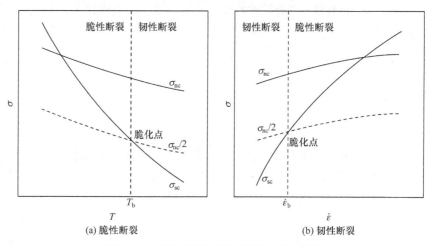

图 7-14　两种类型聚合物的脆化点示意图

如果聚合物在脆化点 T_b 下强烈拉伸，通常表现为直接脆性断裂而不会屈服。如果在脆化温度 T_b 与玻璃化温度 T_g 之间拉伸，达到屈服应力 σ_{sc} 后首先发生屈服，再进行取向而显示强迫高弹特性。脆化点的高低本质上取决于聚合物分子链结构和凝聚态结构，如表 7-6 所列几种聚合物的脆化温度 T_b 与玻璃化温度 T_g。

表 7-6　几种聚合物的脆化温度与玻璃化温度比较

聚合物	NR	聚异丁烯	PS	PMMA	硬 PVC	PC
$T_g/℃$	−70	−70	100	105	74	150
$T_b/℃$	−65	−60	90	45	−20	−200
$T_g - T_b/℃$	−5	−10	10	60	94	350

注：NR 表示天然橡胶；PC 表示聚碳酸酯。

表 7-6 显示如下规律：室温条件下，一般刚性分子聚合物易发生脆性断裂，而柔性分子链聚合物易发生韧性断裂。但是在温度很低时，柔性链聚合

物也可能发生脆性断裂。从分子运动角度考虑，聚合物的脆化温度取决于玻璃化温度以下首个次级转变即 β 松弛温度的高低。结晶度为 35%～75% 的部分结晶聚合物发生屈服源于非晶区的韧性，其脆化点比 T_g 稍低。此时材料的破坏主要表现为以主链断裂为特征的脆性断裂。

表 7-6 解释如下：①天然橡胶和聚异丁烯等柔性分子链聚合物在温度接近或稍高于玻璃化温度 T_g 时，链段运动就开始受到限制而表现一定脆性，其脆化温度 T_b 稍高于 T_g 5～10℃；②聚苯乙烯和有机玻璃等非晶态聚合物在玻璃化温度 T_g 以下只有侧基运动引起的次级转变尚可进行，其脆化温度比 T_g 低 10～60℃；③聚氯乙烯和聚碳酸酯等具有极性取代基或刚性分子链的聚合物，由于其在低温条件下存在主链局部运动产生的次级转变，因此其脆化温度远低于玻璃化温度 94～350℃，这类聚合物在室温条件下的韧性、延性和抗冲击性能都很好。

7.4.5　非均匀屈服

对聚合物进行拉伸时，试样整体受到的剪切力实际上并非均匀，屈服后发生的塑性变形也就存在不均匀性。试样发生塑性形变的初期实际所需应力趋于下降，这一现象称为应力软化。如果聚合物的结构在屈服阶段未达到强化，则应力软化将继续发展，直至最后发生破坏。如果聚合物的结构经屈服后得到强化，则试样可拉伸到原来长度的若干倍，这一过程称为冷拉。冷拉完成后聚合物发生应力硬化，只有在更高应力作用下才会发生断裂。

非均匀屈服有两种表现形式，即出现剪切带(剪切线)或形成细颈。剪切带通常出现在拉伸试样表面与拉伸力约成 45° 角的方向上，可以是一条或多条彼此交叉的线状或带状纹。

这是试样在最大切应力分量作用下发生的局部塑性变形区域。聚合物试样以细颈的形式发生非均匀屈服时，试样的某一处或几处会突然变细，犹如瓶颈一样，细颈肩部与试样中心轴线的夹角一般小于 45°。细颈形成后其横截面积不再减小，但是继续拉伸试样将从细颈的两侧向其余部分扩展，试样其余部分的直径将全部趋同于细颈，此时冷拉过程完成。通常玻璃态聚合物表现明显的脆性，只有在严格控制温度和应变速率的条件下才能产生细颈并顺利进行冷拉伸，而部分结晶聚合物一般都具有良好的缩颈产生和冷拉能力。

聚合物发生非均匀屈服的原因主要在于其结构、性能和试样本身形状，特别是截面积的不均匀性或存在薄弱环节。另外，由于拉伸过程中导致聚合物黏性耗散过程发生，试样局部温度升高，有利于冷拉的进行。

7.4.6　聚合物的取向

取向态是介于非晶态和晶态之间的一类特殊凝聚态结构的聚合物类型，其力学性能呈各向异性。在描述取向态聚合物弹性时，通常需要根据材料的对称性首先确定其独立弹性常数的数目。有两种对称性模型可用于描述各种取向态聚合物：

其一称为"横观各向同性体模型"，即模型中一个截面是各向同性，通常需要 5 个弹性常数对这种材料的弹性进行描述。一般纤维、单轴取向薄膜、板材、片材以及单向纤维增强聚合物复合材料等都是横观各向同性材料。除此以外,等双轴取向薄膜和片材、平面无规纤维增强取向复合片材等也属于这种类型。

其二称为"正交各向异性体模型",即在空间正交 3 个方向上都是各向异性的,通常需要 9 个相互独立的弹性常数才能描述其弹性。非等双轴取向薄膜、片材、板材等属于正交各向异性材料,而吹塑、拉幅和辊压成型塑料制品的对称性较低,可采用上述两种模型之一进行近似的描述。取向对材料力学性能的影响表现在下述 3 个方面。

(1) 结晶聚合物纤维经拉伸取向后其纵向拉伸和弯曲的弹性模量随拉伸比的增加而迅速增大,不同聚合物的增加率相差很大。例如,聚乙烯纤维在拉伸比达到 2 以前其纵向拉伸模量甚至稍有下降,横向杨氏模量与拉伸比的关系不大,只有低密度聚乙烯的横向杨氏模量有较大的增加。表 7-7 列出几种高取向度和未取向纤维的柔量数值比较。

表 7-7　几种纤维的弹性柔量数值(10^{-10} m^2/N)

纤维	高度取向横向拉伸	纵向拉伸	扭转	未取向拉伸	扭转
LDPE	30	12	917	81	238
HDPE	15	2.3	17	17	26
PP	12	1.6	10	14	27
PET	16	0.71	14	4.4	11
尼龙	7.5	2.4	15	4.8	12

表 7-7 显示,纤维取向后其纵向和横向拉伸模量(或柔量)出现差异,即产生各向异性,两者比值的大小反映其各向异性的程度。取向 PET 纵向与横向拉伸柔量之比值高达 27,显示各向异性极为明显。一般纤维的拉伸取向程度对其拉伸应力-应变曲线的形态影响很大。随着拉伸比增加,纤维取向度增加,模量和屈服应力增大,冷拉伸能力降低并逐渐消失,断裂应变减小,逐渐由延性断裂转变成脆性断裂,最后转变成刚性的非延性材料。

(2) 玻璃态聚合物拉伸取向后达到各向异性的程度较低,其模量随拉伸比的变化也较小。划痕、裂纹及结构不均匀均可导致应力集中并导致材料内部出现微孔穴,这种微孔穴将沿着与应力方向垂直的方向发展,最后形成银纹。

(3) 单轴拉伸聚合物片材的弹性与应力-应变性能的变化趋势与纤维类似。不过不同聚合物经拉伸取向后其弹性与应力-应变性能改变的程度各不相同。

7.5　聚合物的其他力学性能

7.5.1　动态力学性能

聚合物在交变应力作用下表现的力学性能称为动态力学性能。在动态力学条件下不仅可以研究很宽温度范围内聚合物模量变化规律,也可以研究聚合物各种松弛转变过程。如果对聚合物施加正弦交变应力,并使其产生的应变完全回复而不留下残余形变,或者在恒定应力频率条件下持续改变温度,或者在恒定温度条件下而持续改变应力频率,均可测得聚合物的各种动态力学参数谱图,如图 7-15 和图 7-16 所示。

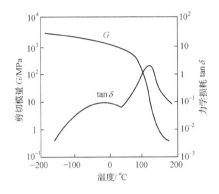

图 7-15 PET 动态模量与力学损耗
交变频率为 1 Hz

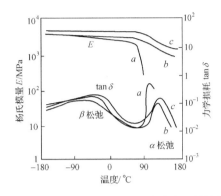

图 7-16 不同结晶度 PMMA 的动态力学性能
结晶度 a、b、c 分别为 5%、34%、50%

图 7-15 和图 7-16 显示,在交变应力作用下聚合物的弹性模量随温度升高而呈下降趋势,在玻璃化温度附近急剧下降;其力学损耗总体经历逐渐变大的复杂过程,出现峰值的温度对应于聚合物的各种松弛过程(图 7-16 中的 α 松弛和 β 松弛),也是聚合物黏性损耗最高的时候。通常聚合物在玻璃化转变过程的松弛强度和模量下降幅度最大,可达 3~4 个数量级。一般情况下,损耗峰出现的温度取决于黏弹过程松弛时间的长短,而松弛时间的长短却又取决于引起该松弛过程的运动单元的大小。

1) 非晶态聚合物

图 7-15 为典型非晶态聚合物的动态力学行为曲线,可以发现在玻璃化转变(α 松弛)过程中材料的弹性模量快速大幅度下降,而 β 松弛过程却呈现幅度较小、温度范围较宽的峰值,对应于分子内仅次于链段的运动单元所产生的力学损耗。

2) 晶态聚合物

晶态聚合物的动态力学图谱见图 7-17 和图 7-18。图 7-17 显示两种结晶聚合物的弹性模量均随温度升高而逐渐降低的趋势,其中 HDPE 由于其结晶度明显高于 LDPE,所以其模量曲线处于后者上方,显示其耐受温度的能力显著高于后者。图 7-18 显示,HDPE 和 LDPE 的最高松弛转变峰(分别为 α 和 α' 峰)均对应于两者的玻璃化转变,而前者对应的温度明显高于后者。

7.5.2 环境应力开裂

环境因素对材料断裂行为的影响早为人知,现已了解环境因素对聚合物力学性能的影响尤为严重。橡胶的臭氧开裂、液氮开裂、玻璃态热塑性聚合物在氮或氩气的低温条件下发脆就是典型的例子。环境应力开裂有时也被用于检测模塑聚合物制品的残余应力，具体做法是将制品浸入活性液体中，根据是否开裂以及开裂时间的长短判断制品内是否存在残余应力及其大小。

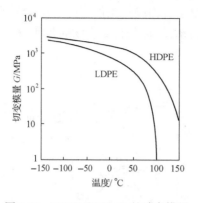

图 7-17　HDPE 和 LDPE 的动态模量
与温度曲线

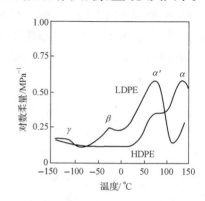

图 7-18　HDPE 和 LDPE 的动态松弛
温度曲线

将能够使聚合物产生环境应力开裂的物质称为环境应力致裂剂，通常将其分为化学环境致裂剂和物理环境致裂剂两类。前一类能够使聚合物断链或交联，从而导致应力开裂；后一种只是引起聚合物的物理结构改变，致使聚合物在很低的应力条件下产生银纹和裂纹等，再通过裂纹扩展最终发生脆性断裂。

臭氧属于典型的化学环境致裂剂，通过氧化应力作用下的橡胶分子主链的双键而使相对分子质量降低，最后发生开裂。缩聚物如聚酯和聚碳酸酯等在酸性或碱性环境中容易发生分子链断裂而引起环境应力开裂就属于这一类型。

物理环境致裂剂的种类很多，主要包括有机液体引起玻璃态热塑性聚合物发生银纹和裂纹；凝聚温度以下的某些气体引起玻璃态聚合物和部分结晶聚合物发生低温银纹化和裂纹；无机金属盐水溶液和醇溶液等引起聚酰胺的环境应力开裂；洗涤剂的醇溶液引起聚烯烃的环境应力开裂等。

严格而论，裂而不断的银纹不同于裂纹，其上下内表面之间存在许多近似圆形的丝状体连接，其周围是贯穿银纹上下边界的伸长孔穴。聚合物材料在拉伸应力作用下产生的银纹具有高达 $100\ m^2/cm^3$ 的内表面。光线经银纹内表面多次反射和折射后使材料变得不透明，致使透明聚合物内部显现银白色，银纹由此而得名。银纹化丝状体内的聚合物具有很高的应变能力，银纹化过程往往伴随着聚合物的体积膨胀。

结构对银纹化的影响包括 4 个方面：

(1) 当聚合物相对分子质量高于能够形成稳定缠绕结构的最低相对分子质量时，聚合物产生银纹化的应力大小将不再与相对分子质量相关。由此证明聚合物分子链之间的缠绕可在一定程度内阻止孔穴形成以及丝状体内分子链的断裂和滑动，从而在提高聚合物强度的同时抑制银纹化的发展。

(2) 交联可大大减弱甚至消除银纹化过程发生。

(3) 部分结晶聚合物只有在侵蚀性环境中或交变应力作用下才可能发

生银纹化。

(4) 有利于银纹化的外因包括低温、高应变速率、侵蚀性液体和导致应变的应力，这是聚合物银纹化的 4 个重要条件。

银纹化对聚合物力学性能的影响：银纹化是产生裂纹的先兆，银纹在应力作用下的断裂最终将发展成为裂纹，从而使聚合物在过低应力作用下就有可能提前破坏。另一方面，由于银纹内的丝状体已经发生了高度的塑性形变，所以银纹区吸收了大量的塑性形变能量。适当控制银纹的生成并防止其生长和断裂，就可能得到韧性很好的材料，以橡胶微粒为分散相的高抗冲击聚苯乙烯就是一个典型例子。

7.5.3　冲击韧性

强大的应力在极短时间内作用于材料称为冲击，材料承受冲击应力作用的能力称为抗冲击能力(抗冲击强度)。聚合物制品耐受冲击作用的能力对许多用途都是十分重要的。

1. 影响冲击韧性的因素

聚合物的抗冲击强度即冲击韧性的影响因素主要包括结构和环境因素两个方面，其中结构因素的影响可归纳如下几点：

(1) 晶态聚合物的冲击韧性与晶体大小有关，大型球晶聚合物的冲击韧性优于小型球晶聚合物。

(2) 部分结晶聚合物在 T_g 以上具有良好的冲击韧性，并随结晶度降低而增加，由此可见非晶区的存在是聚合物冲击韧性的结构基础。T_g 远低于室温的部分结晶聚合物都具有良好的冲击韧性。

(3) 取向聚合物呈现各向异性，其取向方向的冲击韧性增加，而垂直于取向方向上的冲击韧性则降低。

(4) 交联使冲击韧性降低，交联度越高，冲击韧性越低。结构致密性也使冲击韧性降低，如 LDPE 的冲击韧性就优于 HDPE。

(5) 玻璃态和部分结晶聚合物分别在略低于 T_g 和熔点的温度进行热处理，其冲击韧性将降低。

环境因素的影响主要包括温度和外力作用速率或频率两个方面。

(1) 温度：聚合物的冲击韧性随温度升高而增加。一般玻璃态聚合物在 T_g 以上其冲击韧性随温度升高而急剧增强。某些存在次级转变(如 β 转变)的玻璃态聚合物在 β 转变温度之上仍然具有相当高的冲击韧性。例如，聚碳酸酯等工程塑料具有良好的低温冲击韧性。

(2) 外力作用速率或频率：按照一般松弛过程的特点，外力作用速率或频率越高，聚合物的冲击韧性会越低，即脆性材料的特点越明显。

总而言之，一般聚合物的冲击韧性都不高，为了克服这个缺点，已开发增韧橡胶聚合物以及聚合物复合材料等新型高冲击韧性材料。

2. 聚合物冲击性能测定方法

弯曲梁摆锤冲击法：又分为悬臂梁式和简支梁式两种，应用最为广泛。采用该方法测定材料的冲击性能称为材料的冲击强度，不过由于所测定的数值是代表试样缺口截面或单位长度材料的冲击断裂能，因此严格而论应该称为材料的冲击韧性。

落重试验法：通常用于较薄而柔软聚合物试样的测定。

拉伸冲击试验法：这是新近发展起来的方法。

7.5.4 疲劳与寿命

静态疲劳是指材料在恒定负荷持续作用条件下达到一定时间后发生的断裂或破坏现象，达到材料破坏的这个时间称为疲劳寿命。静态疲劳性能通常采用应力-断裂时间曲线表示，应力越大则断裂时间越短，两者大体上呈线性关系。聚合物静态疲劳强度的影响因素很多，大体上包括聚合物结构方面的内因和测定条件(如温度、负荷、测试环境等)两个方面。

动态疲劳是指材料在重复或振动负荷作用条件下达到一定时间后发生断裂或使用性能丧失的现象。一般规律是，动态负荷条件下聚合物承受应力的能力在远低于静态负荷条件下的应力承受水平时，就可能发生断裂或性能丧失；在给定应力振幅条件下聚合物材料发生断裂的时间(动态疲劳寿命)也远小于相同恒定应力作用的静态疲劳寿命。

7.5.5 形态记忆特性

记忆是过往客观存在的现实重现，也是物质客观变化痕迹的即时状态。一般将记忆分为狭义记忆和广义记忆两大类。高等动物大脑的记忆是大自然记忆中的特殊部分，属于狭义记忆范畴。广义记忆则是泛指自然界运动和生命活动的复现永恒。橡胶态聚合物所拥有的形态记忆功能是人们熟知的。当使橡胶试样伸长或缩短的外力作用解除后，试样将源于分子链构象数或无序化程度增加的"熵值最大化"动力而回复到形变之前的尺寸和形态，好似其记住了曾经拥有的形态一样。

处于玻璃态的非晶态聚合物或者部分结晶聚合物同样拥有记忆功能。将发生强迫高弹形变的尼龙丝缓慢加热到其稍高于玻璃化温度以上，其形态将很快恢复到拉伸前的水平。在对种类繁多聚合物的功能化研究不断深化的今天，相信聚合物的特殊记忆功能将会迎来广泛应用。

本 章 要 点

1. 重要概念。
   蠕变与应力松弛、时温等效原理、强迫高弹形变、屈服点、推迟时间、损耗角正切、银纹化、泊松比、熵弹性与黏弹性。
2. 聚合物力学性能的特点：具有高弹、黏弹和强迫高弹性，具有松弛特点和对温度与测定条件的依赖性等。

3. 绘制并解释聚合物的典型应力-应变曲线(图 7-1)。

4. 影响聚合物强度的因素：分子链结构和分子间力、支化和交联、结晶和取向、增塑和填料、共聚和共混、温度和应变速率。

5. 聚合物的黏弹性：弹性滞后、力学损耗、蠕变、应力松弛。

6. 说明非晶和部分结晶聚合物的强迫高弹形变与橡胶的高弹形变的相似与不同的原因。

习　题

1. 解释下列概念。

(1) 外力与应力 　　　　　　　(2) 形变与应变

(3) 泊松比与损耗角正切 　　　(4) 熵弹性与黏弹性

(5) 普弹性、高弹性与强迫高弹性　(6) 蠕变与应力松弛

(7) 时温等效原理 　　　　　　(8) 力学损耗与内耗

(9) 弹性滞后与推迟时间 　　　(10) 屈服与屈服点

(11) 银纹化现象与应力软化 　　(12) 热塑性弹性体

2. 试绘出各类聚合物的应力-应变曲线，并举例予以简要解释。

3. 试归纳影响聚合物实际强度的各种因素，并举例说明其影响结果。

4. 试举例说明日常生活中的松弛现象及其过程快慢的表征方式。

5. 试从聚合物分子运动角度比较强迫高弹形变和高弹形变的异同。

6. 试绘制典型非晶态聚合物的松弛曲线，并解释各段曲线的物理意义。

7. 测得某 PS 试样在 160℃时的熔体黏度为 $8.0×10^{13}$ Pa·s，分别计算其在玻璃化温度 100℃和 120℃时的熔体黏度。

8. 试分别比较天然橡胶、聚苯乙烯和聚碳酸酯玻璃化温度和脆化温度的高低，并简要解释。

9. 举例描述聚合物黏弹现象，并从分子运动角度予以简要解释。

第8章 聚合物的热、电和光学性能

8.1 聚合物的热学性能

聚合物的热学性能是指在不同温度条件下所表现出的物理及化学性能的稳定或改变程度，其中包括耐热性、热稳定性、导热性和热膨胀性等。聚合物耐热性和热稳定性的高低，直接表现为材料和制品能够保持几何形状和力学强度、化学组成和结构不改变所能承受温度的高低，所以是最重要的聚合物质量指标之一。与金属和无机结构材料相比较，一般聚合物的耐热性和热稳定性都要差得多，这就决定了普通聚合物的使用温度要比金属和陶瓷等无机材料低许多。不过随着许多结构特殊、热稳定性良好的工程塑料问世，这种情况正在逐渐改变。本节重点讲述聚合物热稳定性与结构的关系，探索提高聚合物耐热性的途径，同时简要讲述聚合物的导热性和热膨胀性。

8.1.1 聚合物的耐热性

决定聚合物耐热性能的关键因素是分子链化学组成和结构的热稳定性，也与聚合物的凝聚态结构存在一定相关性。对于非晶态聚合物，玻璃化温度的高低是其耐热性优劣的重要参数；对于晶态聚合物，熔点的高低则是判断聚合物能够在何种温度条件下使用的重要依据。提高聚合物耐热性的途径包括提高分子链的刚性、提高结晶度和实施交联3个方面。

8-1-y
提高聚合物耐热性的途径包括提高分子链的刚性、提高结晶度和实施交联 3 个方面。

1. 提高聚合物分子链的刚性

如前所述，具有刚性分子链的非晶态聚合物具有较高的玻璃化温度，而晶态聚合物则具有较高的熔点。从分子链的化学结构考虑，有 3 条途径可以提高分子链的刚性，即①尽量减少主链的单键，尤其减少那些能赋予分子链柔性的单键如 C—O、C—Si 键等；②主链上引入共轭双键或三键；③主链上引入环状结构如脂环、苯环、杂环，最好能使分子链具有梯形结构，就能大大改善聚合物的耐热性。表 8-1 列出一些耐高温聚合物的分子链结构及其熔点。

表 8-1 耐高温聚合物举例

聚合物	重复结构单元	T_m/℃	耐高温结构
聚乙烯	$+CH_2—CH_2+$	137	对比基准
聚乙炔	$+CH=CH+$	>800	共轭双键
聚对二甲苯撑	$+CH_2—C_6H_4—CH_2+$	400	苯环
聚苯撑	$+C_6H_4+$	530	苯环

聚合物	重复结构单元	T_m/℃	耐高温结构
聚酰亚胺	─N(CO)$_2$C$_6$H$_2$(CO)$_2$N─C$_6$H$_4$OC$_6$H$_4$─	>500	梯形、苯环、氮杂环
聚苯并咪唑	略	>500	梯形、苯环、氮杂环

2. 提高结晶度

第 5 章曾经讲述过，晶态聚合物的熔点远高于非晶态同类聚合物的玻璃化温度，由此可见，设法使聚合物结晶并提高其结晶度是提高其耐热性的重要途径之一。例如，采用自由基聚合反应合成的非晶态聚苯乙烯的玻璃化温度仅 80℃，而采用定向聚合反应合成的全同立构聚苯乙烯的熔点却高达 243℃，后者的使用温度范围大大宽于前者。再如，聚苯醚具有很高的结晶度，其熔点为 280～290℃，其制品在 200℃以下尺寸仍然稳定，不发生变形，同时具有优异的化学稳定性。

3. 实施交联

在合成聚合物时适当加入多官能团单体或采用适当物理化学手段使聚合物发生适度交联，则可以使其具有一定程度的交联网状结构，其分子链之间的化学交联键能够有效阻碍分子链之间的滑动，从而使材料耐热性和力学强度都得以显著提高。例如，普通聚乙烯的软化温度仅稍高于 100℃，而采用辐照交联的聚乙烯能够耐受 250℃高温。为了提高聚苯乙烯的耐热性，可以采用加入适量多烯类交联剂(如二乙烯基苯等)参与共聚。其他如具有交联体型结构的热固性酚醛树脂、环氧树脂等都具有良好的耐热性和热稳定性。

8.1.2　聚合物的热稳定性

如果说材料的耐热性主要是指其形状、尺寸及其力学性能的稳定，即物理稳定性的话，材料的热稳定性则主要是指其化学稳定性。聚合物在较高温度条件下除发生软化甚至熔化外，常伴随着降解、交联或分解反应的发生，从而导致其各种性能的改变。虽然聚合物受热可能发生的交联反应能够在一定时间和范围内提高其强度，但是更显著而持久地表现为材料变硬、变脆或者发黏。由此可见，单纯从提高聚合物玻璃化温度和结晶度的角度考虑，还不足以全面改善聚合物的耐热性和热稳定性能。

1. 聚合物热稳定性的决定因素

由于聚合物的热降解或热交联反应与受热条件下大分子主链上或链间化学键的断裂直接相关，所以组成聚合物分子链的化学键键能的高低客观反映了材料热稳定性的优劣。聚合物的热稳定性通常用半失重温度，即在真空条件下加热聚合物试样使其质量在 30 min 内损失一半所对应的温度来表征。而聚合物的半失重温度则与分子链中最弱化学键的离解能的高低密切相关。表 8-2 列出一些聚合物的热降解数据，式(8-1)则是聚合物半失重温度与化学键离解能之间的经验关系式：

$$T_{1/2}(\mathrm{K}) = 1.6E_{\mathrm{d}} + 140 \qquad (8\text{-}1)$$

表 8-2 一些聚合物的热降解数据

聚合物	半失重温度/℃	350℃失重速率/(%/min)	单体产率/%
聚四氟乙烯	509	2×10^{-6}	>95
聚对二甲苯撑	432	0.002	0
线型聚乙烯	414	0.04	>0.1
聚三氟乙烯	412	0.017	2
支化聚乙烯	404	0.022	0
聚丙烯	387	0.069	<0.2
聚间甲基苯乙烯	358	0.90	45
聚异丁烯	348	2.7	20
聚环氧乙烷	345	2.1	4
聚丙烯酸甲酯	328	10	0
PMMA	327	5.2	>95
聚α-甲基苯乙烯	286	228	>95
聚乙酸乙烯酯	269		
聚乙烯醇	268		
PVC(脱 HCl)	260	170	

2. 提高聚合物热稳定性的途径

1) 在大分子中尤其在主链上避免弱化学键

根据表 8-2 中的数据，聚合物大分子主链一般化学键的稳定性顺序为

由此可以归纳以下几点：

(1) 主链上靠近季碳或叔碳原子的化学键容易断裂。例如，线型聚乙烯、支化聚乙烯、聚异丁烯和聚甲基丙烯酸甲酯的半失重温度分别为 414℃、404℃、348℃和 327℃，可见主链上含有叔碳原子的聚异丁烯和聚甲基丙烯酸甲酯的热稳定性较差。

(2) 聚氯乙烯分子链含有大量较弱的 C—Cl 键，受热时容易脱去 HCl，其热稳定性大大降低。工业上通常加入硬脂酸铅、硬脂酸钙等碱性稳定剂，吸收具有催化作用的 HCl，以提高材料的热稳定性。

(3) 聚四氟乙烯的热稳定性极为优秀，其半失重温度高达 500℃以上，

8-2-y
提高聚合物热稳定性的途径：选主链高化学键键能、避免弱化学键，以及主链不含碳原子的元素高分子。

原因在于其大分子中含有大量键能很高的 C—F 键，同时其六方螺旋状晶体结构的外侧全部被这些高度稳定的 C—F 键包裹着，因此其热稳定性很高，可以在 200～250℃长期使用。包括聚酰亚胺和聚四氟乙烯在内的 5 种聚合物的热稳定性曲线如图 8-1 所示。

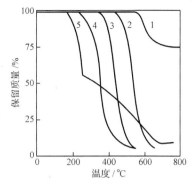

图 8-1　几种聚合物的热稳定性曲线
1, 2, 3, 4, 5 分别为聚酰亚胺、PTFE、LDPE、PET 和 PVC

2) 在分子主链上引入苯环、杂环或梯形结构

分子主链上含有苯环、杂环，特别是含有梯形结构的聚合物，由于主链不容易在受热时断裂，即使一个化学键断裂，另一个化学键也很难同时断裂，所以这些聚合物具有很高的耐热性和热稳定性，不过这类聚合物的加工相当困难。

3) 合成主链上不含碳原子的元素高分子

由于大分子主链上含有碳元素的碳链聚合物和碳杂链聚合物的耐热性能和热稳定性总不是很高，为了进一步提高聚合物的热稳定性，人们只好找寻其他途径。合成分子主链完全由硅、铝、钛、氧等元素组成的元素高分子是途径之一。例如，分子主链完全由 Si、O 原子交替连接，Si 原子上连着甲基或其他有机基团的有机硅氧烷、硅酮、硅橡胶等目前已经大规模生产，具有广泛的用途。由于硅氧键的键能高达 425 kJ/mol，所以这类聚合物的使用温度可以达到 250℃。

3. 聚合物耐热性和热稳定性的研究方法

差热分析和热重分析(TGA)是对聚合物耐热性和热稳定性进行研究的重要方法。差热分析是通过精确测量聚合物受热过程中的热效应对聚合物受热状态下的变化过程进行研究。热重分析则是采用灵敏度很高的热天平跟踪聚合物受热过程中的质量变化，从而了解聚合物在受热状态下的化学稳定性。

差热分析和热重分析都可用来测定聚合物的玻璃化温度、熔点和热分解温度等。工业测定方法还包括马丁耐热试验、维卡软化点测定等专门方法，读者可以参阅有关的测量标准和专著。

8.1.3　聚合物的导热性

一般聚合物的导电率和导热率都很低，通常可以作为绝缘材料和绝热材料使用，这正好与金属材料相反。由于聚合物的导热率比金属低得多，即使其外层温度很高甚至达到使聚合物燃烧的温度，其内层聚合物及其被覆盖的其他材料短时间内的温度也不会迅速升高，这种宝贵的绝热性能在航空航天领域得到广泛应用。几类材料的导热系数列于表 8-3。

表 8-3　一些材料的导热系数

材料类别	材料	导热系数λ/[W/(m · K)]
金属	铝	203(8.4～419)
	铜	62.8
塑料	酚醛树脂(加入无机填料)	0.335～0.67
	酚醛树脂(加入有机填料)	0.167～0.293
	脲醛树脂	0.293
	聚乙烯	0.334
	尼龙	0.251
	聚甲基丙烯酸甲酯	0.167～0.251
	聚氯乙烯	0.126～0.167
	聚苯乙烯	0.084
	纤维素酯和醚类	0.126～0.335
橡胶	硫化天然橡胶	0.126～0.335
膨胀材料	石膏	0.063～0.126
	泡沫橡胶	0.0335～0.0554
	聚苯乙烯泡沫塑料	0.0337～0.0461

8.1.4　聚合物的热膨胀性

聚合物的热膨胀系数远大于其他材料，往往成为限制其应用的一大缺点。当需要将聚合物与其他材料连接或复合时，热膨胀系数的巨大差异导致复合部位弯曲、开裂或脱层等严重问题。除此以外，聚合物制品或零部件的尺寸稳定性受温度影响可能会变得很差，也是必须在选择聚合物材料之前充分考虑的因素。一些材料在室温条件下的热膨胀系数列于表 8-4。

表 8-4　一些材料的热膨胀系数

材料类别	材料	热膨胀系数/($\times 10^5$ K)
玻璃、陶瓷		0.1～1
金属		0.5～3
热固性聚合物	酚醛树脂(木粉)	3 (热固性塑料热膨胀系数范围 2～5)
	脲醛树脂	3
	硫化天然橡胶	8
热塑性聚合物	聚苯乙烯	7 (热塑性塑料热膨胀系数范围 6～20)
	PMMA	8
	尼龙	10

续表

材料类别	材料	热膨胀系数/(×10⁵ K)
	聚乙烯	17
热塑性聚合物	聚氯乙烯	19
	纤维素酯和醚类	6～17

8.2 聚合物的电学性能

众所周知，绝大多数聚合物都具有优良的电绝缘性能，广泛用于电绝缘材料，所以无论从理论还是从实用的角度，研究聚合物的电学性能都具有极其重要的意义。从理论上研究聚合物的介电松弛特性还可以更深入地了解聚合物的分子运动规律，从而探明聚合物结构与性能之间的本质联系。本节主要讲述聚合物的绝缘性能和介电性能，即在弱电场中的电行为、在静电场和交变电场中的介电特性，以及在强电场中被击穿破坏的性能等。

8.2.1 绝缘性能

按照电学原理，材料在弱电场中的导电性由欧姆定律表征，即 $R = U/I$，而流过材料的电流 I 又可以区分为表面电流和内部(体积)电流两部分，材料的电阻 R 因此而包括表面电阻和体积电阻两部分，实际材料的电阻则相当于表面电阻与体积电阻的并联电阻值：

$$\frac{1}{R} = \frac{1}{R_s} + \frac{1}{R_v} \tag{8-2}$$

式中，R_s 和 R_v 分别为材料的表面电阻和体积电阻。

研究发现，材料的电阻大小除与材料的类型和结构有关外，也与材料的几何尺寸和测试条件存在一定关系。通常采用与尺寸无关的体积电阻率和表面电阻率表征材料的绝缘性能，而分别以其倒数即体积电导率和表面电导率的倒数表征材料的导电性能。

$$\rho_v = R_v s/d , \quad \rho_s = R_s l/b \tag{8-3}$$

式中，ρ_v 和 ρ_s 分别为材料的体积电阻率和表面电阻率；s 和 d 分别为测量电极的面积和试样厚度；l 和 b 分别为测量电极的长度与两平行电极之间的距离。材料的体积电阻通常大于表面电阻，原因在于材料的表面通常被尘埃、水汽等杂质所污染。材料的绝缘性能通常采用体积电阻率 ρ_v 表征，它是介电材料最重要的性能之一。按照体积电阻率的大小可以将材料分为超导体、导体、半导体和绝缘体 4 类，如表 8-5 所示。

表 8-5　各类材料的体积电阻率

材料类型	体积电阻率/($\Omega \cdot m$)	体积电导率/(S/m)
超导体	$\leqslant 10^{-10}$	$\geqslant 10^{10}$
导体	$10^{-10} \sim 10^{-7}$	$10^{7} \sim 10^{10}$
半导体	$10^{-7} \sim 10^{5}$	$10^{-5} \sim 10^{7}$
绝缘体	$10^{5} \sim 10^{16}$	$10^{-16} \sim 10^{-5}$

材料的电导率取决于材料内部分子和原子的组成及其化学结构。按照量子化学理论,固体物质中的电子在周期性变化外界电场中的运动可以用某种周期性波函数进行描述,对应于这种波函数的 Schrödinger 方程只有在一定能量范围内才存在实数解,这个能量范围称为能带,不存在实数解的能量范围称为禁带。

按照能带理论将导体、半导体和绝缘体的电子能带示意于图 8-2。图中显示,材料的电学性质很大程度上取决于价电子带、导带和禁带的宽度。导体不存在禁带,价电子带与导带相互衔接而成为一个连续能带,电子可以在整个能带中自由运动,所以导体在电场作用下允许电流通过。

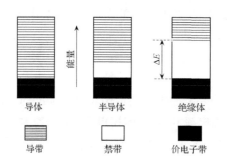

图 8-2　导体、半导体和绝缘体能带示意图

在半导体和绝缘体中,价电子通常处于能量较低的能带,只有当价电子从价电子带跃迁到能量较高的导带时,价电子才具有在电场中漂移的能力。在此情况下, 导带与价电子带并不连续,禁带处于两者之间,其宽度表征导带与价电子带的能级差。半导体的禁带宽度较窄,而绝缘体的禁带宽度很宽。按照能带理论,半导体与绝缘体之间并无本质区别。

当材料中含有离子性杂质时,就一定存在杂质能带,当杂质能带正好处于禁带中间时,其间的电子跃迁到导带,或价电子带的电子跃迁到杂质能带所需的能量一定小于整个禁带宽度,这就为在较强电场作用下的电子运动提供了可能。由此可见,杂质的存在将使绝缘体或半导体材料的电导率显著增加。

1) 聚合物的绝缘性

一般合成有机聚合物的分子主链通常由碳原子或其他非金属原子以共价键连接而成,其价电子处于稳定的低能态,其禁带较宽,所以一般合成聚合物都是绝缘体,其体积电阻率很高。不过由于聚合物中常存在各种杂质,如引发剂和催化剂残余、增塑剂和填料等,都可能导致聚合物电阻率降低,从而使聚合物具有一定的导电性。特别是具有较高吸水性能的聚合物,发现其电导率随着吸水率的增加而显著增加。表 8-6 列出一些聚合物的体积电阻率。

表 8-6　一些聚合物的体积电阻率[$\rho_v/(\Omega \cdot m)$，相对湿度 25%，23℃]

聚合物	PTFE	PE	PS	PP	聚酯	聚酰胺	酚醛树脂
体积电阻率	10^{16}	$10^{13} \sim 10^{16}$	10^{15}	10^{14}	10^{13}	10^{10}	$10^{9} \sim 10^{10}$

表 8-6 显示，聚合物的体积电阻率与其化学结构和极性关系密切。饱和非极性或弱极性聚合物如聚四氟乙烯、聚乙烯和聚苯乙烯等均属于优良的绝缘体；而极性聚合物如聚酰胺和酚醛树脂等的绝缘性能大大低于上述非极性聚合物。

2) 聚合物半导体和导体

要使聚合物具有导电性，就必须提升大分子主链上原子的电子能级，同时使禁带消失或变窄。使分子链成为连续共轭体系是研究得最多的导电聚合物类型。2000 年诺贝尔化学奖获得者日本学者白川英树(Hideki Shirakawa)、美国学者 Heeger 和 MacDiarmid 等于 1974 年成功合成取代聚乙炔并证明其导电性能，开创了导电聚合物研究和应用的新纪元。另外，具有平面共轭结构和环状共轭结构的聚合物也具有较好的导电性。例如，将聚丙烯腈纤维在高温条件下碳化，即可得到体积电导率达 10^7 S/m 的半导体材料：

8.2.2　介电性能

材料的介电性能是指材料在电场中因极化作用而表现出对静电能的储存以及在交变电场中的损耗等性质。具有介电特性的材料称为电介质，一般电介质属于绝缘体，在电场中能够发生极化，但是却不会产生荷电粒子。

1. 聚合物的极性

按照结构单元偶极矩的大小，可以将聚合物分为极性和非极性两类。聚乙烯、聚苯乙烯和聚四氟乙烯等属于非极性聚合物，而聚氯乙烯和酚醛树脂等则属于极性聚合物。需要注意的是，不能简单地从分子链中极性基团的多少判断聚合物的极性，而应该按照结构单元的不对称性进行判断。一个最典型的例子就是聚四氟乙烯，虽然其分子链上与碳原子相连接的全部是极性很强的氟原子，但是由于其结构单元具有高度对称性，C—F 极性键所产生的偶极矩彼此抵消，所以聚四氟乙烯属于非极性聚合物。

2. 分子极化概念

分子内部的电荷分布在电场中发生改变的现象称为极化。由于材料的介电性产生于分子极化，所以必须对几种类型的分子极化过程作简单介绍。

1) 诱导极化

诱导极化也称变形极化，含电子极化和原子极化两种类型。原子核外电子云在电场作用下发生变形或位移的现象称为电子极化。由于带负电荷的电子在电场中总是向正电极方向移动，而带正电荷的原子核总是向负电极方向移动，因此称为原子极化。事实上电子极化和原子极化总是同时发生的，只是由于电子和原子的质量悬殊，两种极化过程所需时间存在很大差异，两者分别为 $10^{-15} \sim 10^{-13}$ s 和 $10^{-13} \sim 10^{-11}$ s。原子极化和电子极化的结果都是使分子产生诱导偶极矩。

2) 偶极极化

偶极极化也称为取向极化。具有偶极矩的极性分子在电场中除了产生诱导极化外，由于偶极矩沿着电场方向取向而发生极化的现象称为偶极极化。偶极极化过程所需时间为 10^{-10} s。

3) 界面极化

非均匀介质或多相介质在电场作用下由于其界面的特殊性质而发生的极化过程称为界面极化。通常界面极化所需时间特别长，从 10^{-1} s 到几分钟，甚至更长时间。

3. 介电常数

真空条件下在平板电容器的两极板之间施加直流静电场，则两个极板上就会产生大小与电容器电容值 C_0 和直流电压值 U 相关的感应电荷 Q_0：

$$Q_0 = C_0 U \tag{8-4}$$

如果将电容器置于电介质中，则由于电场作用而使靠近极板的电介质表面产生束缚电荷 Q'，从而使电容器两个极板上的感应电荷增加，导致电容器的实际电容 C 也随之增加：

$$C = (Q_0 + Q') / U$$

将电容器处于电介质中的实际电容与处于真空条件下电容之比值定义为介电常数：

$$\varepsilon = C / C_0 \tag{8-5}$$

介电常数反映电介质储存电能的能力大小，是电介质极化作用大小的宏观表现，而分子极化率 α 则是表征分子极化特性的微观量，两者之间的关系可由 Clausius-Mosotti 方程推导得到：

$$\frac{\varepsilon - 1}{\varepsilon + 2} \frac{M}{\rho} = \frac{M}{3} \pi N_A \alpha = \frac{4}{3} \pi N_A \left(\alpha + \alpha_a + \alpha_e \frac{\mu^2}{3kT} \right) \tag{8-6}$$

式中，M 和 ρ 分别为聚合物的相对分子质量和相对密度；N_A 为 Avogadro 常量；k 为玻尔兹曼常量；T 为热力学温度；α、α_a 和 α_e 分别为分子、原子和电子的极化率；μ 为偶极矩。该公式的推导过程颇为烦琐，有兴趣的读者可以参阅相关专著。

4. 介电松弛

犹如聚合物因链段运动缓慢而在应力作用条件下存在应力松弛一样,聚合物材料在外加电场作用下也表现出类似的介电松弛过程。施以外加电场于聚合物材料时,虽然源于电子和原子在电场中的取向运动所产生的诱导极化过程可以瞬时完成,但是源于侧基、链段或分子受外电场作用而发生的取向过程(偶极极化过程)却需要一定时间才能完成,这就是介电松弛过程。

介电松弛与应力松弛产生的原因相似,介电松弛时间与应力松弛时间自然就具有趋同性。事实上,在聚合物的介电性能试验中,往往可以采用较为直观而易于测定的应力松弛时间表示聚合物的介电松弛时间。

简言之,聚合物分子运动的缓慢和滞后特性是其介电松弛特性的本质原因,而以聚合物作为介电材料制作的电容器具有较长而滞后的充、放电时间则是材料介电松弛特性的宏观表现。至于材料介电性能定量关系式的推导和应用过程,应该属于电工电器材料专业工作者的学科知识范畴。

5. 介电损耗

当交变电场作用于电介质时,其介电常数具有复数形式,这与高分子材料在交变力场作用下的模量具有复数形式相类似,复数介电常数 ε^* 为

$$\varepsilon^* = \varepsilon' - i\varepsilon'' \tag{8-7}$$

式中,实数部分 ε' 表征电介质储存电能的能力大小,即介电常数;而虚数部分 ε'' 则为介电损耗。介电损耗是导致交变电场中电介质本身发热而损耗一部分电能的参数。

完全理想、处于真空中的电容器在交变电场中储存电能,当电场移去后所储存的电能又全部释放而不存在能量损失,此时电流的相位总是超前于电压相位 90°。当电容器中充满电介质时,由于电介质的存在而产生介电损耗的原因包括两个方面。

1) 电导损耗

实际电介质并非完全不导电,其中可能含有的导电性物质(载流子)所产生的电流(电导电流)均以热的形式而损失,称为电导损耗。

2) 内黏滞损耗

电介质在交变电场中的极化过程能够与电场进行能量转换,从而导致部分能量在转换过程中损失。由于电介质的极化取向过程属于松弛过程,部分电能将损耗于克服电介质的内黏滞阻力并以热的形式耗散。因此,实际电容器在交变电场中电流与电压之间的相位差一定小于 90°,在一个周期内交变电流的介电损耗能量值为

$$W = IU\cos\theta = IU\sin\delta = I_c U \tan\delta$$

$\tan\delta = W/I_c U =$ 每个周期损耗与储存电能之比。

$$\tan\delta = \frac{W}{I_c U} = \frac{\varepsilon''}{\varepsilon'} = I_R / I_c \tag{8-8}$$

式中，δ 为损耗角；$\tan\delta$ 为电介质的损耗角正切，是表征材料介电损耗大小的重要参数，损耗角正切 $\tan\delta$ 越小，材料的介电损耗越小；I_R 与 I_c 分别为漏电电流和电容电流。

6. 聚合物的介电性能及其影响因素

表 8-7 和表 8-8 分别列出一些聚合物的介电常数和介电损耗角正切值。

表 8-7　一些聚合物的介电常数

聚合物	实验 ε	计算 ε	电子极化 $\varepsilon_\infty = n_D^2$
PE(无定形)	2.3	2.20	(2.19)
PP(无定形)	2.2	2.15	(2.19)
PS	2.55	2.55	3.53
聚邻氯苯乙烯	2.6	2.82	2.60
PTFE(无定形)	2.1	2.00	1.85
PVC	2.8 / 3.05	3.05	2.37
聚乙酸乙烯酯	3.25	3.02	2.15
PMMA	2.6 / 3.7	2.94	2.22
聚甲基丙烯酸乙酯	2.7 / 3.4	2.80	2.20
聚 α-氯代丙烯酸甲酯	3.4	3.45	2.30
聚 α-氯代丙烯酸乙酯	3.1	3.20	2.26
PAN	3.1	3.26	2.29
聚甲醛	3.1	2.95	2.29
聚 2,6-二甲基苯醚	2.6	2.65	—
聚对苯二甲酸乙二酯	2.9 / 3.2	3.40	2.70
PC	2.6 / 3.0	3.00	2.50
尼龙-66	4.0	4.14	2.35

表 8-8　一些聚合物的介电损耗角正切值 × 10^{-4}(20℃，50 Hz)

聚合物	$\tan\delta$	聚合物	$\tan\delta$	聚合物	$\tan\delta$
PTFE	< 2	PET	10～20	尼龙-66	140～600
PE	2	环氧树脂	20～100	PMMA	400～600
PP	2～3	硅橡胶	40～100	酚醛树脂	600～1000
PS	1～3	聚氯乙烯	70～200	硝化纤维素	900～1200

聚合物介电性能的影响因素主要包括分子链结构、杂质和电场频率 3 个方面。

1) 分子链结构

作为绝缘材料使用最重要的性能指标是介电常数和介电损耗角正切值。极性聚合物的介电常数和介电损耗均大于非极性聚合物。原因在于极性聚合物在电场中可以发生几种极化，而非极性聚合物只能发生诱导极化过程。如表 8-7 和表 8-8 所示，聚乙烯、聚丙烯和聚苯乙烯等非极性聚合物是具有低介电常数和低介电损耗的优良绝缘材料。

极性聚合物的极性基团如果在分子主链上(如聚甲醛)，则对其介电性能的影响较小；如果极性基团在侧基上(如聚乙烯基醚)，则由于侧基的活动能力较强而容易极化，因此对聚合物的介电性能影响较大。

聚合物的支化和交联能够限制或降低极性基团的活动能力，从而降低聚合物的极化作用，基于这个原因，即使极性较强的交联酚醛树脂也可作为低压电器的绝缘材料。

选择制造电容器绝缘材料的标准是介电常数大而介电损耗角正切值小。与此相反，当采用高频加热、热合或焊接对聚合物进行加工时，往往需要聚合物具有尽量大的介电损耗角正切值。例如，聚氯乙烯就符合这个条件而很容易热合焊接，而聚苯乙烯则要困难得多。

2) 杂质

如前所述，材料的介电性能与杂质含量密切相关。极性杂质尤其是水的存在往往会使聚合物的介电损耗大大增加。一般极性聚合物中水的含量对介电性能的影响最大；对非极性聚合物介电性能影响最大的则是极性杂质的含量，存在于聚合物中的杂质主要包括残留引发剂(催化剂)、稳定剂、增塑剂和填料等。所以对用作绝缘材料特别是高频绝缘材料的聚合物而言，选择聚合反应类型、添加剂种类和加工条件等都必须充分考虑这一点。从提高聚合物介电性能考虑，优先选择能够获得纯净聚合物的光引发、辐照引发或超声引发等聚合反应方式，或者采用本体聚合。悬浮聚合物特别是乳液聚合物由于存在引发剂和分散剂、乳化剂的残留，其介电性能一般都较差。

3) 电场频率

交变电场的频率是影响聚合物介电性能的主要外因。如果要求聚合物在很宽的频率范围内都具有较低的介电损耗，最重要的条件是必须选择非极性或弱极性聚合物，其他条件并不十分重要。实践证明，聚乙烯和聚四氟乙烯是低介电损耗的最佳绝缘介电材料。至于像聚氯乙烯之类的极性聚合物，就只能使用于低频和低压电场条件下。

纯净而干燥的聚合物的体积电阻率 ρ_v 与介电常数 ε 之间存在如下关系：

$$\lg \rho_v = 21 - 2(\varepsilon - 2) \tag{8-9}$$

交变电场频率对聚合物介电性能的影响可归纳 3 点规律：①在低频区聚合物的介电常数最大，介电损耗很小；②在高频区(光频区)聚合物的介电常数最小，由于在此区域只存在电子极化，所以介电损耗也很小；③聚合物的介电常数随电场频率变化而发生变化的区域(色散区域)，介电常数变化最大时，介电损耗也出现峰值。聚合物在交变电场中的介电行为也可以用来测定聚合物的玻璃化温度和其他松弛温度。

8.2.3 聚合物的击穿

材料在强电场中随着电压的升高其绝缘性能将逐渐降低，并最终失去绝缘性,这种现象称为电击穿。击穿电压是指绝缘材料能够保持其绝缘性能所能承受的最高电压,而将单位厚度绝缘材料的击穿电压称为介电强度:$E = U/d$。通常将材料的击穿分为电击穿、热击穿和化学击穿 3 种类型。

1. 电击穿

在弱电场中,绝缘材料的导电性或所含极性杂质致使一定电流流过,并使材料发热,这种穿漏电流的大小随着电场强度和杂质含量的增加而增加。当电场强度足够高时,电子从电场中获得足够的能量与聚合物分子碰撞而产生电子和离子,与此同时,聚合物所含杂质也在电场作用下产生电子和离子。这些新产生的电子和离子继续碰撞聚合物分子,产生更多的电子和离子,于是发生载流子的"雪崩"过程,使流过聚合物的电流急剧增加,最终导致聚合物被击穿。

2. 热击穿

如前所述,介电损耗使部分电能以热的形式耗散于聚合物中,而聚合物的散热性能很差,于是其内部温度逐渐升高,其电导率也随之逐渐增加。电导率的增加又反过来使电流增加,温度继续升高,如此类似"雪崩"的过程最终导致聚合物发生焦化而被击穿。

由此可见,作为绝缘材料的聚合物的耐热性能将直接关系其绝缘性能的优劣。电工绝缘材料的等级就是按照其长期使用的最高温度进行划分的,如表 8-9 所示。

表 8-9　电工绝缘材料的等级

最高使用温度/℃	聚合物举例
105	耐热 PVC,PC
120	二甲苯甲醛树脂,三聚氰胺树脂,普通环氧树脂
155	有机硅,改性醇酸树脂
180	聚酰亚胺,聚芳酯,耐热环氧树脂,有机硅
>180	含氟塑料,元素有机聚合物,含杂环聚合物

3. 化学击穿

化学击穿又称为放电击穿,这是聚合物长期使用于高电压条件下出现的一种破坏现象。聚合物发生放电击穿的原因被认为是存在于聚合物微孔中的低介电常数气体的电离放电。聚合物材料被气体放电火花所击穿,与此同时,火花放电生成的臭氧和氮氧化合物又进一步促进聚合物的局部化学老化而降低其介电性能。反复的火花放电将导致聚合物受到的侵蚀不断加深,直至最后完全破坏。

实际上电击穿、热击穿和化学击穿往往同时存在,又互相促进。绝缘材料的击穿试验属于破坏性试验,实际生产中常用非破坏性的耐(电)压试验代替。

8.2.4 聚合物的静电现象

物质之间相互接触或摩擦而产生电子转移,并使其带上不同电荷的现象称为物质的静电现象。绝大多数聚合物都是绝缘体,所以在加工和使用过程中很容易带上静电。例如,在对悬浮聚苯乙烯珠粒进行粒度筛分时,往往出现大量小粒度球粒黏附在筛网上而很难除去,这就是聚合物粒子与金属筛网之间的摩擦作用导致聚合物粒子产生静电的典型例子。

1. 接触起电

表征物质内部电子脱离原子核并从材料表面逸散所需的最小能量称为电子的逸出功或功函数。两种金属接触时的电势差与它们之间的功函数差成正比,两者在接触界面上所形成的电场促使电子从功函数小的一方转移向功函数大的另一方。显而易见,功函数大的金属由于电子的流入而带负电,功函数小的金属由于电子的流出而带正电。随着电子转移而使两种金属之间的接触电位差与电子转移所产生的反向电势差相等时,电子转移即停止。

两种聚合物接触时也会产生类似现象,表 8-10 列出一些聚合物的功函数数值。

表 8-10 一些聚合物的功函数

聚合物	功函数/(10^{-19} J)	聚合物	功函数/(10^{-19} J)
聚四氟乙烯	9.21	聚碳酸酯	7.69
聚氯乙烯	8.22	PMMA	7.50
聚砜	7.93	聚乙酸乙烯酯	7.02
聚苯乙烯	7.85	尼龙-66	6.89
聚乙烯	7.85	聚氧化乙烯	6.33

2. 摩擦起电

两种物质之间进行摩擦时,产生电荷的正负由摩擦起电的顺序决定。两种聚合物之间进行摩擦,介电常数大的通常带正电,即为给电子体;而介电常数小的带负电,即为受电子体。表 8-11 列出一些聚合物的摩擦起电顺序。

表 8-11 一些聚合物的摩擦起电顺序

给电子体(带正电)	尼龙-66、羊毛丝、纤维素、乙酸纤维素、PMMA、聚缩醛、涤纶、PAN、PVC、PC、聚氯醚
受电子体(带负电)	聚偏二氯乙烯、PS、PP、PTFE

从表 8-11 可知,尼龙-66 或羊毛丝与其后面的各种聚合物摩擦,前者带正电荷而后者带负电荷;相反,聚四氟乙烯与上面的任何聚合物摩擦,聚四氟乙烯带负电荷而其他聚合物均带正电荷。由于大多数聚合物的表面电导率

都很低，接触起电和摩擦起电所产生的静电荷能够长时间保持，这在工业上和日常生活中常产生不良后果，例如，在纺丝过程中使轴辊带电、塑料制品表面常积满灰尘、穿脱合成纤维衣物时产生强烈火花等。表 8-12 列出一些材料的静电损失半衰期。

表 8-12　一些材料的静电损失半衰期(s)

材料	玻璃纸	羊毛	棉花	PAN	尼龙-66	聚乙烯醇
正电	0.30	2.50	3.60	670	940	8500
负电	0.30	1.55	4.80	690	720	3800

聚合物的静电性能在一般情况下对加工和使用性能都是有害的，所以防静电问题是需要认真对待的实际问题，通常采用下列两种方法予以解决：①调节环境湿度以减轻水对聚合物静电性能的强化作用；②在聚合物中加入抗静电剂。

事实上，抗静电剂是一种可以提高聚合物表面导电率的物质，多为亲水性表面活性剂，将其涂覆在聚合物表面就能有效吸附空气中的水分，从而能有效提高聚合物表面电荷的逸散速率。除此以外，聚合物的静电特性也可以应用于静电复印、静电喷涂和静电植绒等领域。

3. 聚合物驻极体

驻极体也称为永电体，是具有长期储存电荷功能的一类特殊电介质材料。其内部储存的电荷可以是源于极化而被"冻结"的极化电荷，也可以是陷入表面或内部"陷阱"中的正、负电荷，这与钢棒经磁化后具有剩磁而成为永磁体类似。

驻极体是指材料首先在电场中极化，撤去电场后仍然能够在一定时间内维持电场的材料，好像将电场"冻结"一样。将极性聚合物置于高压直流电场中进行极化，撤去电场后仍然能够维持静电场，因此极性聚合物可以成为驻极体。一般而言，只有那些电导率极低的弱极性聚合物(如聚偏二氯乙烯、聚苯乙烯、聚丙烯和聚甲基丙烯酸甲酯等)才能成为驻极体材料。制造驻极体的方法是将电导率极低的弱极性聚合物加热到玻璃化温度(T_g)之上，施加 $2.5 \sim 10$ kV/cm 的高压直流电场使聚合物极化，然后在维持电场的条件下使聚合物降温到玻璃化温度以下，最后撤去电场。目前已初步了解，驻极体的形成与聚合物在电场中发生体积极化和表面极化有关。

以非极性聚合物聚乙烯、聚丙烯和聚苯乙烯为基材的复合型驻极体材料，通常是在基材中均匀加入某些易于极化的无机复式硅酸盐晶体微细粉末(细度>1000 目)，最常用的"电气石"的化学通式为 $NaR_3Al_6Si_6O_{18}BO_{33}(OH, F)_4$，晶体属三方晶系的一族环状结构硅酸盐矿物的总称，式中 R 为金属阳离子。

电气石聚丙烯驻极体是在熔喷法无纺布驻极工艺中，用纳米电气石粉末或其和载体制成的颗粒通过熔喷法制成熔喷无纺布，并通过静电发生装置在

5～10 kV 高压电下带电成为驻极体，提高纤维过滤效率的材料，并且由于电气石具有释放负离子的作用，所以兼具抗菌性。

驻极体是具有长期储存电荷功能的电解质材料。驻极方法主要有静电纺丝法、电晕充电法、摩擦起电法、热极化法、低能电子束轰击法等。电气石驻极体材料采用电晕充电法使纤维带上一定数量的电荷，赋予静电过滤功能。而储存电荷的稳性主要取决于材料性质、充电方法、电荷分布状态、储存的环境条件等。根据上述要求，就静电驻极体的性质而言，电晕放电法是目前最佳的静电驻极方法。

电气石同时具有压电效应和热电效应，当周围环境发生变化，温度或压力改变时，电气石晶格内晶键发生扭转，电子发生转移，使电气石一端带正电，另一端带负电。相反的电极定义为 $c+$ 和 $c-$，$c+$ 是冷却或加压过程中沿 c 轴压缩的正极，$c-$ 是在加热或减压过程中沿 c 轴膨胀的负极。

电气石粉末通过混合抗氧剂、稀释剂、分散剂、偶联剂和载体进行混配造粒 400～600 nm 的微粒加入聚合物进行纺丝。加入电气石微粒能有效改善驻极效益，过滤效率增加，过滤阻力降低，纤维表面电荷密度增加，纤网储存电荷能力也增强。加入 6% 的电气石，驻极综合效果较好。太多驻极材料反而会增加载流子的移动中和现象。

熔喷静电驻极的工艺是事先在 PP 聚丙烯聚合物中加入电气石、二氧化硅、磷酸锆等无机材料，然后在卷布前通过静电发生器针状电极以电压 5～10 kV 一组或多组电晕放电的方式使熔喷材料带上电荷，施加高压时针尖下方的空气产生电晕电离，产生局部击穿放电，载流子通过电场的作用沉积到熔喷布表面，一部分载流子会深入表层被驻极母粒的陷阱捕获，从而使熔喷布成为驻极体过滤材料。

熔喷法非织造布的驻极处理是提高其过滤效率的重要后整理技术。经过驻极整理的熔喷法非织造布带有持久的静电，可依靠静电效应捕集微细尘埃，因此具有过滤效率高、过滤阻力低等优点。驻极熔喷法非织造布除对 0.005～1 mm 的固体尘粒有很好的过滤效果外，对大气中的气溶胶、细菌、香烟烟雾、各种花粉等均有很好的阻截效果。

8.3　聚合物的光学性能

以聚甲基丙烯酸甲酯(有机玻璃)为代表的合成聚合物是性能优良的光学材料，广泛用于航空工业和光导材料。光学材料的主要性能参数包括透光率、折射率、双折射、光散射等，本节仅作简要介绍。

8.3.1　聚合物对光的折射和双折射

按照几何光学原理，光线从空气中照射到透明物体时，由于其在两种介质中传播速率不同而发生折射，其折射率与入射角和折射角之间的关系为

$$n = \frac{\sin \alpha}{\sin \beta} = \frac{\sin \alpha'}{\sin \beta'} \tag{8-10}$$

按照电磁波理论，介质折射率与分子极化率之间的关系为

$$R = \frac{n^2 - 1}{n^2 + 1} \frac{M}{\rho} = \frac{4}{3} \pi N_A \alpha \tag{8-11}$$

式中，R 称为材料的摩尔折射率；M 和 ρ 分别为聚合物材料的相对分子质量和相对密度；N_A 为 Avogadro 常量。

1. 聚合物的折光性能

聚合物的摩尔折射率具有加和性，这与聚合物内聚能密度有加和性相似。因此，可以按照聚合物分子链所含原子和原子团对摩尔折射率的贡献值，直接应用加和规则计算聚合物的摩尔折射率。表 8-13 列出一些原子团对摩尔折射率的贡献值。

表 8-13　一些原子团对摩尔折射率的贡献值($\lambda = 583.3$ nm)

原子团	摩尔折射率 R	原子团	摩尔折射率 R
—CH₃	5.644	＞CH—	3.616
—CH₃, 苯环上	5.47	＞CH—, 苯环上	3.52
—CH₂—	4.649	＞C＜	2.580
—CH₂—, 苯环上	4.50	＞C＜, 苯环上	2.29
环己基	26.686	—O—, 甲醚	1.587
苯基	25.51	—O—, 高级醚	1.641
邻次苯基	24.72	—O—, 苯环上	1.77
间次苯基	25.00	—O—, 缩醛	1.63
对次苯基	25.03	—OH, 伯醇	2.551
芳环 H 平均值	0.59	—OH, 仲醇	2.458
—NH₂	4.355	—OH, 叔醇	2.453
—NH₂, 苯环上	4.89	—OH, 酚	2.27
＞N—	2.803	＞C＝O, 甲基酮	4.787
＞N—, 苯环上	4.05	＞C＝O, 高级酮	4.533
—CONH—	7.23	＞C＝O, 苯环上	5.09
—CONH—, 苯环上	8.50	—CHO	5.83
—CN	5.528	—COO—, 甲酯	6.237
—F	0.898	—COO—, 乙酯	6.375, 6.306
—Br, 伯碳上	8.897	—COO—, 高级酯	6.206
—Br, 仲碳上	8.956	—COO—, 苯环上	6.71

续表

原子团	摩尔折射率 R	原子团	摩尔折射率 R
—Cl，伯碳上	6.045	—NO$_2$	6.662
—Cl，仲碳上	6.023	—I	13.90

　　利用表 8-13 的数据可以计算各种聚合物的摩尔折射率。例如，已知聚甲基丙烯酸甲酯的相对密度为 1.157，相对分子质量为 10010，可以从表 8-13 中查出组成甲基丙烯酸甲酯结构单元的所有基团的对应摩尔折射率贡献值，然后计算它们的加和得到 $n = 1.484$，此结果与实测值 1.490 非常接近。

　　绝大多数碳链聚合物的折射率在 1.50 左右，非常接近。只有碳链上含有体积较大的取代基(如芳基)时，才使折射率增大。如果聚合物分子中含有氟原子或甲基，则聚合物的折射率降低。按照分子结构估算所有有机聚合物的折射率为 1.33～1.73。表 8-14 列出一些聚合物的折射率。

表 8-14　一些聚合物的折射率$(25℃，\lambda = 589.3\ \text{nm})$

聚合物	折射率	聚合物	折射率
聚四氟乙烯	1.35	聚丁二烯	1.516
聚二甲基硅氧烷	1.404	聚 1,4-顺-异戊二烯	1.519
聚 4-甲基-1-戊烯	1.46	聚丙烯腈	1.514
聚乙酸乙烯酯	1.467	尼龙-66	1.530
聚甲醛	1.48	聚氯乙烯	1.539
聚甲基丙烯酸乙酯	1.485	聚氯丁二烯	1.585
PMMA	1.490	聚苯乙烯	1.59
聚乙烯	1.49	聚偏二氯乙烯	1.63
聚丙烯	1.495～1.510	PET	1.64
聚异丁烯	1.509	酚醛树脂	1.70

2. 聚合物的双折射

　　通常条件下不受应力作用的无定形聚合物属于各向同性物质，经取向处理后聚合物转变为各向异性，前述单一折射率不再适用。光线通过各向异性介质时会折射成为传播方向不同的两束折射光，这种现象称为双折射现象。聚合物熔体受切变应力或拉伸应力作用时，可观察到双折射现象，经拉伸取向后的固体聚合物也可以显示双折射性能。结晶聚合物的双折射现象较为复杂，其中包括晶体和无定形部分各自产生的双折射，另外还存在不同形态晶粒产生的双折射。一般无定形聚合物犹如液体一样不产生双折射。

　　各向异性聚合物的极化具有方向性，对应的折射率也具有方向性，因此存在多个折射率。例如，单向拉伸纤维就具有两个折射率。将偏振光的偏振面平行于纤维轴向与垂直于纤维轴向的两个折射率之差定义为材料的双折射值。对于单轴拉伸的纤维和薄膜，其双折射值随取向度的增加而增加，因此常采用测定材料的双折射值间接研究和测定其取向度。

8.3.2 聚合物的光反射

广泛用作光导纤维材料的某些聚合物对光线具有良好的反射和传导功能，其对光的反射性能又直接关系到光导纤维对光信号的传输效率，因此有必要研究聚合物对光线的反射性能。

1. 光反射与全反射

当一束光线照射到均匀透明的物件时，部分光线折射进入物件，另一部分光线则从物件表面或内部反射出来，反射光强与入射光强之间存在如下关系：

$$\gamma = \frac{I_r}{I_0} = \frac{1}{2}\left[\frac{\sin^2(\alpha-\beta)}{\sin^2(\alpha+\beta)} + \frac{\tan^2(\alpha-\beta)}{\tan^2(\alpha+\beta)}\right] \tag{8-12}$$

式中，I_r 和 I_0 分别为反射光强和入射光强；α 和 β 分别为入射角和反射角；γ 称为反射系数。当入射角很小时反射系数也很小，只有当入射角大于 60° 后，反射系数才显著上升。

光线从空气中照射入比空气稠密的介质时，部分光线在介质表面发生反射(称为外反射)，另一部分光线首先发生折射而进入介质，然后通过介质内部反射再进入空气(称为内反射)。内反射与外反射不同，此时由于光线是由光密性物质进入光疏性物质，所以能够产生全反射。全反射是光线从光密性介质进入光疏性介质时，能够将其全部反射出来的过程。

当入射角很小时，反射光强小而折射光强大。反射光强随着入射角的增加而增加，折射光强则随入射角的增加而减小。当入射角接近于某一临界角度时，反射光强接近于入射光强；当入射角大于临界角时，入射光被全部反射，这就是全反射。

2. 聚合物光导纤维

临界角 α_c 与两种介质的折射率 n_1 和 n_2 的关系为 $\sin\alpha_c = n_2/n_1$，如果是在空气中进行的反射过程，则 n_2 为空气的折射率 1，$\sin\alpha_c = 1/n_1$，显而易见，介质的折射率 n_1 越小，产生全反射的临界角也就越小。聚合物的折射率大多为 1.50 左右，由此可以计算出聚合物产生全反射的临界角为 41.8°。

由此可见，当光线以≥42°的入射角照射聚合物时，就将在聚合物与空气之间的界面上进行全反射，同时不再有光线折射回空气中，这就是聚合物光导纤维能够高效率地传输光信号的原理，如图 8-3 所示。

实际应用中通常将聚合物加工成平端面的棒状或纤维状，从端面以入

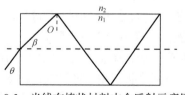

图 8-3 光线在棒状材料中全反射示意图

射角为 θ 的光线经折射(折射角为 β)而射向圆柱体(或纤维)的端面,控制入射角使光线在端面的反射角大于临界角(42°),则该光线将在棒状聚合物的圆柱形内表面进行无限次全反射,并最终从棒状体的另一端射出,从而完成光线的传输过程。显而易见,光线入射角和反射角的控制是光导纤维传输效率高低的关键,入射角过大而使光线在圆柱体端面的反射角小于临界角时,部分光线将在圆柱端面上发生折射,这种折射光的比例即使很小,也会导致无数次的折射损失,最终无法在聚合物中进行有效传输。

当光线在透明聚合物中进行全反射时,聚合物就显得极为明亮。利用聚合物的全反射原理可以制作各式各样的照明器,如汽车的尾灯、夜视路标等。对于光导纤维,要充分保证全反射的条件,还要求纤维的弯曲半径必须大于纤维直径的 3 倍,才能够有效避免光线在光导纤维弯曲的界面因透射作用而衰减。将光导纤维用于医学检测仪器如各种内腔镜导管,可以使光线沿着纤维任意"拐弯",这样就可以很方便地检查人体内部复杂的器官和组织的病变,采用无机玻璃制作的光导纤维就很难做到这一点。

8.3.3 聚合物的光吸收与透射

光线照射到材料表面时,通过材料的透射光强与入射光强之比称为透射比(或透过率或透明度),取决于材料对光线的反射、吸收和散射 3 个因素。透明材料对光线的吸收和散射相对于反射而言可以忽略不计,不透明材料对光线是高度散射的,其透射光强几乎为零。将对光线几乎不吸收、透过率低于 90%的材料归类为半透明材料。

当光线垂直照射到材料表面时,式(8-12)中的入射角和折射角均等于零,考虑空气的折射率等于 1,可以将该式简化为

$$\gamma = (n-1)^2 / (n+1)^2 \tag{8-13}$$

将 $(1-\gamma)$ 定义为材料的透明度,多数聚合物的折射率在 1.5 左右,按照上式可以计算出聚合物的极限透明度为 96%。换言之,即使透明度最好的聚合物(如有机玻璃),至少有大约 4%光线在界面被反射。除此以外,材料对光线的吸收和散射总是或多或少地存在,所以绝对不产生光线损失的透明材料事实上并不存在。

有机玻璃是所有聚合物中透明度最高的,其对波长为 430~1110 nm 的可见和近红外光线的透过率高达 94%,超过普通无机玻璃。不过,对于波长在上述范围之外的光线的透过率却由于吸收作用而降低。特别是对于远红外光区的光线,各种聚合物都具有特定的吸收带,从而可以利用聚合物在该光谱带的吸收特性研究聚合物的结构和性能。表 8-15 列出几种聚合物对可见光的透过率。

表 8-15　几种透明塑料对可见光的透过率

聚合物	透过率/%	聚合物	透过率/%
PMMA	94	乙酸纤维素	87
聚苯乙烯	90	酚醛树脂	85
硝化纤维素	88	聚乙烯醇缩丁醛	71

结果显示,大多数无定形聚合物在可见光区并无特别选择性吸收,因此均表现为无色透明。在无色透明的无定形聚合物中加入有色溶解性颜料,则使其成为有色透明状;加入非溶解性颜料或填料,则使聚合物失去透明性。

部分结晶聚合物中由于存在光散射作用而使其透明性降低,多呈现半透明或乳白色,其内部微晶区与周围非晶区之间存在相对密度差异和取向度的差异,这是导致部分结晶聚合物对光线产生散射的直接原因。

晶态聚合物通常是不透明的,当晶体尺寸大于可见光波长时,由于折射率的局部差异最终使聚合物不透明。随着晶体尺寸的减小,聚合物的透明性增加,当晶体尺寸小于可见光波长时,就成为透明的了。

如果晶态聚合物中晶区与非晶区之间的相对密度差异很小,如侧基较大的聚 4-甲基-1 戊烯,由于其晶体结构不紧密,晶区和非晶区的相对密度差异很小,于是变得透明。

8.3.4　聚合物的光电转换

自 1990 年英国剑桥大学的科学家发现聚对苯撑乙炔(PPV)具有电致发光性能后,聚合物光电转换性能的研究逐渐成为聚合物性能研究的活跃领域。目前,聚合物的光电转换性能的研究主要是将共轭聚合物用于有机电致发光器件(也称为有机发光二极管,OLED)和有机太阳能器件中,研究其电致发光性能和光伏性能。

有机电致发光器件一般由阳极、空穴传输层、发光层、电子传输层和阴极组成。由于每一层结构一般都小于 100 nm,所以有机电致发光器件很薄。如果发光层所用的材料具有良好的空穴和电子的注入性能,则空穴传输层和电子传输层可以省略。有机电致发光器件的发光原理是,在电场作用下,通过阳极注入的空穴和通过阴极注入的电子在发光层复合而生成激子,激子经过辐射衰减而发出光子,产生荧光。对于聚合物电致发光器件,发光层主要选用具有荧光性能的共轭聚合物,如带有烷基侧链的聚对苯撑乙炔、聚对苯、聚芴等。另外,带有荧光基团的非共轭聚合物也可以作为发光材料使用。除发光层外,空穴传输层和电子传输层也可使用连接具有空穴传输和电子传输功能基团的聚合物材料。

聚合物太阳电池通常由正极、共轭聚合物混合膜形成的光敏活性层和金属负极组成。共轭聚合物混合膜一般是由作为电子给体的共轭聚合物与作为电子受体的富勒烯的衍生物组成。其工作原理为,当光透过电极照射在光敏活性层上时,共轭聚合物吸收光子而产生激子,激子迁移到聚合物给体/富勒烯衍生物受体界面处，产生正、负电荷的分离。共轭聚合物一般选用对可见光具有很好吸收的共轭聚合物，如聚噻吩衍生物，最具代表性的是结构规整己基取代聚噻吩(P$_3$HT)和由给体单体-受体单体交替共聚形成的共轭聚合物(也称为 D-A 交替共聚物)。富勒烯的衍生物一般选用(6,6)-苯基-碳 61-丁酸甲基酯(简称 PC$_{61}$BM)和(6,6)-苯基-碳 71-丁酸甲基酯(简称 PC$_{71}$BM)。

　　聚合物具有良好的成膜性能，可以在室温下配制成溶液，采用喷涂、印刷等方法进行大面积连续制备，使低成本的光电子器件的研究开发成为可能。其次，由于聚合物具有良好的柔韧性，它们可以在柔性基底上构筑器件，得到可弯曲的电子产品。这些都是无机材料很难实现的。另外，通过分子设计和合成新型半导体聚合物可以容易地调控器件的性能。基于这些优点，聚合物光电性能的研究受到越来越多的关注。

本 章 要 点

1. 聚合物的耐热性。
　　(1) T_g 和 T_f 分别是非晶和晶态聚合物耐热性高低的重要参数。
　　(2) 提高聚合物耐热性途径：选择刚性链聚合物、提高结晶度或实施交联等。
2. 聚合物的热稳定性。
　　(1) 聚合物热稳定性的决定性因素：化学键键能的高低；
　　(2) 提高热稳定性途径：避免弱键、主链环状结构、元素高分子。
3. 聚合物的电学特性。
　　(1) 聚合物的介电性：介电常数、介电损耗；
　　(2) 聚合物的击穿：电击穿、热击穿、化学击穿。
4. 聚合物的光学特性。
　　(1) 聚合物对光的折射和双折射；
　　(2) 聚合物对光线的反射和全反射，光导纤维。

习 题

1. 解释下列术语。
　　介电常数、介电损耗、电击穿、热击穿、化学击穿、全反射现象。
2. 简要说明决定聚合物耐热性的因素。提高聚合物耐热性和热稳定性的途径有哪些？
3. 试简要说明光导纤维能够高效率传输光信号的原理。

第 9 章　高分子物理学新进展

按照国家自然科学基金委员会资助出版的《海外高分子科学新进展》一书的观点，聚合物分子链结构与运动形式、聚合物的各种凝聚态结构以及各层次结构与高分子材料在加工和使用过程中所表现出的性能或功能之间的相关性，始终是高分子物理学最重要的研究线索和基础。目前高分子物理学的前沿研究领域主要包括：

(1) 聚合物分子链的结构与运动形式；

(2) 聚合物处于晶态、非晶态、多相体系、熔融体系、浓溶液、液晶态等凝聚态条件下新的实验现象和凝聚态结构学方面的新观点和新的分析表征方法；

(3) 有关聚合物的性能与大分子微观结构之间本质联系的理论研究和理论模型；

(4) 聚合物相态转变过程中的亚稳态及其临界特性；

(5) 聚合物的特殊表面和界面结构与性能。

相对而言，聚合物结构研究和性能表征方法的研究始终受到学术界广泛而长期的重视，新的研究仪器、研究方法和研究成果不断涌现。不过，鉴于本书编写宗旨是为初学者全面而系统讲述高分子物理学有关聚合物结构、性能及其相关性的基础理论和研究方法，所以由于篇幅的限制，本章仅就上述前沿领域中的重要研究方向和成果作概略介绍，使读者对当前本学科比较热门的研究领域有初步了解。

9.1　中国高分子物理 40 年研究进展

随着改革开放的深入进行，我国已经成为世界制造大国，塑料、纤维、橡胶、涂料和功能树脂的产量和市场份额居世界前列，为我国社会经济发展提供了基础材料保障。其中，双向拉伸聚丙烯薄膜、聚合物水处理膜、聚烯烃锂电池隔膜和长碳链尼龙树脂等均具有中国特色；在丙纶、聚酯纤维、芳纶、超高相对分子质量聚乙烯纤维和碳纤维等生产过程中使用了具有特色的国产化技术；我国科学家使用低温溶剂和离子液体溶解纤维素和壳聚糖等天然材料的技术也获得广泛应用。

9.1.1　单链凝聚态的概念创新

以钱人元为首席科学家的"高分子凝聚态的基本物理问题研究"项目，开辟了高分子单链凝聚态研究的新方向，提出单链单晶、单链玻璃态、共混高聚物不相容-相容-配合转变等具有原创性的新概念。他们还研究了采用微乳液法制得的单链或寡链聚苯乙烯纳米微球的结构和特性。

9.1.2 理论研究进展

1. 甲壳型液晶高分子

北京大学提出"甲壳型液晶高分子"(MJLCP)概念,是指侧基间较强"体积排斥作用"促使其主链呈现伸展构象,物理性质与主链型液晶高分子相似,具有刚性链特征,可用较高相对分子质量活性聚合物制备。甲壳型液晶高分子材料具有优异的热稳定性,可用于热塑性液晶弹性体、固态聚合物电解质等,可作为超分子柱或片层构筑单元,自组装后可获得复杂的多层次组装结构。

2. 高分子共混物不相容-相容-配合转变

复旦大学首次采用非辐射能量转移荧光光谱法(NRFT)发现,随着氢键含量升高,不相容共混体系可转变为相容体系。当体系氢键密度继续增加时,原本不相容的聚合物的能量转移能力竟然超过相容体系,意味着可能形成不同于一般相容的新物理状态。

为进一步了解其本质,我国科学家采用光散射法对共混物溶液进行研究,发现随着高分子链上功能基团密度增加,氢键强度逐渐增加,溶液中孤立异种高分子链逐渐形成可溶大分子配合物,进而形成不溶的大分子聚集体,发生不相容-相容-配合转变过程。该发现将特殊相互作用增容与高分子配合原本独立的研究领域得以串接,进而阐明这两个过程和结果的本质共性与区别,该研究成果还孕育出大分子自组装的非嵌段共聚物技术路线。

3. 高分子基复合材料增韧增强

四川大学是国际上较早探索采用无机刚性粒子填充对高分子进行增韧增强的单位。对填充材料的结构和界面活性物质进行分子设计,能有效控制填充体系的形态结构,并建立刚性粒子增韧的芯-壳模型和脆韧转变模型。采用逾渗理论从唯象角度论证无机刚性粒子增韧的可行性,使聚合物增韧在弹性体-有机刚性粒子增韧技术的基础上向无机刚性粒子多元化增韧技术发展,从而突破无机刚性粒子增强增韧聚合物的传统概念。

4. 嵌段共聚物自组装

华东理工大学以分子链构象可变的聚肽为理论研究模型,发现软硬段共聚物形成液晶结构时,软段分子链只有发生柔-刚链构象转变,才可能进入液晶相。共聚物在一定条件下可形成微相分离的层状、柱状和球状等液晶微相结构。发现软硬段共聚物自组装可形成具有多级液晶相的超分子螺旋结构、胶束超分子聚合与环化过渡态,为有序多层次纳米结构逐级构筑提供了新途径。

受限空间是调控嵌段共聚物体系自组装行为的有效途径。南开大学利用受限产生对称破缺思路，研究受限条件与自组装结构的关系，预测受限诱导的自组装结构，阐明不同结构的形成机理以及基于结构受挫程度的形态转变机理，提出受限几何尺寸效应。嵌段共聚物受限自组装为可控制备新型纳米元器件以及特定微相结构新材料提供理论依据，也与生命科学中的许多自组装问题密切关联。

北京大学将高分子领域自洽平均场理论转化为弦方法自由能形式，终于解决了两相周期匹配问题，回答了困惑多年的"一个有序结构如何从另一个有序结构中涌现"的问题。复旦大学发展了设计嵌段共聚物体系的指导原理，反向推演嵌段共聚物的分子结构，最后通过自洽平均场理论正向验证目标结构的稳定性。

5. 高分子结晶

高分子结晶过程的复杂性使其研究难以达到分子和链段水平，即如何从分子链有序堆砌的角度解释结晶过程发生的各种成核行为、晶型转变以及晶粒尺寸变化等问题。北京化工大学利用表面受限结晶，改变聚偏氟乙烯熔融重结晶的 β 相向 α 相转变的常规路径，不仅为具有优异铁电性能的聚偏氟乙烯 β 相的制备提供了有效途径，而且使不同微相区域的晶体类型和分子链取向得到控制，为结构化薄膜制备提供有效方法。

中国科学院化学研究所以长链正烷烃为结晶模型物，将其受限于微胶囊中纳米二氧化硅表面，或接枝于主链柔性不同的高分子链上，研究其结晶过程中的成核行为、多重相转变与同质多晶等特点。结果发现，长链正烷烃受限于微胶囊中或二氧化硅表面，其表面结晶现象增强，稳定性增加；窄相对分子质量分布高分子在阳极氧化铝纳米微孔中成核和结晶生长时，其链段取向和片晶排列方式取决于纳米孔的尺寸和表面性质。

我国也在高分子折叠链片晶生长动力学研究方面取得进展。利用链内次级成核模型，考虑片晶侧面晶体生长前沿发生的结晶次级成核与晶体熔融之间的动力学竞争，推导出片晶生长速率方程，可以解释高分子片晶生长的诸多动力学现象。

中国科学院长春应用化学研究所认为，结晶高分子力学行为在小形变时由晶相骨架网络决定，非晶缠结网络在大形变时起主导作用。晶块滑移不能激活时，晶体骨架网络的破裂将导致体系发生小形变空洞。塑性大形变时，进一步拉伸可破坏微纤间系带分子构成的非晶网络，进而发生微纤应力失衡产生空洞化。

6. 共轭高分子

共轭高分子是光电功能高分子元器件的创新源头，链结构与凝聚态结构是载流子输运的核心。通过认识共轭聚合物溶液构象转变机理和成膜动力学，实现共轭聚合物薄膜微结构调控，建立凝聚态结构-性能-溶液加工过程关系，是有机印刷电子学最核心和最具有挑战性的科学问题。

中国科学院长春应用化学研究所发现共轭聚合物溶液中存在的缠结↔解缠结↔结晶成核和生长平衡,是高浓度下制备高密度长纳米导线的关键。成膜过程中降低共轭聚合物侧链位阻可以促进主链构象平面化,通过控制成膜速率与结晶速率匹配,得以制备大面积高度有序的共轭聚合物结晶薄膜。

共轭聚合物聚集态结构-溶液加工特性关联规律的建立,为溶液加工共轭聚合物的分子设计与合成,高质量结晶薄膜的制备提供了科学依据和理论指导,对研发共轭高分子墨水和采用低成本印刷技术制备高性能柔性大面积的新一代全印刷有机光电器元件意义重大。

7. 高分子流变学

上海交通大学提出结合流体力学与非平衡热力学的建模手段,建立一系列共混体系流变学模型,实现了对黏弹性体系相态演变和流变性质的准确预测。该模型具有普适性,基本解决了高分子共混体系中大分子构象与形态之间的多尺度、多层次结构耦合问题。

浙江大学基于非均质结构、多尺度分子弛豫特性和基体微观应变放大效应,建立了适用范围较宽的"两相流变"模型,提出高分子纳米复合材料非终端区域线性流变的时间-浓度叠加原理与非线性流变的应变幅度-浓度叠加原理,揭示了聚合物基体对其补强、耗散及非线性流变行为的决定性贡献及其与"粒子相"间的黏弹性耦合效应,发现了高分子基体本征动力学对高分子纳米复合材料流变行为的贡献。

9.1.3　技术创新

1. 高分子纳米材料

南京大学采用改进表面增强拉曼光谱(SERS)和荧光共振光谱发现杂环化合物在金属表面的化学反应。高分子链界面受限时其物理性质会发生很大变化,据此提出在设计复合材料时,高分子与基底材料在玻璃化转变时的热膨胀系数失配,是必须优先考虑的界面问题。

为了提高 PET 加工过程中对红外热源的吸收能力,设计无机红外吸收剂(含硫化合物)与 PET 链接的界面偶联剂。与此同时,基于界面玻璃化转变温度和热膨胀系数变化效应,设计偶联剂分子结构,最终获得结构稳定的改性节能 PET 树脂,目前已达年产百万吨级的产能。

武汉大学开创 NaOH/尿素水溶液低温溶解纤维素、甲壳素、壳聚糖和聚苯胺的新技术和新机理,创建了基于聚多糖大分子和溶剂分子低温下经氢键包合物而溶解的新方法。证明在溶解过程这些聚合物分子链呈刚性链构象,容易平行聚集成纳米纤维。按照此原理可制备出高强度多功能纤维、薄膜、微球、水凝胶、气凝胶和生物塑料等新材料。多种表征方法证明它们的溶解和再生都是物理过程,这些新材料具有优良力学性能、电化学性能、生物相容性和生物降解性,在生物医用材料、储能、环境和健康等领域具有应用前景。

2. 石英晶体微天平技术

石英晶体微天平技术(QCM)基于反压电效应，即电场作用下的石英振荡，瑞典人 Kasemo 利用 Navier-Stocks 方程，于 1998 年发展定量测量液相中石英振荡的能量耗散的技术，发明了带有耗散测量功能的石英晶体微天平(QCM-D)，不但能给出薄膜厚度或质量变化的信息，还能够反映薄膜结构的变化。

采用 QCM-D 技术研究液-固界面上高分子链构象变化，可以确定 QCM-D 中频率变化和能量耗散变化这两个测量参数的意义。该工作为 QCM-D 研究高分子溶液与界面行为奠定了基础。之后包括剑桥大学、美国国家标准局等在内的许多高校和研究机构纷纷用该技术研究高分子的构象行为、吸附、降解、相互作用等，目前该技术已推广应用于医药、环境、农业等多个领域。

3. 超灵敏微量量热技术

热力学可从能量变化角度确定大分子单链构象的变化过程和结果。采用超灵敏微量量热技术(0.08 μJ/s)通过浓度和扫描速率外推方法，获得了无限稀释溶液中高分子链在热力学(准)平衡态下的焓变、熵变和构象转变温度，即高分子单链的热力学函数，为高分子溶液热力学研究提供了基准。

西南交通大学发现在非极性溶剂中高分子的单链弹性是由其主链决定的，据此提出了高分子单链本征弹性的概念，并以此为基准研究环境对高分子行为的影响。发现在非极性溶剂中，生物大分子的超分子结构失稳转变为无超分子结构的状态。提出生物大分子的水环境适应性概念，提出是否具备水环境适应性是生物大分子与合成水溶性高分子的本质差别。研究表明，外力不仅影响高分子链的构象，还是调节高分子非共价作用的主要因素。

4. 固体 NMR 技术

固体 NMR 技术利用核自旋探针的多尺度特性，可以检测从原子至 100 nm 以及 $10^{-9} \sim 10^2$ s 的空间和时间尺度上的丰富结构和动力学信息。南开大学发展了表征高分子和生物大分子中多尺度结构和动力学的一系列固体 NMR 新技术，具体包括：多相聚合物中界面相组成与厚度、微相分离的纳米结构与形貌的原位检测、不同类型碳基团以及多种动态化学键的原位精准检测、动力学编辑方法检测温敏高分子的界面受限相转变等，在分子水平上为阐明高分子结构-性能关系提供了重要表征手段。

5. 智能高分子环境响应技术

智能响应高分子广泛应用于药物缓释、智能传感、可控驱动等领域。该类高分子链结构和构象随环境改变而变化，其宏观性能也随之变化。红外光谱对基团相互作用极为敏感，适于探讨智能响应高分子的响应机制。不过，一维红外光谱存在分辨能力低和谱峰重叠等问题，无法有效获取分子水平上的结构变化信息。

复旦大学基于随环境外扰变化的一维动态红外光谱,相关二维红外光谱通过运算将与外扰相关的谱峰信息从二维尺度上提取出来,很好地区分了一维谱峰下不明显的峰数目和峰位置,从而广泛应用于研究智能响应高分子的结构与构象变化。二维红外光谱适于研究具有明显转变或突变特征响应的高分子体系。

6. 原子力显微镜

吉林大学和清华大学通过将原子力显微镜(AFM)的成像定位与单分子操纵功能相结合,采用适宜的样品制备方法,在国际上率先发展了可用于高分子单晶中链内和链间相互作用及折叠模式研究的新方法。利用 AFM 揭示晶区链构象、链组成等对晶体中高分子链折叠的力学稳定性和力致熔融过程中链段运动模式的影响规律,发现溶液相单晶主要采取近邻折叠而熔融相单晶主要采取非近邻折叠模式,从而澄清有关高分子晶体中链折叠模式的争议。

7. 高分子 GPU 进展

吉林大学和中国科学院长春应用化学研究所共同开展了基于 CUDA 计算架构下的分子动力学模拟方法和算法,编写出完全基于 GPU 计算的 GALAMOST 软件,结合高分子模拟创新模型和方法,突破了传统高分子体系分子模拟的时空限制。

新一代 GPU 包含数千个计算核心,带来了运算能力的巨大飞跃。同时在嵌段共聚物自组装与微相分离、活性聚合反应微观动力学及其对链结构的影响、补丁粒子的设计及其自组装结构与动力学机理等方面有重要应用,可研究高分子在溶液和受限条件下的生长、组装、结构转变,以及高分子玻璃化转变的微观机理等问题。

8. 超高速扫描、高灵敏量热技术

超高速扫描与高灵敏量热技术的发展为研究亚稳态新材料提供了新的独特手段。在此基础上,亟须与显微结构表征技术联用,以获得高速热处理过程中材料的结构转变信息。南京大学将 Tube-Dewar 型样品室改为冷热台型,并设有反射和透射光通道,使高速扫描及交流差分量热仪均可与多种微结构表征手段联用,实现原位结构分析。采用液滴强化冷却方式、FPGA 技术、模块化设计,使高速量热仪可对该过程进行实验模拟。可更准确地获得材料在不同热处理过程中的结构变化、亚稳态形成、相转变等信息。

9. 高性能纤维薄膜

高性能纤维薄膜是国防、航空航天等领域的战略性材料。目前我国相关产业仍面临中低端过剩与高端依赖进口的形势。中国科技大学得益于同步辐射和探测技术的快速发展,结合模拟工业加工的原位拉伸和剪切等装置,发

展了先进同步辐射表征技术,为提升纤维薄膜性能提供有力技术保证。他们利用高时间分辨的 SAXS/WAXS (0.5 ms)原位研究温度、拉伸等外场诱导高分子成核生长,利用高空间分辨 X 射线衍射(1.5 μm)和偏振红外谱学显微技术(4 μm)原位研究成核生长和结构与性能关系,利用高空间分辨 X 射线三维成像(30 nm)原位研究橡胶填料网络结构与性能的关系。

9.2 各种分子链结构模型概述

9.2.1 标度概念与标度定律

de Gennes 首次提出自相似性原理在物理学领域具有普遍意义。自相似性是指一个体系无论缩小还是放大,其基本物理性质并不改变,这就是标度概念。基于此,在描述聚合物分子链的某个物理参数时,可以借变换测量尺度的途径而将研究问题简化。例如,理想高斯链的均方末端距和均方半径分别为 nl^2 和 $nl^2/6$,其中 n 和 l 分别为结构单元数目和长度。现在将高斯链的结构单元放大为含有 λ 个结构单元的链段,而链段数为 N,并设定链段末端距为 L。经过标度变换后,原来的物理量均方末端距和均方半径并不改变,为此必然使描述结构单元数目 n 和长度 l 的函数关系保持不变。这样就可以从以结构单元表达的高斯链均方根末端距 $n^{1/2}l$ 推导出以链段表达的均方根末端距为 $\lambda^{1/2}L$。

对于实际的聚合物分子链,标度定律经过重整理论处理,即可得到关于分子链均方末端距与"目标单元"数目和长度之间的函数关系式:

$$f(\lambda^{\nu}l, n/\lambda) = f(L, N) \tag{9-1}$$

式中,指数 ν 与测定时溶剂的性质相关,如果是理想的 θ 溶剂,则 $\nu = 1/2$,在一般良溶剂中实际聚合物分子链的 $\nu = 3/5$。一般而言,柔性分子链的链段数 N 很大,决定分子链总体性质的物理量 A 应满足如下关系:

$$A(\lambda^{\nu}l, n/\lambda) = \lambda^{x}A(L, N) \tag{9-2}$$

式中,指数 x 取决于所研究的具体物理量,这就是标度定律。目前标度定律广泛用于抽象、复杂而难以直接测定高分子物理量的研究过程,更详细的内容读者可以参阅有关专著。

9.2.2 蠕虫状链模型

由于无键角限制的自由结合链模型仅适用于描述理想柔性链的构象,而不能用于刚性链。为了描述半刚性分子链的构象,近年来 Porod 和 Kratky 提出蠕虫状链(wormlike chain)模型。该模型假设聚合物分子链属于自由旋转链,含有 n 个长度为 l、键角为 $\pi-\theta$ 的化学键,该分子链的轮廓长度(投影总长)为 $L = nl$。现将蠕虫状链固定于直角坐标系 z 轴方向,并将其链首固定于原点,于是就可以对该分子链在 z 轴上的投影进行数学处理(过程极为烦琐,

此处略去)。经过数学处理后即得到蠕虫状链的持续长度 a 为

$$a = 1/l \sum_{j=1}^{\infty} \cos' \theta = \frac{l}{1-\cos\theta} \tag{9-3}$$

式中,持续长度 a 的物理意义是指无限长自由旋转链在其链首化学键方向的平均投影,其数值大小既可用于表征分子链的刚性,也可反映分子链保持在某确定方向上的倾向强弱。

9.2.3 黏流态分子链的蛇行管道模型与多元件模型

标度概念的创立者 de Gennes 认为,聚合物分子链在特高黏度的黏流态网络中运动,好似一条蛇在稠密树干的阻挠下缓慢爬行一样,于是建立蛇行管道模型(reptation model)。

按照该模型,蛇在二维空间爬行的轨迹为一条"弓背形"曲线,而在三维空间爬行的轨迹应为一条"弓背形"管道。可以设想,该管道直径需大于分子链的轴向直径,管道长度则不必长于分子链的纵向轮廓长度。

de Gennes 依据管道概念提出,聚合物分子链在如此管道中或前或后地爬行,均会在前进方向的网络中"创造出"一段新的管道,与此同时其刚刚爬出的管道将很快消失。如此看来,分子链在不断更新的管道中爬行,最终爬出原来的管道,也就完成了分子链在网络中的解缠结过程。依据蛇行管道的更新时间等于 de Gennes 提出的最终松弛时间 τ,可以推导出松弛时间 τ 与聚合度 N 之间的关系。

本书将颇为复杂的蛇行管道模型数学推导过程略去,仅给出按照该模型推导出的松弛时间 τ 与聚合度的正比关系式:$\tau \propto N^3$。由此可见,在特高黏度的黏流态大分子网络中,聚合物的松弛时间与聚合度的 3 次方具有正相关性。

本书 7.3.3 小节曾详细讲述线性黏弹理论的 Voigt-Kelvin 模型和 Maxwell 模型,其核心分别是一对基本力学元件理想弹簧与理想黏壶并联和串联的结果。后来的研究发现,这两个过于简单的模型只能用于聚合物黏弹性的定性描述,而无法作为黏弹性的定量解释和表征。因此,学者们相继又提出四元件和多元件模型,力求理论模型更接近于实际聚合物黏弹性的试验结果。核心是将理想弹簧和理想黏壶的并联和串联结合起来,犹如电工学中电阻、电感和电容器件的并联和串联一样。

事实证明,无论何种模型也仅能帮助我们比较形象地认识和定性理解聚合物的黏弹行为,并不能揭示黏弹性的实质,更不能定量解释聚合物分子链结构与黏弹性的相关性。

9.2.4 高弹态分子链的虚拟网络模型和结点约束网络模型

高弹态聚合物分子理论的核心在于如何将材料的宏观应力-应变关系与分子水平的实际变形情况相关联,学术界曾提出多种理想的分子链模型和不同的处理方法。本书 6.4.3 小节已详细介绍采用射仿网络模型对橡胶态聚合

物的高弹性进行统计热力学处理的过程和结果,下面简要介绍另外三种结构模型。

1. 虚拟网络模型

该模型由 James 和 Guth 于 1947 年提出,其核心是设定在高弹态聚合物交联网络中,仅有少数交联结点固定于表面,其余绝大部分结点不受邻近链段存在的影响而随时间自由波动,其波动程度也不受材料宏观形变的影响。这里的"虚拟"是指交联网络结点的确切位置总是无法确定的。于是,单个分子链的瞬时末端矢量 h_i 就可用其平衡值 $\overline{h_i}$ 与平均偏离值 Δh_i 之和来表示:

$$h_i = \overline{h_i} + \Delta h_i \tag{9-4}$$

式中,下标 i 表示第 i 个分子链。在某个确定的研究时刻,假设网络中所有化学键的平衡位置及其波动服从高斯分布,则两者的均方值都与高斯链的均方末端距以及交联结点的平均官能度(即在交联点汇集的化学键数目)相关联。

2. 结点约束网络模型

设想真实的高弹态聚合物交联网络所表现的性质应介于射仿网络模型和虚拟网络模型之间,即实际聚合物网络的交联结点既非射仿网络模型那样固定不变,也非虚拟网络模型那样完全自由地波动,而是其交联结点的波动受到某种程度的限制。这就是 Ronca 和 Allegra 于 1975 年提出的结点约束网络模型的核心。

3. 滑动-环节模型

Edwards 等学者注意到射仿网络模型、虚拟网络模型和结点约束网络模型仅将研究目标集中于交联结点,而忽略了沿分子链轮廓线众多点位受到的影响,并于 1981 年提出滑动-环节模型(slip-link model)。该模型的核心是将沿着分子链轮廓线上的所有缠结点都考虑到其弹性自由能中。

前述 3 种模型的数学推导过程都极为烦琐,得到的结果也相当抽象,事实上并无多少应用意义,因此一般读者大可不必在此耗费过多精力予以深究。

9.2.5 理想分子链末端距的概率分布函数简介

本书第 2 章讲述的各种理想分子链的均方末端距和回转半径,均是单个分子链的结构参数平均值。如果欲了解聚合物分子链的具体形态尺寸,仅了解其平均值显然是不够的。最好能了解其末端距的分布函数,即处于不同末端距的分子链所对应构象的概率或比率大小,即其概率分布函数。这样,任何结构参数及其与链结构相关的物理量均可由该概率分布函数求解。

推导聚合物分子链末端距分布函数的方法有多种,下面仅简要介绍其中较为简单的一种。仍然以最理想化的自由结合链即高斯链为研究对象。首先研究高斯链中长度为 l 的任一化学键矢量在三维空间内的概率分布函数，将该化学键矢量的一端作为坐标原点，则键矢量可以等概率地出现于以 l 为半径的球面上，因此其矢量末端在三维空间内某处的概率密度应为

$$\psi(l) = \frac{1}{4\pi l^2} \delta(|l| - l) \tag{9-5}$$

式中，函数 $\delta(|l|-l)$ 的意义是指键长固定的键矢量末端坐标应处于半径为 l 的球面上，其概率密度为 $\pi l^2/4$，在球面内外各处均不满足键长条件，其概率密度均为 0。

将所有末端距相同而方向不同的构象定义为简并态，并将满足同一末端距长度的简并态的概率分布进行加和，在一系列复杂数学处理后(过程从略)，即可分别得到高斯链的均方末端距 $\overline{h_{\mathrm{G}}^2}$、最可几末端距 h^* 和平均末端距 $\overline{h}_{\mathrm{G}}$：

$$\overline{h_{\mathrm{G}}^2} = nl^2$$

$$h^* = \frac{\partial W(h, n)}{\partial h} = (2n/3)^{1/2} l \tag{9-6}$$

$$\overline{h}_{\mathrm{G}} = 2(2n/3)^{1/2} \pi^{-1/2} l$$

显而易见，所求得高斯链的均方末端距与第 2 章推导的结果完全相等，其最可几末端距和平均末端距的数学式也并不复杂。

9.3　聚合物相态转变过程的亚稳态

20 世纪 90 年代以来，为了进一步探索聚合物的结晶历程和机理，不少学者将研究重点集中于窄分布聚合物的结晶历程研究领域。研究结果显示，许多聚合物的晶体都存在不同程度的多晶态结构。按照热力学平衡理论，在一定温度和压力条件下，同种聚合物的多晶态中只有一种晶型是稳定的，其余晶型就应该属于非平衡态或亚稳态。在通常的退火条件下，亚稳态的晶型可以转变为更稳定的晶型。

按照 Ostwald 提出的中间态学说，物质从一个稳定态向另一个稳定态的相转变过程可以通过一系列可能存在的中间态间的逐步转变过程而实现。一个普遍存在的实验现象是：在一个非均匀封闭体系中进行的聚合物结晶过程中，常可以观察到较大的晶粒总是依靠消耗较小的晶粒而生成，这一点有些类似于在乳液聚合反应过程中胶粒的形成和生长也总是依赖于消耗增溶胶束内的单体和构成胶束的乳化剂。

亚稳态的概念可以用来解释厚度在分子尺寸水平(10~100 nm)、具有不同化学和物理结构的聚合物薄膜表面相态之间的转变过程和机理。20 世纪 80 年代以来，人们在小分子液晶试样中观察到由于薄膜效应所诱导的新型有序结构，90 年代以后则在超薄的聚合物薄膜样品中发现在本体结晶试样中并不存在的新型有序结构。

聚合物表面诱导结构有序化的过程及其研究结果意味着亚稳态概念可

能推广到空间维数或试样尺寸受限制的空间内,聚合物将可以形成与本体有序结构(结晶态)完全不同的"受限有序结构",这恰恰符合液晶态结构的基本条件。所以,也许在将来,人们采用普通的聚合物材料在特殊的条件下就可以做成具有液晶显示功能的元器件。

9.4　聚合物表面与界面

材料暴露于真空或空气中的最外层部分定义为材料的表面。界面是指不同相态物质之间的接触面或分界面。受力分析结果表明,与材料内部的分子不同,材料表面或界面层的分子通常处于受力不均衡状态,这就是材料表面和界面往往具有某些特殊性能的本质原因,这些性能对于材料的黏结、表面改性以及某些应用领域却是相当重要的。以聚合物隐形眼镜片为例,不仅要求其具有良好的透光性能和曲光性能,同时要求镜片表面必须具备良好的(泪)水浸润性、生物相容性,以及适当的耐磨性能等。

1. 表面张力

基于材料表层分子仅有内侧存在与内层分子的相互作用,外侧面对介质(如空气)分子的相互作用微弱,这种非均衡力场迫使表层分子强力倾向于向材料内部运动并使材料表面积趋于最小。因此,将导致材料表面收缩、沿垂直于表面方向单位长度上的力定义为材料的表面张力。

研究结果显示,诸多因素可以影响聚合物的表面张力。一般规律是分子间相互作用力大的聚合物的表面张力也较大。例如,极性聚合物尼龙-66 和非极性聚合物聚丙烯熔体的表面张力分别为 46.5 mN 和 29.4 mN。

2. 表面浸润性

按照化学热力学原理,将液相与固相物质相互接触时 Gibbs 自由能降低的现象称为浸润。基于此,就可以用自由能降低的幅度表征其浸润程度。分别设定单位面积固、液相物质接触前后的自由能为 $\gamma_{固}$、$\gamma_{液}$ 和 $\gamma_{固\text{-}液}$,则在恒温恒压条件下两者接触过程的自由能降低值应为

$$-\Delta G = \gamma_{固} + \gamma_{液} - \gamma_{固\text{-}液} = W_{黏附} \tag{9-7}$$

式中,$W_{黏附}$ 为黏附功,其数值大小表征两接触物质黏附能力的大小。然而由于表面张力无法直接测定,因此必须采取其他方法。研究发现,液滴在洁净固体表面接触角的大小直接与两者浸润能力相关,因此实践中往往采用表面接触角的大小间接衡量材料之间的相容性和黏附能力。

设想将完全相容而浸润的液滴小心滴于固体表面,可以发现液滴立刻摊开延展于尽可能宽阔的固体表面,此时定义液滴对该固体材料的浸润角为零。当完全不相容、不浸润的液滴滴于固体表面时,犹如汞滴洒于玻璃平面上那样几乎保持球形,此时定义汞滴对玻璃的浸润角为 180°。由此可见,浸润角从 0°→180°,即表征液体和固体物质之间从完全相容、浸润逐渐过渡

到完全不相容、不浸润的所有类型。显而易见,浸润角越小的材料之间的黏附性能越好。

9.5　聚合物纳米材料

纳米材料通常是指微观结构至少在一维方向处于纳米尺寸(1~100 nm)的固体材料,包括纤维纳米结构(一维)、层状纳米结构(二维)和纳米晶体 3 种类型。

20 世纪 70 年代,日本学者首次提出超细粒子概念以来,世界各国特别是发达国家纷纷投入巨资进行研究。1982 年,日本将其列为材料学科的四大研究任务之一;美国"星球大战"、欧洲"尤利卡计划"均将其列为重点项目;我国"863"、"973"计划也将纳米材料研究列入重点资助领域。30多年来,纳米材料的研究得到迅速发展。纳米材料是指具有纳米尺度可控结构的材料,通常是通过基于分子水平的自组装过程制备的。人们熟知的具有特殊生理功能的许多蛋白质和酶便是纳米结构材料。过去 30 多年来,合成高分子纳米材料已经引起学术界和产业界的广泛关注。

1. 聚合物纳米材料分类

按照材料的用途,聚合物纳米材料可以分为纳米工程材料和纳米功能材料两大类。

1) 聚合物纳米工程材料

以材料力学性能为主要使用目的的聚合物纳米材料称为聚合物纳米工程材料。1987 年,日本报道采用插层法制备尼龙-6/黏土纳米复合材料以来,美国康奈尔大学、美国芝加哥州立大学、德国弗莱堡大学、日本丰田研究发展中心以及我国华南理工大学、四川大学等先后成功研制尼龙-6、环氧、聚酰亚胺、聚苯乙烯、聚酯、聚丙烯、超高相对分子质量聚乙烯等聚合物纳米材料。

研究结果显示,黏土加入量仅为 5%(质量分数)的尼龙-6 纳米复合材料的热变形温度竟比普通尼龙-6 高 100℃。而聚酯纳米复合材料的耐热性、阻燃性、阻隔性竟是普通聚酯的 2~3 倍,是啤酒和软饮料的理想包装材料。超高相对分子质量的聚苯乙烯纳米材料的耐磨能力竟达到金属钢的 7 倍、金属铝的 3 倍。加入 0.5%(质量分数)纳米填料的聚丙烯复合材料的抗冲击韧性提高 3~4 倍。这一切无疑为高分子工业的发展注入全新的概念,开辟了崭新的应用领域。

2) 聚合物纳米功能材料

以材料的非力学功能为使用目的的聚合物纳米材料统称为聚合物纳米功能材料,这些特殊功能包括物理、化学和生物三个方面。在聚合物中添加纳米级的 TiO_2、ZnO、SiO_2 等复合粉料可以制成杀菌、防霉、防臭、抗静电和抗紫外线辐射的纤维,用这种纤维制成的服装具有上述"多防"和"多抗"

的突出特性，特别适应于当今人们追求健康、崇尚保健的时代潮流。按照类似原理可以制作能够吸收光波和电磁波的"隐形涂料"，用于飞机、军舰等军事目标的隐形，这在军事、国防领域具有十分重要的意义。海尔集团推出的纳米洗衣机以及北京许多立交桥使用的纳米涂料即是按此原理进入实用化阶段的聚合物纳米功能材料的例子。

中国科学院化学研究所江雷教授提出二元协同纳米界面材料合成法，并成功合成同时具有超亲水性和超亲油性的超双亲性界面材料。用这种崭新概念的界面材料处理的聚合物薄膜和纤维织物具有自洁和防雾的特性。用超疏水性和超疏油性的超双疏性界面材料改性的聚合物纤维织物则同时具有防水和防油的特殊功能。用英国德蒙福特大学研制的聚合物电解质纳米-微束材料制作的传感器具有快速、高灵敏度、高选择性等突出优点。

纳米科学与技术是一门跨学科的基础性和应用性新兴学科，是纳米物理学、纳米电子学、纳米材料学、纳米化学、纳米生物学以及纳米机械学等诸多学科的综合与相互渗透。纳米材料具有常规材料所不具有的许多特殊性能，而纳米聚合物具有诸多优于普通低分子材料的力学性能，所以必将在新材料领域展现出绚丽的光彩。

2. 聚合物纳米复合材料的合成方法

1) 直接共混法

该方法是将纳米级无机粒子与聚合物直接机械共混，包括熔融共混、溶液共混、乳液共混和机械共混等形式。鉴于一般无机纳米粒子具有极高的表面能而难以与有机聚合物相容，因此很难将其均匀地分散于其中，其应用受到很大限制。

2) 原位聚合法

该方法是将纳米级无机粒子均匀分散于单体中，利用聚合物反应过程的热效应和机械剪切力作用促进聚合物连续相与纳米粒子分散相的稳定性。

3) 插层复合法

该方法是制备聚合物/黏土纳米复合材料的主要方法，工艺过程包括：①用烷基铵盐等含氮化合物作为插层剂与硅酸盐层间 Na^+、K^+进行交换，使其层间表面有机化；②将层间表面有机化的黏土加入单体的聚合反应过程或与聚合物共混，利用聚合热或共混过程的剪切力破坏硅酸盐的层状结构，使其以单层形式均匀分散于聚合物中，从而实现聚合物与黏土纳米水平的复合。

4) 溶胶-凝胶法

该方法的基本原理是：首先将无机纳米粒子分散于聚合物溶胶或凝胶中，然后再将其干燥即得到聚合物纳米复合材料。

3. 聚合物纳米复合材料的特性

聚合物纳米复合材料拥有优异的物理力学性能，如具有高强度和高耐热性能，高阻隔和自熄灭性能，良好的加工性能，如熔体黏度低、结晶速率快等。

9.6　电活性聚合物合成新方法及其特殊性能

其实这是一个属于高分子化学领域的研究范畴,不过由于电活性聚合物和导电高分子的结构和性能十分特殊,是高分子化学与高分子物理学界近年来共同研究的一个热点,所以本书也作简要讲述。

聚噻吩、聚苯胺、聚吡咯、聚对苯乙炔等导电聚合物在加工成型上的困难,很大程度上影响了对该类聚合物性能方面的深入研究和产业化进程。为了解决这一难题,一些学者将导电聚合物的合成分解成两个步骤,即首先合成某种具有一定电活性的低聚物,进而再将其在加工成型过程中转化为具有导电性的高聚物。

1) 再活化链聚合

Carothers 和 Flory 自 20 世纪 30 年代提出逐步聚合和连锁聚合反应机理以来,这两种聚合反应已经成为聚合物合成化学领域的经典理论和方法。不过,美籍华人学者危岩等提出并建立了一种既不属于经典连锁聚合,也不属于经典逐步聚合的再活化聚合新型聚合反应方法和理论。

按照危岩等学者提出的方法,在-5℃的盐酸水溶液中用过硫酸铵作催化剂,将各种芳胺衍生物(如 1,4-对苯二胺等)加入苯胺聚合物反应体系中,该氧化缩聚反应最终可以生成相对分子质量较低、分散度很窄、溶解性能良好的聚苯胺。研究结果证明,这类低聚物的端基是没有活性的,因此是稳定的。

将苯胺低聚物作为原料(单体),通过化学或者电化学的氧化还原反应改变其氧化态,从而使该低聚物重新具有反应活性,并在进一步的反应中聚合成为具有电活性的高聚物。

2) 电活性聚合物的潜在用途

利用苯胺低聚物具有确定的化学结构和可以设计端基结构的特点,经适当功能基化后就可以进行超分子组装,这种聚合物在微电子领域和光传输领域具有广泛的潜在用途。例如,通过引入硅烷或烷氧基硅烷的苯胺低聚物可以通过溶胶-凝胶反应合成具有电活性的纳米复合材料或有机-无机杂化材料;通过与苯胺衍生物进行类似的反应,可以合成电致变色和电致发光元器件、生物传感器、电驱动元器件、化学可调气体分离膜、高效可充电池电极和抗腐蚀、抗静电涂料等。

9.7　聚合物分析与研究方法进展

近现代物理化学分析仪器和分析方法的飞速发展,为聚合物微观结构,尤其是个性化分子链形态和结构的分析逐渐成为可能。然而,这些现代化分析仪器和方法的复杂原理和操作已逐渐发展成为专业化很强的学科分支,其对数理、电子、信息等学科基础知识的高深要求,绝非高分子学科领域一般专业工作者所能企及。

因此,为了更有效发挥各自学科专业技能优势,作为高分子专业工作者,了解这些现代分析方法是必需的,尤其需要了解这些现代分析方法的基本原理、在聚合物结构分析方面的具体特点和优势,以及这些方法各自能够提供的聚合物结构信息,但并无必要完全透彻掌握。广泛用于各种类型物质组成和结构分析的现代波谱分析方法包括:各种波段光波如红外、可见、紫外光区的吸收光谱,X射线、激光、高能中子等的散射光谱,以及核磁共振谱和质谱等,其中部分方法已成功用于聚合物的组成和结构分析。

这类专业性很强的仪器分析方法对于深入探索聚合物结构有着不可替代的功能。然而,对高分子专业工作者而言,要求全面掌握这些分析方法的基本原理、仪器结构、试样要求、操作规程和结果处理等或许显得有些勉为其难,既不现实,也无必要。不过,如果高分子专业工作者能够初步了解这些方法对于聚合物组成和结构分析的特点、适应范围和试样要求,与仪器专业操作者的优势相结合无疑能够最大限度发挥现代仪器分析研究的最佳效果。

基于此,本节仅简要介绍几种适用于聚合物组成和结构分析的现代波谱分析方法的特点、适应范围和试样要求,以为日后工作提供有益的知识储备。

9.7.1　红外吸收光谱

红外吸收光谱(IR)属于比较经典的波谱分析方法,一般用于单一或简单组成有机物的化学组成和结构分析,近年来也逐渐用于聚合物的分析检测。

1) 适用范围

聚合物分子链的结构单元、支化、端基、添加剂和杂质分析;聚合物非晶态、晶态、晶体结构参数和分子间作用力分析;聚合物分子链异构化、构型和立构规整度等的分析等。

2) 试样要求

一般聚合物对红外光波具有很强的吸收能力,这给样品准备和仪器分析带来困难。为了解决这一问题,可溶性聚合物最好选择红外吸收率尽量低的有机溶剂如 CS_2、CCl_4 和甲苯等配制溶液;固态试样则制成厚度 < 0.1 mm 的薄膜。

3) 结果处理

通常需要非常熟悉各种有机基团和官能团的红外吸收特征峰,否则需要将测得的试样 IR 图谱与标准图谱进行比对,就可以逐一解读并确定吸收峰与待测基团和分子结构。

9.7.2　X 射线衍射

X 射线衍射是研究聚合物结晶过程、结晶速率和结晶形态的最有效方法之一。几乎所有高分子物理学专著中都引用各种晶态聚合物的 X 射线衍射图用以显示结晶形态。著名的 Bragg 公式是 X 射线衍射研究聚合物结晶形态和结构的基础:$2d\sin\theta = n\lambda$,式中 d 为拥有等同周期的原子或原子团(面)的间距;θ 为入射 X 射线与原子面之间的夹角;λ 为 X 射线的波长。由此可见，从某原子面散射 X 射线产生衍射的条件就是其与邻近衍射 X 射线之间的光程差应等于波长的整倍数。

粉末照相法：需将纯净的聚合物试样事先制作为粉末状。当单色 X 射线辐照内含无数任意取向的粉末状晶体时，其中必然有部分晶体的晶面之间的等同周期 d 和射线与晶面之间的夹角 θ 满足 Bragg 公式，于是从这些晶面就反射出顶点不等、同心分布的若干组锥形光束，经过特殊的"感光"后即可得到以同心圆为主要特征的 X 射线衍射图。

单晶转动法：恒速转动聚合物单晶时，其晶面即可满足产生衍射的 Bragg 公式需要的条件，根据 X 射线入射方向与单晶转动方向的不同，即可获得不同的 X 射线衍射图。

一般而言，制作聚合物粉末相对容易，而获得比较纯净的聚合物单晶却需要按照本书第 5 章讲述的特殊条件才有可能。

9.7.3　激光散射

早在 1869 年，英国剑桥大学学者 Tyndall 首次观察到了自然光通过溶胶颗粒时产生的衍射现象。1944 年，Debye 利用光散射法测定稀溶液中聚合物的相对分子质量，由此开创了光散射研究聚合物结构和测定聚合物各种结构参数的历史。20 世纪 60 年代以来，现代激光理论、技术和仪器的飞速发展使之成为研究聚合物结构的重要手段。

当一束相干涉的单色激光照射到不产生吸收的聚合物稀溶液时，光程中的聚合物分子将发生极化过程而生成诱导偶极子，并向各个方向辐射电磁波而成为二次光源——激光散射。当聚合物分子处于静止时，散射激光与入射激光的频率相同而称为弹性散射。事实上稀溶液中的聚合物分子即使在平衡体系中也是处于永恒的运动之中，于是产生 Dopplar 效应，散射激光的频率将围绕入射激光频率形成一个很窄的分布。测定一定时间内散射激光的平均强度，从而得到其与溶液浓度及溶质相对分子质量之间的相关性结果，这就是静态激光散射的基本原理。测定该散射激光频率分布的宽度，即散射激光光强随时间的涨落，就可以测得扩散系数、流体力学体积等参数，这就是动态激光散射的一般原理。

9.7.4　质谱与基质辅助激光解吸电离-飞行时间质谱

在质谱发展过程中，如何获得有关聚合物相对分子质量及其分布的信息，一直是高分子科学界关注的课题。传统的电子轰击电离(EI)能量高，能将样品电离成为分子离子和大量碎片离子，对有机小分子样品而言，碎片离子通常能够提供丰富的结构信息。然而由于聚合物热稳定性低而难以气化，在高能电子轰击下分子链极易降解而不产生分子离子峰，因而难以得到相对分子质量及其分布的相关信息。

新的电离技术的问世促进高分子质谱研究取得长足的进步，被认为是质谱技术发展的一个里程碑。基质辅助激光解吸电离(matrix-assisted laser desorption-ionization，MALDI)技术就是近年来发展起来的一种软电离技术，发明者日本岛津公司学者田中耕一(Koichi Tanaka)因此获得了 2002 年诺贝尔化学奖。

MALDI 技术的关键是通过特定方法将待分析物质均匀包埋于特定基质之内再置于样品靶上，在脉冲式激光的作用下，基质分子 M 吸收能量而处于激发态 M*，其在极短时间内气化的同时，将样品分子 A 投射到气相中并得以电离。在其电离过程中，高能脉冲激光可在极短时间内完成加热，而基质大量吸收光能后只将其中小部分有效传递给待分析样品。这样可在有效避免聚合物分子链热分解并激发单电荷分子离子的同时，避免了大量碎片离子的产生。

飞行时间质谱(TOF MS)是一种工作原理比较简单的动态型质谱。在离子源中产生的具有不同质荷比 m/z 的正离子被加速电压 U 加速而获得动能，以速度 v 飞越长度为 L 的无电场和磁场的漂移空间，最后到达离子检测器。当加速电压 U 为一定值时，离子飞行速度 v 与离子质荷比 m/z 相关，因此在漂移空间里，离子以各种不同的速度运动，离子飞过路程为 L 的漂移空间所需时间 t 可表示为

$$t = L\left(m / 2Uz\right)^{1/2} \tag{9-8}$$

可见在 L 和 U 等参数不变的情况下，离子从离子源到达检测器的飞行时间 t 与质荷比的平方根成正比。

将 MALDI 技术与飞行时间质谱相结合，就构成一门现代高分子分析新技术：基质辅助激光解吸电离-飞行时间质谱(MALDI-TOF MS)。该方法能够精确测定聚合物的相对分子质量的绝对值，进而可确定聚合物的结构单元和端基结构、共聚物组成及其序列结构等。MALDI-TOF MS 是现代质谱在高分子科学领域最突出的贡献。

1. MALDI-TOF MS 的特点

首先，MALDI 技术能够避免分子链断裂，可对完整分子链进行表征，有效测得聚合物的绝对相对分子质量，同时不破坏样品分子结构；其次，测定的质量范围仅取决于飞行时间，因此样品分子可以有很宽的质量范围，可以测定相对分子质量达到百万量级的超高相对分子质量聚合物；最后不存在聚焦狭缝，具有很高灵敏度、分辨率和准确度。

2. 备样要点

准备质谱分析试样包括选择基质、离子化助剂和样品制备 3 个步骤。

1) 基质选择

选择合适的基质是 MALDI 样品顺利表征的前提条件。基质的主要作用是吸收激光能量并在气化过程中将样品分子离子化。选择基质的重要标准之一是样品能在分子水平均匀溶解于其中，因此选择基质的重要原则就是两者极性匹配。多数基质为含芳环的有机酸，如 1,8,9-蒽三酚(dithranol 或

1,8,9-trihydroxy-anthracene)，其结构式如右所示。

2) 离子化助剂

分子链结构含氨基的聚合物比较容易被有机酸质子化，因此基质中不需要再加入额外的离子化助剂。除此以外，含氧聚合物如聚醚、聚丙烯酸酯和聚酯等倾向于被碱金属离子化。不饱和烃类聚合物如聚苯乙烯、聚丁二烯和聚异戊二烯等，则倾向于被铜离子或银离子离子化。因此，在后两种情况中，需要在基质中加入适当金属盐作为离子化助剂，利用金属离子与样品分子的结合完成金属离子化过程。

3) 样品制备

目前普遍采用溶液液滴干燥法制备样品。如果样品和基质溶解良好，在常压或真空条件下使溶剂挥发，样品分子即均匀分散于基质晶体中。对于在基质中难以分散的样品，为了避免相分离，往往采用电喷雾法将混合溶液喷射到基板上，可以得到高度平整而均匀的样品，从而提高分析结果的重现性。无溶剂法对于不溶性高分子样品的测量特别有用。该方法是将高分子样品浸入液氮冷却后加入粉末型基质搅拌均匀而直接制成样品。无论采用何种制样方法，样品与基质的物质的量比一般控制在 $1:100\sim1:10000$，过量基质对样品有很强的稀释作用，可有效保护样品分子。

在质谱检测条件下，聚合物试样必须连同基质首先被"气化"，进而被质子化即正离子化。研究发现，只有那些分子结构中含有氨基的聚合物才比较容易实现有机酸的质子化。聚醚、聚酯、聚丙烯酸酯和聚酰胺等含 C—O 键主链的聚合物容易被碱金属质子化。而聚苯乙烯、聚异戊二烯等含孤立双键的聚合物则以 Cu^+ 和 Ag^+ 为质子化剂。不过，至今尚未找到适用于不含双键的聚烯烃如 PE、PP 等质谱分析的质子化剂。

样品的制备是质谱分析成功与否的关键。目前一般采用液滴干燥技术。例如，将浓度 5 mg/cm^3 的聚合物溶液与基质浓度 0.25 mol/L 的溶液以 $1:7$ 的体积比混合，取 1 μL 该混合液滴于标靶基板，在常压或真空干燥后即可开始质谱测试。

3. 测试过程

将待测聚合物稀溶液和浓度较高的基质溶液均匀混合，取少量混合溶液滴于 MALDI 样品靶上，待溶剂彻底挥发以后，基质和聚合物就形成结晶。然后将样品靶置于质谱仪内，用激光照射样品靶，基质气化的同时将聚合物解吸进入气相，聚合物分子被质子化或金属离子化后进入飞行时间分析器中进行质量分析，随后检测器便可检测到相应的分子离子。

4. 应用实例

采用 MALDI 确定阴离子聚合制得的聚苯乙烯相对分子质量及其分布。试样是由丁基锂引发的苯乙烯阴离子聚合被甲醇终止的产物，选用 1,8,9-蒽三酚为基质，添加三氟乙酸银为离子化助剂。图 9-1 为获得的谱图，从谱图上可获得如下信息：图中一系列主峰对应于不同聚合度的分子链，其中最大概率峰约为 8800 g/mol，峰峰间距为 104.15 g/mol，对应于聚苯乙烯重复单元的相对分子质量。从峰的绝对质量数和端基的相对分子质量即可计算聚合度。例如，以质量数为 8706 g/mol 的峰为例，其包含如下结构单元：$57 + 1 + 104n + 108 = 8706$，等式前的数字分别对应于丁基、氢原子、$n$ 个苯乙烯重复单元和银离子的相对分子(或原子)质量，计算该峰对应分子链的聚合度 $n = 82$。

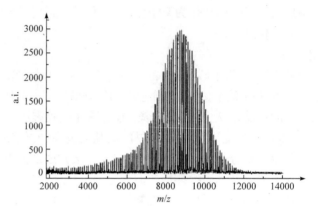

图 9-1　聚苯乙烯的 MALDI-TOF MS 图谱

图 9-1 各细节峰(竖直线)的丰度(宽度)对应于该聚合度的分子链的含量(丰度)，因此可以方便地对所有信号积分从而得到重均和数均相对分子质量及其分布。反之，也可以用峰的绝对质量数，结合重复单元的相对分子质量、聚合度和反应机理，计算端基的相对分子质量，从而确定端基的精确结构。

由此可见，迄今所有测定聚合物相对分子质量及其分布的方法中，唯有 MALDI-TOF MS 获得的聚合物分子链有关相对分子质量及其分布、末端基团和共聚物序列分布等方面的信息最为全面而精确。不过该方法依赖大型贵重仪器，在相当一段时间内影响其推广。

9.7.5　原子力显微镜

原子力显微镜(AFM)是 Binnig 等学者于 20 世纪 80 年代开发的一种新型显微镜，其与普通显微镜的不同在于采用一支特殊材料制成、拥有原子水平的尖锐探针扫描试样表面，控制并检测探针与试样表面之间的相互作用力，最后通过计算机对测得探针/试样表面间相互作用力与探针扫描路径之间的对应关系而拟合成为试样的表面形态图。原子力显微镜的分辨率可以达到一般扫描隧道显微镜(STM)能够达到的原子水平分辨率。

1. AFM 的基本原理

两种相互接近的物体或物质之间一定存在某种相互作用力，其大小既与这两种物质的结构和性质有关，也与两者之间的距离有关。原子力显微镜采用的探针必须极端细锐，必须采用特殊材料和工艺制作，如 Si_3N_4 等。探针与试样之间的距离通常控制在 0～500 nm。

与其他类型的相对测定方法相类似，在测定聚合物试样前，必须用标准物测定探针-试样距离与试样表面作用力之间的相关性曲线，即特征曲线，犹如采用分光光度分析所作的标准曲线一样。

AFM 的核心是一支上端固定、下端固定特制探针，其对极微弱力非常敏感的微悬臂。存在于探针尖端原子与待测试样表面原子之间极其微弱的排斥力($10^{-8} \sim 10^{-6}$ N)可采用光学检测法或隧道电流检测法进行检测，从而获得试样表面的三维结构信息。AFM 的主体结构包括扫描系统、试样位置调控系统、检测系统、信息反馈系统和结果处理的计算机系统等部分，其原理框图如图 9-2 所示。

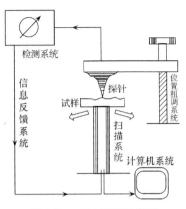

图 9-2　AFM 原理示意图

1) 检测系统

尖端安装有特殊探针的悬臂在受到针尖原子与试样表面原子相互作用力后，产生的偏转或振幅改变可以采用多种方法进行检测，包括光反射法、光干涉法、隧道电流法或电容检测法等，其中激光反射检测系统是最常采用的方式，具有简便、灵敏的特点。其主要部件为标准激光发生器和激光监测器等。

2) 探针

专用探针是 AFM 的关键性部件，是由悬臂和与之连接的特殊探针组成。目前已有各种形状和可以满足特殊要求的探针面世。悬臂是由 Si 或 Si_3N_4 经光刻技术加工而成，其背面镀有金属银以供镜面光反射需要。目前商业化的 AFM 悬臂一般规格为长 $100 \sim 200~\mu m$，宽 $10 \sim 40~\mu m$，厚 $0.3 \sim 2.0~\mu m$。其弹性系数变化范围为几十至百分之几牛每米，曲率半径为几到几十纳米。

3) 扫描系统

AFM 对试样进行扫描的精确控制是依靠扫描器得以实现。扫描器中装有压电转换器，其压电装置能在 x、y、z 三个方向上准确检测试样和探针的位置。目前构成扫描器的基质材料是钛锆酸铅$[Pb(Ti, Zr)O_3]$制成的压电陶瓷材料。压电陶瓷材料具有压电效应，即在施加电压时能够产生收缩，其收缩的程度与施加的电压成比例关系。压电陶瓷能够在 $1~mV \sim 1000~V$ 实现探针-试样表面形貌之间的压力与电信号转换。目前 AFM 扫描器多做成圆筒形的"管式"。

4) AFM 的工作环境

一般而言，将试样置于真空、气相或液相中，均可作为 AFM 分析的环境。其中，真空环境为早期 AFM 所采用；在空气环境中一般聚合物试样容易受试样表面难以避免的水膜的干扰，所以往往需要创造干燥的空气环境。压电陶瓷的收缩依靠液相环境，需要将试样置于特定的液池中，能够消除探针尖端与试样之间的毛细效应，因而能有效降低探针针尖对试样表面的总作用力。

2. AFM 的应用

目前，AFM 除用于聚合物材料表面(界面)结构、形貌、尺寸和其他特性研究外，还广泛用于纳米刻字、微观形貌描绘、纳米聚合物机械特性、共聚物组分分布研究和生物大分子结构-生物相容性等领域的研究。图 9-3 为一种刷状高分子的 AFM 图形。

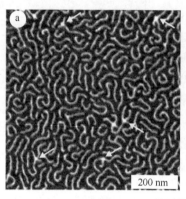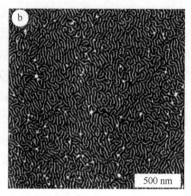

图 9-3　一种刷状高分子的 AFM 图

2003 年, Matyjaszewski 利用 AFM 与 Langmuir-Blodget (LB)技术相结合表征刷状高分子数均相对分子质量及其分布, 从而开创了测定聚合物相对分子质量的新途径。他们首先将一定体积已知浓度的高分子溶液均匀分散于不良溶剂中并制成均匀紧密的单分子层膜, 再将膜转移到石英基底上。采用 AFM 对一定面积的样品膜扫描, 即得 AFM 图, 再利用专门的分析软件计算图中分子链的数目, 由此推算出溶液中分子链的总数目。根据聚合物的质量即可计算分子链的数均相对分子质量。实验操作简述如下。

(1) 配制质量浓度为 c 的聚合物稀溶液, 取体积 V 溶液平铺于水面形成单分子层膜 A, 膜中聚合物的质量 $m = Vc$。

(2) 将膜 A 压缩为面积 S_{LB} 的均匀而致密的单分子膜 B, 再将其转移到石英基底上, 得到面积为 S_{SS} 的基底单分子膜 C, 转移面积比 $T = S_{LB}/S_{SS}$。

(3) AFM 测试: 用 AFM 扫描基底单分子膜 C, 扫描面积为 S_{AFM}, 得到单分子膜图像(图 9-3), 可获得确定面积内分子链数 N。最终得到基底膜 C 单位面积中分子链数 n_{AFM}。

(4) 结果计算: 通过转移面积比的转换, 可得到单位面积致密单分子膜 B 所含分子链数。从而计算膜 B 中的分子链总数 n, 也是膜 A 中分子链的总数 $n = n_{AFM} \times S_{LB}/T$。聚合物试样的数均相对分子质量可按照下式计算:

$$M_n = \frac{m}{n \times m_n} = \frac{mT}{n_{AFM} \times m_{am}} \tag{9-9}$$

式中, 分子或原子质量单位 $m_{am} = 1.6605 \times 10^{-24}\,g$, 等于 Avogadro 常量的倒数。

AFM-LB 法不仅能测定聚合物的数均相对分子质量, 还能测定结构相对简单聚合物的相对分子质量分布。因为对结构不复杂的分子链而言, 其相对分子质量与链长度相关, 因此可测定分子链长度分布替代相对分子质量分布。实验结果显示两者有很好的一致性。图 9-4 为 AFM-LB 法和 GPC 测定的结果比较。

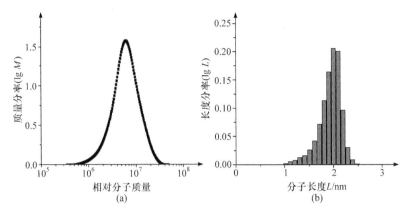

图 9-4 GPC(a)和 AFM-LB(b)测定结果比较

3. 注意要点

(1) 分散于水面的膜在压缩处理时，需确保均匀致密，以最终确保 AFM 扫描范围内的基底膜具有代表性。

(2) 可能影响定量分析的两个因素：①分子链的交叉问题；②AFM 图边缘出现分子片段问题。图像分析软件识别时会将交叉的分子链认定为一条，使分子链计数偏小；与此同时，软件会将 AFM 图边缘出现的分子片段误认为整条链，使分子链计数偏大。两种情况同时存在的结果可抵消部分误差。

(3) 用 AFM-LB 法测定聚合物数均相对分子质量及其分布时，待测分子链必须可在显微镜下明显区分，即分子链间一定要有明显界限，可被识别软件明确区分。

9.7.6 冷冻电子显微镜技术

冷冻电子显微学三维重构技术简称冷冻电子显微镜技术(cryoEM)，历经40 多年的发展，现已成为结构生物学的一种重要结构解析手段。随着技术不断进步，冷冻电子显微镜技术正在基础生物学、人类疾病分子机理研究以及分子药物设计等方面展现出巨大的发展潜力和应用前景。或许正是由于冷冻电子显微镜技术的巨大影响力和发展潜力，2017 年诺贝尔化学奖授予了 3 位冷冻电子显微镜技术的开创者：Dubochet、Frank 和 Henderson，表彰他们在冷冻电子显微镜生物大分子结构解析中做出的开创性贡献。

1. 历史

大约 300 多年前，英国著名物理学家 Hooke 与荷兰著名磨镜技师 Leeuwenhoek 共同发明了光学显微镜，人类首次采用光学透镜窥探到细胞级尺度的微观世界。光学显微镜的基本原理是利用光线通过透明介质时能产生折射，再对折射光进行聚焦，即可实现图像放大。目前，利用光学显微镜可以观察细胞运动以及单个细胞的分裂行为。

20 世纪 30 年代，德国物理学家 Ruska 发现处于磁场下的电子束可发生聚焦效应，进而发明了世界上第一台透射电子显微镜。透射电子显微镜的问世使人们可以观察更为精彩的微观世界，看到更为精细的原子结构和生物细胞的内部结构。

近半个世纪以来，电子显微镜技术在复杂生物大分子三维结构研究的应用条件和场景取得一系列进展，由此促进了冷冻电子显微镜技术的重大突破。

1974 年，加利福尼亚大学伯克利分校 Glaeser 教授首次发现被冷冻于低温下的生物样品可在真空透射电子显微镜内耐受高能电子束的辐射而依然保持高分辨率结构。1975 年，英国剑桥医学研究委员会分子生物学实验室 Henderson 教授首次用冷冻电子显微镜技术和电子晶体学解析出单个膜蛋白的三维结构。1982 年，瑞士洛桑理工大学物理学家 Dubochet 发明了将生物样品速冻于玻璃态冰薄膜内的方法，使冷冻电子显微镜技术研究复杂生物大分子的形貌成为现实。

2. 原理

冷冻电子显微镜技术的基本原理是将生物大分子溶液置于特制电子显微镜载网上形成一层非常薄的水膜，然后利用快速冷冻技术将其瞬间冷冻至液氮温度(−196℃)。冷冻速度必须非常快，以至于水膜无法形成晶体冰，而是形成一层玻璃态冰。于是生物大分子就被固定在这层薄冰里。将这样的冷冻样品保持低温放置在透射电子显微镜下观察，从而获得生物大分子的三维精细结构。

在透射电子显微镜下，高能电子束穿透每一个分子，如同 X 射线穿过人的身体组织一样，可以拍摄到分子的形貌及其内部结构信息。科学家们利用计算机将样本里的每一个分子提取出来，把相似的分子予以归类，然后叠加、平均，即获得其内部结构更为精细的图像，由此得到分子不同方向的二维结构，最后经过计算机三维重构算法，可以得到分子的三维模型。这一过程称为冷冻电子显微镜三维重构解析。

冷冻电子显微镜是当今生物与医学领域研究的重要工具，可以在不破坏生物样本的情况下拍摄分辨率极高的二维图像。为了更好地研究生物大分子的结构，科学家们通常需要三维图像。在这之间，三维重构技术充当了二维图像与三维图像之间转换的桥梁。科学家通过重构算法，将不同特征的样品二维图像转化为三维图像。

3. 应用

冷冻电子显微镜可以通过揭示细胞里发生的生命过程细节，帮助人们了解一些有趣的生物学过程及其表象。例如，人们吃辣椒会感觉辣，那是因为辣椒里含有辣椒素小分子。辣椒素与位于舌头神经末梢的膜蛋白 TRPV1 结合，打开膜蛋白上的某个通道，让细胞膜外的离子向细胞膜内部流动，这样微小的流动产生的电流通过神经纤维最终传递到大脑,让人们产生辣的感觉。2013 年,科学家利用冷冻电子显微镜技术,以近原子分辨率解析了膜蛋白 TRPV1 的通道结构,以及它与辣椒素相互结合的结构。人们由此了解到,辣椒素结合在 4 个亚甲基所组成的通道膜蛋白上把孔道撑开,使离子可以穿透。

冷冻电子显微镜技术正在成为助力医药研发的有力手段。依托对蛋白质结构的理解,科学家正在开发更有效的抗癌药、抗生素、止痛药、麻醉剂等。

4. 国内现状

过去 10 多年里,中国已建成了世界上最大规模的冷冻电子显微镜设施,取得众多举世瞩目的成就。例如,清华大学施一公团队对阿尔茨海默病相关的重要蛋白质结构进行了解析,对于理解其发病机理以及开发治疗方法和药物具有重要意义;隋森芳团队解析了在光合反应实验中能够捕获光能的一个蛋白质复合体的精细结构。

2019 年,中国科学家利用冷冻电子显微镜技术解析了目前世界上分辨率最高的非洲猪瘟病毒结构,这对了解该猪瘟病的发病机理,以及如何更好开发药物和疫苗具有极其重要的意义。特别是 2019 年末武汉突发新型冠状病毒肺炎以来,国家相关部门紧急行动,举全国之力,在很短的时间内就分离鉴别出致病毒株,解析其三维结构及其致病的关键位点,从而为后续预防疫苗的快速研发创造了有利条件。所有这一切都离不开国内冷冻电子显微镜设施、配套技术及其技术团队的强大实力。

5. 高分子物理应用展望

既然冷冻电子显微镜技术能够对复杂生物大分子进行三维解读,高分子科学领域的科学家或许会想本学科内那些结构与过程极为复杂、至今尚未达成确切结论的诸多领域能否采用冷冻电子显微镜技术,以求获得某些突破。例如,大分子结晶过程中从无序到有序的快速过程及其机理,具有生物相容性的生物医学工程材料如控释药物、植入式人工器官和组织等与机体组织及细胞之间的内在联系及其疗效机理,共轭导电高分子内载流子的传输通道与流动过程,这些将成为开拓冷冻电子显微镜技术在高分子科学领域实现应用突破的切入点。

参 考 文 献

安立佳, 陈尔强, 崔树勋, 等. 2019. 中国改革开放以来的高分子物理和表征研究. 高分子学报, 50(10): 1083-1103

成都科技大学高分子物理编写组. 1997. 高分子物理. 修订版. 成都: 成都科技大学出版社

符若文, 李谷, 冯开才. 2005. 高分子物理. 北京: 化学工业出版社

何曼君, 张红东, 陈维孝, 等. 2007. 高分子物理. 3 版. 上海: 复旦大学出版社

胡汉杰, 何天白. 2001. 海外高分子科学的新进展. 北京: 化学工业出版社

金日光, 华幼卿. 2007. 高分子物理. 3 版. 北京: 化学工业出版社

柯扬船, 何平笙. 2006. 高分子物理教程. 北京: 化学工业出版社

刘凤歧, 汤心颐. 2004. 高分子物理. 2 版. 北京: 高等教育出版社

马德柱, 何平笙, 徐种德, 等. 2001. 高聚物的结构与性能. 2 版. 北京: 科学出版社

王宏伟. 2020. 冷冻电镜技术揭示生物大分子细节. 人民日报

殷敬华, 莫春深. 2003. 现代高分子物理. 北京: 科学出版社

Mei K, Li Y, Wang S, et al. 2018. Cryo-EM structure of the exocyst complex. Nat Struct Mol Biol, 25: 139-146

Steobl G R. 1997. The Physics of Polymers. 2nd ed. Berlin: Springer

附　　录

附录 1　本书使用的量名称一览

本书全面采用国家最新颁布的法定计量单位标准,即中华人民共和国国家标准《量和单位》(GB 3100～3102—1993)中规定的法定计量名称和单位。

新物理量名称	旧物理量名称	本书使用的符号
相对分子质量	分子量	M 或 $\bar{M}$
数均相对分子质量	数均分子量	M_n 或 $\bar{M}_n$
重均相对分子质量	重均分子量	M_w 或 $\bar{M}_w$
黏均相对分子质量	黏均分子量	M_η 或 $\bar{M}_\eta$
物质的量	摩尔数	n
摩尔分数	克分子分数	
物质的量浓度	摩尔浓度	c
摩尔气体常量	气体常数	R
热力学温度	绝对温度	T
相对密度	比重	d
热力学能	内能	U
概率	几率	
比体积	比容	P

附录 2　高分子物理学重要术语解释

1. 化学结构与物理结构

解　通过化学键断裂并同时生成新键才能产生改变的分子结构为化学结构,而将分子链内、链间或基团与大分子之间的形态学表述均界定为物理结构。

2. 物理交联与化学交联

解　化学交联是指聚合物分子链间通过化学键而将线型分子转变为三维网状结构的过程。物理交联仅通过分子链间彼此缠绕、互贯或扭结等形式而形成类似纺织物的网状结构。

3. 物理老化与化学老化

解　物理老化是指聚合物的许多性能随时间推移而变化的现象,其本质原因是非链段的分子内运动持续缓慢进行使其从非平衡态逐渐向平衡态过渡。化学老化则是因化学因素造成聚合物化学组成和结构改变并最终导致其性能逐渐劣化的过程,其本质原因是聚合物化学组成和物理结构的逐渐改变。

4. 构型与构象

解　构型是指化学键连接的原子或原子团之间空间排列状态的描述,其特点是在空间和时间上都是确定不变的。构象是指分子链内非化学键连接的邻近原子或原子团之间空间相对位置的状态描述,具有不稳定性和多样性的特点。

5. 链段与链段长

解　链段是指分子链内可自由取向并在一定范围内独立运动的最小单位。链段长既可用其实际长度 l 表示,也可用其所含结构单元数 N 表示。

6. 均方末端距

解　均方末端距是指三维空间内众多分子链的向量末端距平方的平均值。

7. 热力学链段长与动力学链段长

解　按照统计热力学方法测定并计算的链段长称为热力学链段长。按照动力学方法测定并计算的链段长称为动力学链段长,其表征外界条件改变时分子链从一种平衡态构象转变为另一种平衡态构象的难易和快慢。

8. 无扰尺寸 A、Flory 特征比 C 和位阻参数 σ

解　无扰尺寸 A 是相对分子质量与无扰均方末端距比值的平方根:

$$A = (\overline{h_0^2}/M)^{1/2}$$

Flory 特征比 C 是无扰均方末端距与高斯链均方末端距之比:

$$C = \overline{h_0^2}/\overline{h_G^2} = \overline{h_0^2}/nl^2$$

位阻参数或刚性因子 σ 是无扰均方末端距与自由旋转链均方末端距之比: $\sigma = \overline{h_0^2}/\overline{h_G^2} = (\overline{h_0^2}/\overline{h_r^2})^{1/2}$,均用于表征分子链的相对柔性。

9. 内聚能、内聚能密度与溶度参数

解　内聚能是指将组成 1 mol 固态或液态物质的所有分子远移到彼此不

再有相互作用的距离(气态)所消耗的能量, 或者众多分子从无限远处凝聚为 1 mol 固态或液态物质时所释放的能量。内聚能密度是单位体积物质的内聚能, 等于该物质的内聚能与摩尔体积之比。溶度参数是物质内聚能密度的平方根, 是表征物质分子间力强弱的指标。

10. 凝聚态与力学态

解　高分子物理学依据微观结构有序程度差异将聚合物归类为非晶态、晶态、取向态、液晶态和多组分结构 5 种凝聚态。材料学则着眼于材料宏观力学特性而将聚合物归类为玻璃态、橡胶态和黏流态 3 种材料学基础形态。

11. 主期结晶与次期结晶

解　聚合物结晶过程大部分时间内结晶速率符合 Avrami 方程, 此阶段称为主期结晶阶段。结晶最后阶段却发生偏离, 这个阶段称为次期结晶阶段。当晶体体积增长到彼此开始接触和碰撞时, 必将阻止晶体尺寸的继续增加, 表明主期结晶结束。接着残留在晶片内无定形分子链继续进行有序化过程, 以减少晶体内部结构缺陷, 这就是次期结晶过程。

12. 松弛过程、松弛时间与松弛特性

解　松弛过程是指聚合物在外界条件改变或受外力作用时, 通过分子运动从一种平衡状态过渡到另一种平衡状态, 总是需要较长时间才能完成, 这个过程称为松弛过程, 完成该过程的 1/e 所需时间称为松弛时间。聚合物所特有、对时间具有强烈依赖的特性称为松弛特性。

13. 蠕变与应力松弛

解　蠕变是指恒温条件下, 恒定应力作用于聚合物材料产生的应变随时间延长而逐渐增大的现象。应力松弛则是指发生弹性应变的聚合物材料为了维持其恒定应变所需的应力随时间延长而逐渐减小的现象。两者都是聚合物特有的黏弹性的不同表现形式。

14. 时温等效原理

解　聚合物的黏弹过程既可在较高温度和较短时间(或较高频率)外力作用下完成, 也可在较低温度和较长时间(或较低频率)外力作用下完成, 这就是聚合物力学行为的时温等效原理。

15. 弹性滞后与力学损耗

解　聚合物在交变应力作用下应变落后于应力的现象称为弹性滞后现象。在发生弹性形变的同时, 内摩擦引起的能量耗散过程使施加应力过程和解除应力过程得到的应变-应力曲线往往不会重合。

力学损耗又称阻尼或内耗，是聚合物特有、由内摩擦引起的能量耗散过程。聚合物在交变应力作用下，聚合物的黏性表现为力学损耗，其大小可用损耗模量和损耗角正切值等表示。

16. 普弹性(Hooke 弹性)、高弹性(橡胶弹性)、熵弹性和强迫高弹性

解　一般聚合物在玻璃化温度下表现弹性模量较大、仅产生 1%～5%的可回复形变的性能称为普弹性。尼龙等晶态聚合物在其晶区熔点下和非晶区玻璃化温度附近受拉伸力作用，经屈服后产生幅度达 20%～200%的形变、外力解除后除非升高温度否则形变不能回复的特性称为强迫高弹性。一般具有柔性分子链的非晶态聚合物在玻璃化温度与黏流温度之间表现弹性模量很小，却可产生 100%～2000%的可回复形变的特性，称为高弹性。橡胶在拉伸应力作用下导致系统熵值减小，外力解除后熵值增加的自发过程使其恢复原来的状态。换言之，橡胶的弹性完全产生于受拉伸时自身熵值变小，因此橡胶的高弹性又称为熵弹性。

17. 泊松比、屈服与屈服点

解　拉伸试验中将材料横向单位宽度减小值与纵向单位长度增加值的比定义为泊松比。材料发生普弹形变后，应力如果继续增加并超过材料的弹性极限，则可能出现脆性断裂或延性屈服，分别为脆性和韧性材料的力学表现。屈服是指材料在受拉伸剪切应力分量的作用下而表现出的整体变形。将达到材料屈服时的应力定义为屈服点。

18. 外增塑作用与内增塑作用

解　内增塑是指某些支链聚合物的柔性支链能降低分子链间作用力，或某些共聚物因分子链结构规整性的破坏导致其结晶能力降低，相应提高了聚合物的塑性。

在聚合物中加入增塑剂而实现的增塑作用称为外增塑。由于增塑剂分子与聚合物分子之间仅存在次价键力，同时增塑剂分子容易挥发、迁移或被溶解而失去，其增塑作用随时间推移而逐渐降低，所以有时将外增塑称为暂时增塑。内增塑却可以赋予聚合物持久的性能改善。

19. 正增塑作用与反增塑作用

解　加入增塑剂能降低聚合物的弹性模量和抗张强度，同时使伸长率增加，如此增塑作用称为正增塑作用。当增塑剂加入量过少时其作用恰恰相反，聚合物因结晶而硬度增加且伸长率降低，如此增塑作用称为反增塑作用。

20. 银纹化现象

解　聚合物在拉伸应力作用下产生裂而不断、内表面积达 100 m²/cm³ 的微细丝状孔穴,光线经孔穴内表面多次反射和折射后使材料变得不透明, 使透明聚合物内部显现银白色, 称为银纹化现象。银纹化丝状体内的聚合物已发生很大的应变,银纹化过程往往伴随着聚合物体积的膨胀。

21. 退火与淬火

解　通常将材料升温到接近熔点并维持一定时间的过程称为退火,而将温度升高到接近熔点的材料急速冷却到室温的过程称为淬火。

22. 增比黏度、比浓黏度与特性黏度

解　相对黏度减去 1, 即溶液黏度相对于纯溶剂黏度增加的部分定义为增比黏度。增比黏度与溶液浓度 c 的比定义为比浓黏度, 其本质是单位浓度溶液中的溶质聚合物所产生的黏度。测定并计算一系列浓度递减稀溶液的比浓黏度和比浓对数黏度,作图并外推到浓度为零时相交, 此时的比浓黏度或比浓对数黏度定义为特性黏度$[\eta]$, 即

$$[\eta] = \lim_{c \to 0} \frac{\eta_{sp}}{c} = \lim_{c \to 0} \frac{\ln \eta_r}{c}$$

23. 第二位力系数与 Huggins 参数

解　第二位力系数 A_2 的物理意义与 Huggins 参数χ类似,均表征聚合物分子与溶剂分子间相互作用力的强弱,或溶液中链段间排斥作用与链段-溶剂分子间溶剂化作用竞争结果的量度。A_2 的数值大小取决于相互作用参数χ、溶剂的偏摩尔体积和聚合物的相对密度等因素, 这与聚合物-溶剂体系的类型、溶剂化作用强弱、大分子在溶液中的存在形态以及试验温度等因素相关。

24. θ温度与θ溶剂

解　溶剂-聚合物混合过程(溶解过程)的超额偏摩尔混合热与超额混合熵的比值, 或体系温度、热参数的乘积与熵参数的比值, 即该过程能够自动进行的下限(最低)温度, 即θ温度:

$$\theta = K_1 T / \psi_1 = \Delta H_1^E / \Delta S_1^E$$

或者满足溶液超额化学势等于零的温度,即聚合物分子链处于无扰状态而具有无扰尺寸时的温度称为θ温度。将满足溶液超额化学势等于零的溶剂定义为θ溶剂。

25. 介电常数与介电损耗

解　置于电介质中的电容器因电场作用而使靠近电容器极板的电介质

表面产生束缚电荷，使两极板上的感应电荷增加，导致电容器的实际电容随之增加，将处于电介质中的电容器的实际电容与处于真空条件下电容的比值定义为介电常数：$\varepsilon = C/C_0$。

交变电场作用于电介质时，其介电常数具有复数形式，这与高分子材料在交变力场作用下的模量具有复数形式相类似，其虚数部分 ε'' 为介电损耗，是导致交变电场中电介质本身发热而损耗部分电能的参数。

26. 电击穿、热击穿与化学击穿

解 当作用于电介质的电场强度足够大时，电子从电场中获得足够能量与聚合物分子碰撞而产生电子和离子，这些新生电子和离子继续碰撞聚合物分子而产生更多电子和离子，于是导致载流子的雪崩过程，使流过聚合物的电流急剧增加，最终导致其被击穿，即电击穿。

热击穿：介电损耗使部分电能以热的形式耗散于聚合物中，而聚合物的散热性能很差，于是其内部温度逐渐升高，其电导率也随之逐渐增加。电导率的增加又反过来使电流增加，温度继续升高，如此雪崩过程最终导致聚合物发生焦化而被击穿。

化学击穿又称放电击穿，这是聚合物长期在高电压条件下使用出现的一种破坏现象。导致放电击穿的原因是存在于聚合物微孔中的低介电常数气体的电离放电。聚合物被气体放电火花击穿，同时火花放电生成的臭氧和氮氧化合物又进一步促进聚合物局部化学老化而降低其介电性能。反复火花放电将导致聚合物受到的侵蚀不断加深，直至最终破坏。

附录3 高分子物理学核心图解

1. 聚合物的结晶速率-温度相关性曲线(附图 1)

解 聚合物的结晶温度处于 $T_g \sim T_m$，其间为最佳结晶温度 T_{max}。$T < T_g$ 或 $T > T_m$ 不能结晶。前者因链段被"冻结"而无法进行有序排列，后者因难以形成晶核也很难结晶。在成核速率控制区，温度低于 T_m 时晶核生成速率随温度降低而升高，因而是影响结晶速率的控制因素，此过程的结晶速率呈上升趋势。在生长速率控制区，温度低于 T_{max} 时虽然成核速率随温度降低而增加，但晶体生长速率却因分子链运动能力降低而降低，此过程的结晶速率呈下降趋势。

2. 非晶态聚合物的形变-温度曲线(附图 2)

解 从低温到高温依次分为玻璃态、玻璃化转变区、橡胶态、黏流转变区和黏流态 5 个区域。

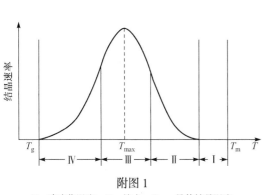

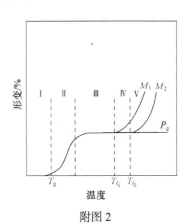

附图 1　　　　　　　　　　　　　附图 2

T_g. 玻璃化温度；T_m. 熔点；T_{max}. 最佳结晶温度
Ⅰ. 过冷零速区；Ⅱ. 成核控制区；Ⅲ. 最佳结晶区；Ⅳ. 晶体
生长控制区

Ⅰ玻璃态： 温度低于一特定温度时，聚合物受应力作用而产生的形变率很小，表现为材质坚硬而有脆性，属于 Hooke 弹性，按照材料力学性状归类为玻璃态。不同类型非晶态聚合物服从 Hooke 弹性行为的"特定温度"各不相同。

Ⅱ玻璃化转变区： 非晶态聚合物玻璃态与橡胶态间的过渡区域，在此温度范围内聚合物模量随温度升高而迅速降低，而形变率迅速增加，开始从坚硬的"玻璃"转变为柔软而富有弹性的橡胶，为玻璃化转变区。将该转变过程开始的温度定义为玻璃化温度 T_g。

Ⅲ橡胶态： 在此温度范围内聚合物受很小应力就可产生高达 $100\% \sim 1000\%$ 的形变，此时模量仅 $10^5 \sim 10^6$ Pa。在此温度范围内聚合物表现为柔软而富有弹性的固体，具有橡胶的典型特征，所以称为橡胶态，这是线型非晶态聚合物特有的力学状态。

Ⅳ黏流转变区： 这是橡胶态与黏流态之间的过渡区域。在该区域聚合物分子链开始出现滑动而产生不可逆形变，聚合物的流动性开始显现，其流动性随温度升高而急速增加。因此，将该区域称为黏流转变区，将开始发生黏性流动的温度定义为黏流温度 T_f。

Ⅴ黏流态： 温度高于黏流温度 T_f 时，聚合物转变为高度黏稠的液体，可发生黏性流动而产生不可逆形变，故称为黏流态。

3. 聚合物熔体的流动曲线(附图 3)

解　绝大多数聚合物熔体的流动行为类似假塑性流体。熔体的流动曲线分 3 个区域：在低切变速率区是斜率 $n = 1$ 的直线，为第 1 牛顿流动区；右侧高切变速率区也是 $n = 1$ 的直线，为第 2 牛顿流动区；其间为假塑性流动区，在此区域内熔体黏度随切变速率的增加而降低。作斜率为 1 的直线，其与直线 $\lg \bar{\gamma} = 0$ 的交点所对应的切应力即等于该切变速率下的表观黏度。聚合物熔体在第 1 牛顿流动区内的黏度称为零切变速率黏度,在第 2 牛顿流动区内的黏度称为极限牛顿黏度。在非牛顿区内,按近似直线法以其斜率 n 表征熔体的非牛顿程度。$n < 1$,属于假塑性流动,n 值比 1 小得越多,表明流体的非牛顿性特征越明显。聚合物的热加工成型过程都是在非牛顿区内进行的。

4. 聚合物的应力-应变曲线(附图 4)

解 应力-应变曲线是固体材料在外力作用下产生形变直至断裂的动态行为描述。

硬而脆材料(曲线 1): 如玻璃态 PS、PMMA 和酚醛树脂等,其杨氏模量较高,断裂伸长率< 2%,硬而脆且无屈服点。

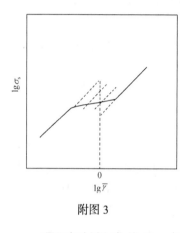

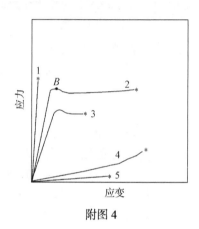

附图 3   附图 4

硬而韧材料(曲线 2): 如尼龙和聚碳酸酯等结晶聚合物,表现坚硬而强韧、具有强迫高弹形变的特点。拉伸应力达到一定数值时,如曲线 2 中 B 点,材料某处突然出现细颈并迅速扩展,最终可达到数倍以上的拉伸比,迫使材料转变为取向态结构,其强度得以显著提高。

硬而强材料(曲线 3): 如 PVC 与 PS 的共混物,其拉伸强度较高,也不存在明显的屈服点,断裂伸长率可达 5%~10%。

软而韧材料(曲线 4): 如普通橡胶和高增塑 PVC 等,其杨氏模量相当低而无屈服点,具有高弹性,在很小应力作用下即可达 20%~1000%的伸长率。

软而弱材料(曲线 5): 如某些种类的低聚物和凝胶等,在很小的外力作用下其形态和尺寸都难以维持。

5. 聚合物的蠕变曲线(附图 5)

解 在矩形交变应力作用下,理想弹性材料仅产生幅度较小的瞬时普弹应变,应力解除后其应变立刻回复。理想黏性液体产生幅度较大和滞后的流动,并随应力作用的推移而逐渐发展,应力解除后黏性液体产生的永久形变完全不能回复。实际非晶态聚合物受力时首先产生幅度不大的瞬时普弹应变，随之产生滞后而幅度较大的高弹性应变，应力解除后普弹应变立刻回复，滞后的高弹形变则缓慢回复。如果外力足够强大，会残留部分不可回复的永久性黏性形变。

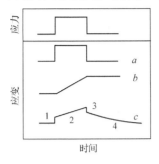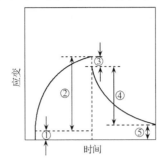

附图 5

6. 黏度法测定聚合物相对分子质量及作图法求特性黏度(附图 6)

解　首先测定纯溶剂流过毛细管的时间 t_0，然后由浓至稀依次测定多个浓度溶液流过毛细管的时间 t，计算溶液的比浓黏度和比浓对数黏度。最后分别以其对浓度作图得到两条直线，将其外推到浓度为零，即可从纵轴的截距得到特性黏度$[\eta]$。

7. GPC 分级及其色谱图(附图 7)

解　对溶液中的大分子起决定性分离作用的场所是装填在柱内的多孔性球形凝胶的内部孔道，其孔径及其孔径分布直接关系分级效率的高低。问题的关键是尺寸大于凝胶孔道内径的聚合物分子无法进入凝胶内部孔道，只能直接流经凝胶珠粒之间的空隙而最先流出。尺寸小于凝胶孔道内径的聚合物分子能够进入凝胶内部所有的孔道和空隙，所以最后流出。

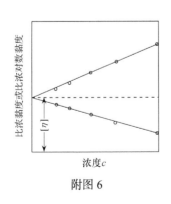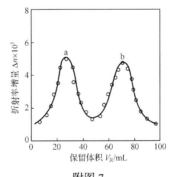

附图 6　　　　　　　　　　　附图 7

级分 a 相对分子质量大于 b